한국산업인력공단 주관·시행

조경 기능사 필기
최근 기출문제

| 김규만 저 |

김규만

- 조경학 전공
- 중등교사(조경)/조경훈련교사/농림훈련교사/임업훈련교사/조경기사
- 2004년 4월 ~ 현재 : 조경 자격증 및 실무 강의
- 現 경기조경교육원(舊 경기조경기술학원) 원장

머리말

최근 급속한 산업화의 도시화에 따른 환경의 파괴로 인하여 환경 복원과 주거환경 문제에 대한 관심과 그 중요성이 급 부각됨으로써 공종별 전문인력으로 하여금 생활공간을 아름답게 꾸미고 자연환경을 보호하고자 도입되어 시행되고 있는 자격검정이 조경기능사입니다.

본 수험서는 한국산업인력공단이 주관 및 시행하고 있는 조경기능사 자격시험에 보다 쉽고 빠르게 대비할 수 있도록 구성하였습니다. 필자는 교단과 현장에서의 경험을 토대로 조경기능사 자격을 취득하고자 하는 수험생들을 위하여 다음과 같은 내용에 중점을 두고 이 책을 집필하였습니다.

1. 한국산업인력공단의 개정된 출제기준과 최근의 기출문제 유형을 철저히 분석하여 핵심적인 이론만을 간추려 수록하였습니다.
2. 본문 내용에 있어 수험생들의 이해를 돕기 위하여 다양한 삽화와 일러스트를 추가하였습니다.
3. 한국산업인력공단이 주관하여 시행한 최근 11년간의 기출문제 및 CBT 시험 복원문제를 수록함으로써 문제은행 방식의 자격시험에 효과적으로 대비할 수 있도록 하였습니다.

책을 쓰는 동안 수험생의 입장에서 최대한 자세하게 설명하기 위해 최선을 다하였으나 미비한 점이 있다면 계속적인 보완을 약속드립니다.

끝으로 출간을 위해 적지 않은 시간을 원고 검토에 힘써준 동료들에게 지면을 통해 깊은 감사의 말을 전합니다.

저자 올림

검정안내 및 출제기준

■ **개요**

급속한 산업화의 도시화에 따른 환경의 파괴로 인하여 환경 복원과 주거환경 문제에 대한 관심과 그 중요성이 급 부각됨으로써 공종별 전문인력으로 하여금 생활공간을 아름답게 꾸미고 자연환경을 보호하고자 도입 시행

■ **수행직무**

조경설계도면 작성과 도면 판독으로 조경공사 시공에 따른 지반고르기, 나무심기, 시설물 설치 등 주로 실무적인 업무와 조경수목과 조경시설물을 보호 및 관리하는 업무 수행

■ **출제경향**

조경에 필요한 기초 도면의 시설물, 식재 설계 및 도면(단면)을 판독하며, 재료를 식별하고 그 재료를 이용하여 조경시공 작업 능력을 평가(공개문제를 참조)

■ **취득방법**

- 시험과목
  - 필기 : 조경설계, 조경시공, 조경관리
  - 실기 : 조경작업(도면작업, 수목감별, 조경실무작업)
- 검정방법
  - 필기 : 객관식 4지 택일형 60문항(60분)
  - 실기 : 작업형(3시간 30분 내외)
- 합격기준
  - 필기 · 실기 : 100점을 만점으로 하여 60점 이상

■ **진로 및 전망**

조경식재 및 조경시설물 설치공사업체, 공원(실내, 실외), 학교, 아파트 단지 등의 관리부서, 정원수 및 재배업체에 취업할 수 있으며, 거의 대부분 일용직으로 근무 하고 있다. − 조경공사는 건축물이 어느 정도 완공된 시점부터 시작되므로 건설경기가 회복된 시점 보다 1~2년 정도 늦게 나타나게 된다. 따라서 조경기능사 자격취득자에 대한 인력수 요는 당분간 현수준을 유지할 것으로 보이지만 각종 자연의 파괴, 대기오염, 수질오 염 및 소음 등 각종 공해문제가 대두됨으로써 쾌적한 생활환경에 대한 욕구를 충족시 키기 위해 조경에 대한 중요성이 증대되어 장기적으로 인력수요는 증가할 전망

■ 출제기준

필기과목명	주요항목	세부항목	
조경설계, 조경시공, 조경관리	1. 조경양식의 이해	1. 조경일반 3. 동양조경 양식	2. 서양조경 양식
	2. 조경계획	1. 자연, 인문, 사회 환경 조사분석 3. 기능분석 5. 기본구상	2. 조경 관련 법 4. 분석의 종합, 평가 6. 기본계획
	3. 조경기초설계	1. 조경디자인요소 표현 3. 적산	2. 전산응용도면(CAD) 작성
	4. 조경설계	1. 대상지 조사 3. 기본계획안 작성 5. 조경식재 설계 7. 조경설계도서 작성	2. 관련분야 설계 검토 4. 조경기반 설계 6. 조경시설 설계
	5. 조경식물	1. 조경식물 파악	
	6. 기초 식재공사	1. 굴취 3. 교목 식재 5. 지피 초화류 식재	2. 수목 운반 4. 관목 식재
	7. 잔디식재공사	1. 잔디 시험시공 3. 잔디 식재	2. 잔디 기반 조성 4. 잔디 파종
	8. 실내조경공사	1. 실내조경기반 조성 3. 실내조경시설·점경물 설치	2. 실내녹화기반 조성 4. 실내식물 식재
	9. 조경인공재료	1. 조경인공재료 파악	
	10. 조경시설물공사	1. 시설물 설치 전 작업 3. 안내시설물 설치 5. 놀이시설 설치 7. 경관조명시설 설치 9. 데크시설 설치 11. 수경시설 13. 옹벽 등 구조물 설치 14. 생태조경 설치(빗물처리시설, 생태못, 인공습지, 비탈면, 훼손지, 생태숲)	2. 측량 및 토공 4. 옥외시설물 설치 6. 운동시설 설치 8. 환경조형물 설치 10. 펜스 설치 12. 조경석(인조암)설치
	11. 조경포장공사	1. 조경 포장기반 조성 3. 친환경흙포장 공사 5. 조립블록 포장 공사 7. 조경 콘크리트포장 공사	2. 조경 포장경계 공사 4. 탄성포장 공사 6. 조경 투수포장 공사
	12. 조경공사 준공 전관리	1. 병해충 방제 3. 토양관리 5. 제초관리 7. 수목보호조치	2. 관배수관리 4. 시비관리 6. 전정관리 8. 시설물 보수 관리

필기과목명	주요항목	세부항목	
조경설계, 조경시공, 조경관리	13. 일반 정지전정관리	1. 연간 정지전정 관리계획 수립 3. 가지 길이 줄이기 5. 생울타리 다듬기 7. 상록교목 수관 다듬기 9. 소나무류 순 자르기	2. 굵은 가지치기 4. 가지 솎기 6. 가로수 가지치기 8. 화목류 정지전정
	14. 관수 및 기타 조경관리	1. 관수 관리 3. 멀칭 관리 5. 장비 유지 관리 7. 실내 식물 관리	2. 지주목 관리 4. 월동 관리 6. 청결 유지 관리
	15. 초화류관리	1. 계절별 초화류 조성 계획 3. 초화류 시공 도면작성 5. 식재기반 조성 7. 초화류 관수 관리 9. 초화류 병충해 관리	2. 시장 조사 4. 초화류 구매 6. 초화류 식재 8. 초화류 월동 관리
	16. 조경시설물관리	1. 급배수시설 3. 놀이시설물 5. 운동시설 7. 안내시설물 9. 생태조경시설(빗물처리시설, 생태못, 인공습지, 비탈면, 훼손지, 생태숲)	2. 포장시설 4. 편의시설 6. 경관조명시설 8. 수경시설

NCS(국가직무능력표준) 안내

NCS(국가직무능력표준)와 NCS 학습모듈

- 국가직무능력표준(NCS, National Competency Standards)이란 산업현장에서 직무를 수행하기 위해 요구되는 지식·기술·소양 등의 내용을 국가가 산업부문별·수준별로 체계화한 것으로 국가적 차원에서 표준화한 것을 의미합니다.
- NCS 학습모듈은 NCS 능력단위를 교육 및 직업훈련 시 활용할 수 있도록 구성한 교수·학습자료입니다. 즉, NCS 학습모듈은 학습자의 직무능력 제고를 위해 요구되는 학습 요소(학습 내용)를 NCS에서 규정한 업무 프로세스나 세부 지식, 기술을 토대로 재구성한 것입니다.

NCS 개념도

NCS의 활용영역

구분		활용 콘텐츠
산업현장	근로자	평생경력개발경로, 자가진단도구
	기업	현장수요 기반의 인력채용 및 인사관리기준, 직무기술서
교육훈련기관		직업교육 훈련과정 개발, 교수계획 및 매체·교재개발, 훈련기준 개발
자격시험기관		자격종목설계, 출제기준, 시험문항, 시험방법

NCS 학습모듈의 특징

- NCS 학습모듈은 산업계에서 요구하는 직무능력을 교육훈련 현장에 활용할 수 있도록 성취목표와 학습의 방향을 명확히 제시하는 가이드라인의 역할을 합니다.
- NCS 학습모듈은 특성화고, 마이스터고, 전문대학, 4년제 대학교의 교육기관 및 훈련기관, 직장교육기관 등에서 표준교재로 활용할 수 있으며 교육과정 개편 시에도 유용하게 참고할 수 있습니다.

NCS와 NCS 학습모듈의 연결 체제

과정평가형 자격취득 안내

과정평가형 자격

과정평가형 자격은 국가기술자격법에 근거하여 국가직무능력표준(NCS)에 따라 설계된 교육·훈련과정을 체계적으로 이수한 교육·훈련생에게 내·외부 평가를 통해 국가기술자격증을 부여하는 새로운 개념의 국가기술자격 취득 제도로서 2015년부터 시행되고 있다.

과정평가형 자격 운영 절차

시행 대상

국가기술자격법의 과정평가형 자격 신청자격에 충족한 기관 중 공모를 통하여 지정된 교육·훈련기관의 단위과정별 교육·훈련을 이수하고 내부평가에 합격한 자

교육·훈련생 평가

① 내부평가(지정 교육·훈련기관)
  ㉮ 평가대상 : 능력단위별 교육·훈련과정의 75% 이상 출석한 교육·훈련생
  ㉯ 평가방법
    ㉠ 지정받은 교육·훈련과정의 능력단위별로 평가
    ㉡ 능력단위별 내부평가 계획에 따라 자체 시설·장비를 활용하여 실시
  ㉰ 평가시기
    ㉠ 해당 능력단위에 대한 교육·훈련이 종료된 시점에서 실시하고 공정성과 투명성이 확보되어야 함
    ㉡ 내부평가 결과 평가점수가 일정수준(40%) 미만인 경우에는 교육·훈련기관 자체적으로 재교육 후 능력단위별 1회에 한해 재평가 실시
② 외부평가(한국산업인력공단)
  ㉮ 평가대상 : 단위과정별 모든 능력단위의 내부평가 합격자
  ㉯ 평가방법 : 1차·2차 시험으로 구분 실시
    ㉠ 1차 시험 : 지필평가(주관식 및 객관식 시험)
    ㉡ 2차 시험 : 실무평가(작업형 및 면접 등)

합격자 결정 및 자격증 교부

① 합격자 결정 기준
  내부평가 및 외부평가 결과를 각각 100점을 만점으로 하여 평균 80점 이상 득점한 자
② 자격증 교부
  기업 등 산업현장에서 필요로 하는 능력보유 여부를 판단할 수 있도록 교육·훈련 기관명·기간·시간 및 NCS 능력단위 등을 기재하여 발급

NCS 및 과정평가형 자격에 대한 내용은 NCS국가직무능력표준 홈페이지(www.ncs.go.kr)에서 보다 자세하게 살펴볼 수 있습니다.

CBT 필기시험제도 안내

변경된 제도 개요

기능사 CBT(컴퓨터 기반 시험) 필기시험제도는 한국산업인력공단 상설시험장과 외부기관의 시설 및 장비를 임차하여 시행하기 때문에 시험장 사정에 따라 시험일자가 달라질 수 있으며, 수험생들이 선호하는 시험장은 조기 마감될 수 있으므로 주의하여야 합니다.

원서접수 기간 및 접수처

- 한국산업인력공단이 주관 및 시행하는 기능사 정기 CBT 필기시험 및 상시 CBT 필기시험과 관련한 정보는 큐넷 홈페이지(http://www.q-net.or.kr)를 방문하여 확인합니다.
- 기능사 필기시험의 원서접수는 인터넷으로만 가능하며 정기 및 상시시험 모두 큐넷 홈페이지(http://www.q-net.or.kr)에서 접수할 수 있습니다.
- 기능사 상시시험 종목 : 한식조리기능사, 양식조리기능사, 일식조리기능사, 중식조리기능사, 제과기능사, 제빵기능사, 미용사(일반), 미용사(피부), 미용사(네일), 미용사(메이크업), 굴착기운전기능사, 지게차운전기능사, 건축도장기능사, 방수기능사 [14종목]
  ※ 건축도장기능사, 방수기능사 2종목은 정기검정과 병행 시행

CBT 부별 시험시간 안내

구분	입실시간	시험시간	비고
1부	09:30	09:50 ~ 10:50	
2부	10:00	10:20 ~ 11:20	
3부	11:00	11:20 ~ 12:20	
4부	11:30	11:50 ~ 12:50	
5부	13:00	13:20 ~ 14:20	시험실 입실 시간은 시험시작 20분 전
6부	13:30	13:50 ~ 14:50	
7부	14:30	14:50 ~ 15:50	
8부	15:00	15:20 ~ 16:20	
9부	16:00	16:20 ~ 17:20	
10부	16:30	16:50 ~ 17:50	

※ 시행지역별 접수인원에 따라 일일 시행횟수는 변동될 수 있으며, 지역에 따라 원거리 시험장으로 이동할 수 있습니다.

합격자 발표

종이 시험과 달리 CBT 필기시험은 시험이 종료된 후 시험점수와 함께 합격 여부를 확인할 수 있으며, 이 결과는 시험일정 상의 합격자 발표일에 최종 확인할 수 있습니다.

■ CBT 필기시험 체험하기

01 CBT 필기시험 응시를 위해 지정된 좌석에 앉으면 해당 컴퓨터 단말기가 시험감독관 서버에 연결되었음을 알리는 연결 성공 메시지가 나타납니다.

02 수험자 접속 대기 화면에서 좌석번호를 확인합니다. 좌석번호 확인이 끝나면 시험감독관의 지시에 따라 시험 안내 화면으로 자동으로 이동합니다.

03 수험자 정보를 확인합니다. 감독관의 신분 확인 절차가 진행됩니다. 신분 확인이 모두 끝나면 시험을 시작할 수 있습니다.

04 CBT 필기시험에 대한 안내사항이 나타납니다. 화면은 예제이며, 실제 기능사 필기시험은 총 60문제로 구성되며, 60분간 진행됩니다.

05 다음 항목에서 시험과 관련된 유의사항을 확인합니다. 특히, 시험과 관련한 부정행위 적발 시 퇴실과 함께 해당 시험은 무효처리되어 불합격 될 뿐만 아니라, 이후 3년간 국가기술자격검정에 응시할 수 있는 자격이 정지되므로 부정행위로 인정되는 내용을 꼼꼼히 확인하도록 합니다.

06 메뉴설명 항목에서는 문제풀이와 관련된 메뉴에 대한 설명을 확인할 수 있습니다. CBT 화면에서는 글자 크기를 크게 하거나 작게 할 수 있을 뿐 아니라, 화면 배치를 1단 또는 2단 화면 보기 혹은 한 문제씩 보기로 선택할 수 있습니다.

07 문제풀이 연습 항목에서는 실제 문제를 풀어보는 과정을 연습할 수 있습니다. 실제 시험에서 실수하지 않도록 하기 위해 [자격검정 CBT 문제풀이 연습] 버튼을 클릭합니다.

08 보기의 연습 문제는 국가기술자격시험의 정부 위탁기관인 한국산업인력공단의 본부 청사 소재지를 묻는 것입니다. 현재 한국산업인력공단 본부는 울산광역시에 소재하고 있습니다. 문제 아래의 보기에서 번호 항목을 클릭하거나 답안 표기란의 번호 항목에서 해당 답안을 클릭하여 답안을 체크합니다.

09 문제 아래의 보기를 클릭하거나 오른쪽 답안 표기란의 답안 항목을 클릭하면 화면과 같이 선택한 답안이 OMR 카드에 색칠한 것과 같이 색이 채워집니다.

> 답안을 수정할 때는 마찬가지 방법으로 수정하고자 하는 문제의 보기 항목이나 답안 표기란의 보기 항목에서 수정하고자 하는 답안을 클릭합니다.

10 문제를 풀고 나면 다음 문제를 풀기 위해 화면 하단의 [다음] 버튼을 클릭하여 문제를 계속 풀어나가면 됩니다. 참고로 하단 버튼 중 [계산기]를 클릭하면 간단한 공학용 계산기를 사용하여 계산 문제를 푸는 데 도움을 받을 수 있습니다.

> 계산이 끝나고 계산기를 화면에서 사라지게 하려면 계산기 창의 오른쪽 상단에 있는 닫기 ❌ 버튼을 클릭합니다.

11 문제 풀이 연습이 끝나면 하단의 [답안 제출] 버튼을 클릭하여 답안을 제출합니다.

> 어려운 문제의 경우 하단의 [다음] 버튼을 클릭하여 다음 문제를 풀 수도 있습니다. 단, 이러한 경우 답안을 제출하기 전에 하단의 [안 푼 문제] 버튼을 클릭하여 혹시 풀지 않은 문제가 있는 지 최종적으로 확인하도록 합니다.

12 답안 제출을 클릭하면 나타나는 화면입니다. 수험생들이 실수로 답안을 모두 체크하지 않고 제출할 수 있는 실수를 방지하기 위해 2회에 걸쳐 주의 화면이 나타납니다. 답안을 제출하려면 [예] 버튼을 누릅니다.

13 문제풀이 연습을 모두 마치면 나타나는 화면에서 [시험 준비 완료] 버튼을 클릭합니다. 이후 시험 시간이 되면 시험감독관의 지시에 따라 시험이 자동으로 시작됩니다.

14 본 시험이 시작되면 첫 번째 문제가 화면에 나타납니다. 앞서 문제풀이 연습 때와 마찬가지 방법으로 문제의 보기에서 정답을 클릭하거나 답안 표기란에 해당 문제의 정답 항목을 클릭하여 답을 선택합니다.

15 화면 하단의 [다음] 버튼을 클릭하면 다음 문제를 풀 수 있습니다. 앞서와 마찬가지 방법으로 답안에 체크하고 모든 문제를 풀었다면 [답안 제출] 버튼을 클릭합니다.

> 화면의 상단 오른쪽에 제한 시간과 남은 시간이 표시됩니다. 본 예제는 체험을 위한 것으로 실제 시험시간은 60분이며, 이에 따라 남은 시간도 표시됩니다.

16 수험생의 실수를 방지하기 위해 2회에 걸쳐 주의 문구가 출력됩니다. 모든 문제를 이상없이 풀고 답안에 체크했다면 [예] 버튼을 클릭하여 답안을 제출하고 시험을 마무리합니다.

> 문제 화면으로 다시 돌아가고자 한다면 [아니오] 버튼을 클릭하여 이미 푼 문제들을 다시 확인하고 필요한 경우 답안을 수정할 수 있습니다.

17 답안 제출 화면이 나타납니다. 잠시 기다립니다.

18 CBT 필기시험을 모두 끝내고 답안을 제출하면 곧바로 합격, 불합격 여부를 화면과 같이 확인할 수 있습니다. 독자분들은 꼭 화면과 같은 합격 축하 문구를 볼 수 있기를 기원합니다.

19 앞서의 합격 여부 화면에서 [확인 완료] 버튼을 클릭하면 CBT 필기시험이 종료됩니다. 고생하셨습니다.

본 도서에 수록된 CBT 필기시험 체험하기 내용은 한국산업인력공단의 CBT 체험하기 과정을 인용하여 구성 및 정리한 것입니다. 직접 한국산업인력공단에서 제공하는 CBT 필기시험을 체험하고자 하는 독자께서는 한국산업인력공단이 운영하는 큐넷 홈페이지(www.q-net.or.kr)를 방문하시기 바랍니다.

차례

01장 핵심이론 요약

제 1절 조경일반
- 01 조경이란? 022
- 02 정원의 양식 024
- 03 우리나라의 조경 026
- 04 동양의 조경 031
- 05 서양의 조경 034
- 06 조경미학 044
- 07 조경 계획 048
- 08 조경 설계 059

제 2절 조경재료
- 01 조경재료의 특성 069
- 02 식물재료 069
- 03 목질재료 082
- 04 석질재료 085
- 05 점토제품 088
- 06 시멘트와 콘크리트 089
- 07 기타 092

제 3절 조경시공 및 관리
- 01 조경시공의 기본사항 095
- 02 토공사 097
- 03 콘크리트 공사 103
- 04 석공사 및 벽돌쌓기 공사 107
- 05 기초공사 및 포장공사 112
- 06 수경공사 및 관배수 공사 114
- 07 시설물 공사 117
- 08 식재 및 잔디식재공사 118
- 09 조경관리 124

기출 및 CBT 복원문제

조경기능사(2015년 07월 19일)	142
조경기능사(2015년 10월 10일)	152
조경기능사(2016년 01월 24일)	164
조경기능사(2016년 04월 02일)	176
조경기능사(2016년 07월 10일)	188
조경기능사(2017년 CBT 복원문제 1회)	200
조경기능사(2017년 CBT 복원문제 2회)	211
조경기능사(2017년 CBT 복원문제 3회)	221
조경기능사(2018년 CBT 복원문제 1회)	233
조경기능사(2018년 CBT 복원문제 2회)	244
조경기능사(2018년 CBT 복원문제 3회)	255
조경기능사(2019년 CBT 복원문제 1회)	267
조경기능사(2019년 CBT 복원문제 2회)	277
조경기능사(2019년 CBT 복원문제 3회)	289
조경기능사(2020년 CBT 복원문제 1회)	300
조경기능사(2020년 CBT 복원문제 2회)	310
조경기능사(2021년 CBT 복원문제 1회)	321
조경기능사(2022년 CBT 복원문제 1회)	331
조경기능사(2023년 CBT 복원문제 1회)	342
조경기능사(2023년 CBT 복원문제 2회)	351
조경기능사(2024년 CBT 복원문제 1회)	363
조경기능사(2024년 CBT 복원문제 2회)	375
조경기능사(2025년 CBT 복원문제 1회)	385
조경기능사(2025년 CBT 복원문제 2회)	397

제1장
핵심이론 요약

제 1절 조경일반
제 2절 조경재료
제 3절 조경시공 및 관리

01 조경일반

1 조경이란?

가. 조경의 개념

1) **좁은 의미의 조경 : 조원(造園)**
   식재를 중심으로 한 정원을 만드는 일 ☞ 정원사

2) **넓은 의미의 조경 : 조경(造景)**
   정원을 포함한 옥외공간 전반을 다루는 개념 ☞ 조경가

3) **미국의 옴스테드 (Olmsted fredrick Law)**
   1858년 옴스테드는 조경이라는 전문직업은 '자연과 인간에게 봉사하는 분야이다.'라고 말하고, 조경이라는 용어를 처음 사용

4) **미국 조경가 협회(ASLA)**
   ① 1909년 : 조경은 '인간의 이용과 즐거움을 위하여 토지를 다루는 기술'이다.
   ② 1975년 : 조경은 '실용성과 즐거움을 줄 수 있는 환경조성에 목표를 두고, 자원의 보전과 효율적 관리를 도모하며, 문화적·과학적 지식의 응용을 통하여 설계·계획하고, 토지를 관리하며, 자연 및 인공요소를 구성하는 기술'이다.

나. 조경의 대상 : 자연 및 광범위한 옥외 공간

1) **수행단계로 본 과정으로서의 조경**
   ① 계획 : 자료의 수집, 분석, 종합
   ② 설계 : 자료를 활용하여 기능적, 미적인 3차원적 공간을 창조
   ③ 시공 : 공학적 지식, 생물을 다룬다는 점에서 특수한 기술 요구
   ④ 관리 : 식생의 이용관리, 시설물 이용관리

2) 영역별로 구분한 조경의 대상지
① 위락/관광시설 : 휴양지, 유원지, 골프장
② 문화재 주변 : 궁궐, 왕릉, 전통 민가, 사찰
③ 기타 시설 : 도로, 광장, 사무실, 학교, 공장, 항만

다. 조경의 목적 및 필요성

1) 조경의 목적
① 인간의 생활환경을 편리하고 안정되게 하며 즐겁고 쾌적한 공간을 제공
② 옥외 공간을 개발, 창조함으로써 기능적이고 시각적인 미적 공간 창출

2) 조경의 필요성
1970년대 경제개발에 따른 국토 훼손이 심각해지면서 경관의 보전과 관리의 필요성을 느끼게 됨

라. 조경가의 자질과 직무 내용, 역할

1) 조경가가 갖추어야 할 자질
① 자연 과학적 지식
② 공학적 지식
③ 예술적 소양
④ 인문 과학적 지식

2) 조경기술자의 직무 내용
① 조경설계기술자 : 도면제도, 기본계획수립, 디자인 및 스케치, 물량산출 및 시방서 작성, 시공감리
② 조경시공기술자 : 시설물과 식재 시공업무, 설계변경, 적산 및 견적
③ 조경관리기술자 : 조경수목 생산관리, 병충해 방제, 피해수목 보호처리, 전정 및 시비

3) 조경가의 역할 (Michael Laurie)
① 조경 계획 및 평가
  ㉮ 조경가는 생태학과 자연과학에 기초적인 지식이 있어야 한다.
  ㉯ 대규모 토지의 체계적 평가, 용도상의 적합도, 토지이용배분계획, 휴양시설 개발 등 광범위한 사업을 수행한다.
② 단지계획
  ㉮ 대지 및 이용자를 분석하여 자연 요소와 시설물을 기능적으로 특성에 맞게 배치한다.
  ㉯ 조경가의 가장 일반적인 업무 중의 하나가 단지 계획이다.
③ 조경설계

마. 기타 사항

1) 근대적 조경 교육의 발달
① 1970년대 초반 조경이라는 용어를 처음 사용하기 시작
② 1973년 서울대학교와 영남대학교에 조경학과 신설

2) 동양의 조경 용어
① 한국 : 조경(造景)
② 중국/북한 : 원림(園林)
③ 일본 : 조원(造園)

2 정원의 양식

가. 정원양식의 분류

구분	특징	종류	대표적 예
정형식 정원(整形式庭園)	• 서아시아, 유럽지역에서 발달 • 축을 중심으로 좌우 대칭형으로 구성 • 직선, 원, 원호 등을 사용한 형식 • 기하학식 정원이라고도 함	평면기하학식	프랑스 정원
		노단식(노단건축식)	이탈리아 정원
		중정식	중세수도원, 스페인 정원
자연식 정원(自然式庭園)	• 동아시아, 유럽의 18세기 영국 • 연못, 호수 중심으로 정원 조성 • 주변을 돌면서(회유) 경관을 즐김	전원풍경식	영국 정원
		회유임천식	일본 정원, 중국 정원
		고산수식	일본 정원
절충식 정원	• 한 정원 내에 정형식 정원과 자연식 정원의 형태적 특성을 동시에 지닌 정원	자연식 + 절충식	목동 파리공원

나. 정형식 정원양식

1) 평면기하학식
① 평야지대에서 발달한 프랑스 정원
② 평면상의 대칭적인 구성

2) 노단식
① 이탈리아 정원이 대표적, 우리나라 경복궁 교태전 후원의 아미산
② 경사지에 계단식 처리 – 몇 개의 단으로 구성

③ 바빌로니아의 공중정원, 이탈리아의 빌라정원

3) 중정식
① 건물로 둘러싸인 내부 안에 정원 조성
② 정원에는 소규모 분수나 연못을 만듦
③ 물의 풍부한 사용을 통해 존귀성을 나타냄
④ 중세 수도원 정원, 스페인 정원 등

다. 자연식 정원양식

1) 전원(자연)풍경식
① 동아시아, 유럽의 18세기 영국(영국은 17세기까지 정형식, 18세기 이후 자연식으로 전환)
② 넓은 잔디밭을 이용하여 목가적인 자연 풍경을 관상하도록 함
③ 영국에서 발생하여 후에 독일의 풍경식 정원으로 발달

2) 회유임천식
① 숲과 깊은 굴곡의 수변을 이용
② 연못, 호수 중심으로 정원을 조성하였으며 다리를 가설하여 주변을 돌면서(회유) 경관을 즐김

3) 고산수식
① 물을 전혀 사용하지 않음
② 불교의 영향을 받은 극도의 추상적 구성
③ 14세기 - 축산고산수식 : 나무(산봉우리), 바위(폭포), 왕모래(물) 연상시킴
④ 15세기 - 평정고산수식 : 바위(섬), 왕모래(바다) 연상시킴, 수목 사용 안함

라. 정원양식의 발생 요인

1) 자연환경요인
① 기후
② 지형
  ㉮ 산악지형 : 이탈리아, 경사지를 이용한 노단식 정원 조성
  ㉯ 평탄지형 : 프랑스, 평면기하학식 정원 발달

2) 사회환경요인
① 종교와 사상
  ㉮ 신선사상의 영향 : 불로장생하는 신선의 거처를 현실화 시키고자 함(백제의 궁남지, 신라의 안압지)
  ㉯ 불교사상의 영향 : 일본의 고산수식 정원

㉰ 중세시대 종교의 영향으로 폐쇄적인 수도원 정원이 발달
　　　㉱ 이슬람 세계의 종교의식을 위해 손을 씻거나 목욕을 하기 위한 형태의 정원 발달
　② 민족성
　　　㉮ 영국의 풍경식 정원 : 유럽의 기하학식 정원 양식 속에서 경관과 자연을 찬미하던 18세기 영국의 시대적 풍조에 기인
　　　㉯ 일본의 고산수식 정원 : 축소 지향적인 일본의 민족성에 기인

3) 역사성
　① 중세 암흑시대 : 회랑(回廊)의 폐쇄적 중정(中廷), 적과 동물의 침입을 방어하기 위해 성곽 주위에 해자를 만들어 외부로부터 침입을 막고자 하는 의도
　② 르네상스시대 : 개방적 형태의 정원
　③ 우리나라 : 삼국시대와 고려시대는 중국을 닮은 형태였으나, 조선시대에 이르러 방지원도(方池圓島)의 독특한 형태

3 우리나라의 조경

가. 우리나라 조경의 개요

시대		정원	
고조선시대		• 유(囿)를 만들었다는 대동사강의 기록	
삼국시대	고구려	• 대성산성 • 안학궁정원 : 비정형식 자연풍경식	
	백제	• 임류각(동성왕 22년, 500년) • 궁남지(무왕 35년, 634년) • 석연지(의자왕, 불교의 영향)	
통일신라		• 임해전과 안압지(문무왕 14년) : 신선사상을 배경으로 해안풍경 묘사 • 포석정의 곡수거 : 왕희지의 난정기 유상곡수연에서 유래 • 사절유택 : 귀족들의 별장정원	
고려시대	궁궐정원	• 동지, 격구장, 화원, 정자	• 송나라와 원나라 영향의 사치 조경
	민간정원	• 이규보의 사륜정	

시대			정원	
조선시대	궁궐정원	경복궁	• 경회루지원(장방형 원지(苑池)), 아미산후원, 향원정(방지원도)	• 한국적 색채 농후 • 후기에 풍수지리설과 음양오행설 • 무기교의 기교
		창덕궁	• 후원 중심(부용정, 애련정, 옥류천 등) • 낙선재후원 – 계단식 후원	
		덕수궁	• 석조전 : 우리나라 최초 서양식 건물 • 침상원 : 우리나라 최초 유럽식 정원	
	민가정원	별서정원	• 양산보 소쇄원, 윤선도 부용동원림, 정약용 다산초당 정영방 서석지, 김조순 옥호정 등	

나. 삼국 및 통일신라시대 조경

1) 고구려

① 안학궁 – 장수왕 2년 (AD 427년)
  ㉮ 고구려 정원 유적의 대표적인 것
  ㉯ 한 변이 620m 정도의 직사각형 성벽으로 둘러싸인 궁 – 11만 7천평의 토성
  ㉰ 비정형적 자연풍경식의 정원 특색을 보임
② 대성산성 – 장수왕 때
  ㉮ 여섯 개의 크고 작은 봉우리를 포함한 산성
  ㉯ 역할 : 무기, 식량 비축한 군사기지, 유사시 왕궁 역할

2) 백제

① 궁남지 – 무왕 35년(634년) : 궁남에 연못을 파고 방장선도를 축조했으며 사안에 양류심음
② 임류각 – 동성왕 22년(500년) : 삼국사기에 전각과 임류각을 지어 희귀한 새와 짐승을 길렀던 화려한 연못이 있었다 함
③ 석연지 – (의자왕) : 정원 장식 첨경물로써 화강암을 어항처럼 만들고 연꽃을 심음(불교의 영향을 받은 것으로 추정됨)

정원 담당 관서
• 고려 : 내원서(內園署)
• 조선 : 장원서(掌園署)

노자공
• 백제인으로 일본에 건너가 일본 궁실 남정에 불경에서 유래된 수미산과 오교로 이루어진 정원을 꾸밈
• 〈日本書紀〉: 일본의 정원에 대한 최초의 기록

3) 신라 및 통일신라
　① 안압지 – 문무왕 14년 (674년)
　　㉮ 면적이 5,100평, 대·중·소 3개의 섬(거북 모양의 섬)
　　㉯ 2월 궁중에 못을 파고 돌을 쌓아 무산십이봉을 본뜬 산을 만들고 진금기수(진기한 새와 짐승)를 기름
　　㉰ 곳곳에 괴석 형태의 바닷돌을 자연스럽게 배치, 바닷가의 경관을 조성하고자 한 의도
　　㉱ 임해전 – 건물명처럼 정원을 바다로 표현하고자 한 구상
　　㉲ 물가는 다듬은 돌로 호안석축 – 바른층 쌓기
　　㉳ 못의 관·배수시설, 반석의 사용, 유속의 감소를 위한 수로의 형태 등이 매우 정교하며 관수와 배수 시설의 분리
　　㉴ 안압지 포함한 임해전 지원은 신선사상 바탕으로 구성, 주로 연회와 관상, 뱃놀이 등의 목적
　② 포석정
　　㉮ 왕의 위락 공간으로 곡수연을 즐겼다.(왕희지의 난정기 영향)
　　㉯ 과거에는 포석정이라는 정자와 같이 있었다는 것을 추측할 수 있으나 현재는 곡수거만 남아있음

다. 고려시대

1) 동지
　① 공적 기능의 정원으로 왕과 신하의 위락 공간, 백제의 궁남지나 신라의 안압지와 유사한 기능
　② 고려말까지 존속한 고려의 대표적 정원, 남아있지 않음

2) 화원
　① 궁궐 내의 담으로 둘러싸인 공간을 이용해서 꾸민 정원, 현재의 화단과 유사
　② 송나라와 원나라에서 나무와 화초를 수입하여 식재함 (이국적인 분위기 연출)

3) 격구장
　말을 타고 공을 다루는 동적인 기능의 정원

고려시대
- 전반적으로 중국 정원 역사 가운데 가장 화려했던 송나라의 영향을 받아 화려한 관상 위주의 정원을 꾸밈
- 이규보의 사륜정 : 6명이 탈 수 있는 이동식 정자
- 순천관 : 송나라 사신이 왔을 때 영빈관으로 이용
- 원정 : 전망좋은 강변과 언덕에 휴식과 조망을 위해 설치한 정자

4) 석가산
    ① 괴석을 이용하여 산을 만드는 기법은 중국에서 시작해 예종 11년 도입
    ② 신선세계를 울타리 안에 모사하려는 의도

라. 조선시대

1) 조선시대 정원의 특징
    ① 중엽 이후 한국적 색채가 짙은 정원양식으로 발달(후원양식)
    ② 신선사상 : 삼신산과 불로장생을 상징하는 십장생 및 중도(中島)를 설치
    ③ 음양오행설 : 방지원도(方池圓島)

2) 궁궐정원
    ① 경복궁(정궁)
        ㉮ 기하학적 형태의 정원
        ㉯ 남북으로 연결된 축을 중심으로 각종 시설물을 좌우대칭으로 배치
        ㉰ 아미산 – 교태전의 후원, 평지에 인공적으로 축산한 계단식 정원
    ② 창덕궁(이궁)
        ㉮ 동궐, 후원을 금원 또는 비원이라 함
        ㉯ 낮은 곳에 못을 파고, 높은 곳에 정자를 세워 관상, 휴식
        ㉰ 경복궁과 달리 후원의 자연지형 이용
        ㉱ 부용지를 중심으로 한 공간 : 부용정, 주합루, 어수문, 영화당
        ㉲ 반도지를 중심으로 한 공간 : 부채꼴의 관람정과 존덕정, 일영대 등
        ㉳ 옥류천(곡수연 터, 후원 가장 안쪽에 위치) : 청의정과 태극정
    ③ 창경궁
        ㉮ 조선시대 궁궐 중 유일하게 동쪽을 향해 지어졌다.
        ㉯ 통명전(왕실 대비가 거주했던 내전) 지당
    ④ 덕수궁
        ㉮ 석조전 : 우리나라 최초의 서양식 건물, 1909년 영국의 하딩이 설계
        ㉯ 침상원 : 석조전 앞 우리나라 최초의 유럽식 정원

3) 별서정원(농사 + 별장)
    ① 사대부가 본가와 떨어져서 초야에 지은 집
    ② 농사를 경영하는 별장의 성격
    ③ 수목을 거의 식재하지 않은 효(孝)를 행하기 위한 공간
        ㉮ 양산보의 소쇄원(1520년~1530년, 전라남도 담양)
        ㉯ 윤선도의 부용동원림(1637년, 전라남도 완도군 보길도)

㉓ 정영방의 서석지(1636년, 경상북도 영양군)
㉔ 정약용의 다산초당(1808년, 전라남도 강진군)
㉕ 김조순의 옥호정(1815년 서울 종로구 삼청동)

4) 민가정원 - 안마당
　① 안채 앞의 마당으로 가장 폐쇄적인 공간이며 나무를 거의 심지 않고 비워 놓았음
　② 가족행사 및 농사일 등에 이용

- **곡수연** : 유수에 술잔을 띄워 유배(흐르는 술잔)가 자기 앞을 지나가기 전에 시를 짓고 잔을 들고 술을 마시는 풍류놀이로 한국, 중국, 일본의 공통적인 놀이
- **강희안 [양화소록]** : 조선시대 전기 조경관련 대표 저술서이며, 정원 식물의 특성과 번식법, 괴석의 배치법, 꽃을 화분에 심는 법, 최화법(催花法), 꽃이 꺼리는 것, 꽃을 취하는 법과 기르는 법, 화분 놓는 법과 관리법 등의 내용이 수록되어 있다.
- **동산바치** : 동산을 다스리는 사람 즉, 정원사
- **십장생** : 해, 산, 물, 바위, 구름, 불로초, 소나무, 거북, 학, 사슴
- **오방색**

	북(北) 흑(黑) 수(水) 현무	
서(西) 백(白) 금(金) 백호	중앙(中央) 황(黃) 토(土) 황용	동(東) 청(靑) 목(木) 청룡
	남(南) 적(赤) 화(火) 주작	

4 동양의 조경

가. 중국의 조경

1) 중국 정원의 특징
경관의 조화보다는 대비에 중점을 둠(대비의 미), 사의주의 자연 풍경식(영국은 사실주의 자연 풍경식)

시대	특징	
진시대 (BC 249~207)	• 아방궁 : 소실되고 남아있지 않음	
한시대 (BC 206~ AD 220)	• 상림원 : 왕의 사냥터 중 가장 오래된 정원, 곤명호를 비롯한 6개의 대 호수 • 태액지원 : 신선사상에 의한 봉래, 방장, 영주 세 섬을 축조, 조수용어상 배치	
진시대 (265~419)	• 왕희지 : 난정기(곡수에 대한 최초 기록)	
당시대 (618~906)	• 온천궁, 대명궁, 장안성, 구성궁 • 호화롭고 거대한 규모, 인위적 요소 많아짐 • 중국 정원의 기본적 양식이 굳어진 시기 • 현존하는 유적 없음	
송시대 (960~1279)	• 사대부 중심의 사치스러운 관상 조경 • 태호석을 즐겨 사용함	
금시대 (1115~1234)	• 북해공원	
원시대 (1206~1367)	• 사자림(소주지방) • 괴석을 이용한 석가산 수법	
명시대 (1368~1644)	• 졸정원(소주지방) • 민가정원이 발달	• 작원 • 많은 정원서적이 발간됨
청시대 (1616~1911)	• 원명원이궁 • 피서산장	• 만수산이궁(이화원) • 현존하는 대부분의 조경 유적

2) 시대별 중국 조경
① 주시대 : 시경에 영대, 영유, 영소에 대한 기록이 남아 있음
② 진시대 : 진시황의 [아방궁]
③ 한시대
 ㉮ 상림원 : 둘레가 약 300여리(100여 km), 이궁이 70여 채, 화목 3,000여종 식재, 갖가지 짐승들이 방사되어 황제의 수렵장으로 활용하기도 함, 곤명호를 비롯 6개의 대 호수 만듦

㉯ 태액지원 : 신선사상에 의한 봉래, 방장, 영주 세 섬을 축조하고 못가에는 청동이나 대리석으로 만든 조수용어상을 배치
④ 진시대
　　왕희지 – 난정기(瀾亭記) : 원정에 곡수를 돌리는 수법의 시초
⑤ 당시대
　　㉮ 장안성, 대명궁의 궁원과 온천궁, 구성궁 등의 이궁
　　㉯ 호화롭고 거대한 규모, 인위적 요소가 많아지기 시작
　　㉰ 연못, 괴석을 배치하는 등 중국 정원의 기본적 양식이 굳어진 것으로 추측됨
　　㉱ 현존하는 유적은 없으며 구성이 화려함
⑥ 송시대
　　㉮ 민가정원 : 소주지방의 창랑정
　　㉯ 태호석을 이용하여 정원 속에 산악이나 호수의 경관과 유사한 구성을 부분적으로 조성
　　㉰ 사대부에 의한 화려한 관상 위주(화목류와 괴석을 많이 씀)
　　㉱ 화석강 – 괴석의 일종인 태호석을 운반하던 배
⑦ 원시대 : 소주의 사자림
⑧ 명시대
　　㉮ 많은 정원서적 발간됨 – 계성의 원야
　　㉯ 작원
　　㉰ 민가정원으로 졸정원과 작원
⑨ 청시대 : 강남지역(양주, 소주)은 기후가 온화하여 수목과 화훼류가 다양하고 많은 정원이 조성

구분	특징
만수산 이궁 (이화원)	• 건륭제가 조영하였으며 면적은 90만평 • 인력으로 파내서 만든 인공호수 곤명호와 이 흙을 이용한 60m 높이의 만수산 • 3/4이 수경(호수)이며 세계제일의 정원으로 손꼽히고 있음
원명원 이궁	• 르 노트르의 영향을 받은 동양 최초의 서양식 정원 • 면적은 약 180만평으로 소실됨
승덕 피서산장	• 승덕에 있는 황제의 여름별장

> **중국의 정원**
> • 중국 대표적 민가 정원 : 졸정원, 작원
> • 소주지방 4대 명원 : 졸정원, 사자림, 창랑정, 유원
> • 원명원 이궁 : 동양 최초 서양식 기법 도입
> • 지금 남아있는 중국의 정원 유적은 주로 명·청 양시대의 정원 유적이다.

나. 일본의 조경

1) 일본 정원의 특징

자연의 사실적인 취급보다는 축경법을 이용하여 상징적으로 표현, 기교와 관상가치가 뛰어난 인공적인 기교

나라명	시대	정원양식	특징 및 작품
비조시대 (아스카)	6C	임천식	• 일본서기 : 백제유민 노자공이 수미산과 오교를 만들었다는 기록 • 신선사상
평안시대 (헤이안)	8C~11C	임천식 침전식	• 침전조양식 : 동삼조전 • 조우이궁의 원지
겸창시대 (가마쿠라)	12C~13C	회유임천식	• 정토정원 : 불교의 극락정토 묘사 • 몽창국사
실정시대 (무로마치)	13C~15C	고산수식	• 고산수식정원 : 물을 전혀 사용하지 않음
도산시대 (모모야마)	15~16C	다정식	• 다정 : 다도를 즐기기 위한 소정원 • 석등, 수수분, 수법이 화려해짐
강호시대 (에도)	16C~18C	회유식(지천임천식) 원주파임천식	• 임천식 + 다정식
명치시대 (메이지)	18C~19C	축경식	• 서구식 정원 등장

2) 시대별 일본 조경

① 비조시대(아스카) - 6C
  ㉮ 일본서기에 백제사람 노자공이 일본 궁실 남정에 수미산(상상의 섬)과 오교(홍교)를 만들었다는 기록
  ㉯ 일본서기 : 조원에 대한 일본 최초의 기록
② 평안시대(헤이안) - 8C~11C
  ㉮ 침전조지원 양식 - 주건물을 침전으로 그 앞에 정원을 조성 : 동삼조전
  ㉯ 작정기(귤준망) : 일본 최초의 조경 지침서로 원지 만드는 법, 지형취급 방법, 입석 의장법 등이 수록되어 있다.
③ 겸창시대(가마쿠라) - 12C~13C
  ㉮ 몽창국사의 활약으로 서방사와 천룡사
④ 실정시대(무로마치) - 13C~15C
  ㉮ 불교의 영향을 받은 고산수식(물을 전혀 사용하지 않음)

㉯ 축산고산수식은 수목 등 식물재료 사용, 평정고산수식은 식물재료를 일체 사용 안함

구분	시대	특징 및 작품
축산고산수식	14C	• 나무를 다듬어 산봉우리, 바위를 세워 폭포, 왕모래를 깔아 냇물을 연상 • 대선원, 금각사, 은각사
평정고산수식	15C	• 바위를 세워 섬, 왕모래를 깔아 바닷물 영상, 바다를 추상적으로 표현 • 용안사정원

⑤ 도산시대(모모야마) – 15~16C
  ㉮ 수법이 화려해지기 시작
  ㉯ 석등과 수수분 등장
  ㉰ 호화롭지 않고 다도를 즐기는 다실과 주변 공간을 조화시킨 다정양식
  ㉱ 차나무를 재배하는 실용원과는 관련이 없음
⑥ 강호시대(에도) – 16C~18C
  ㉮ 임천식에 다정식을 가미한 회유식(원주파임천식) 발달
⑦ 명치시대(메이지) – 18C~19C
  ㉮ 서방정원이 일본에 도입된 시기
  ㉯ 신숙어원, 히비야공원(일본 최초 서양식 공원)

> **일본의 정원**
> • 축산고산수정원 : 바위(폭포), 왕모래(냇물), 다듬은 수목(산봉우리) 등으로 추상적인 정원을 꾸민 것
> • 평정고산수정원 : 후에 수목을 완전히 배제한 정원

5 서양의 조경

가. 서양 조경의 개요

시대	나라	특징
고대	이집트	• 주택정원 : 기후영향 큼, 현존하지 않음 • 신전정원 : 데르엘바하리신전 (노단식) • 묘지정원 : 사자의 정원

시대	나라	특징
고대	서아시아 (바빌론)	• 수렵원 : 오늘날 공원의 효시 • 공중정원 : 최초 옥상정원(노단식)
	그리스	• 주택정원 : 외부에 폐쇄적인 내향적 구성, 중정(court) • 공공조경발달(짐나지움, 성림, 아카데미) • 아고라 : 광장 • 히포데이무스 : 격자형 도로체계
	로마	• 폼페이 주택(2중정 1후정) • 빌라 • 포룸 : 광장
중세	스페인	• 알함브라 정궁 (4개의 중정) • 헤네랄레페 이궁
	무굴인도	• 타지마할 : 궁전 형태의 묘지정원 • 물을 가장 중요한 정원 소재로 사용
르네상스	이탈리아	• 노단식(축을 중심으로 좌우 대칭) • 피렌체 : 최초의 노단건축식정원 발달 • 캐스캐이드, 정원극장, 동굴 등 • 빌라 메디치 : 르네상스 최초 빌라
	프랑스	• 앙드레 르 노트르 • 보르비콩트 : 최초의 평면 기하학식 • 비스타 : 눈가림 수법
	영국	• 튜더왕조의 정형식(매듭화단, 미원 등)
근대	영국	• 낭만주의 운동, 자연풍경식 • 찰스브릿지맨 : 하하수법 • 버큰헤드공원 : 최초의 공공적 성격의 공원 • William Chambers : 브라운파 비판, 중국풍 정원 설계하며 큐가든 조성
	독일	• 무스코 정원 : 자연식 • 분구원 : 실용원
	미국	• 옴스테드 : 현대 조경의 아버지 • 센트럴파크 : 최초의 도시공원

나. 이집트

1) 이집트 특징

① 자연환경 : 사막 기후로 무덥고 건조

② 종교 : 태양신을 숭배하였으며 사후세계를 믿음

③ 건축 : 분묘건축(피라미드, 스핑크스 등), 신전건축(데르엘바하리 등) 발달

④ 기타 : 수목의 생육을 중요시하여 원예가 발달

2) 주택정원
    ① 현존하는 것은 없고 무덤 벽화로 추측
    ② 정문과 주거건물 사이를 연결하는 축을 중심으로 좌우 대칭형으로 구성
    ③ 연못가에 키오스크가 있고, 정문에서 주거건물은 포도덩굴로 그늘지게 한다.
    ④ 중심축 좌우 – 직사각형 형태의 연못

3) 신전정원
    ① 핫셉수트(Hatshepsut) 여왕이 태양신인 아몬드 모심
    ② 산중턱의 계단식 형태 – 3단으로 구성
    ③ 열주를 세워 장식한 대규모의 신전건축과 주변에 정원을 조성
    ④ 스핑크스 배치, 아카시아 등 수목 열식

4) 묘지정원(死者의 정원)
    테베(The-bes), 레크미라(Rekh-mira)의 묘지 정원

> **키오스크**
> 이슬람 건축에서 볼 수 있는 원형 정자로 기둥과 지붕만으로 이방되어 있다.

다. 서아시아 (바빌로니아)

1) 서아시아 특징
    ① 자연환경 : 유프라테스강, 티그리스강으로 둘러싸인 사막지역, 강우량 적음
    ② 종교 : 메소포타미아문명
    ③ 건축 : 지구라트(Ziggurat) – 대규모 동산을 만들어 정상에 수호신을 모심
    ④ 조경 : 관개용수로 설치 – 수목식재 가능, 관개의 편의상 규칙적 배식수법
    ⑤ 기타 : 수목의 신성시 – 정원수로 여러 종류의 과수 식재

2) 수렵원(hunting garden)
    ① 기능 – 수렵, 야영장, 훈련장, 제사장, 향연장 등 다용도
    ② 계획기법
    ③ 오늘날 공원의 시초

3) 공중 정원(hanging garden)
    ① BC500년경 신바빌로니아의 네부카드네자르 2세가 왕비인 아미티스를 위하여 건설한 세계 고대 7대 불가사의 중의 하나
    ② 테라스에(노단) 식재로 인공의 산 조성(인공관수, 방수층), 최초의 옥상정원임
    ③ 벽은 붉은 벽돌로 축조된 것으로 추측 됨

> **가공원(架空園)**
> 공중에 걸쳐있는(또는 걸려있는) 정원을 말한다.

4) 파라다이스가든(Paradise garden)
① 정원은 담으로 둘러싸이고, 맑은 물이 흐르며, 신선한 녹음이 있는 지상낙원 재현
② 방형의 공간에 수로가 교차하는 사분원(四分園)을 조성
③ 여러 종류의 과수를 식재, 상수체계인 카나드가 발달함

라. 그리스

1) 그리스 특징
① 자연환경 : 지중해성 기후로 연중온화하고 쾌청한 편이기 때문에 옥외생활을 즐김
② 국민성 : 정원을 가꾸기보다는 도시생활을 즐기며, 정원중심 아닌 건물 중심
③ 조경
　㉮ 개인정원 보다는 공공정원 발달
　㉯ 히포데이무스 – 최초 도시계획가(격자형 도로체계)

2) 주택정원
① 중정(court)을 중심으로 방 배치
② 외부에 폐쇄적인 내향적 구성

3) 공공정원
① 성림 : 신들에게 제사를 지내기 위한 장소, 분수, 꽃으로 장식하여 성스러운 정원을 만듦
② 짐나지움 : 청년들의 체력단련시설
③ 아카데미 : 학습의 장

4) 도시계획과 도시조경
① 히포데이무스 : 최초의 도시계획가로서, 최초로 장방형의 격자형 도로망을 가진 도시계획을 실시함
② 아고라 : 그리스의 각 도시국가에서 만들어진 광장으로 도시계획의 구심점이 되며, 도시 활동의 중심지로 시장 및 집회의 기능을 담당

> **아고라(agora)**
> 건물로 둘러싸여 상업 및 집회에 이용되는 옥외공간을 말한다. 광장을 말하며 로마시대의 광장에는 포룸(forum)이 있다.

마. 로마

1) 로마의 특징
① 자연환경 : 겨울은 온화하나 여름은 몹시 무더운 기후로 구릉지에 빌라(Villa) 발달
② 인문환경 : 그리스인이 바다 지향적인 도시인인데 반하여, 고대 로마인은 대지에 관심을 둔 농업과 취미인 원예가 발달

2) 주택정원
① 2개의 중정과 1개의 후정(아트리움, 페리스틸리움, 지스터스)
② 내향적인 구성
③ 중정의 구성

	아트리움 (atrium)	페리스틸리움(peristylium)	지스터스(xystus)
공간 구성	• 제 1중정 • 무열주 중정(無柱廊中庭)	• 제 2중정 • 주랑식 중정(柱廊中庭)	• 후정
용도	• 공공장소(손님접대)	• 가족의 사적인 공간	
특징	• 바닥은 돌로 포장 • 화분장식	• 넓고 포장되지 않음 • 꽃을 정형적인 식재 • 분수, 조각의 정형적 배치	• 군식 또는 5점식재 • 중앙의 수로를 중심으로 원로와 화단 배치

3) 포룸(Forum)
① 로마의 공공 조경과 지배계급을 위한 상징적 공간으로 집회와 휴식의 장소
② 아고라에 비해 시장기능은 빠지고, 업무 중심지역으로 왕의 행진, 집단이 모여 토론할 수 있는 광장의 성격

바. 스페인

1) 스페인 특징
① 인문환경 : 아랍 민족은 기원전 7세기경부터 서쪽으로는 스페인, 동쪽으로는 인더스 강 유역까지 진출하여 사라센 문명 이룩
② 기타 : 물을 신성시 하였으며 중정(Patio)식

2) 알함브라(Alhambra) 궁전
① 알함브라는 적색도시(red city)라는 아라비아어로 붉은 벽돌로 건물과 성채를 지은 데서 유래
② 4개의 중정(파티오)이 남아 있음 – 알베르카 중정, 사자의 중정, 린다라야 중정, 창격자 중정

③ 중정의 구성

구분	특징
알베르카(Alberca) 중정	• 궁전의 주정 역할을 함 • 이슬람 세계의 종교 의식에 쓰이던 욕지, 분수대, 사라센 양식의 탑, 아치로 된 회랑 등이 있음 • 공적 기능과 엄격한 비례, 화려함으로 구성된 이슬람 성격이 가장 강한 중정
사자(Lions)의 중정	• 원기둥이 섬세한 장식의 아치를 떠받치고 있음 • 분수에서 4개의 수로가 사방에 뻗음 • 12마리 사자상과 물의 시각적, 청각적 효과 살리면서 물의 존귀성 표현 • 4개의 중정 중 가장 화려함
린다라야(Lindaraja) 중정	• 기독교적 색채를 띠며 다라하 중정이라고도 함 • 회양목으로 가장자리 식재하여 여러 모양의 화단을 만들고 화단 사이는 맨 흙의 원로 • 중정 가운데 분수 시설 • 여성적인 분위기
창격자 중정	• 사이프러스 중정이라 함 • 중정 네 귀퉁이에 사이프러스 식재 • 중앙에는 분수 – 4개의 수로와 연결 • 바닥은 둥근 색자갈로 무늬

> 알베르카와 사자의 중정은 이슬람적 성격이 강하고, 린다라야와 창격자 중정은 기독교적 색채가 강함

3) 헤네랄리페(Generalife) 이궁
① 그라나다 왕들의 피서를 위한 은둔처
② 경사지의 계단식 처리와 기하학적인 구성(노단 건축식의 시초)

구분	특징
수로(Cannal)의 중정	• 3면이 건물, 한쪽은 아케이드로 둘러싸여 있음 • 건물입구까지 길 양쪽의 분수가 아치모양 이룸
사이프러스 중정	• 6개의 노단이 연속되어 있으며, 노단의 정상부에는 사이프러스 식재

4) 스페인 정원의 특징
① 중정 구성의 독특함과 섬세한 장식
② 물과 분수의 풍부한 사용
③ 대리석과 벽돌이 기하학적 형태
④ 다채로운 색채를 도입

사. 이탈리아

1) 이탈리아 특징
① 노단(테라스)의 조화로 좋은 전망을 살리고자 함
② 평면적으로 강한 축을 중심으로 정형적 대칭을 이룸
③ 계단폭포(캐스캐이드), 물무대, 정원극장, 동굴 등의 정원수법 발달
④ 이탈리아 정원 3대 원칙 : 총림, 테라스, 화단

2) 빌라 메디치 – 15세기 빌라
① 르네상스 시대 최초의 빌라
② 메디치 가문에 의해 조성

3) 빌라 데스테(에스테장) – 16세기 빌라
① 물의 처리가 가장 뛰어난 4개의 단으로 이루어진 노단식 정원
② 14,000평의 대지에 100개의 분수, 용의 분수, 감탕나무 등을 식재
  ㉮ 1단 : 감탕나무 총림, 물풍금
  ㉯ 2단 : 용의 분수
  ㉰ 3단 : 100개의 분수
  ㉱ 4단 : 카지노
  ㉲ 자수화단 및 연못
③ 주축선을 따라 또는 주축선에 직교하며 분수나 연못을 설치

아. 프랑스

1) 프랑스 특징
① 소로(allee)와 삼림의 적극적 이용
② 대도시나 그 주변의 왕과 귀족의 저택에서 유명한 정원
③ 이탈리아의 영향을 받은 평면 기하학식

2) 보르비콩트 정원 – 니콜라스푸케(Nicolas Fouquet)
① 최초의 평면 기하학식 정원으로 앙드레 르 노트르의 작품
② 비스타 정원(vista garden) – 숲을 관통한 산책로가 주축에 직각 혹은 대각선 방향으로 뻗어 나감

> • 눈가림 수법 : 정원의 넓이를 한층 더 크고 변화 있게 하려는 조경 기술
> • 비스타 : 좌우로의 시선이 숲 등에 의하여 제한되고 정면의 한 점으로 시선이 모이도록 구성되어 주축선이 두드러지게 하는 경관구성 수법, 정원을 크고 길게 보이게 하는 효과가 있음

3) 베르사이유 궁
① 르 노트르에 의해 설계된 세계 최대 규모의 정형식 정원
② 건물 또는 연못 중심으로 태양광선이 펼쳐지는 듯한 방사상의 축선을 복합적으로 전개
③ 주축을 따라 저습지의 배수를 위한 수로(canal) 설치
④ 부축의 교차점 – 화려한 화단, 분수, 연못 등이 잘 가꾸어진 수목에 둘러싸여 배치되었으며, 강한 축과 보스케(잡목이 우거진 숲)에 의한 비스타 수법을 사용

4) 앙드레 르 노트르의 특징
① 장엄한 스케일과 건물 중심이 아닌 정원 중심
② 2차원적인 평면 기하학식
③ 비스타와 소로의 끝없는 외부 확산

자. 영국

1) 영국 특징
① 17세기 튜더왕조까지는 정형식, 18세기 이후 낭만주의 운동으로 자연 풍경식으로 발전
② 넓은 목초지와 목가적인 풍경을 정원화 함

2) 정형식 정원
① 11세기~17세기 튜더왕조에 이탈리아와 프랑스의 영향으로 발달
② 축을 중심으로 한 기하학적인 구성과 매듭화단(knot garden), 미원 등이 유행

- 매듭화단 : 낮게 깎은 회양목 등으로 화단을 여러 가지 기하학적 문양으로 구획 짓는 것
- 미원 : 수목을 전정하여 정형적인 모양의 미로를 만든 것

3) 자연(전원) 풍경식 정원
① 18세기 낭만주의 운동과 영국 풍토와 환경 여건에 맞는 조경을 창조하자는 운동이 전개됨
② 영국의 자연적 경관의 특징
  ㉮ 느릅나무, 참나무의 무성한 숲
  ㉯ 넓은 목초지
  ㉰ 드문드문 서있는 교목 등 목가적인 전원 풍경
③ 스토(Stowe) 정원
  ㉮ 찰스 브릿지맨(C.Bridgeman)이 정원 설계
  ㉯ 후에 윌리암 켄트(W. Kent)가 수정 – 기하학적인 선을 없애고 부드럽게 개조함
  ㉰ 다시 란셀로트 브라운(L.Brown)이 개조

㉔ 하하(Ha-Ha) 개념의 도입

> **하하(Ha-Ha)**
> 중세 프랑스의 군사용 호(濠)로서, 정원에 물리적 경계 없이 정원을 바라볼 수 있게 정원 부지의 경계선에 깊은 도랑을 팜으로써 일명 가축을 보호하고 목장이나 삼림, 경지 등을 정원 풍경 속에 끌어들이자는 의도에서 나온 것

4) 자연 풍경식 정원가

정원가	주요 내용
스테판 스위처	• 최초의 풍경식 조경가
조셉 에디슨	• "자연 그대로가 더 아름답다."
루소	• "자연으로 돌아가라"
찰스 브릿지맨(C.Bridgeman)	• 하하(Ha-Ha) 개념의 도입 • "담너머 보이는 자연 경관은 누구나 관망할 수 있어야 한다."
윌리엄 켄트(W. Kent)	• 근대 조경의 아버지 • "자연은 직선을 싫어한다."
험프리 렙튼(H.Repton)	• 영국 풍경식 정원의 완성자 • Landscape Gardener란 칭호를 최초로 사용 • 레드 북(Red Book)을 항시 지니고 다님
브라운(Lancelot Brown)	• "자연스러운 모든 자연이 정원이다"

> **레드 북(Red Book)**
> 설계도와 함께 개조 전의 모습과 개조된 후의 모습을 한눈에 비교해 볼 수 있고 이해하기 쉽게 하게끔 갖고 다니던 설득력 있는 스케치북

5) 공공적 성격의 공원

1843년 버큰헤드(Birkenhead)공원 : 조셉 팩스턴(Joseph Paxton)의 설계, 이후 센트럴 파크 조성에 영향을 미친다.

차. 독일

1) 독일 특징
① 영국의 풍경식 정원의 영향을 받으며 독특한 양식을 갖게 됨
② 식물 생태학과 식물 지리학에 기초를 둔 과학적 기반 위에 조성
③ 실용적 형태의 정원 발달

2) 분구원
① 한 단위가 200m² 정도 되는 소정원을 시민에게 대여 – 채소, 과수, 꽃 등의 재배와 위락을 위한 공간
② 현재까지도 실용적 측면에서 시행되고 있음

카. 미국

1) 센트럴 파크
① 1861년 옴스테드에 의해 조성된 최초 도시공원
② 그린스워드안(案)
  ㉮ 부드러운 곡선의 수변 및 폭넓은 원로와 잔디광장
  ㉯ 입체적인 동선 체계 구축과 차폐를 하기 위한 외곽부 식재
  ㉰ 마차 드라이브코스와 동적 놀이를 위한 경기장
  ㉱ 넓은 호수와 교육을 위한 화단과 수목원

2) 뉴저지주의 레드번(Redburn) 계획
① 라이트, 스타인이 소규모 전원도시 건설을 주장하였다.
② 뉴저지주 레드번에 인구 25,000명을 수용하는 전원 도시를 조성한다.
③ 슈퍼블럭(Super block)을 설정하여 보행자와 차량을 분리시킨다.
④ 쿨데삭(cul-de-sac) 도로를 조성한다.

> **쿨데삭(cul-de-sac)**
> - 주택 단지 내에 설치되는 도로의 유형으로, 단지 내 도로를 막다른 길로 조성하고, 끝부분에 차량이 회전하여 나갈 수 있도록 회차 공간을 만들어 주는 기법이다.
> - 통과 교통을 배제할 수 있으므로 소음 및 안전을 제고하여 주민의 편의를 도모하기 위해 사용된다.

6 조경미학

가. 조경미와 조경미 이론

1) 조경미
내용미, 색채미, 형태미

2) 조경미 이론

구분	내용
반복미	• 같은 모양의 조경 재료를 반복해서 배열할 때 나타나는 아름다움 • 질서정연하고 차분한 감을 가지게 되며 통일감과 안정감이 있다.
점층미	• 형태나 선, 색깔, 음향 등이 점차적으로 증가 또는 감소하는 것 • 좁은 부지에서 실제 면적보다 10% 더 크고 넓게 묘사할 수 있다.
운율미	• 일정한 간격을 두고 들려오는 소리, 색채, 형태 등(ex : 파도소리, 폭포소리, 시냇물소리)
복잡미	• 개체가 모여 복잡한 집단을 이루며 미를 창조하는 것
단순미	• 개체가 특징이 있는 것으로 균형과 조화 속에 단순한 자태를 나타낸다.
차경(借景)	• 멀리 보이는 자연 풍경인 산이나 바다 섬, 산림 등을 경관구성 재료의 일부로 이용
차폐미	• 아름답지 못한 경관의 한 부분이 너무 노출되어 미적인 가치가 없을 때 수목이나 자연석 등 아름다운 재료를 이용하여 가려주는 방법

나. 색채이론

1) 먼셀 색상환
먼셀의 20 색상환 중에서 B는 청색(Blue), G는 녹색(Green)이다.

▲ 먼셀의 20색상환

2) 광원의 성질
   ① 직진성 : 빛은 곧게 앞으로 직진한다.
   ② 연색성 : 조명이 물체의 색상에 영향을 미치는 성질
   ③ 발광성 : 외부의 어떤 자극에 의해 빛을 발하는 성질
   ④ 색순응 : 색의 빛 자극을 보고 나타나는 일시적인 감도의 변화(ex : 빨간색 보고 흰색을 보면 흰색이 일시적으로 녹색으로 보인다.)
   ⑤ 빨강(R), 초록(G), 파랑(B)가 합쳐지면 백색광이 만들어 진다.

3) 푸르킨예 현상
   색채의 지각에 있어서 조명이 어두워지면 파장이 긴 적색이 제일 먼저 보이지 않게 되며, 파장이 짧은 파랑색이 마지막까지 눈에 보이게 되는 시지각적인 성질을 말하며 단적인 예로 어두워 지면 빨강색이 제일 먼저 보이지 않는다.

다. 경관 구성의 요소

1) 경관구성의 기본(우세) 요소
   ① 선

구분	느낌
직선	• 굳건하고 남성적이다. • 일정한 방향을 제시한다.(ex : 산봉우리, 절벽의 윤곽선)
곡선	• 부드럽고 여성적이며 우아한 느낌을 준다.(ex : 구릉지, 하천의 곡선)
지그재그선	• 유동적이고 활동적이다. • 여러 방향을 제시한다.(ex : 구름모양)
수평선	• 안락하고 편안한 느낌을 준다.(ex : 대지의 고요함)
수직선	• 존엄성, 위엄, 고상함, 엄숙함

   ② 크기와 위치 : 크기가 커짐에 따라 높은 곳에 위치할수록 → 지각 강도가 높아진다.
   ③ 질감 : 물체의 표면이 빛을 받았을 때 생겨나는 밝고 어두움의 배합률에 따라 시각적으로 느껴지는 감각
   ④ 색채 : 감정을 불러일으키는 직접적인 요소

구분	느낌
따뜻한 색 (진출색, 팽창색)	• 정열적, 온화, 친근한 느낌 (ex : 봄철의 노란 개나리 꽃, 가을의 붉은 단풍)
차가운 색 (후퇴색, 수축색)	• 지적, 냉정함, 상쾌한 느낌(ex : 침엽수림이나 깊은 연못의 검푸른 수면)

2) 경관구성의 가변 요소
   ① 광선
   ② 기상조건
   ③ 계절
   ④ 시간

> **경관의 기본요소**
> 경관이 주변 지역과 차이 나도록 드러나게 하는 시각적 요소

라. 경관의 구성

1) 경관의 유형
   ① 파노라마 경관(전경관)
      ㉮ 시야를 제한받지 않고 멀리까지 트인 경관
      ㉯ 웅장함과 아름다움을 느낄 수 있으며, 자연에 대한 존경심을 일으키게 한다.
   ② 지형 경관(랜드마크경관) : 지형지물이 경관에서 지배적인 위치를 지니는 경우
   ③ 위요 경관 : 수목, 경사면 등의 주위 경관 요소들에 의하여 울타리처럼 자연스럽게 둘러싸여 있는 경관
   ④ 초점 경관(비스타경관)
      ㉮ 관찰자의 시선이 경관 내의 어느 한 점으로 유도되도록 구성된 경관
      ㉯ 비스타(vista) 경관 → 좌우로의 시선이 제한되고, 중앙의 한 점으로 시선이 모이도록 구성된 경관
   ⑤ 관개 경관(터널경관) : 교목의 수관 아래에 형성되는 경관
   ⑥ 일시적 경관
      ㉮ 대기권의 기상 변화에 따른 경관 분위기의 변화, 순간적으로 나타났다가 사라지는 경관
      ㉯ 설경, 노을, 무지개, 연못에 투영된 영상, 떼를 지어 날아가는 철새, 동물의 갑작스런 출현 등

2) 경관 구성의 기본 원칙
   ① 통일성 : 조화, 균형, 대칭, 강조
   ② 다양성 : 비례, 율동, 대비

3) 통일성
  ① 조화 : 색채나 형태가 유사한 시각적 요소들이 서로 잘 어울리는 것으로 전체적 질서를 잡아 주는 역할을 함(ex : 구릉지의 곡선과 초가지붕의 곡선)
  ② 균형과 대칭
    ㉮ 균형 : 한쪽에 치우침 없이 양쪽의 크기나 무게가 보는 사람에게 안정감을 주는 구성미
    ㉯ 대칭균형 : 모양과 크기가 같은 물체가 축을 중심으로 균형을 이루는 것(정형식 정원)
    ㉰ 비대칭 균형 : 모양과 크기가 서로 다른 물체가 시각 축 양쪽에서 균형을 이루는 것(자연풍경식정원)
  ③ 강조 : 동질의 형태나 색감들 사이에 이와 상반되는 것을 넣어 시각적 산만함을 막고 통일감을 조성(ex : 절벽위에 암자, 높은 언덕위에 집, 호수가의 정자)

4) 다양성
  ① 비례
    ㉮ 정원석의 높이와 너비의 비례, 산울타리의 길이와 높이의 비례를 통해 다양성을 추구할 수 있다.
    ㉯ ex) 황금비 – 1:1.618 , 삼재미 – 천(天)·지(地)·인(人)의 조화
  ② 율동
    ㉮ 동일한 요소나 유사한 요소가 규칙적 혹은 주기적으로 반복하면서 연속적인 운동감을 지니는 것
    ㉯ ex) 시각적 율동(수목의 규칙적 배열), 청각적 율동(폭포, 시냇물, 새, 풀벌레)
  ③ 대비
    ㉮ 상이한 질감, 형태, 색채를 서로 대조시킴으로써 변화를 주는 것(ex : 형태상의 대비 – 수평면의 호수에 면한 절벽, 색채상의 대비 – 녹색의 잔디밭에 빨간색의 사루비아)
    ㉯ 면적대비 : 작은 색견본을 보고 색을 선택한 다음 아파트 외벽에 칠했더니 명도와 채도가 높아져 보이는 현상
    ㉰ 색상대비 : 도형의 색이 바탕색의 잔상으로 나타나는 심리 보색의 방향으로 변화되어 지각되는 대비 효과로 색상이 다른 두 색을 동시에 인접하여 놓았을 때 두 색이 서로의 영향으로 색상 차가 나는 현상, 즉 색상의 차이가 보다 강조되어 보이는 효과를 말한다.
    ㉱ 연변대비 : 인접한 경계면이 다른 부분보다 더 강한 색상, 명도, 채도 대비를 나타내는 것
    ㉲ 채도대비 : 채도가 다른 두 색을 인접 배치하였을 때 채도가 높은 색은 더욱 높아 보이고 낮은 색은 더욱 낮아 보이는 현상

7 조경 계획

가. 제도의 개요

1) 제도란
① 제도 기구를 사용하여 설계자의 구상을 선, 기호, 문장 등으로 제도용지에 표시하는 일
② 도면작성의 유의사항
  ㉮ 누구나 쉽고 정확하게 이해할 수 있도록 표현
  ㉯ 도면의 청결성, 선이나 문자, 기호 등의 정확성, 일관성 및 간결성

2) 축척
① 축척 – 실물에 대한 도면에서의 줄인 비율

구분	내용	예
실척	실물과 동일한 크기로 제도한다.	1:1
축척	실물보다 작게 제도한다.	$\frac{1}{100}, \frac{1}{200}$
배척	실물보다 크게 제도한다.	1:2, 1:3

② 주택정원의 경우는 보통 1/100 축척을 사용

③ $\left(\frac{1}{축척}\right)^2 = \frac{도상면적(㎡)}{실제면적(㎡)}$

3) 윤곽선 및 표제란 설정
① 윤곽선 : 도면의 훼손 방지, 짜임새와 조화의 역할, 도면의 가장자리에 10mm 정도의 여백을 두고 좌측을 철할 경우에는 15mm 더 띄어서 25mm
② 표제란
  ㉮ 공사명, 도면명, 축척, 도면번호, 설계일시, 설계자명을 기입하기 위한 공간
  ㉯ 표제란 위치 : 도면 하단부에 좌우로 길게, 오른쪽 끝에 상하로 길게, 오른쪽 하단 구석에 작게

▲ 표제란 설정의 예

③ 도면의 규격(단위 mm)

제도지의 치수		A_0	A_1	A_2	A_3	A_4
b × a		1,189×841	841×594	594×420	420×297	297×210
c (최소)		10	10	10	5	5
d (최소)	철하지 않을 때	10	10	10	5	5
	철할 때	25	25	25	25	25
비고		전지	2절지	4절지	8절지	16절지

(a) 가로 도면   (b) 세로 도면

▲ 도면의 규격

4) 제도원칙

① 치수 표시

㉮ 원칙은 mm로 하며, 이 경우 단위 표시는 하지 않는다.

㉯ 치수선, 치수보조선 → 가는 실선

㉰ 치수기입 : 수평 치수는 치수선 중앙에 좌우로 기입, 수직치수일 경우 왼쪽에 상하로 기입

② 인출선

㉮ 대상 자체에 기입할 수 없을 때 사용하는 선

㉯ 수목명, 수목의 규격, 나무그루 수 등을 기입 시 이용

▲ 인출선 예   ▲ 인출선 교차 방법

| | | 같은 수종이라도 인출선이 교차하지 않도록 위·아래·좌·우로 나누어 표시한다. | 단면도 상의 인출선은 아래로부터 차례로 재료, 규격을 표시한다. |

▲ 식재평면도와 단면도에서의 인출선 사용 예

③ 선
  ㉮ 굵은 선 : 도면의 윤곽선, 건축물의 외곽선, 단면선 등
  ㉯ 중간 선 : 물체의 외형선, 경계선, 파선 등
  ㉰ 가는 선 : 문자의 보조선, 치수선, 지시선, 해칭선 등
  ㉱ 선의 종류와 용도

명칭		굵기(mm)	용도에 의한 명칭	용도
실선		전선 0.3~0.8mm	외형선 단면선	물체에 보이는 부분을 나타내는 선 절단면의 윤곽선
		가는선 0.2mm 이하	치수선, 치수보조선 지시선, 해칭선	설명, 보조, 지시 및 단면의 표시
허선	파선	반선 전선의 약 1/2	숨은선	물체의 보이지 않는 모양 표시
	일점쇄선	가는선 0.2mm 이하	중심선	물체의 중심축 대칭축 표시
		반선 전선의 약 1/2	경계선 절단선	물체의 절단한 위치를 표시 경계선으로 이용
	이점쇄선	반선 전선의 약 1/2	가상선 (경계선)	물체가 있을 것으로 가상되는 부분 표시

> **인출선 사용상의 유의사항**
> - 가는선으로 명료하게 긋고 마무리와 처리를 깨끗이 한다.
> - 인출선의 수평 부분은 기입사항의 길이와 맞춘다.
> - 인출선의 방향과 기울기는 통일하는 것이 좋다.
> - 인출선간의 교차나 치수선의 교차를 피한다.
> - 한 도면에서는 인출선의 굵기와 질 등을 동일하게 유지한다.

5) 수목 및 축척의 표시

　① 수목 표시

　　㉮ 간단한 원으로 표현하는 방법

　　㉯ 원 내에 가지 또는 질감을 표시하는 방법

　　㉰ 활엽수는 부드러운 질감으로 표현

　　㉱ 침엽수는 직선 혹은 톱날형 곡선을 사용하여 표현

　② 축척 표시

　　㉮ 분수로 표시하는 방법, 막대축척으로 표시하는 방법이 있다.

　　㉯ 막대축척으로 표시하는 방법은 도면의 확대 축소 시 편리 하다.

6) 시설물 및 구조물 기호

7) 설계도의 종류

　① 평면도

　　㉮ 물체를 위에서 바라 본 것으로 가정하고 작도한 것

　　㉯ 식재평면도 : 조경 설계시 가장 많이 사용하는 도면

　　㉰ 수목의 규격 : 수고(H), 수관나비(W), 흉고지름(B), 근원지름(R)

　　㉱ 수고와 수관나비는 m로 지름은 cm단위

　② 단면도

　　㉮ 구조물을 수직으로 자른 단면을 보여 준다.

　　㉯ 종류 : 종단면도, 횡단면도

　③ 투시도

　　㉮ 설계안이 완공되었을 경우를 가정하여 설계 내용을 실제 눈에 보이는 대로 절단한 면에서 먼 곳에 있는 것은 작게, 가까이 있는 것은 크고 깊이가 있게 하나의 화면에 그리는 도면

▲ 평면도

▲ 투시도

㉰ 유리창 너머를 유리창에 그린다는 생각을 가지고 원근법을 이용하여 그리기 때문에 입체적인 느낌을 가지게 된다.
④ 스케치
㉮ 눈높이나 눈보다 조금 높은 위치에서 보여지는 공간을 실제 보이는 대로 자연스럽게 표현한 그림
㉯ 나타내고자 하는 의도의 윤곽을 잡아 개략적으로 표현하고자 할 때, 즉 아이디어를 수집, 기록, 정착화하는 과정에 필요
㉰ 디자이너에게 순간적으로 떠오르는 불확실한 아이디어의 이미지를 고정·정착화시켜 나가는 초기 단계
⑤ 사투상도
기준선을 긋고 각 꼭지점에서 기준선과 45° 등을 이루는 사선을 나란히 그은 다음에 물체의 치수대로 그리는 방법이다.

▲ 사투상도

나. 조경 계획 과정

1) 계획과 설계의 개념
① 계획과 설계

구분	계획	설계
정의	장래 행위에 대한 구상을 짜는 일 → planner	제작 또는 시공을 목표로, 아이디어 도출하고 구체적으로 도면 또는 스케치 등의 형태로 표현 → designer
요구	합리적인 측면	표현적 창의성
구분	목표설정 → 자료분석 → 기본계획	기본설계 → 실시설계 단계
일반적	조경계획은 규모가 크고 자료 분석 및 합리성을 강조하는 과제	조경설계는 규모가 작고 아이디어 및 표현적 창의성이 강조되는 과제

② S.Gold의 레크레이션 접근법

구분	내용
자원접근법	물리적 자원 혹은 자연 자원이 레크레이션의 유형과 양을 결정
활동접근법	과거 레크레이션 활동의 참가 사례를 토대로 레크레이션 기회를 결정
행태접근법	언제, 어디서, 누가 등 이용자의 구체적인 행동 패턴에 맞추어 계획
경제접근법	지역 사회의 경제적 기반이 예산 규모에 따라 결정되는 방법
종합접근법	4가지 접근법을 종합하여 긍정적인 측면만 취하는 방법

③ 맥하그(Lan McHarg)가 주장한 생태적 결정론(ecological determinism) : 자연계는 생태계의 원리에 의해 구성되어 있으며, 따라서 생태적 질서가 인간 환경의 물리적 형태를 지배한다는 이론

> **조경 과정**
> 목표설정 → 자료분석·종합 → 기본계획 → 기본설계 → 실시설계 → 시공 및 감리 → 유지관리

2) 조경과정

구분	단계	내용
계획	① 목표설정	• 이용자의 선호도를 조사하여 계획의 목적과 방향 설정 • 공간규모 계획 : 공간의 종류, 규모, 수용인원 등을 결정
계획	② 자료수집	• 자연환경분석 : 기후, 지형, 식생, 토질 등 • 인문환경분석 : 종교, 민족성, 역사성, 정치 등 • 기본계획안 작성의 기초가 된다.
계획	③ 분석 및 종합	• 수집된 자료를 분석 종합
계획	④ 기본구상	• 종합된 자료를 토대로 기본 구상 및 공간 개념 도출
계획	⑤ 기본계획	• 대안작성(반드시 2개 이상) 후 장·단점을 비교하여 최종안 선택 • 최종안 → 기본계획도(Master Plan) • 토지이용계획, 교통동선계획, 시설물배치계획, 식재계획, 하부구조계획, 집행계획 등
설계	⑥ 기본설계	• 기본계획의 각 부분을 더욱 구체적으로 발전(각 공간의 정확한 규모, 사용 재료, 마감방법 등)
설계	⑦ 실시설계	• 실제 시공이 가능하도록 시공 도면을 작성하는 것 • 평면상세도, 단면상세도, 시방서, 공사비 내역서 작성 포함
시공	⑧ 시공 및 감리	• 식재 시공 • 시설물 시공
관리	⑨ 유지관리	• 이용관리 • 운영관리 • 유지관리

다. 조경 단계별 세부 내용

1) 자연환경분석
   ① 등고선의 성질
      ㉮ 등고선상의 모든 점은 같은 높이이다.
      ㉯ 등고선은 도면 안 또는 밖에서 서로 만나며, 없어지지 않는다.
      ㉰ 등고선이 도면 안에서 만나는 경우는 산꼭대기나 요지(凹地)이다.
      ㉱ 높이가 다른 등고선은 절벽이나 동굴에서 교차한다.
      ㉲ 급경사지에서 간격이 좁고, 완만한 경사지에서 간격이 넓다.
      ㉳ 경사가 같으면 같은 간격이다.

▲ 오목사면　　　▲ 볼록사면　　　▲ 평사면

   ② 지형도 : 등고선의 간격, 완경사와 급경사, 계곡과 능선, 산봉우리와 웅덩이, 절벽 등을 확인한다.
   ③ 고저도
      ㉮ 일정 높이마다 점진적으로 짙은색 또는 옅은색을 칠한 것이다.
      ㉯ 한 계통의 색을 사용(회색, 갈색계), 높은 곳을 짙게 표시한다.
   ④ 경사 분석도 : 완·급경사지의 분포를 쉽게 알아볼 수 있도록 경사도에 따라 점진적인 색의 변화를 준 것

- 거리 : 등고선의 직각인 두 등고선 간의 평면거리
- 높이 : 등고선 간격 (수직거리)

⑤ 토양
  ㉮ 토양 무기질 입자의 입경 조성에 의한 토양 분류를 토성(土性)이라 한다.
  ㉯ 토성의 분류는 모래의 함유량에 따라 결정되어진다.(사토 – 양토 – 식토)
⑥ 기후
  ㉮ 미기후 : 지형이나 풍향 등에 따른 국부적인 장소에 나타나는, 부분적 장소의 독특한 기상 상태
  ㉯ ex : 안개, 서리, 공기유통의 정도, 태양복사열 등

2) 인문환경분석

① 토지이용조사 – 토지이용계획도(국제적 약속)

주거	농경지	상업	공원	녹지	공업	업무	학교	개발제한지역
노랑색	갈색	빨강색	녹색	녹색	보라색	파랑색	파랑색	연녹색

② 대인거리에 따른 의사소통의 유형(Hall)

구분	유지거리	관계 유형
친밀한 거리 (공격적 거리)	0~45cm	• 아기를 안아주는 가까운 사람들 • 스포츠(레스링, 씨름)
개인적 거리	45~120cm	• 친한 친구 또는 잘 아는 사람간의 일상적 대화 유지거리
사회적 거리	120~360cm	• 업무상 대화에서 유지되는 거리
공적 거리	360cm 이상	• 연사, 배우 등의 개인과 청중 사이에 유지되는 거리

3) 경관분석

① 경관요소

구분	내용
점 · 선 · 면적인 요소	• 점 : 외딴집, 정자나무, 정자 • 선 : 하천, 도로, 가로수 • 면 : 호수, 경작지, 초지, 전답, 운동장
수평 · 수직적인 요소	• 수평 : 저수지, 호수 • 수직 : 전신주, 굴뚝, 남산타워 등
닫힌공간, 열린공간	• 닫힌공간 : 계곡, 수목으로 둘러싸인 공간, 휴게공간 등의 정적인 시설의 배치에 적당(아늑함) → 위요공간 • 열린공간 : 넓은 경작지, 초지 등으로 운동경기장 등의 동적인 시설의 배치에 적당(활발함) → 개방공간
랜드마크(landmark)	• 식별성 높은 지형지물 등의 지표물 • 스카이라인의 구성에서 지배적인 역할을 하며, 길을 찾거나 방향을 잡는데 도움이 됨

구분	내용
전망(View)	• 일정 지점에서 볼 때 광활하게(파노라믹) 펼쳐지는 경관
통경선	• 좌우로의 시선이 제한되어 전방의 일정 지점으로 시선이 모이도록 구성된 경관
질감	• 주로 지표 상태에 영향 받음

② 도시의 이미지 형성에 기여하는 5가지 물리적 요소(K. Lynch)

구분	개념
통로(path)	• 연속성과 방향성을 제시(ex : 길, 고속도로)
모서리(edges)	• 지역과 지역을 갈라놓거나 관찰자의 통행이 단절되는 부분(ex : 한강제방)
지역(distrc)	• 중심지, 사대문 안의 상업지역
결절점(node)	• 도로의 접합점(ex : 광장, 로터리)
랜드마크(landmark)	• 눈에 뚜렷한 지형지물이나 지표물(ex : 남산, 63빌딩)

4) 기본계획

① 기본계획은 기본 구상에 의해 도출된 마스터플랜(Master plan)으로 토지이용계획, 교통동선계획, 시설물배치계획, 식재계획, 하부구조계획, 집행계획 등 6개의 부문별 계획으로 나누어진다.

② 기본구상 및 기본계획

기본구상	기본계획
• 계획 안에 물리적, 공간적 윤곽이 드러나기 시작 • 문제 해결을 위한 개념 도출 • 자료가 구체적, 공간적으로 형태화 • 버블다이어그램	• 전체 공간의 이용 윤곽이 확실하게 드러남 • 합리성에 바탕을 두고 몇 개의 안을 추출 • 대안 → 최종안 → 기본계획안 • 마스터플랜(Master plan)

③ 토지이용계획

구분	내용
토지이용 분류	• 도시계획 : 도시지역, 관리지역, 농림지역, 자연환경보전지역 • 자연공원 : 자연보존지구, 자연환경지구, 취락지구, 집단시설지구
적지 분석	• 어느 장소가 가장 적합한지 분석한다.
종합 배분	• 토지 이용의 중복과 분산이 없도록 각 공간의 수요 및 타 용도와의 기능적 관계를 고려하여 최종안 결정

5) 교통동선계획

① 통행로 선정

㉮ 교통동선계획 과정 : 통행량 발생분석 → 통행량 분배 → 통행로 선정

㉯ 차량동선 : 짧은 직선 도로가 바람직

㉰ 보행동선 : 다소 우회하더라도 좋은 전망, 그늘진 도로를 선정

② 교통동선 체계

㉮ 몰(Mall) : 도시 상업지구에 차량 통행이 허용된 나무 그늘이 진 산책로로서 상업지구 내 쇼핑 거리를 중심으로 전개되는 공중보도(公衆步道) 및 산책로를 말하는데 조명, 휴지통, 벤치 등을 갖춘 휴식 공간이 있고 보행자를 보호 할 수 있는 범위에서 차량의 출입을 허용하는 보행자 위주의 도로이다

㉯ 격자형 : 균일분포 가짐, 도심지와 고밀도 토지 이용, 평지인 곳에 효율적

㉰ 위계형 : 일정한 위계질서를 가짐, 주거단지, 공원, 유원지, 구릉지 등은 다양한 이용행위 간에 질서 부여

- 쿨데삭(cul-de-sac) 도로 : 막다른 길로 주거지역에 보행동선과 차량동선을 분리, 연속된 녹지를 확보(주 간선도로는 순환체계로), 레드번 도시계획에 도입
- 레드번 도시계획(Rad burn) : 미국에서 하워드의 전원도시의 영향을 받아 도시 교외에 개발된 주택지로서 보행자와 자동차를 완전히 분리함

6) 기본설계

설계 원칙 추출 → 공간구성 다이어그램 → 입체적 공간의 창조

7) 실시설계 : 실제 시공이 가능하도록 상세도, 시방서, 공사비 내역서 등의 설계 도서를 작성하는 단계

① 시방서

구분	내용
표준시방서	• 조경공사 시행의 적정을 기하기 위한 표준 명시 • 국토교통부 발행, 조경공사 표준시방서 따름
특기시방서	• 표준시방서에 명기되지 않은 사항 보충 • 해당 공사만의 특별한 사항(독특한 공법 등) 및 전문적인 사항을 기재 • 표준시방서에 우선함

② 내역서

㉮ 공사비 구성 : 순공사비(재료비+노무비+경비)+일반관리비+이윤+세금

㈏ 수량산출 : 재료의 물량을 집계한 것, 수목수, 재료의 길이 · 면적 · 체적 · 무게 등과 기계의 경비 산출을 위한 시간 등을 포함
㈐ 품셈 : 인간이나 동물 또는 기계가 공사 목적물을 달성하기 위하여 단위 물량 당 소요로 하는 노력(품)과 물질을 수량으로 표시한 것. 식재공사에서 지주목을 세우지 않을 때에는 인력시공 시에는 식재품의 10%, 기계시공 시에는 인력품의 20%를 감한다.
㈑ 일위대가표 : 공사 목적물 단위 물량당의 공사비 산출한 것. 단위물량당 소요품과 재료 수량에 각각 단가를 곱하여 금액을 구한 것으로 금액란의 금액 단위 표준은 0.1원이다.
㈒ 내역서 : 공사 내용을 분명하고 자세하게 적은 문서로, 일반적으로 재료와 품의 수량을 산출한 적산과 적산에 단가를 넣어 산출한 견적을 통틀어 말한다.
㈓ 적산 : 도면과 시방서에 의하여 공사에 소요되는 자재의 수량, 시공면적, 체적 등의 공사량을 산출하는 과정

공사비 구성

구분		내용
순공사비	재료비	• 직접재료비 : 공사 목적물을 구성하는 재료비(ex : 수목) • 간접재료비 : 공사에 보조적으로 소비되는 물품비(ex: 지주목, 거푸집, 동바리, 비계 등)
	노무비	• 직접노무비 : 직접 작업 종사자에 지급하는 비용 • 간접노무비 : 보조적 작업의 종사자에 지급하는 비용(ex: 사무직원 인건비등)
	경비	• 경비 : 전력비, 운반비, 기계 경비, 가설비, 보험료, 안전관리비 등
일반 관리비		• 기업 유지관리비, 순공사원가의 6% 이내에서 계산하는 것이 보통. 본사의 경비로 이해
이윤		• 영업이익, 공사원가와 일반 관리비 합계액의 10% 이내의 범위 내에서 계상할 수 있음
세금		• 국가에 납부하는 국세

8 조경 설계

가. 조경 식재 기준

1) 식재 기능별 적용 수종

기능	식재명	수종 요구 특성	중요도
공간조절	경계식재	• 지엽이 치밀하고 전정에 강한 수종 • 생장이 빠르고 용이한 유지 관리 • 가지가 말라죽지 않는 상록수	★
	유도식재	• 수관이 커서 캐노피(canopy)를 이루거나 원뿔형 • 정돈된 수형, 치밀한 지엽	★
경관조절	지표식재	• 꽃, 열매, 단풍 등이 특징적인 수종 • 상징적 의미가 있는 수종 • 높은 식별성	★★★
	경관식재	• 아름다운 꽃, 열매, 단풍 • 수형이 단정하고 아름다운 수종	★★
	차폐식재	• 지하고가 낮고 지엽이 치밀한 수종 • 전정에 강하고 유지 관리가 용이한 수종 • 아랫 가지가 말라죽지 않는 상록수	★★★★
환경조절	녹음식재	• 지하고가 높은 낙엽 활엽수 • 병충해, 기타 유해 요소가 없는 수종	★★★★★
	방풍, 방설식재	• 지엽이 치밀하고 가지나 줄기가 견고한 수종 • 지하고가 낮은 심근성 교목 • 아랫 가지가 말라죽지 않는 상록수	★★
	방음식재	• 지하고가 낮고 잎이 수직 방향으로 치밀한 상록 교목 • 배기가스 등의 공해에 강한 수종	★★★★
	방화식재	• 잎이 두껍고 함수량이 많은 수종 • 잎이 넓으며 밀생하는 수종 • 맹아력이 강한 수종	★★
	지피식재	• 키가 작고 지표를 밀생하게 피복하는 수종 • 번식과 생장이 양호하고 답압에 견디는 수종 • 다년생 식물	★★★★
	임해매립지식재	• 내염·내조성이 있는 수종 • 척박한 토양에도 잘 자라는 수종 • 토양 고정력이 있는 수종	
	침식지 및 사면식재	• 척박토, 건조에 강한 수종 • 맹아력이 강하고 생장 속도가 빠른 수종 • 토양 고정력이 있는 수종	

2) 인공지반에 식재된 식물과 생육에 필요한 식재토심

(배수구배 : 1.5~2.0%)

형태상 분류	자연토양 사용 시(cm 이상)	인공토양 사용 시(cm 이상)
잔디/초본류	15	10
소관목	30	20
대관목	45	30
교목	70	60

3) 식재간격 및 식재밀도
   ① 일반적 교목의 식재간격 : 6m(가로수 식재간격 : 8m)
   ② 식재밀도 : 관목류 4본/m^2, 조릿대 10본/m^2, 맥문동 20~30본/m^2

나. 조경 설계 기준

1) 설계요소
   ① 계단
      ㉮ 2h+w = 60~65cm(h : 발판높이, w : 나비)가 적당
      ㉯ 계단의 물매 : 30~35°
      ㉰ 경사로의 경사가 15%를 넘어서면 계단을 설치하여야 한다.
      ㉱ 계단참 설치 : 1인용 90~110cm, 2인용 130cm 정도
      ㉲ 건축물의 피난 방화 구조 등의 기준에 관한 규칙 제 15조 7항 : 옥외에 설치하는 계단의 경우 공동주택은 120cm 이상, 공동주택이 아닌 경우는 150cm 이상의 유효 폭을 가져야 한다.
      ㉳ 건축법 제15조 1항 : 높이가 3m를 넘는 계단에는 높이 3m 이내마다 너비 1.2m 이상의 계단참을 설치한다. 또한 너비가 3m를 넘는 계단에는 너비 3m 이내마다 난간을 설치한다. (단, 계단 높이가 15cm 이하이고 계단 너비가 30cm 이상인 경우에는 그러지 아니한다.)
   ② 연못
      ㉮ 연못의 면적은 정원 전체 면적의 1/9 이하가 적정한 규모로 힘의 균형을 이룰 수 있어야 함
      ㉯ 최소면적 1.5m^2

다. 포장기준

1) 포장 재료의 선정 조건
   ① 생산량이 많고, 시공이 용이할 것

② 내구성 내마모성이 크고, 자연 배수가 용이할 것
③ 보행 시 미끄러짐이 없고, 외관 및 질감이 좋을 것
④ 휴식공간에는 질감이 거칠고 비교적 어두운 색을 사용
⑤ 주차장이나 차량이 통과하는 곳은 하중에 견디는 재료를 사용하면서 물매 2% 고려

2) 질감에 따른 포장 재료의 구분

구분	소재	장·단점
부드러운 재료	잘게 쪼갠 돌, 흙, 잔디, 강자갈, 마사토	시공비용은 적지만, 유지관리비가 많이 듦
딱딱한 재료	아스팔트, 콘크리트, 콘크리트타일, 콘크리트벽돌	빠른 이동 보장, 시공비가 비싼 반면 유지 관리비는 적게 듦
중간성격 재료	조약돌, 반석, 벽돌, 나무	보행속도를 완화시키지만 겨울철 결빙

라. 시설물 기준

1) 휴게시설
① 퍼걸러 : 조망이 좋고 한적한 휴게 공간에 설치하고, 높이는 2.2~2.7m 정도로 한다.
② 벤치
  ㉮ 벤치의 규격은 1인용 45~47cm, 2인용 120cm, 3인용 180cm 정도로 한다.
  ㉯ 좌면 높이는 34~64cm, 폭은 38~45cm로 한다.

2) 관리시설
① 휴지통
  ㉮ 입식 70~100cm, 좌식 50~60cm의 높이
  ㉯ 벤치 2~4개소마다 혹은 도로 20~60m마다 1개씩 설치
② 음수전
  ㉮ 그늘진 곳, 습한 곳, 바람이 영향을 많이 받는 곳은 피하여 설치
  ㉯ 약 2% 경사를 주어 완전배수 가능하도록 함
③ 화장실 : 1인당 1평($3.3m^2$)
④ 관리사무소 : 주 진입지점에 위치

3) 안내 표지시설
① 보행이 시작되는 곳이나 주요 시설 입구에 설치
② 가시성이 좋은 색을 조합(ex : 검정과 노랑)하여 식별성에 중점을 둔다.

4) 조명시설
   ① 단위 면적당 받는 빛의 양을 조도라고 하며 단위로는 럭스(Lux)를 사용한다.
   ② 광장의 최저 조도는 0.5럭스

5) 경계시설
   ① 볼라드(bollard) : 보행인과 차량 교통의 분리, 높이 30~70cm, 배치 간격 2m 정도
   ② 울타리(담장) 높이와 기능
      ㉮ 0.5m 이하 : 단순한 경계 표시
      ㉯ 0.8~1.2m : 소극적 출입 통제
      ㉰ 1.8~2.1m : 적극적 침입 방지

6) 편의시설 및 주차시설
   ① 편의시설의 종류 : 전망대, 주차장, 수화물예치소, 매점, 휴지통(도시공원 및 녹지 등에 관한 법률)
   ② 주차시설 : 90°, 60°, 45°, 30°의 형태가 있으며 단위 면적당 가장 많은 주차는 90° 직각 주차

마. 주택정원

1) 설계기준
   면적 165m² 이상 660m² 미만 규모의 건축물을 지을 때 대지 면적의 5% 이상을 조경하도록 규정

2) 설계지침

▲ 주택 정원의 공간 구성

구분	내용
앞뜰(전정)	• 대문에서 현관 사이, 주택의 첫 인상을 좌우하는 곳 • 4계절의 변화를 느끼도록 보여주는 정원 • 원로설치 : 1인 0.8m , 2인 : 1.5m 이상 설치
안뜰(주정)	• 가족 구성원의 사적인 공간으로, 독서, 가벼운 운동을 할 수 있는 곳 • 응접실이나 거실 쪽에 면한 뜰로 휴식을 즐길 수 있는 곳 • 퍼걸러, 정자, 벤치, 수경시설과 운동 및 놀이시설
작업뜰(작업정)	• 창고, 장독대, 빨래 건조대 등 일상생활의 작업을 행하는 곳 • 배수, 벽돌이나 타일로 포장 • 차폐식재나 초화류, 관목식재
뒤뜰(후정)	• 침실과 같은 휴양 공간과 연결되어 조용하고 정숙한 분위기 • 사생활이 보장 되도록 구성
주차공간	• 승용차 1대 주차면적 : 2.5m×5m 이상 (장애인 : 3.3m×5m)

바. 학교정원

1) 설계기준

구분	내용
일조	조망과 일조를 고려하여 겨울철에도 4시간 이상의 일조 필요
앞뜰	이미지 좌우, 밝고 무게 있는 경관, 교실이나 건물 앞에는 관목, 화목류 식재
가운데뜰	가벼운 휴식과 단순놀이 위한 공간, 벤치시설
스탠드	눈부심을 방지하기 위해 햇빛을 등지고 설치
교재원과 실습원	자생식물을 식재하며, 학생 1인당 1m² 이상의 면적 필요

사. 옥상정원

1) 성격과 유형

좁은 의미로는 건축물 옥상에 만들어진 정원이지만, 넓은 의미로는 인공지반 위에 인위적으로 토심을 만들어 설치되는 모든 정원을 의미한다.

2) 설계기준

구분	내용
하중	가장 중요하며 토양층의 깊이가 가장 많은 영향을 미침
안전성	바람, 한발, 강우 등 자연 재해에 대한 안전성 고려
배수와 방수	바닥의 보호를 위해 방수와 방근, 배수와 관수 고려

구분	내용
토양	하중감소와 토양의 보수력 증진을 위해 버미큘라이트, 피트모스, 펄라이트, 화산재 등 경량토 사용
멀칭	수분증발을 억제하기 위해 진흙이나 낙엽, 분쇄목 등 덮어 줌
녹지공간	전체 면적의 1/3이 넘지 않도록 조성

아. 도시공원

1) 도시공원의 설치 및 규모기준

공원구분			설치기준/이용자	유치거리	면적	공원시설 설치면적
생활권공원		소공원	제한 없음	제한 없음	–	20% 이하
		어린이공원	제한 없음/어린이	250m 이하	1,500㎡ 이상	60% 이하
	근린공원	근린생활권 근린공원	제한 없음/근린거주자	500m 이하	10,000㎡ 이상	40% 이하
		도보권 근린공원	제한 없음/도보권 거주자	1km 이하	30,000㎡ 이상	
		도시지역권 근린공원	도시계획구역 안의 거주자	제한 없음	100,000㎡ 이상	
		광역권 근린공원	1개의 도시계획구역 초과	제한 없음	1,000,000㎡ 이상	
주제공원		묘지공원	정숙한 장소로 장래 시가지화가 예상되지 않는 자연 녹지 지역	제한 없음	100,000㎡ 이상	20% 이하
		체육공원	기능을 충분히 발휘할 수 있는 장소	제한 없음	10,000㎡ 이상	50% 이하

2) 어린이공원

① 성격과 유형
  ㉮ 어린이의 보건 및 정서생활 향상에 기여 하고자 설치
  ㉯ 어린이놀이터의 모래터 깊이 : 30cm 이상

② 설계기준

구분	내용
설치기준	• 유치거리 250m 이하, 면적 1,500㎡ 이상
놀이면적	• 전 면적의 60% 이내, 500세대 이상의 단지인 경우는 화장실과 음수전 설치 • 건폐율 5% 이내로, 식재지 면적은 30~40% 정도

③ 설계지침

구분	내용
공간구성	• 동적 놀이공간 : 경사진 곳을 만들기 위해 낮은 동산 조성 • 놀이공간 : 아늑하고 햇볕 드는 곳에 잔디밭, 모래밭을 배치 • 휴게 및 감독공간 : 놀이공간과 인접설치
동선	• 가능한 한 직선을 피하고 완만한 곡선을 주로 사용 • 유모차나 자전거의 통행을 돕기 위하여 경사지는 계단보다 경사로로 함
식재	• 나무모양, 열매, 꽃 등이 아름답고 냄새, 가시 없는 것 • 병해에 강하고, 유지 관리 쉬우며, 튼튼한 나무
시설물	• 흥미, 변화, 특색이 있는 것(ex : 복합놀이시설) • 놀이시설 등은 해를 등지도록 북향으로 하는 것이 바람직함

건폐율 및 용적률

- 건폐율 = $\dfrac{\text{건축면적}}{\text{대지면적}} \times 100$

- 용적률 = $\dfrac{\text{건축연면적}}{\text{대지면적}} \times 100$

3) 근린공원

① 성격과 기능 : 근린주구에 거주하는 모든 주민의 보건, 휴양 및 정서생활의 향상에 기여하기 위해 설치

② 설계기준

공원명	주이용자	유치거리	면적	공원시설설치면적
근린공원	근린거주자	500m 이하	10,000m² 이상	40% 이하
	도보권거주자	1km 이하	30,000m² 이상	

근린주구

- 1926년 페리(Perry, C.A.)가 주장. 1개의 초등학교를 유지할 수 있는 인구 약 5,000명 정도, 면적은 반지름 400m 크기의 주거단위
- 일상생활에 필요한 모든 시설을 도보권 내에 두고, 차량동선을 구역 내에 끌어들이지 않았으며, 간선도로에 의해 경계가 형성되는 도시계획

탑골공원(파고다공원)

- 1895년 대중을 위해 만들어진 우리나라 최초의 근대식 공원으로 조선시대 원각사 터에 세워짐

공원의 녹지계통형식

구분	특징	대표도시
분산식	• 녹지대가 여기저기 분산 배치	–
환상식	• 도시를 중심으로 환상 상태로 5~10km 조성 • 도시 방지 효과 큼	오스트리아 [빈]
방사식	• 도시를 중심으로 외부로 방사상 녹지 형성	독일 [하노버] / 미국 [인디아나폴리스]
방사환상식	• 방사식+환상식 • 가장 이상적인 녹지계통 형식	독일 [쾰른]
위성식	• 대도시 인구 분산위해 녹지 조성 후 녹지대에 소시가지 배치	독일 [프랑크푸르트]
평행식	• 띠 모양으로 일정한 간격으로 평행하게 녹지대 조성	스페인 [마드리드]

4) 도시자연공원

① 성격과 기능 : 이용자 지향적(어린이 공원, 근린공원 등)이 아닌 자원 지향적 성격을 가짐

② 설계기준

구분	내용
설치기준	자연조건이 수려하고 역사적 의의가 있는 곳, 면적 100,000m² 이상
면적	시설 지역의 면적이 계획 대상 면적의 20% 이상을 넘지 않도록 함

5) 묘지공원

① 위치
  ㉮ 도시 외곽의 교통 편리한 곳, 장래 시가지화 전망이 없는 곳
  ㉯ 정숙하고 밝은 곳에 조성, 일반교통노선이 묘지공원을 통과하지 않게 한다.

② 규모 : 100,000m² 이상

자. 자연공원설계

1) 성격과 유형

① 자연공원의 발생
  ㉮ 세계최초자연공원 : 1865년 미국 캘리포니아의 요세미티 공원(현재는 국립공원으로 지정)

㉯ 세계최초국립공원 : 1872년 몬테나주의 옐로스톤 국립공원
㉰ 우리나라 최초 국립공원 : 1967년 12월 지리산 국립공원
㉱ 우리나라 국제 생물권 보존지역 지정 : 설악산(1982년), 제주도(2002년), 신안군 다도해(2009년)

② 우리나라 국립공원

No	이름	No	이름	No	이름
1호	지리산	9호	가야산	17호	월악산
2호	경주	10호	덕유산	18호	소백산
3호	계룡산	11호	오대산	19호	변산반도
4호	한려해상	12호	주왕산	20호	월출산
5호	설악산	13호	태안해상	21호	무등산
6호	속리산	14호	다도해해상	22호	태백산
7호	한라산	15호	북한산		
8호	내장산	16호	치악산		

③ 자연공원의 용도 지구

구분	위치 및 조성
자연보존지구	• 자연보존상태가 원시성을 지닌 곳 • 보존할 동·식물 또는 천연기념물이 있는 곳 • 자연풍경이 특히 수려하여 특별히 보호할 필요 있는 곳
자연환경지구	• 자연보존지구, 취락지구, 집단시설지구를 제외한 전 지구 • 자연보존지구의 완충공간으로 보전이 필요한 지역
취락지구	• 주민의 취락생활 근거지 • 농어민의 생활 근거지로 유지, 관리할 필요가 있는 곳
집단시설지구	• 공원 입장자에 대한 편익 제공을 위한 시설 • 공원의 보호 관리를 위한 시설

차. 골프장

1) 규모에 따른 분류

① 선수권 코스(champion course) : 골프시합이 가능한 코스, 종합연습장이 있음
② 정규 코스(regular course) : 대규모 경기에 곤란
③ 실행 코스(executive course) : 6,000m 이하의 거리로 골프를 즐기고 연습하는 코스

2) 설계기준
 ① 공간구성 : 골프코스구역, 관리시설구역, 위락시설구역, 생산시설구역, 환경보존구역
 ② 입지조건 : 부지형태 : 눈부심 방지를 위하여 장축을 남북방향으로 배치
 ③ 구성 : 아웃(out)의 9홀과 인(in)의 9홀 / 총 18홀
 ④ 토양 : 토질이 양호하고 관개용 용수가 풍부해야 함

3) 설계지침

구분	내용
표준코스	• 총 18홀로써 쇼트홀 4개, 미들홀 10개, 롱홀 4개로 구성
홀의 구성	• 티(tee) : 출발점 지역, 400~500m² 정도 • 그린(green) : 종점지역, 600~900m² 정도 • 페어웨이(fair way) : 티와 그린 사이에 짧게 깎은 잔디지역, 나비 40~50m, 경사 2~10% • 러프(rough) : 페어웨이 주변의 깎지 않은 초지로 이루어진 지역 • 하자드(hazard) : 장애지역, 벙커(bunker), 연못 • 에이프런(apron) : 그린 입구, 페어웨이와 칼라 사이에 있는 경사면으로 잔디가 짧게 깎여 있는 부분
잔디	• 그린에는 밴트그래스, 나머지는 들잔디를 사용

4) 골프 관련 용어
 ① 에이프런 칼라(apron collar) : 에이프런은 그린 입구, 페어웨이와 칼라 사이에 있는 경사면으로 짧게 잔디가 깎여 있는 부분
 ② 코스(course) : 골프장내 플레이가 허용되는 모든 구역
 ③ 티샷(tee shot) : 티그라운드에서 제1타를 치는 것

5) 거름주기
 ① 한국잔디의 경우에는 보통 5~8월에 집중적인 시비를 실시한다.
 ② 시비량이 늘어가기 시작할 때, 즉 생육이 앞으로 예상될 때 비료를 주는 것이 원칙이다.
 ③ 일반적으로 관리가 잘 된 기존 골프장의 경우 질소, 인산, 칼륨의 비율을 1:1:1 정도로 하여 시비한다.
 ④ 비배 관리 시 다른 요소가 충분히 있어도 하나의 요소가 부족하면 식물은 부족한 원소에 지배를 받는다.

02 조경재료

Craftsman Landscape Architecture

1 조경재료의 특성

가. 생물재료(식물재료)의 특성

구분	내용	구분	내용
자연성	새싹, 개화, 결실, 단풍, 낙엽의 생명활동	연속성	생장과 번식을 계속하는 변화
조화성	형태, 색채, 종류 등 다양하게 변화하며 조화	비규격성	생물로서의 소재 특이성 지님

나. 무생물재료(인공재료)의 특성

구분	내용
균일성	재질이 균일하다.
불변성	거의 변화가 없다.
가공성	언제나 가공이 가능하다.

2 식물재료

가. 식물재료 관련 용어

구분	특징
단성화	• 암술, 수술 중 한쪽만을 갖는 꽃
양성화	• 암술, 수술 모두 갖는 꽃

구분	특징
자웅동주 (암수한그루)	• 한 그루에서 암수꽃이 함께 핌 • 밤나무, 자작나무, 무화과 등
자웅이주 (암수딴그루)	• 암꽃과 수꽃이 각자 다른 나무에서 핌 • 은행나무, 버드나무, 물푸레나무 등

나. 번식방법

1) 접목번식의 장·단점

장점	단점
• 동일형질개체 다수 증식 • 씨가 없거나 삽목이 어려운 식물 증식 가능 • 개화, 결실 촉진 • 수세조절 및 결과 향상 • 병충해 및 풍토해 저항성 증대	• 기술적으로 다소 어렵다. • 일시에 다량 생산이 불가능하다. • 수명이 짧다. • 친화성이 있는 수종만 가능하다.

2) 종류

깎기접	안장접

쪼개접	혀접	합접

3) 꺾꽂이(삽목)

① 종류는 엽삽, 경삽, 근삽 등이 있다.
② 실생묘에 비해 개화, 결실이 빠르다.

③ 동일 형질의 개체를 일시에 다수 번식시킬 수 있는 장점이 있지만 수명이 짧거나 왜성화 될 수 있는 단점이 있다.
④ 봄에는 싹트기 전(3월경), 여름에는 생장이 일시 정지하는 장마철(6~7월), 가을에는 휴면에 들어가기 전(9~10월)에 실시한다.
⑤ 20~30℃의 온도와 포화 상태에 가까운 습도 조건이면 항상 가능하다.

다. 조경수목의 분류

1) 식물 성상에 따른 분류
① 나무 고유의 모양
  ㉮ 교목 : 뚜렷한 원줄기를 가지고 있음, 대체적으로 2m 이상인 나무
  ㉯ 관목 : 뿌리 부근에서 여러 줄기가 나와 줄기와 가지 구별이 힘든 것
  ㉰ 덩굴성 식물 : 스스로 서지 못하고 다른 물체를 감아 올라가는 식물
② 식물 분류상으로 분류(잎의 모양에 따른 분류)
  ㉮ 침엽수(겉씨식물, 나자식물) : 일반적으로 잎이 바늘처럼 뾰족한 피침형, 은행나무는 잎이 넓지만 침엽수에 속한다.
  ㉯ 활엽수(속씨식물, 피자식물) : 일반적으로 잎이 손바닥처럼 넓다. 위성류는 잎이 피침형이지만 활엽수에 속한다.
③ 잎의 생태적 특성에 따른 분류
  ㉮ 상록수 : 일 년 내내 푸른 잎을 달고 있는 나무
  ㉯ 낙엽수 : 가을철 생리 현상으로 잎이 모두 떨어지는 나무

2) 관상면으로 본 분류
① 꽃을 감상하는 나무
  ㉮ 봄꽃
    • 낙엽활엽교목(낙활교) : 목련, 왕벚나무, 이팝나무, 산사나무, 매화나무, 산수유 등
    • 낙엽활엽관목(낙활관) : 진달래, 개나리, 생강나무, 풍년화, 박태기나무, 철쭉, 명자나무, 수수꽃다리, 조팝나무 등
  ㉯ 여름꽃
    • 낙엽활엽교목(낙활교) : 자귀나무, 석류나무, 마가목, 산딸나무, 층층나무, 백합나무, 배롱나무 등
  ㉰ 가을 꽃
    • 낙엽활엽관목(낙활관) : 무궁화, 부용 등
    • 상록활엽교목(상활교) : 금목서 등
    • 상록활엽관목(상활관) : 팔손이 등

㉣ 겨울 꽃
　　• 상록활엽교목(상활교) : 동백나무 등
② 열매를 관상하는 나무
　㉮ 빨간열매 : 피라칸사, 화살나무, 사철나무, 낙상홍, 석류나무, 주목, 산딸나무, 팥배나무, 마가목, 산수유, 감나무, 생강나무(붉은색→검정색), 감탕나무, 식나무, 노박덩굴 등
　㉯ 노란열매 : 탱자나무, 모과나무, 살구나무 등
③ 단풍을 감상하는 나무
　㉮ 빨간단풍 : 단풍나무, 중국단풍, 복자기나무, 담쟁이덩굴, 붉나무, 옻나무, 화살나무, 마가목, 산딸나무, 낙상홍, 매자나무 등
　㉯ 노란단풍 : 은행나무, 고로쇠나무, 계수나무, 벽오동, 네군도단풍, 백합나무, 배롱나무 등
④ 수피를 관상하는 나무
　㉮ 흰색, 또는 청녹색 : 백송, 자작나무, 현사시나무, 플라타너스, 분비나무, 서어나무, 식나무, 벽오동, 황매화, 모과나무, 왕벚나무 등

3) 이용상으로 본 분류
　① 산울타리 및 은폐용 수종
　　㉮ 정의 : 도로, 옆집과의 경계 또는 담장 구실하면서 불결한 곳을 가려주는 역할
　　㉯ 조건
　　　• 되도록 상록수이면서 지엽이 치밀한 수종
　　　• 맹아력이 강하고 아랫가지가 오래갈 것
　　　• 성질이 강하고 번식이 용이할 것
　　㉰ 수종 : 측백, 화백, 향나무, 사철나무, 회양목, 꽝꽝나무, 쥐똥나무, 개나리, 명자나무, 무궁화, 주목, 호랑가시나무, 매자나무 등
　② 녹음용 수종
　　㉮ 정의 : 여름철 강한 햇빛 조절을 위한 나무
　　㉯ 조건
　　　• 여름에 짙은 녹음, 겨울은 잎이 지는 낙엽수
　　　• 수관이 크고 잎이 치밀하며 지하고가 높은 활엽수
　　㉰ 수종 : 플라타너스, 백합나무, 칠엽수, 벽오동, 은행나무, 일본목련, 팽나무, 느티나무, 단풍나무 등 여름철 강한 햇빛 조절을 위한 나무
　③ 방음용 수종
　　㉮ 정의 : 시가지 및 도로변의 소음차단 및 감소를 위한 나무
　　㉯ 조건
　　　• 지하고가 낮으며 잎이 치밀한 상록교목
　　　• 자동차 배기가스에 견디는 힘이 강할 것

          ㉰ 수종 : 구실잣밤나무, 녹나무, 식나무, 아왜나무, 동백나무 등
    ④ 방풍용 수종
        ㉮ 정의 : 강한 바람을 막기 위한 나무
        ㉯ 조건
            - 줄기나 가지가 강한 심근성 수종
            - 실생 수종일 것
            - 가옥의 추녀 높이보다 높게 자랄 것
        ㉰ 수종 : 구실잣밤나무, 가시나무, 녹나무, 식나무, 아왜나무, 동백나무 등 상록 활엽수
    ⑤ 방화용 수종
        ㉮ 정의 : 화재 시 옆집으로 번지거나 연소시간의 지연을 목적으로 식재하는 나무
        ㉯ 조건
            - 가지가 많고 잎이 무성할 것
            - 수분이 많은 상록활엽수
    ⑥ 가로수용 수종
        ㉮ 정의 : 자동차나 보행자에게 녹음 제공, 시선유도, 방음, 방화, 도시수식의 목적으로 심는 나무
        ㉯ 조건
            - 수형, 잎 모양, 색깔이 좋은 낙엽 교목일 것
            - 전정과 병충해, 공해에 강할 것
            - 불량 토양에서도 생육이 강하고 내답압성이 있을 것
        ㉰ 수종 : 왕벚나무, 은행나무, 느티나무, 가중나무, 느릅나무, 백합나무, 회화나무, 벽오동, 계수나무, 칠엽수, 중국단풍 등

라. 조경수목의 특성

1) **수형** : 나무 전체의 생김새로 수관과 수간에 의해 결정

구분	주요 수종
원추형	낙우송, 삼나무, 전나무, 메타세콰이아, 독일가문비, 낙엽송(일본잎갈나무), 주목 등
우산형	편백, 화백, 반송, 층층나무, 왕벚나무, 매화나무 등
구형	녹나무, 가시나무, 수수꽃다리, 화살나무 등
난형	백합나무, 동백나무, 태산목, 계수나무, 목련, 박태기나무 등
원주형	포플러류, 무궁화 등
배상형	느티나무, 가중나무, 단풍나무, 배롱나무, 산수유, 자귀나무 등
능수형	능수버들, 용버들, 수양벚나무 등

구분	주요 수종
만경형	능소화, 담쟁이덩굴, 등나무, 으름덩굴, 인동 등
포복형	눈향나무, 눈주목 등

① 수관 : 가지와 잎이 뭉쳐서 이루어진 부분, 가지의 생김새에 의해 수관의 모양이 달라짐
  ㉮ 상향형 : 가지와 원줄기가 평행에 가까운 것(ex : 미루나무)
  ㉯ 사향형 : 가지가 원줄기에 비스듬한 각도 유지(ex : 일반적)
  ㉰ 수평형 : 원줄기와 가지가 수평(ex : 독일가문비, 히말라야시다)
  ㉱ 분산형 : 일정 높이에서 가지가 사방에 분산(ex : 느티나무)
  ㉲ 능수형 : 가지가 지면을 향해 늘어져 자라는 것(ex : 능수버들)
② 수간 : 줄기와 뿌리 솟음의 2가지 요소로 이루어지며, 줄기 생김새나 갈라진 수에 따라 수형이 달라짐
  ㉮ 직간 : 줄기가 똑바로 곧게 자란 것
  ㉯ 사간 : 직간이 비, 바람 등에 의해 옆으로 비스듬히 자란 것
  ㉰ 곡간 : 줄기에 자연적인 곡선이 나타나는 것
  ㉱ 쌍간 : 줄기가 2개로 갈라진 것
  ㉲ 다간 : 줄기가 여러 개로 갈라진 것
  ㉳ 포기자람 : 철쭉류와 같이 지면에서 여러 갈래로 나온 것
  ㉴ 총립 : 포기자람과 같으나 그보다 한층 크게 자라는 박태기나무와 같은 관목류
  ㉵ 현애 : 줄기가 아래로 늘어지는 생김새

▲ 줄기 모양에 따른 수형

2) 줄기의 색채
  ① 백색계통 : 자작나무, 백송, 분비나무, 플라타너스, 서어나무, 등나무, 동백나무 등
  ② 청록색계통 : 식나무, 벽오동, 황매화 등
  ③ 갈색계통 : 편백, 배롱나무, 철쭉 등

④ 적갈색계통 : 소나무, 주목, 삼나무, 섬잣나무, 잣나무, 모과나무 등
⑤ 흑갈색계통 : 해송, 가문비나무, 독일가문비, 히말라야시다 등

3) 신록, 개화, 단풍
① 신록
  ㉮ 백색 : 은백양나무, 보리수나무
  ㉯ 적갈색 : 홍단풍나무, 산벚나무
② 개화
  ㉮ 봄에 꽃이 피는 나무
    • 개화 전년도의 6~8월 사이에 분화
    • 기온이 높고 건조한 여름철에는 꽃눈이 분화가 잘 됨
  ㉯ 초여름부터 가을에 걸쳐서 꽃이 피는 나무
    • 당년에 자란 가지에 꽃 피는 수종
    • 수종: 장미, 무궁화, 배롱나무, 나무수국, 능소화, 대추나무, 포도, 감나무, 등나무, 불두화, 싸리, 찔레나무 등
③ 단풍 : 가을에 맑은 날이 계속되고 낮과 밤의 기온차가 심한 지역이 단풍이 잘 든다.
  ㉮ 홍색계통 : 화살나무, 담쟁이덩굴, 단풍나무류, 감나무, 옻나무, 붉나무, 산딸나무, 왕벚나무, 마가목 등
  ㉯ 황색계통 : (붉은)고로쇠나무, 은행나무, 느티나무, 백합나무, 갈참나무, 계수나무, 미루나무, 배롱나무, 층층나무, 자작나무, 칠엽수, 벽오동 등

4) 수세
① 생장속도
  ㉮ 생장이 빠른 수종 : 가중나무, 낙우송, 삼나무, 오동나무, 자귀나무, 배롱나무 등
  ㉯ 생장이 느린 수종 : 주목, 비자나무 등
② 맹아성 : 가지나 줄기가 상해를 입으면 그 부근에서 숨은 눈이 커져 싹이 나옴. 맹아력이란 싹 트는 힘으로써 맹아력이 강한 나무는 전정에 잘 견디므로 산울타리나 토피어리로 이용된다.
  ㉮ 맹아력이 강한 나무 : 주목, 향나무, 회양목, 화백, 사철나무, 쥐똥나무, 개나리, 플라타너스, 모과나무, 탱자나무, 능수버들, 무궁화 등
  ㉯ 맹아력이 약한 나무 : 소나무, 비자나무, 자작나무, 벚나무, 칠엽수, 살구나무, 감나무 등
③ 이식 : 한 장소에 있는 나무를 다른 장소로 옮겨 심는 것을 이식이라 하며 뿌리의 재생력이 강한 나무일수록 이식이 잘 된다.
  ㉮ 이식이 쉬운 수종 : 플라타너스, 은행나무, 낙우송, 메타세콰이아, 향나무, 측백나무, 편백나무, 벽오동, 버드나무, 쥐똥나무, 사철나무, 명자나무, 철쭉, 무궁화 등
  ㉯ 이식이 어려운 수종 : 독일가문비, 감나무, 자작나무, 자귀나무, 떡갈나무, 칠엽수, 백송, 소나무, 백합나무, 목련, 굴참나무, 전나무 등

5) 향기

꽃이나 열매, 잎의 향기는 아름다운 경관과 더불어 후각을 자극해 준다.

구분		주요 수종
꽃향기	봄	서향(천리향), 매화나무, 수수꽃다리, 목련 등
	가을	금목서 등
열매향기		녹나무, 모과나무 등

6) 질감(Texture)

① 질감이 거친 수종(잎이 큰 것이 특징) : 플라타너스, 벽오동, 칠엽수, 태산목, 팔손이나무 등
② 질감이 고운 수종 : 소나무, 삼나무, 편백, 화백, 철쭉류 등

7) 조경 수목의 구비 조건

① 수형이 아름답고 실용적이어야 할 것
② 이식이 쉽고 잘 자랄 것
③ 불리한 환경에서의 적응성이 클 것
④ 쉽게 다량으로 구할 수 있을 것
⑤ 병충해에 강할 것
⑥ 다듬기 작업에 견디는 성질이 좋을 것

8) 조경 수목의 규격 표시

구분	약칭	단위	정의
수고	H	m	지표면에서 수관의 정상 까지의 수직 길이
수관폭	W	m	수관의 직경 폭
흉고직경	B	cm	지표면에서 1.2m 부위의 수간 직경
근원직경	R	cm	표면 부위의 수간 직경
수관길이	L	m	수관이 수평으로 생장하는 특성을 가진 조형된 수관의 최대 길이
교목성			수고(m) × 흉고직경(cm) / 수고(m) × 근원직경(cm)
관목성			수고(m) × 수관폭(m)
묘목			줄기 길이(cm) × 근원직경(cm)

▲ 조경 수목의 규격 표시

성상	규격 표시	적용 수종
교목	H × B	가중나무, 계수나무, 메타세콰이아, 벽오동, 수양버들, 벚나무, 은단풍, 은행나무, 자작나무, 백합나무(튤립나무), 플라타너스 등
	H × R	소나무, 꽃사과, 느티나무, 목련, 산수유, 단풍나무, 자귀나무 등
	H × W	향나무, 전나무, 주목, 측백나무 등 상록수
관목	H × W	일반관목
	H × R	노박덩굴, 능소화
	H × W × L	눈향나무
	H × 가지수	개나리, 덩굴장미
만경목	H × R	등나무
묘목	간장 × R × 근장	간장 : 지표에서 묘목 눈까지의 길이, 근장 : 뿌리의 길이

마. 조경 수목과 환경

1) 기온
① 난대림 : 녹나무, 동백나무, 가시나무, 돈나무, 감탕나무 등
② 한대림 : 잣나무, 전나무, 주목, 가문비나무, 분비나무, 이깔나무, 종비나무 등

2) 광선
① 음수 : 주목, 전나무, 비자나무, 독일가문비, 팔손이, 사철나무, 회양목, 굴거리나무, 광나무, 가시나무, 녹나무, 동백나무, 후박나무, 호랑가시나무 등
② 양수 : 소나무, 향나무, 낙엽송, 가중나무, 자작나무, 석류나무, 플라타너스, 느티나무 등

> • 대부분의 침엽수는 음수이다. 단, 소나무, 향나무, 낙엽송, 메타세콰이아, 낙우송 제외
> • 대부분의 남부수종은 상록활엽수 이면서, 음수이면서, 심근성 수종이다.

3) 바람
① 방풍림 : 수림대 위쪽은 수고의 6배 내외의 거리, 아래쪽은 수고의 25~30배 거리가 방풍 효과의 범위이며 가장 큰 효과는 수림대 아래쪽 수고의 3~5배에 해당하는 지점이다.
② 수목의 내풍성
㉮ 내풍력이 큰 수종 : 갈참나무, 떡갈나무, 상수리나무, 느티나무, 밤나무 등
㉯ 내풍력이 작은 수종 : 미루나무, 아카시아, 버드나무, 양버들 등

4) 수분
① 습지에 강한 수종(내습성강) : 낙우송, 메타세쿼이아, 나무수국, 계수나무, 수양버들, 위성류, 오동나무 등
② 건조지에 강한 수종(내건성강) : 소나무, 향나무, 노간주나무, 가중나무, 자작나무, 사시나무 등

5) 토양
① 토양의 단면

구분	상태
A₀층(유기물층)	• A층 위의 유기물 집적층 • L층(낙엽층), F층(조부식층), H(정부식층)으로 나뉨
A층(표층, 용탈층)	• 토양의 표면이 되는 부분 • 많은 성분이 씻겨 내려간 토층으로 식물의 썩은 부분이 모여 있어서 검은 빛을 띤다.
B층(하층, 집적층)	• A층으로부터 용탈된 물질이 쌓인 층
C층(기층, 모재층)	• A층과 B층을 이루는 암석이 풍화된 그대로 이거나 풍화 도중에 있는 모재층
D층(기암, 모암층)	• C층 밑의 암석층

▲ 토양 단면 모식도 및 구분

② 토양의 구성
㉮ 토양은 무기물과 유기물의 고상(固相), 토양 공기의 기상(氣相), 토양 수분의 액상(液相)으로 구성되어 있으며 고상비율 50%, 액상비율 25%, 기상비율 25%의 비율로 나뉘어져 있다.
㉯ 식물 생육에 알맞은 토양의 용적 비율

광물질	유기질	공기	수분
45	5	20	30

③ 토양수분
㉮ 결합수(PF 7.0) : 토양의 고체 분자를 구성하는 수분으로 100℃ 이상 가열해도 분리시킬 수 없어 식물이 이용할 수 없다.
㉯ 흡습수(PF 4.5~7) : 100℃로 가열하면 분리시킬 수 있으며 작물이 거의 이용하지 못한다.
㉰ 모세관수(PF 2.52~4.5) : 모관수라고도 부르며 작물이 주로 이용하는 유효 수분이다.
㉱ 중력수(PF 0~2.52) : 자유수라고도 부르며 중력에 의하여 토양층 아래로 내려가는 수분을 말한다.

④ 토양양분
   ㉮ 척박지에 견디는 수종 : 소나무, 오리나무, 버드나무, 자작나무, 등나무, 아카시아, 보리수나무, 자귀나무 등 (콩과식물)
   ㉯ 비옥지를 좋아하는 수종 : 주목, 측백나무, 벽오동, 벚나무, 철쭉, 불두화 등
   ㉰ 비료목 : 근류균을 가지고 있어 공기 중의 질소를 끌어서 지력을 증진시킬 수 있는 수종을 말하며 다릅나무, 싸리나무, 보리수, 박태기, 등나무, 자귀나무, 아까시나무, 칡 등이 있으며 콩과 식물 대부분이 해당된다.
⑤ 토양산도
   ㉮ 강산성에 견디는 수종 : 소나무, 해송, 잣나무, 전나무, 진달래, 상수리나무, 밤나무, 낙엽송 등
   ㉯ 알칼리성에 견디는 수종 : 낙우송, 회양목, 조팝나무, 개나리, 가래나무, 단풍나무 등
⑥ 토심
   ㉮ 심근성 수종 : 소나무, 전나무, 벽오동, 은행나무, 느티나무, 백합나무, 모과나무, 상수리나무, 후박나무, 동백나무 등
   ㉯ 천근성 수종 : 독일가문비, 자작나무, 미루나무, 버드나무, 현사시나무 등

6) 대기오염
   ① 아황산가스에 강한 수종 : 편백, 화백, 가이즈카향나무, 플라타너스, 은행나무, 가중나무, 벽오동, 가시나무, 사철나무, 쥐똥나무 등
   ② 아황산가스에 약한 수종 : 독일가문비, 소나무, 삼나무, 전나무, 히말라야시더(개잎갈나무), 느티나무, 자작나무, 왕벚나무, 단풍나무 등

7) 염해
   ① 내염성이 큰 수종 : 비자나무, 곰솔(해송), 모감주나무, 사철나무, 쥐똥나무, 녹나무, 아왜나무, 광나무, 꽝꽝나무, 태산목, 해당화 등
   ② 내염성이 작은 수종 : 독일가문비, 소나무, 단풍나무, 버드나무, 백목련, 자목련, 일본목련 등

바. 지피식물

1) 지피식물의 분류
   ① 한국잔디

구분	내용
특성	• 주로 난지형 잔디로 답압, 공해, 병충해에 강하며, 유지관리가 용이하다. • 하루 일조시간 5시간 이상의 햇빛이 드는 양지가 생육지로 적합하다. • 습지에 약하므로 토양은 배수가 잘 되는 양토나 사질양토가 적합하다.

구분	내용
번식	• 주로 뗏장 번식을 하나 종자 번식을 할 경우 수산화칼륨(KOH) 20~25% 용액에 종자를 30~40분 정도 침지 후 파종한다.
종류	• 들잔디 : 한국 잔디 중 가장 많이 이용하는 잔디로 성질이 강하고, 답압에 잘 견딘다. • 금잔디 : 고려잔디, 마닐라잔디라고도 하며 섬세하고 유연한 것이 특징이다. 빌로드잔디 보다는 내한성이 강하지만 들잔디 보다는 약하다. • 빌로드잔디 : 남해안 지역에서 자생하는 잔디로 작고 잎은 섬세하나 내한성과 번식력이 약하다.

② 서양잔디

구분	내용
특성	• 서양에서 사료용 목초로 재배하던 것을 지피식물로 사용하는 것이다. • 한국잔디에 비해 자주 깎아 주어야 하고, 더위와 병에 약하다.
번식	• 대부분 종자 번식을 한다.
종류	• 난지형잔디 : 겨울에 잎이 말라 죽는 하록형 잔디로 버뮤다그래스가 대표적이다. • 한지형잔디 : 사철푸른 잔디로 밴트그래스(골프장많이이용), 캔터키블루그래스, 라이그래스 등이 있다.

③ 초본류

구분	내용
맥문동	• 초여름에 연보라색 꽃을 피우며, 가을에 검정 열매를 맺는다.
비비추	• 7~8월에 담홍색 꽃이 소박하고 아름답게 피는 다년생 초화류 정원이나 공원의 반음지에서 잘 자란다.

2) 지피식물의 조건

① 답압에 대한 저항성이 크며 키가 작고 다년생일 것
② 번식과 생장이 빠르며 치밀한 지표 피복을 할 것
③ 환경에 대한 적응성과 병충해에 대한 저항성이 강할 것

사. 초화류

1) 초화류의 분류

분류	구분	주요 식물
1년생초화	봄뿌림 (가을화단용)	코스모스, 채송화, 봉숭아, 과꽃, 매리골드, 피튜니아, 샐비어, 맨드라미, 아게라톰, 색비름, 분꽃, 백일홍 등
	가을뿌림 (봄화단용)	팬지, 금어초, 금잔화, 데이지, 패랭이꽃, 안개초 등

분류	구분	주요 식물
다년생초화		국화, 베고니아, 부용, 꽃창포, 옥잠화, 작약 등
알뿌리초화 (구근초화)	봄심기 (가을화단용)	칸나, 달리아, 아마릴리스, 글라디올러스 등
	가을심기 (봄화단용)	튤립, 수선화, 백합, 히아신스, 크로커스 등
수생초화		연, 붕어마름 등
겨울 화단용		꽃양배추

> **피튜니아**
> 여러해살이 다년생 초화지만 한국에서만 1년생으로 분류한다.

2) 화단의 종류

구분		특징
평면화단	화문화단	• 양탄자 무늬와 같다하여 양탄자화단 또는 자수화단, 모전화단이라 함
	리본화단	• 통로, 산울타리, 담장, 건물 주변에 좁고 길게 만든 화단으로 대상화단이라고도 함
	포석화단	• 통로, 연못 주위에 돌을 깔고 돌 사이에 키 작은 초화류를 식재하여 돌과 조화시켜 관상하는 화단
입체화단	기식화단 (모둠화단)	• 잔디밭 중앙, 광장의 중앙, 축의 교차점에 조성되는 화단 • 중앙에는 키 큰 직립성의 초화를 심고 주변부로 갈수록 키 작은 종류를 심어 사방에서 관상할 수 있게 만든 화단
	경재화단	• 도로, 건물, 산울타리, 담장을 배경으로 폭이 좁고 길게 만듦 • 전면 한쪽에서만 관상: 앞쪽은 키 작은 것, 뒤쪽은 키 큰 것을 배치하여 입체적으로 구성
	노단화단	• 경사지를 계단 모양으로 돌을 쌓고 축대 위에 초화를 심은 테라스 화단

3) 화단용 초화류 구비 조건
① 키가 되도록 작으며 개화기간이 길어야 할 것
② 외모가 아름다우며 꽃이 많이 달릴 것
③ 건조와 병해충에 강하며 환경에 대한 적응성이 클 것

3 목질재료

가. 목재의 특징

1) 춘재와 추재
   ① 춘재 : 봄과 여름에 생긴 세포로 빛깔이 엷고 크며 세포막이 얇고 유연하다.
   ② 추재 : 가을과 겨울에 생긴 세포로 빛깔이 진하고 작으며, 세포막이 두껍고 견고하다.

2) 나이테 : 수심을 중심으로 춘재와 추재가 합쳐진 것을 말하며 동심원으로 나타나는 것, 목재 강도의 기준이 되고 생장 연수를 나타낸다.

3) 심재와 변재
   ① 심재
      ㉮ 목재의 수심 가까이에 있는 적갈색 부분, 단단하며 강도와 내구성이 크다.
      ㉯ 세포들은 거의 죽어서 원형질이 파괴되고 광물질만 고착되어 목질부가 단단하다.
   ② 변재
      ㉮ 목재 표면 위치, 수액의 이동과 양분의 저장, 무르고 강도나 내구성이 심재보다 작다.
      ㉯ 세포가 살아 있으므로 원형질에 수분이 많이 포함되어 목질부가 무르고, 함수율 높다.

4) 부름켜
   식물의 물관부와 체관부 사이에 있는 분열 세포층으로 형성층이라고도 한다.

나. 목재의 비중

1) 비중 : 목재의 비중은 함수율에 따라 목재의 무게를 측정한 것으로서, 비중이 클수록 강도가 높다. 즉, 조직이 치밀할수록, 나이테 폭이 좁을수록 비중이 크며, 변재보다는 심재가, 춘재보다는 추재가 더 비중이 크다.

목재의 장·단점

목재의 장점	목재의 단점
• 색깔, 무늬 등 외관이 아름답다. • 재질이 부드럽고 촉감이 좋다. • 무게가 가벼워서 다루기가 좋다. • 무게에 비해 강도가 크다. • 가공이 쉽고 열전도율이 낮다.	• 부패성이 크다. • 함수율에 따라 변형된다. • 부위에 따라 재질이 불균질하다. • 불에 타기 쉽다. • 구부러지고 옹이가 있다.

2) 함수율

목재의 부피에서 물의 양을 백분율로 계산한 것으로 목재 함수율에 따라 전건재, 기건재로 구분한다.
① 전건재 : 목재의 함수율이 0%로 완전 건조한 상태를 말한다.
② 기건재 : 공기 중의 습도와 목재의 습도가 평행 상태로 함수율 15% 정도 이다.
③ 섬유포화점 : 목재의 유리수가 모두 증발하고 결합수만 있을 때를 말하며 함수율은 30% 정도이다.

3) 공극율

$$공극율 = (1 - \frac{전건비중}{진비중}) \times 100$$

다. 목재의 건조와 방부

1) 건조의 목적(함수율 15%)
① 갈라짐, 뒤틀림을 방지한다.
② 탄성, 강도를 높이고 변색, 부패를 방지한다.
③ 가공, 접착, 칠이 잘된다.
④ 단열과 전기절연 효과가 높아진다.
⑤ 중량경감 및 강도, 내구성이 증진된다.

2) 목재의 건조법
① 자연건조법
  ㉮ 공기건조법 : 목재를 자연 기상조건에 의해 건조하는 것으로, 통풍이 잘 되는 음지에 쌓아서 건조시키는 방법으로 침엽수는 3~6개월, 활엽수는 6~12개월 소요된다.
  ㉯ 침수(수침)법 : 3~4주 물에 담갔다가 2~3주 공기 중에 건조시키는 과정을 반복한다.
② 인공건조법
  ㉮ 건조실 내에서 열원을 사용하여 건조시키는 방법으로 단시간에 건조를 시킬 수 있다는 장점이 있다.
  ㉯ 열을 가하는 방법, 찌는 방법, 훈연 건조하는 방법이 있다.
    • 열기법 : 가열 공기를 이용한 건조실에서 건조하는 방법
    • 증기법 : 고온, 다습한 공기를 주입하여 서서히 건조시키는 방법
    • 훈연법 : 배기 및 연소가스를 건조실에 주입하여 건조시키는 방법으로 목재의 변형이 없는 것이 장점이지만, 외관상 검어지는 현상이 발생할 수 있는 단점이 있다.

3) 목재의 방부

① 방부제 종류

구분	내용
수용성방부제 (실내용)	• CCA방부제 : 크롬, 구리, 비소의 화합물, 가장 많이 쓰임 • ACC방부제 : 구리와 크롬의 화합물, 광산의 갱목에만 사용
유용성방부제 (실외용)	• 클레오소트유 : 비휘발성 흑갈색 용액으로 페인트 도장이 곤란하며 방부력이 우수하나, 냄새가 심해서 실내 사용이 곤란하므로 미관을 고려하지 않은 외관에 사용한다. • 유성페인트 : 보일드유와 안료를 혼합한 것으로 내후성과 내마모성이 우수하나 내알칼리성은 떨어진다. • 콜타르 : 흑색이고 침투가 약하므로 도포용으로 사용된다. • PCP(펜타클로로페놀) : 방부력이 가장 우수하지만 가격이 비싸다. • 유성페인트, 아스팔트, 오일스테인 등은 기름에 녹여서 사용한다.

② 목재의 방부 처리법

구분	내용
도장법	• 목재를 충분히 건조시킨 다음 방부제를 도포하는 가장 일반적인 방법
주입법	• 상압주입법 : 방부제 용액에 목재를 침지 • 가압주입법 : 압력용기 속에 목재를 넣어 7~12기압의 고압에서 방부제를 주입하는 방법으로 방부력이 가장 우수하며 철도 침목 등에 이용(로우리법, 베델법, 루핑법)
침지법	• 상온에서 CCA, 크레오소트 등에 목재를 몇 시간 또는 며칠 동안 침지하는 방법
표면탄화법	• 목재의 표면을 3~10mm정도 태워서 탄화시키는 방법으로 흡수성이 증가하는 단점이 있음

라. 목재의 종류

1) 제재목

① 각재류 : 폭이 두께의 3배 미만인 제재목으로 규격에 따라 소각재와 각재로 구분한다.
  ㉮ 소각재 : 두께가 6cm 미만이며, 폭이 두께의 3배 미만인 각재
  ㉯ 각재 : 두께와 폭이 모두 6cm 이상인 각재
② 판재류 : 두께가 7.5cm 미만이고 폭이 두께의 4배 이상
  ㉮ 후판재 : 두께가 3cm 이상인 것
  ㉯ 판재 : 두께가 3cm 미만이고, 폭이 12cm 이상인 것

2) 가공재

① 합판
  ㉮ 합판을 베니어판이라 하고 베니어란 원래 목재를 얇게 한 것을 말하며, 이것을 단판이라고도 한다.

㉯ 목재가 지닌 휨과 수축 등 결점을 보완한 가공재로 보통합판과 특수합판으로 나뉜다.
- 보통합판 : 홀수 개의 단판을 직교하여 구성하며 보통 베니어 코어 합판이라고 함
- 특수합판 : 구성특수합판, 표면특수합판, 약액처리합판 등

② 합판의 특징
㉮ 나뭇결이 아름답고 수축 팽창의 변형이 없다.
㉯ 고른 강도를 유지하며 넓은 판을 이용할 수 있다.
㉰ 내구성과 내습성이 크다.

③ 합판의 제조 방법
㉮ 로타리 베니어 : 원목을 회전하여 넓은 대팻날로 두루마리 휴지처럼 연속으로 벗기는 방식으로 목재의 이용 효율이 높고 가장 널리 사용하는 방식
㉯ 슬라이스 베니어 : 상, 하로 이동하면서 얇게 절단하는 방식
㉰ 쏘드 베니어 : 띠톱으로 얇게 쪼개어 단면을 만드는 방식

④ 합판의 종류 : 내수합판, 테고합판, 미송합판, 코아합판 등

> **플라이우드**
> 홀수장의 단판을 서로 이웃하는 단판의 섬유 방향이 직각이 되도록 서로 겹친 판. 속칭 베니어 또는 베니어판이라 불리고, 3장이 최저 매수이고, 5, 7장 등 여러 가지 있다.

4 석질재료

가. 석재의 특징

1) 석재의 개요
① 조경 재료로 사용되는 석재는 가공석과 자연석으로 구분된다.
② 석재의 보통 비중은 2.0~2.7정도, 압축강도는 화강암 > 대리석 > 안산암 > 사암 > 응회암 순이다.

> **석재의 중량과 비중**
> - 석재의 중량 : 부피 × 비중
> - 석재의 비중 : $\dfrac{건조무게}{표면건조포화상태무게 - 수중무게}$ = 약 2.6

③ 화강암은 압축강도가 크지만 내화성은 떨어지고 응회암은 반대로 내화성이 가장 크다.

2) 석재의 장·단점

장점	단점
• 외관이 매우 아름답다. • 내구성과 강도가 크다. • 가공성이 있으며, 변형되지 않는다.	• 무거워서 다루기 불편하다. • 가공하기가 어렵다. • 가격이 비싸다.

나. 암석의 분류

1) 화성암
   ① 화강암
      ㉮ 한국 돌의 70% 차지하며 암석 중 압축강도 가장 크다.
      ㉯ 단단하여 내구성은 크지만, 내화성이 작다.
      ㉰ 용도 : 바닥포장용, 계단용, 경계석 등의 시설물
   ② 안산암
      ㉮ 마그마가 지표로 분출하여 급격히 굳어진 암석
      ㉯ 담회색, 담적갈색, 암회색이 많다
   ③ 현무암
      ㉮ 세립이고 치밀하여 단단하나 다공질인 것도 있음
      ㉯ 주상절리가 있어 기둥모양으로 갈라지는 것이 많음

2) 퇴적암
   ① 응회암 : 질이 부드러워 가공이 쉽고, 열에 강하고 가벼우며, 강도가 떨어지는 것이 단점
   ② 점판암 : 판 모양으로 떼어내어 디딤돌, 포장용, 계단설치용, 지붕재, 천연슬레이트 등에 쓰임

3) 변성암
   ① 대리석
      ㉮ 석회암이 변성된 것으로 무늬가 화려하고 석질이 연해 가공이 용이함

성인에 의한 천연 암석의 분류

분류	종류	비고
화성암	화강암, 안산암, 현무암, 섬록암 등	심성암/화산암으로 분류
퇴적암	응회암, 사암, 점판암, 혈암, 석회암 등	–
변성암	편마암, 대리석, 사문암 등	–

⒁ 산과 열에 약하고 풍화 및 마멸이 잘 되기 때문에 외장용 보다는 내장용 및 붙임용에 적합하다.
② 사문암
㉮ 감람석, 섬록암 등의 심성암이 변질된 것으로 암녹색 바탕에 흑백색의 아름다운 무늬가 있다.
㉯ 경질이나 풍화성이 있어 외장재 보다는 내장 마감용 석재로 이용

다. 석재의 가공

공정	작업 내용	망치모양
혹두기	쇠망치(쇠메)로 석재 표면의 큰 돌출 부분만 대강 떼어내는 정도의 거친 면을 마무리 하는 작업	
정다듬	혹두기한 면을 정으로 비교적 고르고 곱게 다듬는 것으로 거친 정도에 따라 거친다듬, 중다듬, 고운다듬으로 구분	
도드락다듬	정다듬한 표면을 도드락 망치를 이용하여 1~3회 정도로 곱게 다듬는 작업	
잔다듬	외날망치나 양날망치로 정다듬면 또는 도드락 다듬면을 일정 방향이나 평행선으로 다듬어 평탄하게 마무리 하는 작업	
물갈기	연마기나 숫돌로 매끈하게 갈아내는 방법으로 화강암, 대리석 등을 최종적으로 마무리 할 때 이용	-

라. 규격재

구분	내용
각석	폭이 두께의 3배 미만이고 폭보다 길이가 긴 직육면체의 석재
판석	두께가 15cm 미만이고 폭이 두께의 3배 이상인 판 모양의 석재
마름돌	지정된 규격에 따라 직육면체가 되도록 각 면을 다듬은 석재
견칫돌	앞면이 정사각형 또는 직사각형, 1개의 무게는 70~100kg으로 옹벽 쌓기에서 메쌓기 또는 찰쌓기 용으로 사용

마. 자연석

1) 돌의 절리

구성 광물의 배열상태, 석리라고도 함, 돌에 선이나 무늬가 생기므로 방향감을 주며 예술적 가치 높음

2) 자연석의 모양

입석	횡석	평석	환석	각석	사석	와석	괴석

5 점토제품

가. 벽돌

1) 벽돌의 규격

① 표준형 : 190 × 90 × 57mm
② 기존형 : 210 × 100 × 60mm

▲ 표준형 벽돌

▲ 기존형 벽돌

나. 도관과 토관

1) 도관

양질의 점토 이용, 유약을 발라 굽고 흡수성, 투수성이 없어 배수관, 상하수관, 전선 및 케이블관 등에 사용된다.

2) 토관

저급 점토를 이용하여 그대로 구운 제품이다. 표면이 거칠고 투수율이 크므로 연기, 공기 등의 환기관으로 사용된다.

다. 이형관

▲ 직관　　▲ 편지관　　▲ 양지관　　▲ Y자관

▲ 45°곡관　　▲ T자관　　▲ 90°곡관　　▲ 반원관

라. 도자기제품

구분	내용	예
도기	1100℃~1200℃에서 소성을 하며 기계적 강도가 크지 않고 때리면 둔탁한 소리가 난다.	세면대, 변기 등
자기	점토, 석영, 장석, 도석 등을 원료로 하여 적당한 비율로 배합한 다음 1300℃ 이상의 높은 온도로 가열하여 유리화 될 때까지 충분히 구워 굳힌 제품으로서 때리면 맑은 소리가 난다.	커피잔, 밥그릇 등

6 시멘트와 콘크리트

가. 시멘트 종류

1) 포틀랜드시멘트
① 보통 포틀랜드시멘트 : 제조공정이 간단하고 저렴하여 가장 많이 이용
② 중용열 포틀랜드시멘트 : 수화열이 적어 균열이 방지되며 댐이나 큰 구조물에 사용

> **점토 제품 소성 공정**
> ① 예비처리 → ② 원료조합 → ③ 반죽 → ④ 숙성 → ⑤ 성형 → ⑥ 시유 → ⑦ 소성

③ 조강 포틀랜드시멘트
  ㉮ 조기에 높은 강도, 급한 공사, 추운 때의 공사, 물 속 공사, 수화열이 커 균열의 위험성이 높다.
  ㉯ 재령이 3일이면 $215kg/cm^2$ 이상
④ 백색 포틀랜드시멘트 : 치장용, 컬러 시멘트 가능

2) 혼합시멘트
  ① 슬래그 시멘트(고로 시멘트)
    ㉮ 제철소의 용광로에서 생긴 광재(slag)를 넣어 만듦
    ㉯ 수화열이 낮고 투수성 균열이 적음
    ㉰ 내구성과 화학적 저항성 큼
    ㉱ 폐수시설, 하수도, 항만 등에 사용
  ② 플라이애시 시멘트(fly ash) : 분탄을 연료로 하는 보일러 연통에서 채집한 재(fly ash)를 넣어서 만듦
  ③ 포졸란 시멘트(실리카시멘트)
    ㉮ 실리카질의 포졸란을 넣어서 만든다.
    ㉯ 경화속도가 느리고 장기강도 크다.
    ㉰ 화학적 저항성 및 수밀성이 크다.

3) 특수시멘트
  ① 알루미나 시멘트
    ㉮ 초기 강도가 매우 크고(재령 1일에 보통 포틀랜드 28일 강도) 해수 및 기타 화학적 저항성이 크다.
    ㉯ 열분해 온도가 높아 내화용 콘크리트에 적합하나 가격이 비싼 것이 단점이다.

나. 시멘트의 성질과 저장
  1) 시멘트의 성질
    ① 단위와 무게 : 시멘트 단위는 '포대'이고, 1포당 무게는 40kg이다.
    ② 분말도 : 시멘트 입자의 굵고 가는 정도, 분말도가 높으면 수화작용이 빠르고 조기강도는 크지만 풍화, 수화열이 많아 균열의 위험성이 있다.
    ③ 응결
      ㉮ 응결 : 물과 접촉하여 유동성을 잃고 굳어지며 자력으로 모양이 유지되어 고체상태
      ㉯ 수량, 온도, 분말도에 따라 응결 시간이 달라진다.
    ④ 강도 : 풍화가 강도를 떨어뜨리는 요인이며, KS는 재령 28일 압축강도 보통 $245kg/cm^2$로 규정
    ⑤ 풍화 : 저장 중에 수분을 흡수하여 생긴 수산화칼슘이 공기 중의 이산화탄소와 결합하여 탄산칼슘을 만드는 작용

2) 시멘트의 저장

① 지표에서 30cm 이상 이격시킨다.
② 13포 이상 쌓지 않으며, 장기 저장할 경우 7포 이내로 한다.
③ 출입문을 제외한 환기창을 두지 않는다.
④ 3개월 이상 저장하지 않는다.
⑤ 습기를 받거나 풍화가 의심되면 반드시 테스트 후 사용한다.
⑥ 선입선출(先入先出)
⑦ 보관 시 1m²당 30~35포대 정도로 한다.
⑧ 창고면적 : $0.4 \times \dfrac{N}{n}$ (N : 총포대수, n : 쌓는 단수(13포))

다. 콘크리트

1) 콘크리트의 장·단점

장점	단점
• 임의의 형상대로 구조물을 만든다. • 재료를 구하기 쉽고 운반이 양호하다. • 압축강도, 내구성, 내화성, 내수성 등이 크다. • 철근을 피복하여 녹을 방지한다. • 철근과의 부착력이 크다. • 시공이 용이하고 유지비가 적게 든다.	• 자체 중량이 무겁다. • 균열의 위험성이 있다. • 개조 및 파괴가 어렵다. • 품질유지 및 시공 관리가 쉽지 않다. • 경화에 시간이 걸려 시공 일수가 길다. • 인장강도 휨강도가 작고, 이를 보강하기 위해 철근을 배근한다.

2) 서중콘크리트

① 슬럼프 저하 등 워커빌리티의 변화가 생기기 쉽다.
② 동일 슬럼프를 얻기 위한 단위수량이 많아진다.

시멘트 액체 방수

- 무기질계 : 염화칼슘계, 규산소다계, 규산질분말계
- 유기질계 : 파라핀계, 지방산계, 고분자에멀션계

시멘트 액체 방수

- 시멘트 풀(시멘트 페이스트) : 시멘트 + 물
- 모르타르 : 시멘트 + 물 + 모래
- 콘크리트 : 시멘트 + 물 + 모래 + 자갈
- 보도블럭 규격 : 300 × 300 × 60

③ 콜드조인트가 발생하기 쉽다.
④ 초기 강도 발현은 빠른 반면에 장기강도가 저하될 수 있다.
⑤ 평균 25℃, 최고 30℃ 넘을 때 타설하는 콘크리트이다.

7 기타

가. 플라스틱

1) 플라스틱의 장·단점

장점	단점
• 성형이 자유롭다. • 강도와 탄력성이 크다. • 착색이 자유롭고 광택이 좋다. • 내산성과 내알칼리성이 크다. • 투광성 및 접착성이 있다. • 전기와 열에 대한 절연성이 있다.	• 열전도율이 높고 불에 타기 쉽다. • 내열성, 내후성, 내광성이 부족하다. • 변색이 잘 된다. • 저온 및 자외선에 약하다. • 표면의 경도가 낮다. • 발생량이 크다.

2) 열경화성/열가소성 수지

구분	특징	종류
열경화성 수지	• 축합반응에 의해서 고분자로 된 것 • 한번 경화되면 열을 가해도 소성이 되지 않음	멜라민, 페놀, 요소, 에폭시, 푸란, FRP 등
열가소성 수지	• 중합반응에 의해 고분자로 된 것 • 경화된 후 다시 열을 가하면 다시 소성을 가짐 • 수장재로 이용	폴리에틸렌, 폴리염화비닐, 아크릴 등

3) 수지별 특징

종류	특징
실리콘	• 내수성, 내열성이 우수하다. • 내연성, 전기적 절연성이 있고 유리 섬유판, 텍스, 피혁류 등 모든 접착이 가능하다. • 500℃ 이상 견디는 수지이다. • 용도는 방수제, 도료, 접착제로 사용된다.
에폭시	• 액체 상태나 용융 상태의 수지에 경화제를 넣어 사용한다. • 내산성, 내알칼리성 등이 우수하여 콘크리트 접착 등에 사용한다. • 접착 효과가 매우 우수하여 방수와 포장재로도 이용한다.

종류	특징
폴리에틸렌	• 상온에서 유백색의 탄성이 있는 열가소성 수지이다. • 얇은 시트, 벽체 발포온판 및 건축용 성형품으로 이용된다.
멜라민수지	• 내수성이 크고 열탕에서도 침식되지 않는다. • 무색 투명하고 착색이 자유로우며 내수성, 내약품성, 내용제성이 뛰어나다. • 알키드수지로 변성하여 도료, 내수베니어합판의 접착제 등에 이용된다.
아크릴	• 투명도가 높으므로 유기유리라는 명칭이 있고 착색이 자유로워 채광판, 도어 판, 칸막이 판 등에 이용된다.
염화비닐수지	• 파이프, 튜브, 물받이통 등의 제품에 가장 많이 사용되는 열가소성 수지이다.
페놀	• 강도, 전기 절연성, 내산성, 내수성 모두 양호하나 내알칼리성이 약하다. • 내수합판, 접착제 용도로 사용하며 베이클라이트를 만든다.
석탄산수지	• 페놀과 알데히드를 중합(단위체가 결합하여 큰 화합물이 됨)반응하여 만든 수지이다.
프탈산수지	• 프탈산과 글리세린으로 만든 수지로서 연한 노랑색을 띠며 지방유를 섞어 유성 니스로 쓴다.

나. 금속재료

1) 금속재료 장·단점

장점	단점
• 인장강도가 크다. • 강도에 비해 가볍고 균일하다. • 불에 타지 않는다.	• 가열하면 역학적 성질이 저하된다. • 녹이 슬며 부식이 되는 결함이 있다. • 내산성, 내알칼리성이 작다.

2) 방청도료 : 녹이 나는 것을 막기 위해 칠하는 도료

  ① 철재 방청도료 : 광명단

  ② 알루미늄 방청도료 : 징크로메이트(크롬산아연을 안료로 하고 알키드 수지를 전색료로 한 것)

3) 부식

  ① 온도가 높을수록 녹의 양은 증가한다.

  ② 습도가 높을수록 부식속도가 빨리 진행된다.

  ③ 도장이나 수선 시기는 여름보다 겨울이 좋다

  ④ 자외선에 노출되면 부식이 빨라진다.

4) 금속재료 열처리와 관련된 용어

  ① 풀림 : 적당한 온도(800~1000℃)로 가열하여 소정의 시간까지 유지한 후에 로(爐) 내부에서 천천히 냉각

② 불림 : 공기 중 상온에서 서서히 냉각
③ 뜨임질 : 담금질 후 취성을 보완하기 위해 가열 후 공기 중에서 서서히 냉각
④ 담금질 : 금속 재료의 열을 식히기 위해 기름이나 물에 담그는 작업

다. 미장재료

1) 시멘트모르타르
① 시멘트와 잔골재인 모래를 적당한 비율로 섞어 물로 갠 것을 말하며 벽돌쌓기, 돌쌓기 등의 접착 재료로 쓰인다.
② 보통 배합비는 1:2~1:3 정도로 한다.

2) 회반죽
① 소석회에 모래, 해초풀(교착력 증진) 등을 물에 섞어 이긴 것이다.
② 흔히 소석회 반죽이라고도 한다.

3) 벽토
① 진흙에 고운모래, 짚여물, 착색안료와 물을 혼합한 다음 반죽하여 만든 것이다.
② 자연스러운 분위기와 목조 주택의 외벽, 토담집 흙벽 등 전통성을 강조하는 구조물에 쓰인다.

03 조경시공 및 관리

1 조경시공의 기본사항

가. 시공 및 재료 성질과 관련된 용어

1) 시공용어
① 시공주 : 공사의 시공을 의뢰하는 주문자, 발주자
② 시공자 : 시공주와 계약을 체결하여 공사를 완성하고 그 대가를 받는 자
③ 감독관 : 재료, 공작물 검사, 시험, 현장지휘 등 감독 업무에 종사할 것을 발주자가 도급자에게 통고한 자
④ 감리자
  ㉮ 시공주 측의 자문에 응하고 시공 과정에서 전문 기술자의 지식, 기술, 경험을 활용
  ㉯ 설계감리, 시공감리, 책임감리
⑤ 현장대리인 : 현장 소장이라고 하며 공사 업자를 대리하여 현장에 상주하는 책임시공 기술자

2) 재료 성질과 관련된 용어
① 강도(強度) : 재료에 하중이 걸린 경우, 재료가 파괴되기까지의 변형저항 성질
② 강성(剛性) : 물체가 외력을 받아도 모양이나 부피가 변하지 않는 단단한 성질
③ 전성(展性) : 압축력이 가해질 때 재료가 파괴되지 않고 펴지는 성질
④ 취성(脆性) : 외력에 의하여 영구 변형을 하지 않고 파괴되는 성질로 인성(靭性)과 반대
⑤ 인성(靭性) : 잡아당기는 힘에 견디는 성질
⑥ 전성(展性) : 얇게 펴지는 성질
⑦ 연성(延性) : 탄성 한계를 넘어서 파괴되지 않고 늘어나는 성질로 가장 큰 것은 금으로써 1g으로 3.6km까지 늘릴 수 있다.
⑧ 크리프 : 물체에 외력이 작용할 때 시간이 지나면서 변형이 증대해 가는 현상
⑨ 릴랙세이션 : 시간이 지나면서 응력이 감소되는 현상

나. 공사 방식 및 공사비 정산

1) 공사 실시 방식
① 직영방식
  ㉠ 발주자 자신이 계획, 재료구입, 고용하여 일체 공사를 자기 책임으로 시행하는 방식
  ㉡ 입찰과 계약의 수속, 감독 곤란, 경쟁의 폐단을 피할 수 있음
  ㉢ 경험부족, 사무 복잡, 공사 지연의 결점이 있음
② 도급방식
  ㉠ 일식도급 : 공사 전체를 한 도급자에게 위탁
  ㉡ 분할도급 : 공정별, 공구별로 전문 업자에게 도급 위탁

2) 공사비 정산 방법
① 정액도급계약 : 총 공사비를 결정한 후 추가 공사비 불인정
② 단가도급계약 : 재료, 노임 등 단가를 확정하고 공사 완료 후 실시 수량을 결정된 단가에 의해 정산
③ 실비정산도급계약 : 공사의 실비를 기업주와 도급자가 확인·정산하고 시공자는 미리 정한 보수율에 따라 도급자에게 그 보수액을 지불하는 방법

다. 시공자 선정 방법

1) 경쟁입찰 방식
① 일반경쟁입찰 : 관보나 신문 및 게시 등의 방법을 통하여 다수의 희망자를 경쟁에 참가하도록 하고, 그 중 가장 유리한 조건을 제시한 자를 선정하여 계약 체결
② 지명경쟁입찰 : 경쟁 참가자를 지명하는 것
③ 제한경쟁입찰 : 계약의 목적, 성질 등에 따라 참가의 자격을 제한
④ 일괄입찰 : 공사 설계서와 시공 도서를 작성하여 입찰서와 함께 제출하는 입찰방식으로 턴키(Turnkey base)라고 한다.

실비정산도급계약
- 장점 : 보수 보장되어 양심적 시공, 기업주의 업자 신뢰
- 단점 : 공사비 절감 노력 부족, 공사기일 연체 우려

조경공사의 특징
- 최종 마무리 공정
- 공종의 다양성
- 공종의 소규모성
- 지방성
- 규격화와 표준화의 곤란성
- 점재성
- 환경적응성
- 작품성

2) 수의계약
  ① 특수한 사정으로 인정될 때 체결
  ② 예정 가격을 비공개하고 견적서를 제출하게 함으로써 경쟁 입찰에 단독으로 참가하는 형식

라. 조경시공계획

1) 시공계획
  ① 1일 평균 시공량 : $\dfrac{공사량}{작업가능\ 일수}$
  ② 시공계획 종류 및 목표
    ㉮ 시공계획의 종류 : 사전조사, 현장원 파견, 노무계획, 자재계획, 기계사용계획
    ㉯ 시공의 4대 목표 : 품질(좋게), 공정(빠르게), 원가(저렴하게), 안전(안전하게)

2) 공정계획
  ① 공정표 : 공사를 우수하게, 값싸게, 빨리, 안전하게 완공할 수 있도록 공사의 순서를 정하여 각 단위 공종별로 일정을 계획하는 것

구분	막대 공정표	네트워크 공정표
장점	• 공정별 공사와 전체의 공정시기 등이 일목요연 • 착공일과 완료일이 명료함	• 상호간의 작업관계가 명확 • 작업의 문제점 예측 가능 • 신뢰도가 높고 편리(계산기 사용가능)
단점	• 작업간의 관계가 명확하지 않다. • 작업상황이 변동되었을 때 탄력성이 없다.	• 공정표 작성에 숙련을 요한다. • 수정 및 변경에 많은 시간이 요구된다.
용도	• 소규모공사, 시급을 요하는 공사에 사용	• 대형공사, 복잡하고 중요한 공사에 사용

2 토공사

가. 흙의 성질

1) 토량 변화와 더돋기
  ① 토량변화
    ㉮ 자연 상태에서 흙을 파내면 공극으로 토량이 증가한다.
    ㉯ 다짐을 실시하면 토양은 줄어든다.

② 체적 변화율
  ㉮ 흙은 토성(土性)에 따라 일정 비율의 공극이 있어 자연상태와 흐트러진 상태, 다진 상태에 따라 부피가 다르다. 이와 같이 변하는 상태를 체적 변화율이라고하며 그 값을 각각 L값, C값으로 표시한다.

  - L값 = $\dfrac{\text{흐트러진 상태의 토량(파헤쳐진 상태의 토량) (m}^3\text{)}}{\text{자연 상태의 토량(원상태의 토량) (m}^3\text{)}}$

  - C값 = $\dfrac{\text{다져진 상태의 토량(다져진 뒤의 토량) (m}^3\text{)}}{\text{자연 상태의 토량(원상태의 토량) (m}^3\text{)}}$

  ㉯ 체적 환산 계수(f)

현재 상태 \ 바꾸려는 상태	자연 상태(1)	흐트러진 상태(L)	다져진 상태(C)
자연 상태(1)	$\dfrac{1}{1}=1$	$\dfrac{L}{1}=L$	$\dfrac{C}{1}=C$
흐트러진 상태(L)	$\dfrac{1}{L}$	$\dfrac{L}{L}=1$	$\dfrac{C}{L}$
다져진 상태(C)	$\dfrac{1}{C}$	$\dfrac{L}{C}$	$\dfrac{C}{C}=1$

③ 체적(토량) 산출을 위한 점고법
  ㉮ 구형분할 : $\dfrac{A}{4}(\Sigma h_1 + 2\Sigma h_2 + \cdots\cdots 4\Sigma h_4)$

  ㉯ 삼각분할 : $\dfrac{A}{6}(\Sigma h_1 + 2\Sigma h_2 + \cdots\cdots 8\Sigma h_8)$

④ 더돋기(餘盛)
  ㉮ 압축 및 침하에 의한 줄어듦을 방지하고 계획 높이 유지하고자 흙을 더돋기한다.
  ㉯ 토질, 성토높이, 시공방법 등에 따라 다르나 대개는 높이의 10% 미만이다.

2) 안식각과 비탈경사
  ① 안식각(∅) : 절·성토 후 일정기간이 지나 자연 경사를 유지하며 안정된 상태를 이루게 되는 각도
  ② 비탈면 경사
    ㉮ 수직고 1로 보고 수평 거리의 비율
    ㉯ 보통 토질의 성토경사는 1:1.5, 절토경사는 1:1을 기준으로 한다.

나. 지형

1) 등고선

① 등고선의 종류와 간격
   ㉮ 등고선 간격 : 두 등고선 사이의 연직거리(높이차)
   ㉯ 주곡선 : 지형도 전체에 일정 높이의 간격으로 그려진 곡선
   ㉰ 계곡선 : 주곡선의 다섯줄마다 굵은 선으로 그어진 것
   ㉱ 간곡선 : 주곡선의 간격의 1/2 거리의 가는 파선으로 표시
   ㉲ 보조곡선 : 간곡선 간격의 1/2 거리의 가는 점선으로 표시

종류	1:5,000	1:25,000	1:50,000	등고선의 기호
계곡선	25m	50m	100m	▬▬▬▬▬▬
주곡선	5m	10m	20m	────────
간곡선	2.5m	5m	10m	─ ─ ─ ─ ─
조곡선	1.25m	2.5m	5m	············

▲ 등고선의 종류와 간격

② 등고선의 성질
   ㉮ 등고선상의 모든 점은 같은 높이이다.
   ㉯ 등고선은 도면 안 또는 밖에서 서로 만나며, 없어지지 않는다.
   ㉰ 등고선이 도면 안에서 만나는 경우는 산꼭대기이거나 요지(凹地)이다.
   ㉱ 높이가 다른 등고선은 절벽이나 동굴에서 교차한다.
   ㉲ 급경사지에서 간격이 좁고, 완만한 경사지에서 간격이 넓다.
   ㉳ 경사가 같으면 같은 간격이다.

▲ 오목사면　　　▲ 볼록사면　　　▲ 평사면

2) 지형도 읽기
  ① 능선과 계곡 : 능선은 U자형 바닥의 높이가 점점 낮은 높이의 등고선을 향하고, 계곡은 반대로 U자형 바닥의 높이가 높은 높이의 등고선을 향한다.

② 급경사와 완경사 : 등고선 간격이 가까울수록 급경사, 넓은 간격의 등고선은 완경사나 평탄한 지형
③ 요사면, 철사면, 평사면
　㉮ 요사면(凹斜面) : 표고가 높은 곳의 등고선 간격이 가깝고, 낮은 곳의 간격이 멀어지는 지형
　㉯ 철사면(凸斜面) : 표고가 높은 곳의 등고선 간격이 멀고, 낮은 곳의 간격이 가까워지는 지형
　㉰ 평사면(平斜面) : 전체적으로 동일한 간격을 가지는 등고선

다. 흙깎기와 흙쌓기

1) 흙깎기

식재 공사가 포함된 경우에는 부식질이 풍부한 지표면 30~50cm 정도의 표토를 한 곳에 따로 모아서 미끄럼을 방지하고, 후에 식재 작업에 활용한다.

▲ 흙깎기 순서

2) 흙쌓기 유의사항
　① 풀, 나무뿌리 제거 : 썩으면 내려앉음
　② 층따기 : 경사지 흙쌓기

라. 비탈면의 조성과 보호

1) 비탈면의 보호
　① 식물 식재에 의한 보호
　　㉮ 종자 뿜어 붙이기(Hydroseeding) : 종자와 비료를 섞어 기계로 분사·파종하는 방법, 급경사, 짧은 시간, 절·성토 모두 사용
　　㉯ 식수공(植樹空) : 초기 효과보다 연속적인 효과 위함, 개나리, 눈향나무 등을 식재
　　㉰ 상단부에는 칡으로 하향식재, 하단부에는 등나무, 담쟁이덩굴로 상향식재
　② 구축물에 의한 보호
　　㉮ 콘크리트 격자틀 공법

> **식물에 의한 비탈면 보호공법**
> 떼심기 공법, 종자뿜어 붙이기, 식생자루공법, 식생매트공법 등이 있다.

- 정방형 콘크리트 틀 블록을 격자상으로 조립 후 그 교차점에 콘크리트 말뚝이나 철침을 박아 고정한다.
- 틀 안쪽은 조약돌, 콘크리트를 채우거나 잔디, 맥문동 등 식물을 식재하기도 한다.
㉰ 콘크리트블록공법 : 비탈면 경사 1:0.5 이상인 급경사면에 사용하며 자연과 이질감이 생기는 단점이 있다.

2) 옹벽의 종류

① 중력식 & 반중력식옹벽 : 흙의 압력을 자체의 무게로 지지하는 3m 내외의 낮은 옹벽으로 무근 콘크리트 사용
② T자형 & L자형 옹벽 : 캔틸레버를 이용하여 재료를 절약한 것으로 자체 무게와 뒤채움한 토사의 무게를 지지하여 안전도를 높인 옹벽으로 주로 5m 내외의 높지 않은 곳에 철근 콘크리트를 사용
③ 부벽식옹벽 : 토압을 받는 반대쪽에 부벽을 만드는 것으로 안정성을 중시하는 6m 이상의 높은 옹벽에 사용

▲ 중력식옹벽　　▲ T자형옹벽　　▲ 부벽식옹벽

마. 토공용기계

구분	명칭	용도
굴착기계	파워셔블	굳은 점토나 경질의 흙을 굴착하는 작업을 하며, 기계가 놓인 지면보다 높은 곳을 굴착할 때 사용
	백호우(Back hoe)	드래그셔블이라고도 하며 360° 회전이 가능하고, 기계가 놓인 지면보다 낮은 곳을 굴착할 때 사용
	드래그라인	기계가 서있는 곳보다 낮은 곳의 연약지반이나 수중 굴착에 사용
적재기계	로더	연약 지반의 흙을 깎아 싣거나 모아놓은 흙, 골재 등의 적재에 적합
운반기계	크레인	무거운 물건을 수직으로 들어 올려 운반하는 기계
	트럭크레인	적재함이 있는 트럭에 크레인을 설치한 장비
	덤프트럭	흙의 장거리 운반에 사용되며, 적재 용량은 8~15ton
	지게차	무거운 자재나 기계를 들어 올려 실어주거나 소형 자재 운반에 사용
	체인블럭	도르래, 톱니바퀴, 쇠사슬 등을 조합시켜 무거운 물건을 달아 올리는 기계로 돌쌓기에 많이 사용

구분	명칭	용도
정지기계	모터그레이더	운동장 같은 넓은 대지나 노면을 광활하게 고르거나 필요한 흙쌓기 높이를 조절하는 데 사용되는 기계
다짐기계	컴팩터	기계의 몸체가 충격을 주어서 평판을 다지는 기계이다. 벽돌 포장시 정지용으로 많이 사용
	진동롤러	롤러에 진동기를 달아서 진동을 하면서 다짐을 하는 기계

바. 측량

1) 평판측량 3요소
① 정준 : 평판을 평평하게 함
② 구심 : 도상기계점과 지상기계점을 일치시킴
③ 표정 : 방향을 일치시킴

▲ 평판의 구성

A. 평판
B. 엘리데이드
C. 구심기
D. 자침함
E. 삼각(다리)

2) 평판측량 방법
① 방사법 : 장애물이 없는 탁 트인 공간에서 하나의 중심점을 이용하여 사방의 측점을 측량하는 방법으로 비교적 좁은 구역에 적합하다.
② 전진법 : 장애물의 있는 경우에 기계를 이동하면서 측점을 측량하는 방법(방사법이 불가능한 경우)이다.
③ 교회법 : 기지점에서 미지점의 위치를 결정하는 방법으로 전방교회법, 후방교회법, 측방교회법이 있다.

3) 수준측량
① 레벨 : 수준 측량에서 수평면을 시준할 때 쓰는 광학기기
② 표척 : 수준 측량에서 높이를 재는 자
③ 야장 : 측량값을 기록하는 수첩
④ 측량 핀 : 테이프의 길이마다 그 측점을 땅 위에 표시하기 위하여 사용되는 핀
⑤ 폴(pole) : 일정한 지점이 멀리서도 잘 보이도록 곧은 장대에 빨간색과 흰색을 교대로 칠하여 만든 기구
⑥ 후시 : 기지점에 세운 표척의 읽음값(Back Sight)
⑦ 전시 : 표고를 구하려는 점에 세운 표척의 읽음값(Fore Sight)
⑧ 전환점(이기점) : 전시와 후시를 연결하는 점(Turning Point)
⑨ 중간점 : 전시만을 취하는 점(Intermediate Point)

3 콘크리트 공사

가. 개요

1) 혼합에 따른 명칭
   ① 콘크리트 : 시멘트, 잔골재(모래), 굵은 골재(자갈)를 물로 비벼 만든 혼합 재료로 혼화재를 넣기도 함
   ② 시멘트풀(시멘트페이스트) : 시멘트와 물을 혼합한 것
   ③ 모르타르 : 시멘트와 잔골재(모래)를 물로 비벼 혼합

2) 콘크리트 장·단점

장점	단점
• 임의 형상대로 구조물을 만들 수 있다. • 재료 획득 및 운반이 용이하다. • 압축강도, 내구성, 내화성, 내수성이 크다. • 철근을 피복하여 녹을 방지하며, 철근과 부착력이 크다. • 시공이 용이하고 유지비가 적게 든다.	• 자체 무게가 크다. • 균열의 위험성이 있다. • 개조, 파괴가 힘들다. • 품질 유지 및 시공 관리가 쉽지 않다. • 인장강도, 휨강도가 작다. – 보강 위해 철근 사용

나. 콘크리트 구성 재료

1) 골재의 구분
   ① 잔골재 : KS A 5101(표준체)에 규정되어 있는 10mm체를 모두 통과, No.4체를 90~100% 통과하는 골재로 보통 모래를 말한다.
   ② 굵은골재 : No.4체에 거의 다 남고 0~10% 통과하는 골재로 자갈에 해당된다.

2) 골재의 입도
   ① 크고 작은 골재가 적절하게 섞여 있는 비율을 말한다.
   ② 입도가 나쁘거나 아스팔트 양이 많아지면 포장이 무르게 되고 결과적으로 파상요철이 생긴다.
   ③ 입도 시험을 위한 골재는 4분법(四分法)이나 시료 분취기에 의하여 필요한 양을 채취한다.
   ④ 입도곡선이란 골재의 체가름 시험 결과를 곡선으로 표시한 것이며 입도곡선이 표준입도곡선 내에 들어가야 한다.

3) 골재의 실적율과 공극률
   ① 실적률 = $\dfrac{중량}{비중} \times 100$, 공극률 = 100 − 실적률
   ② 공극률 = $(1 - \dfrac{가비중}{진비중}) \times 100$

4) 수분 함유량에 따른 구분

① 절대건조상태 : 골재 외부와 내부 공극에 포함되어 있는 물이 전부 제거된 상태
② 기건상태 : 골재의 수분 함유량이 대기 중 습도와 평행을 이룬 상태
③ 표면건조내부 포화상태 : 골재의 표면수는 없고, 골재 내부에 빈틈이 없도록 물로 차 있는 상태
④ 습윤상태 : 골재의 내부가 완전히 수분으로 채워져 있고 표면에도 여분의 물을 포함하고 있는 상태
⑤ 함수율 및 흡수율

㉮ 함수율 $= \dfrac{\text{습윤상태} - \text{절대건조상태}}{\text{절대건조상태}} \times 100$

㉯ 표면수율 $= \dfrac{\text{습윤상태} - \text{표면건조내부포화상태}}{\text{표면건조내부포화상태}} \times 100$

㉰ 흡수율 $= \dfrac{\text{표면건조내부포화상태} - \text{절대건조상태}}{\text{절대건조상태}} \times 100$

㉱ 유효흡수율 $= \dfrac{\text{표면건조내부포화상태} - \text{공기중건조상태}}{\text{공기중건조상태}} \times 100$

5) 혼화재료

콘크리트의 성질을 개선하고 공사비 절약을 목적으로 사용하며 혼화재료에는 혼화재(混和材)와 혼화제(混和劑)가 있다.

① 혼화재(混和材) : 혼화재료 중 사용량이 비교적 많아 부피가 콘크리트 배합 계산에 관계되며 콘크리트 성질을 개량하기 위해서 사용된다.

구분	내용
포졸란(pozzolan)	• 콘크리트의 수밀성, 내구성, 강도 등을 높이고 수화열을 저하시킨다. • 경화속도가 느려지면서 장기 강도가 증가한다. • 건조 수축이 큰 것이 단점이다.
플라이애쉬(fly ash)	• 화력 발전소의 미분탄 연소 시 나오는 미립분이다. • 조기강도 낮으나 수화열 낮으므로 장기강도가 커진다.(매스콘크리트용) • 수밀성이 커지면서 단위수량(콘크리트 1m³당 물양)을 줄일 수 있다. • 워커빌리티가 좋아진다. • 건조 수축도 보통 포틀랜드 시멘트에 비해 적다. • 모르타르 및 콘크리트 등의 화학 저항성이 강하고 수밀성이 우수하다.
슬래그(slag)	• 용광로에서 생성된 광재(slag)로 내화학성이 강하고 장기강도를 증진시킨다.

② 혼화제(混和劑) : 혼화제는 사용량이 적고 배합 계산에서 용적을 무시하는 소량의 재료로 AE제, 급결제, 지연제, 방수제 등이 있다.

구분		내용
표면활성제	AE제 (空氣蓮行劑)	• 독립 기포를 형성하여 콘크리트의 유동성을 양호하게 하고 재료의 분리를 막는다. • 단위 물량을 적게 하고 동결, 융해에 저항성이 커진다. • 압축 강도와 철근과의 부착 강도가 감소하는 단점이 있다.
	분산제 (감수제)	• 내약품성이 커진다. • 수밀성이 향상되고 투수성이 감소된다. • 시멘트량과 단위 수량을 줄일 수 있다. • 시멘트 입자를 분산시켜 워커빌리티를 좋게한다. • 물과 접촉하는 면적 증가 → 수화작용이 촉진되고 강도가 높아진다.
	급결제 (응결 경화 촉진제)	• 물 속 공사, 겨울철 공사, 콘크리트 뿜어 올리기 등에 필요한 조기 강도의 발생 촉진을 위하여 넣는 것이다. • 염화칼슘, 염화마그네슘, 규산나트륨, 식염 등이 있다.
	지연제	• 수화작용을 지연시켜 응결 시간을 길게 하는 혼화재료이다. • 뜨거운 여름철(고온 시공), 장시간 시공시, 운반 시간이 길 경우에 사용된다.

다. 콘크리트 성질

1) 콘크리트 성질 관계된 용어

① 반죽질기(consistency) : 물 양의 다소에 따른 반죽의 되고 진 정도를 나타내는 것, 굳지 않은 콘크리트의 유동성

② 워커빌리티(workability)
  ㉮ 콘크리트 칠 때 적당한 유동성과 점성이 있어 시공부분에 잘 채워지고 분리를 일으키지 않는 정도, 작업난이도라고도 함
  ㉯ 재료의 분리에 저항하는 정도를 나타내는 용어
  ㉰ 구관입시험, 다짐계수시험, 비비(Vee-Bee)시험으로 워커빌리티 측정

③ 성형성(plasticity) : 거푸집으로 쉽게 성형할 수 있으며, 풀기가 있어 거푸집 제거시 허물어지거나 재료의 분리가 없는 성질

④ 피니셔빌리티(finishability)
  ㉮ 콘크리트 표면을 마무리 할 때의 난이도 정도를 나타내는 말
  ㉯ 워커빌리티와 반드시 일치하지는 않음
  ㉰ 굵은 골재의 최대 치수, 잔골재율, 잔골재의 입도, 반죽 질기 등에 의해 난이도가 변함

⑤ 블리딩(bleeding) : 재료 선택, 배합이 부적당한 경우, 물이 분리되어 먼지와 함께 위로 올라오는 현상

⑥ 레이턴스(laitance) : 블리딩에 의해 콘크리트 표면에서 침전하고 말라붙어 표피를 형성한 것

2) 슬럼프시험
  ① 워커빌리티(시공성)를 측정하기 위한 하나의 수단으로 반죽 질기를 측정하는 방법
  ② 철재 원통 시험 기구인 몰드를 사용하여 반죽한 콘크리트를 10cm 씩 3번 나누어 3단으로 넣어 다진 후 시험기를 수직으로 들어 빼낸 다음 무너진 높이를 잰 값이 슬럼프 값

라. 배합

1) 콘크리트 배합법의 표시
  ① 무게배합(중량배합)
    ㉮ 콘크리트 1m³ 제작에 필요한 각 재료의 무게로 표시하는 방법
    ㉯ 예를 들어 시멘트 387kg : 모래 660kg : 자갈 1,040kg으로 표시한다.
  ② 용적배합
    ㉮ 콘크리트 1m³ 제작에 필요한 재료를 부피로 표시
    ㉯ 예를 들어 1 : 2 : 4 , 1 : 3 : 6 등으로 나타낸다.
  ③ 부배합(rich mix) : 표준 배합보다 단위시멘트 양이 많은 것
  ④ 빈배합(poor mix) : 표준 배합보다 단위 시멘트 양이 적은 것

마. 치기와 양생

1) 치기
  ① 콘크리트를 거푸집 안에 넣는 것을 말함
  ② 콘크리트 칠 때 유의사항
    ㉮ 비빔장소에서 먼 곳에서 가까운 곳으로 이동하며 작업한다.
    ㉯ 거푸집의 견고성 등을 점검하고 거푸집에 박리제를 칠해 콘크리트가 달라붙지 않도록 한다.
    ㉰ 비비기에서 치기까지 1시간 이내로 하며, 온도가 낮거나 습할 때에도 2시간 이내로 마친다.

2) 다지기
  ① 진동 다지기를 할 때에는 내부 진동기를 콘크리트 속으로 사선으로 0.1m 정도 찔러 넣으며 삽입 간격은 0.5m 이하로 한다.
  ② 내부 진동기의 1개소당 진동 시간은 시멘트페이스트가 표면 상부로 약간 부상할 때까지 한다.
  ③ 거푸집판에 접하는 콘크리트는 되도록 평탄한 표면이 얻어지도록 타설하고 다져야 한다.
  ④ 콘크리트 다지기에는 내부 진동기의 사용을 원칙으로 하나 얇은 벽 등 내부 진동기의 사용이 곤란한 장소에서는 거푸집 진동기를 사용해도 좋다.

3) 양생(보양)
  ① 콘크리트를 친 후 응결과 경화가 완전히 이루어지도록 보호하는 것
  ② 콘크리트 양생 방법

㉮ 습윤 양생 : 콘크리트 노출면을 가마니, 마대 등으로 덮어 자주 물을 뿌려 습윤 상태를 유지하는 것이다.
㉯ 피막양생 : 표면에 반수막이 생기는 피막 보양제를 뿌려 수분증발을 방지하는 것으로 넓은 지역, 물주기 곤란한 경우에 이용한다.
㉰ 증기양생 : 단시일 내 소요강도를 내기 위해 고온 또는 고온고압 증기로 양생시키는 방법으로 추운 곳의 시공시에 유리하다.
㉱ 전기양생 : 콘크리트에 저압 교류를 통하게 하여 생기는 열로 양생하는 방법이다.

4) 거푸집
   ① 콘크리트를 부어 넣어 성형을 위해 사용하는 가설물을 말함
   ② 거푸집 소요 재료
      ㉮ 격리제 : 거푸집 상호간에 간격을 유지하기 위한 재료
      ㉯ 박리제 : 콘크리트 형판에서 틀과 쉽게 분리하기 위하여 미리 안쪽에 바르는 것으로 경유, 등유제와 합성수지 등을 사용
      ㉰ 긴장재 : 콘크리트를 부었을 때 거푸집이 벌어지지 않도록 연결 고정하는 재료
      ㉱ 간격재 : 철근과 거푸집 간격을 유지하기 위해 사용하는 재료
   ③ 거푸집에 미치는 콘크리트 측압
      ㉮ 경화 속도가 빠를수록 측압이 작다.
      ㉯ 시공 연도가 좋을수록 측압은 크다.
      ㉰ 붓기 속도가 빠를수록 측압이 크다.
      ㉱ 수평 부재가 수직 부재보다 측압이 작다.

4 석공사 및 벽돌쌓기 공사

가. 석공사

1) 자연석 무너짐 쌓기
   ① 자연풍경에서 암석이 무너져 내려 안정되게 쌓여있는 것을 그대로 묘사하는 방법
   ② 상부로 갈수록 비교적 작은 돌 사용
   ③ 맨 위의 상석은 비교적 작고, 윗면을 평평하게 하거나, 자연스럽게 높낮이가 있도록 처리
   ④ 돌틈식재 : 돌과 돌 사이의 빈 공간에 비옥한 흙을 채워 회양목이나 철쭉 등의 관목류와 초화류를 식재

2) 경관석 놓기
   ① 주석과 부석을 조화롭게 하여 배치하고 삼재미(天, 地, 人)를 고려하여 놓는다.
   ② 일반적인 수량은 3, 5, 7 등의 홀수를 만들며 돌과 돌 사이의 거리나 크기 등을 고려한다.

3) 디딤돌 놓기
   ① 크고 작은 것을 섞어 직선보다는 어긋나게 배치한다.
   ② 돌 간의 간격은 보행 폭을 고려하여 돌과 돌 사이의 중심 거리로 잡는다.
   ③ 돌의 좁은 방향이 걸어가는 방향으로 오게 방향성을 준다.(좁은 방향이 경관 쪽을 향하도록 배치)
   ④ 한발로 디디는 디딤돌의 크기는 지름 25~30cm가 적당하며 시작과 끝부분, 길이, 갈라지는 부분은 50cm 정도의 큰 것을 사용한다.
   ⑤ 높이는 지표보다 3~5cm 정도 높게 해주고 디딤돌과 디딤돌 사이의 간격은 15cm로 한다.

▲ 디딤돌 배치   ▲ 디딤돌놓기 단면도

4) 마름돌 메쌓기
   ① 모르타르, 콘크리트를 사용하지 않고 쌓는 방법
   ② 배수가 잘 되어 붕괴 우려가 없으나 견고성이 없어 높이에 제한
   ③ 전면 기울기 1 : 0.3

5) 마름돌 찰쌓기
   ① 쌓아 올릴 때 줄눈에 모르타르, 뒤채움에 콘크리트 사용

▲ 메쌓기   ▲ 찰쌓기

② 배수관 설치 : 뒷면의 배수를 위해 2~3m²마다 지름 3~6cm 배수관 설치
　③ 견고하나 배수 불량시 토압에 붕괴 우려 있음

6) 켜쌓기
　① 각 층을 직선으로 쌓는 방법
　② 골쌓기보다 약해 높이 쌓기에는 곤란
　③ 돌의 크기가 균일하고 시각적으로 좋아 조경공간에 쓰임

7) 돌쌓는 방법
　① 줄눈 두께는 9~12mm 정도가 적당하다.
　② 통줄눈이 되지 않도록 한다.
　③ 모르타르 배합비는 보통 1:2~1:3, 중요한 곳은 1:1로 한다.
　④ 하루 쌓는 높이는 1.2m 이상은 쌓지 않는다.
　⑤ 경사도가 1:1보다 완만한 경우를 돌붙임이라 하고 경사도가 1:1보다 급한 경우를 돌쌓기라 한다.
　⑥ 쌓아 올리고자 하는 높이가 높을 때는 군데군데 물빠짐 구멍을 뚫어 놓는다.

8) 석재판 붙이기 시공법

구분	습식공법	건식공법	GPC공법
정의	• 몰탈을 고르고 그 위에 시멘트 물을 뿌려서 판석 붙임	• 벽에는 앙카로 고정하고 석재에 에폭시로 앵글을 부착하여 볼트로 연결	• 석재 뒷면에 고정 철물을 고정 시킨 후 콘크리트를 타설하여 양생한 패널을 붙이는 공법
장점	• 시공 용이 • 공사비 저렴	• 공기 단축가능 • 백화현상 없음	• 재료손실이 적음
단점	• 백화현상	• 부자재비가 많이 소요	• 소규모 공사에 부적합

목도채

수목이나 자연석 등을 옮길 때 짐을 걸어서 어깨에 메는 굵은 막대기로 길이가 약 1.5m 이며 중앙의 굵기가 6~7cm, 양끝의 굵기는 4~5cm이다.

나. 벽돌쌓기 공사

1) 벽돌의 종류 및 규격

벽돌의 규격은 표준형 190mm×90mm×57mm, 일반형 210mm×100mm×60mm이다.

▲ 벽돌의 형상에 따른 명칭

2) 줄눈

① 벽돌 쌓기에서 가로, 세로 부분의 이음줄을 줄눈 이라고 한다.
② 줄눈의 종류
  ㉮ 통줄눈 : +자 형태로 나타나는 이음줄로 하중이 분포되지 않아 쉽게 붕괴될 수 있음
  ㉯ 막힌줄눈 : 상하의 세로줄눈이 일직선으로 이어지지 않고 서로 어긋나게 되어 있는 이음줄
  ㉰ 치장줄눈 : 줄눈을 여러 형태로 아름답게 처리하여 벽돌 쌓은 면전체가 미관상 보기 좋도록 만드는 것

▲ 벽돌쌓기 입면도   ▲ 하중의 전달 입면도

3) 벽돌쌓기 두께

① 벽돌을 쌓는 두께는 반장쌓기(0.5B), 한장쌓기(1.0B), 한장반쌓기(1.5B), 두장쌓기(2.0B) 등으로 표시한다.

▲ 벽돌 쌓는 두께

② 표준형 벽돌(190×90×57mm)을 쓰고 줄눈을 10mm로 한 경우 한 장반 두께(1.5B)라는 것은 190+90+10=290mm가 된다.

4) 벽돌 두께에 따른 m²당 수량 산출

구분	0.5B	1.0B	1.5B	2.0B
표준형 벽돌(190×90×57)	75매	149매	224매	298매
기존형 벽돌(210×100×60)	65매	130매	195매	260매

5) 벽돌쌓는 방법

① 길이쌓기 : 벽돌의 길이 부분이 바깥쪽으로 보이게 쌓는 방법으로, 길이로 놓으면 두께가 반장쌓기(0.5B)가 되므로 치장쌓기 등에 많이 쓰인다.

② 마구리쌓기 : 벽돌의 마구리가 바깥쪽으로 보이게 쌓는 방법으로, 끝부분에 반절짜리 벽돌이 들어간다. 두께가 한 장 쌓기(1.0B) 두께가 된다.

③ 길이세워쌓기와 옆세워쌓기 : 길이를 세워쌓는 것을 길이세워쌓기, 마구리를 세워쌓는 것을 마구리 세워쌓기라고 한다.

④ 영국식쌓기 : 길이쌓기 켜와 마구리쌓기 켜를 반복하여 쌓는 방법으로 가장 견고하다. 모서리 벽 끝에는 2.5토막을 쓴다.

⑤ 네덜란드식쌓기(화란식 쌓기) : 영국식 쌓기와 쌓는 방법은 같으나 모서리 끝에 7.5토막을 쓴다.

⑥ 프랑스식 쌓기(불식쌓기) : 각 켜마다 길이쌓기와 마구리쌓기가 번갈아 나오는 방법으로 외관이 아름다워 치장벽으로 많이 쓰나 견고성이 떨어지는 단점이 있다.

⑦ 미국식 쌓기 : 표면의 5켜 까지는 길이쌓기를 하고, 그 다음 켜는 마구리 쌓기로 하는 방법으로 쌓는 속도는 빠르나 강도가 약하다.

▲ 프랑스식 쌓기   ▲ 미국식 쌓기

> **벽돌쌓기**
> - 검사에 합격한 것으로 미리 물을 흡수시킨 후 시공(백화현상 방지)
> - 모르타르 배합비는 1:2~1:3, 중요한 곳의 치장줄눈 1:1
> - 줄눈의 폭은 10mm가 표준
> - 하루에 1.5m 이하로 쌓는데 보통 1.2m 정도가 좋다.

5 기초공사 및 포장공사

가. 기초의 종류

구분	내용
독립기초	각 기둥을 1개씩 받치는 기초로 지반의 지지력이 비교적 강한 경우에 가능
복합기초	2개 이상의 기둥을 합쳐서 1개의 기초로 받치는 것을 말한다. 기둥 간격이 좁은 경우에 적합
연속기초	줄기초라고도 하며, 담장의 기초와 같이 길게 띠 모양으로 받치는 기초
온통기초	전면 기초라고도 하며, 구조물의 바닥을 전면적으로 1개의 기초로 받치는 것이다. 지반의 지지력이 비교적 약할 때 쓰임

▲ 독립기초   ▲ 복합기초   ▲ 연속기초   ▲ 온통기초

나. 원로포장

1) 원로의 일반적 사항
① 단순, 명쾌할 것
② 용도가 다른 원로는 분리시키고 재료를 달리 할 것
③ 원로의 폭은 1인용 0.7~0.9m, 2인용 1.2m 정도는 최소 유지
④ 보도·차도 겸용 : 최소한 1차선(3m)의 폭은 유지

2) 보도블록 포장
① 장점 : 재료의 다양성, 공사비 저렴
② 단점 : 줄눈이 모래로 채워져 결합력 약함

3) 소형고압블럭포장(ILP포장)
① 일반 보도블럭의 단점인 결합력과 강도를 보완한 것으로 내구성과 강도가 높다.
② 색상이 다양하고 종류가 많아 보도와 차도를 분리하거나 주차장을 색으로 구분할 때 효과적이며 고강도 조립블럭이라고도 한다.

4) 판석포장
① 판석 포장 시공
② 판석 배치는 +자형 보다는 Y자형이 시각적으로 좋음

5) 콘크리트포장
① 콘크리트 포장의 특성
 ㉮ 장점 : 내구성 및 내마모성이 좋다.
 ㉯ 단점 : 파손된 곳의 보수가 어렵고 보행감이 좋지 않다.
 ㉰ 두께는 10cm 이상으로 하며 철근이나 와이어매쉬를 넣어 보강한다.
 ㉱ 콘크리트 치기 4℃ 이하일 때와 30℃ 이상일 때, 우천 시에는 피해야 하며, 온도 변화에 따른 수축, 팽창에 의한 파손 방지를 위해 신축줄눈과 수축줄눈을 설치한다.
② 신축줄눈과 수축줄눈
 ㉮ 신축줄눈 : 포장 슬래브가 자유로이 팽창, 수축할 수 있도록 하여 콘크리트의 균열과 파괴를 예방하기 위해 설치하는 줄눈, 채움재로는 나무판재, 합성수지 등을 쓴다.
 ㉯ 수축줄눈 : 온도 변화에 따른 수축으로 표면의 균열이 불규칙하게 생기는 것을 방지하기 위해 굳기 전에 표면을 일정 간격으로 잘라 놓은 것

6 수경공사 및 관배수 공사

가. 수경공사

1) 연못
① 퇴수구는 연못바닥의 경사를 따라 배치 : 가장 낮은 곳
② 순환펌프, 정수실 등은 노출되지 않게 관목 등으로 차폐

▲ 연못 단면도

2) 분수
① 단일관 분수(single-orifice) : 명확하고 힘찬 물줄기를 만드나 단위시간에 많은 수량을 요구
② 폭기식 분수(aerated mass) : 노즐에 한 개의 구멍이 있으나 지름이 커서 물이 교란되며 공기와 물이 섞여 시각적 효과가 큼

나. 관수공사

1) 지표 관개법(surface irrigation)
균일 관수가 어려워 물의 낭비가 심하며, 물의 이용 효율은 20~40% 정도

2) 살수 관개법(sprinkler irrigation)
① 자동식으로 고정된 스프링클러를 통해 자연 강우 효과를 내는 방법으로 물의 이용 효율은 80% 정도
② 살수관개법의 이점
  ㉮ 균일한 관수로 용수의 효율이 높아 물이 절약 된다.
  ㉯ 살수할 때 농약과 비료를 동시에 살포할 수 있다.

㈐ 식물에 부착된 먼지나 공해 물질을 씻어 주는 효과가 있다.
㈑ 설치비가 많이 들지만 지표 관수법 보다 효율이 높다.
③ 살수기 종류
㈎ 고정식살수기 : 회전 장치가 없으며, 낮은 수압에 작동하나 반지름이 6m 미만 정도의 소규모 지역에 사용 가능하며 살수 각도가 45°, 60°, 90°, 360°로 정해져 있다.
㈏ 회전식살수기 : 수압에 의해 회전 장치가 돌면서 살수하며 회전 각도는 360°까지 임의 조절 가능 하다.
㈐ 팝업(pop-up)살수기 : 지하부에 있는 회전 장치가 수압에 의해 지상부로 10cm 상승하여 작동하고 물 공급이 중단되면 다시 원위치로 돌아가는 살수기로서 시각적으로 양호하다.

3) 점적식(낙수식) 관개법
① 각 수목에 뿌리 부분이나 지정된 지역의 지표 또는 지하에 낙수기의 구멍을 통해 낮은 압력수를 일정 비율로 관개하는 방법이다.
② 물 이용 효율이 가장 높은 관개법이다.

다. 배수공사

1) 표면배수
① 겉도랑(명거) 설치 : 콘크리트, 호박돌, U형 측구, L형 측구
② 빗물받이(우수거)가 집수 속도랑(집수거)을 통해 지하의 배수관으로 흘러 들어감
③ 빗물받이는 L형 측구, U형 측구의 끝부분 등에 설치하며 표준간격 20m, 최대 30m 이내 설치

▲ 각종측구

2) 지하층배수
① 벙어리 암거(맹암거, stone-filled drainage) : 지하에 도랑 파고 모래, 자갈, 호박돌을 채워 공극을 크게 하여 놓고 주변의 물이 스미도록 한 일종의 땅 속 수로이다.
② 유공관 암거(porous pipe drainage) : 벙어리 암거의 자갈층에 구멍이 있는 관을 설치한 것

③ 암거 배수망의 배치

구분	내용	형태
어골형 (herringbone type)	• 주관을 중앙에 비스듬히 지관을 설치하는 것 • 경기장 같은 평탄한 지역에 적합, 전 지역의 배수 균일	
절치형 (gridiron type)	• 지역 경계 근처에 주관 설치, 한쪽 측면에 지관을 설치하여 연결하는 것 • 비교적 좁은 면적의 전 지역 균일하게 배수할 때 이용	
선형 (fan shaped type)	• 주관, 지관의 구분이 없이 같은 표기의 관이 부채살 모양으로 1개 지점으로 집중되게 설치하여 집수 후 배수시킴	
차단법 (intercepting system)	• 경사면 위나 자체의 유수를 막기 위해 사용 • 경사면 바로 위쪽에 배수구를 설치하여 유수를 막는 방법	
자연형 (natural type)	• 전면 배수 요구되지 않는 지역에서 많이 사용 • 지형의 등고선을 따라 주관을 설치하고 지관을 설치하는 방법	

3) 하수 배수 방식

구분	내용	형태
직각식	배수 관거를 하천에 직각으로 연결하여 배출, 비용이 저렴하나 수질오염의 우려가 있다.	
차집식	우천 시 하천으로 방류하고, 맑은 날은 차집거를 통해 하수 처리장으로 보내는 방식이다.	
선형식	지형이 한 방향으로 집중되어 경사를 이루거나 하수처리 관계상 한정된 장소로 집중시켜야 할 때 사용된다.	
방사식	지역이 광대하여 한 곳으로 모으기 곤란할 때 방사형으로 구획 구분하여 집수하는 방식이다.	

구분	내용	형태
평행식	지형의 고저차가 심한 경우 고지구와 저지구를 구분하여 배관하는 방식이다.	
집중식	사방에서 한 지점을 향해 집중적으로 흐르게 해 처리하는 방식으로 저지대의 배수를 위해 사용한다.	

7 시설물 공사

가. 조경 시설물의 종류와 유형

종류	유형
휴게시설	벤치, 야외탁자, 퍼걸러, 평상, 정자 등
편익시설	음수대, 화분대, 시계탑, 수화물예치소, 매점, 주차장, 전망대 등
유희시설	시소, 정글짐, 사다리, 순환회전차, 모험놀이터, 발물놀이터, 냇놀이터, 낚시터 등 도시민의 여가 선용을 위한 놀이 시설
휴양시설	야영장
조경시설	잔디밭
교양시설	도서관
조명시설	조명등, 정원등, 경관조명시설 등
수경시설	연못, 벽천, 분수, 도섭지 등
운동시설	철봉, 평행봉 등
관리시설	관리소, 화장실 등

나. 놀이시설

1) 그네
   ① 놀이터의 중앙을 피해 설치하며 가급적 부지의 외곽부분
   ② 설치 방향은 해를 보지 않도록 남북방향

2) 모래터
　① 밝고 깨끗한 자리에 설치하며 하루에 5~6시간 정도는 햇볕이 닿는 곳이 바람직 함
　② 둘레는 지표보다 15~20cm 가량 높이고, 모래 깊이는 30~40cm 정도로 유지

다. 기타 시설

1) 휴게시설
　① 벤치
　　㉮ 목재 벤치
　　　• 장점 : 부드러운 느낌과 촉감이 좋고 앉은 감이 좋으며, 먼지가 쉽게 제거되고 온도 변화에 민감하지 않아 겨울에도 좋고 보수하기 쉽다.
　　　• 단점 : 쉽게 파손될 우려가 있다.
　　㉯ 플라스틱벤치
　　　• 장점 : 퇴색되지 않고 윤기가 있으며 자유로운 디자인이 가능하다.
　　　• 단점 : 쉽게 파손되고 보수가 어려우며 여름철엔 뜨거워진다.
　② 퍼걸러 : 일반적 높이는 2.2~2.7m, 기둥 간격은 1.8~2.7m

2) 관리, 경계, 조명시설

구분		내용
관리시설	휴지통	• 벤치 2~4개마다, 원로의 경우 20~60m마다 한 개씩 배치
경계시설	볼라드	• 보행인과 차량 교통의 분리 위해 설치 • 배치간격은 차도 경계부에서 2m 정도의 간격
조명시설		• 열효율은 나트륨등이 가장 높고, 백열등이 가장 낮다. • 나트륨등은 설치비용은 비싸지만 열효율이 높고 투시성이 좋으며 관리비도 저렴해서 안개지역, 터널 등의 장소에 설치하기 적합하다. • 수명은 수은등이 가장 길고 백열등이 가장 짧다.

8 식재 및 잔디식재공사

가. 식재공사

1) 낙엽활엽수류 이식 시기
　① 가을이식 : 10~11월(낙엽이 진 후의 휴면기)에 이식
　② 봄이식 : 해토 직후부터 4월 상순(이른 봄 눈 트기 전)

2) 상록활엽수류 이식 시기
① 특성 : 눈이 움직이는 것이 약간 느리며 추위에 대한 저항력이 약하다.
② 이식적기 : 3월 하순~4월 중순과 6~7월의 장마 때(기온이 오르고 공중습도가 높을 때)

> **증산억제제**
> 그린나, OED그린

3) 침엽수류 이식 시기
봄 이식은 해토 후~4월 상순까지, 가을 이식은 9월 하순~10월 하순까지

4) 굴취
① 나근 굴취법(맨뿌리 캐내기) : 잔뿌리 형성이 많이 된 낙엽수
② 뿌리감기 굴취법
 ㉮ 분의 크기는 수간 근원 지름의 4~6배로 하되 이식력, 발근력이 약한 것을 더 크게 만든다.
 ㉯ 심근성 나무는 조개분을 뜨고 천근성 나무는 접시분을 뜬다.
 ㉰ 뿌리분의 지름 = 24+(N-3)×d [여기서, N : 줄기의 근원 지름, d : 상수(상록수 4, 낙엽수 5)]
③ 굴취방법 : 3cm 이상의 뿌리는 톱으로 자르고 가는 뿌리는 전정가위로 절단
④ 수목의 중량($W_1 + W_2$)

구분	계산식	
수간부 중량	$W_1 = f\pi(\frac{d}{2})^2 H\omega_0(1+P)$	• f : 수간의 형상계수 • d : 흉고직경(m)(근원직경 : d×1.2배) • H : 수고(m) • ω_0 : 수간의 단위체적 중량 • P : 지엽의 다소에 따른 할증율

뿌리분 중량	$W_2 = V \times K$	• V : 뿌리분의 형태에 따른 체적(m^3)
		  - 접시분 $V = \pi r^3$ [r : 뿌리분반경(m)]
		  - 보통분 $V = \pi r^3 + \frac{1}{6}\pi r^3 ≒ 3.6r^3$
		  - 조개분 $V = \pi r^3 + \frac{1}{3}\pi r^3 ≒ 4r^3$
		• K : 뿌리분의 단위당 중량(kg/m^3)

5) 운반
① 육교, 터널, 전선 등 장애물 통과 고려하여 수관 부분은 매준다.
② 이중 적재를 피한다.
③ 수목과 접촉하는 부위는 짚, 가마니 등의 완충재를 댄다.

④ 적재방향은 뿌리분은 차의 앞쪽, 수관은 뒤쪽으로 한다.

> **소운반 거리**
> • 소운반 거리는 20m 이내의 거리를 말하며, 20m 초과 경우는 초과분에 대하여 별도 계상한다.
> • 경사면 운반 거리는 수직고 1m를 수평거리 6m로 본다.

6) 식재

▲ 수목의 식재작업 순서

① 식재 구덩이 파기(식혈) : 분보다 1.5~3배 크기로 식재 구덩이를 판다.
② 수목 앉히기
　㉮ 관상방향(전면)을 선정하여 전생지(前生地)의 깊이로 앉힌다.
　㉯ 관상방향이 틀렸을 때 바로 잡는 요령 : 살며시 들어 움직여야 바닥의 비료와 닿지 않음(뿌리가 비료와 닿으면 뿌리의 절단면이 썩을 수 있다.)
③ 흙덮기와 물조임
　㉮ 흙죔 : 물을 사용하면 뿌리분이 깨질 우려가 있거나 물의 사용이 어려운 경우 구덩이 속으로 조금씩 흙을 넣어 가면서 말뚝으로 잘 다진다.(ex : 소나무의 경우)
　㉯ 물죔(죽쑤기) : 뿌리분의 1/2~2/3 정도로 흙을 덮고, 충분히 관수하여 반죽한 후 나머지의 흙으로 채워서 공극을 없앤다.(ex : 대부분의 수목)
④ 물집만들기 및 멀칭 : 죽쑤기기가 끝나면 흙을 채워 나머지 식혈을 덮고 물집을 만든 다음에 충분히 관수 후 멀칭한다.

▲ 식재 순서

⑤ 조경수목의 하자 : 조경공사 표준시방서의 기준상 수목은 수관부 가지의 약 2/3 이상이 고사하는 경우에 고사목으로 판정하고 지피·초본류는 해당 공사의 목적에 부합되는가를 기준으로 감독자의 육안검사 결과에 따라 고사여부를 판정한다.

> **가식**
> - 공사 진행상 당일 식재가 곤란하여 공사현장 곳곳에 임시로 심어 놓는 것을 말하며 뿌리의 건조와 지엽의 손상을 막는데 주목적이 있다.
> - 그늘지고 배수가 잘 되는 지역이 적당하며 필요시 지주목을 설치하고 관수시설을 갖춘다.

7) 식재 후의 조치
① 지주세우기 : 지주란 수목을 식재한 후 바람으로 인한 뿌리의 흔들림이나 강풍에 의해 쓰러지는 것을 방지하고 활착을 촉진시키기 위해 목재, 철재파이프, 철선, 와이어로프, 플라스틱 등으로 수목을 견고하게 부착시켜 수목을 고정시키는 것을 말한다.

구분	내용
단각지주	• 수고 1.2m 이하의 소교목
이각지주	• 수고 2m 이하의 교목 • 삼각, 사각지주 사용이 곤란한 좁은 장소일 경우
삼발이	• 2m 이상의 나무에 적용 • 사람 통행이 많지 않고 경관상 주요 지점이 아닌 곳 • 안전성이 높고 땅 표면과 지주의 각도는 45~75°로 한다.
삼각지주	• 가장 많이 사용 • 적당한 높이에 3개의 가로대를 설치하고 중간목을 댄다.
사각지주	• 미관상 아름답고 제일 튼튼하며 지주의 추가 비용이 요구됨
당김줄형 지주(철선지주)	• 대형목의 지주로 활용
매몰형 지주	• 지상 설치가 어렵거나 통행에 지장이 있을 때 사용

② 수피(樹皮)감기
  ㉮ 수분증산 억제
  ㉯ 병해충 침입 예방
  ㉰ 태양으로부터의 보호
  ㉱ 동해나 병충해 방지
  ㉲ 여름 햇볕에 줄기 타는 것을 막아 줌
③ 멀칭
  ㉮ 일반사항 : 볏짚, 풀, 분쇄목 등으로 수목 주위의 토양 덮어주는 작업

- T/R율 : 지상부(줄기와 가지)와 지하부(뿌리)의 비율을 말하며 대부분 값은 1이다.(T-Top, R-Root)
- 발근촉진제 : 루톤, 홀맥스콘

8) 뿌리돌림
　① 뿌리돌림의 목적 : 이식력이 약한 나무의 뿌리분 안에 미리 세근을 발달시켜 이식력을 높이고자 실시하는 작업
　② 뿌리돌림의 시기
　　㉮ 적기 : 뿌리의 생장이 가장 활발한 시기인 이른 봄
　　㉯ 이식 : 일반적으로 뿌리돌림 후 1년 뒤
　③ 뿌리돌림의 방법 및 요령
　　㉮ 표준 – 근원 지름의 3~5배, 천근성인 것 넓게 뜨고 심근성인 것 깊게 파내려가며 절근
　　㉯ 이식 용이한 수종 – 1회, 어려운 수종 – 2~4회 나눠 연차적으로 실시
　　㉰ 주의할 점
　　　・ 4방향의 굵은 곁뿌리를 남겨서 15cm 정도 환상박피 한다.
　　　・ 허리감기 : 분이 깨지지 않게 주의하면서 강하게 돌려준다.
　　　・ 환상박피 : 나무에 자극을 주어 탄수화물의 하향이동 방해, 박피부분에 잔뿌리 발생 촉진
　　　・ 물 주입 금지 : 물이 괴일 경우 분 밑에 배수 장치
　　㉱ 사후관리 : 지주목 설치

(가) 뿌리돌림 전　　(나) 뿌리돌림　　(다) 뿌리돌림 후

▲ 뿌리돌림으로 뿌리가 변하는 과정

나. 잔디식재 공사

1) 한국잔디의 특징
　① 한국잔디는 대부분 뗏장번식을 하고 서양 잔디는 대부분 종자 번식을 한다.

② 일반적으로 뗏장의 규격은 300 × 300 × 30mm이다.

2) 종자파종

종자 파종은 잔디의 녹화 속도는 느리지만, 대규모의 잔디밭을 고르게 조성하는데 효과적인 방법이다.

① 종자의 발아 조건

잔디종류	난지형 잔디	한지형 잔디
발아적온	30~35℃	20~25℃
파종시기	5~6월	9월~10월
토양조건	• 배수가 양호하고 비옥한 사질토양이 적합 • 대부분의 잔디는 pH 6.0~7.0에서 생육 가능	

② 파종순서 : 경운 → 시비 → 정지 → 파종 → 전압 → 멀칭 → 관수

3) 잔디 수량 산출

① 잔디 1장의 규격은 30cm×30cm×3cm이다.
② 1m² 당 잔디 약 11매가 소요 된다.(1m² ÷ 0.09m² = 11.1111매, 약 11매)

재료의 할증률

재료		할증률(%)	재료		할증률(%)
목재	각재	5	타일		3
	★판재	10	속빈시멘트블록		4
★합판	일반용	3	경계블록		3
	수장용	5	벽돌	★붉은벽돌	3
★조경수목, 잔디, 초화류		10		내화벽돌	3
★이형철근		3		★시멘트벽돌	5

9 조경관리

가. 개요

1) 조경관리 종류

구분	내용
유지관리	• 수목과 시설물을 항상 이용할 수 있도록 점검·보수하여 공공을 위한 서비스를 제공하는 것 • ex) 수목의 전정, 시비, 그네의 페인트칠 등
운영관리	• 이용 가능한 요소들을 효과적으로 많은 사람이 이용하기 위한 방법 모색 • ex) 예산, 재무, 조직, 재산 등의 관리
이용관리	• 이용자의 선호도 등을 분석하여 적절한 프로그램을 개발하여 이용 증대시킴 • ex) 안전관리, 이용지도, 홍보, 행사프로그램 주도, 주민참여 유도 등

2) 조경관리 과정
   ① 서비스 개시 → ② 기능의 유지, 확보 → ③ 개선 → ④ 개조

3) 작업의 종류
   ① 정기작업 : 청소, 점검, 수목의 전정, 병충해 방제, 페인트 칠 등
   ② 부정기작업 : 죽은 나무 제거 및 보식, 객토, 시설물 등의 부정기적인 작업 등
   ③ 임시작업 : 태풍, 홍수 등 기상재해로 인한 피해 등의 작업

나. 조경 수목의 전지 및 전정

1) 전정의 유형
   ① 정자(trimming) : 나무 전체의 모양을 일정한 양식에 따라 다듬는 것으로 줄기나 가지의 생장을 조절하여 식재 목적에 맞는 수형이나 가지를 만드는 작업
   ② 정지(training) : 나무의 수형을 영구히 유지 또는 보존하기 위해 줄기나 가지의 생장을 조절하여 기능과 관리 목적에 맞는 수형을 인공적으로 만드는 작업
   ③ 전정(pruning) : 나무의 관상, 개화결실, 생육상태 조절 등의 목적으로 불필요한 가지나 생육을 방해하는 가지, 줄기 일부를 잘라내는 작업

2) 전정의 종류
   ① 생장을 돕기 위한 전정 : 병충해 피해지, 고사지, 꺾어진 가지 등을 제거하여 생장을 돕는 전정법
   ② 생장을 억제하는 전정 : 녹음수를 좁은 정원에서 필요 이상으로 자라지 않도록 줄기나 가지를 자르거나 향나무, 회양목 등의 산울타리처럼 나무를 일정한 모양으로 유지시키기 위한 전정

③ 개화 결실을 돕기 위한 전정 : 과수나 꽃나무류의 개화와 결실을 촉진하기 위한 전정으로 수목의 화아 분화는 C/N율과 관련이 깊다.
④ 생리 조절을 위한 전정 : 이식할 때 지하부가 잘린 만큼 지상부를 전정하여 균형을 유지시키기 위한 전정
⑤ 세력을 갱신하는 전정 : 맹아력이 강한 나무가 늙어서 생기를 잃거나 꽃 맺음이 나빠지는 경우 줄기나 가지를 잘라내어 새 줄기나 가지로 갱신하는 전정이다. 늙은 과일나무나 장미 등에 적용한다.

- C/N율(탄질률) : 식물체 내의 탄수화물(C)과 질소(N)의 비율로 가지의 생장, 꽃눈의 형성 및 열매에 영향을 준다. C 〉 N이면(탄질률이 높으면) 화아분화를 유도하고, C 〈 N이면 영양 생장이 계속 된다.
- 질소기아현상 : 탄질률이 높은(탄소의 비율이 높은) 유기물을 넣으면 미생물이 원래 토양에 있는 질소를 빼앗아 이용하여 질소가 부족해지는 현상
- 해거리현상 : 한 해 걸러서 열매가 많이 맺히는 현상이다. 즉, 한해에 열매가 많이 열리면 나무가 약해져서 그 다음 해에는 열매가 거의 열리지 않는다.

3) 자연수형

▲ 자연 수형의 여러 가지 모양

4) 인공수형
① 토피어리 : 동물모양, 글자 등을 일정한 형태를 갖도록 인위적으로 전정한 것
② 폴라드형 : 굵은 줄기를 사슴뿔모양으로 잘라 새싹을 내는 수형, 맹아력이 큰 가로수에 적용함
③ 산옥형 : 크기가 불규칙하게 둥근 모양으로 깎아 모양을 내는 전정법, 향나무에 많이 이용함

5) 수목의 생장과 전정 원리
① 지상부 생장
  ㉮ 1회 신장형
    - 4~6월경 새싹이 나와 자라다가 생장이 멈춘 후 양분의 축적이 일어남
    - ex) 소나무, 곰솔, 잣나무, 너도밤나무, 과수계통 등
  ㉯ 2회 신장형
    - 6~8월, 8~9월 한차례씩 신장 생장이 일어난 양분 축적이 일어남
    - ex) 화백, 편백, 삼나무, 철쭉, 사철나무, 쥐똥나무 등

② 수목의 개화 습성
　㉮ 당년생 가지 개화 : 배롱나무, 장미, 무궁화, 능소화, 나무수국, 대추나무, 포도, 감나무
　㉯ 2년생 가지 개화 : 벚나무, 목련, 생강나무, 산수유, 앵두나무, 살구나무, 자두나무, 복숭아나무, 개나리, 박태기나무, 진달래, 철쭉류
　㉰ 3년생 가지 개화 : 사과나무, 배나무, 명자나무

6) 전정 시기

명칭	시기	특징
봄전정	3~5월	• 새로운 가지나 잎이 나오는 생장기이므로 수세가 약하다. • 낙엽수는 최대의 생장기로 순지르기나 눈따기 등 약전정을 함 • 꽃 피는 나무는 꽃이 진 후에 실시 • 소나무의 순지르기
여름전정	6~8월	• 꽃나무는 6월 이전에 전정을 끝냄 • 도장지를 제거하면 제1신장기를 마친 가지와 잎의 수광 통풍 향상
가을전정	9~11월	• 여름 전정의 연장. 약전정을 함 • 상록활엽수는 이 시기에 전정
겨울전정	11~3월	• 대부분의 조경 수목은 겨울에 전정함 • 낙엽수의 경우 가지의 배치나 수형이 잘 나타난다. • 휴면 중이라 전정의 영향을 거의 받지 않는다. • 병해충 피해 가지 발견이 쉽고, 작업이 쉽다. • 휴면 중에 부정아 발생이 없어 멋있는 수형을 오래 관상

7) 전정 횟수 및 전정 적기

구분	횟수	전정 적기
침엽수	1회	• 10~11월 또는 2~3월
상록수	2회 또는 3회	• 맹아력 보통인 나무 : 5~6월, 9~10월(2회) • 맹아력 큰 나무 : 5~6월, 7~8월, 9~10월(3회)
낙엽수	2회	• 11~3월, 7~8월
꽃나무	2회	• 화아분화 1~2월전, 꽃이 진 후
산울타리	2회	• 5~6월, 9월

8) 전정 순서 및 제거할 가지
① 전정 순서
　㉮ 전체 수형 스케치
　㉯ 위에서 아래로, 밖에서 안으로 전정한다.
　㉰ 굵은 가지를 먼저 전정하고 가는 가지 순으로 전정한다.

② 전정할 가지
- ㉮ 도장지 : 수형과 통풍에 방해를 줌
- ㉯ 안으로 향한 가지 : 통풍방해, 수형 나쁨
- ㉰ 고사지, 병충해 입은 가지
- ㉱ 아래로 향한 가지 : 수형을 나쁘게 함
- ㉲ 줄기에 움돋은 가지
- ㉳ 교차한 가지
- ㉴ 평행지
- ㉵ 신초 : 맨 위의 신초는 하나만 남긴다.

▲ 잘라 주어야 할 가지

9) 굵은 가지 자르기
① 한 번에 자르면 쪼개지므로 밑에서 위로 벤 후 위에서 아래로 잘라 무거운 가지를 떨어 뜨린 후 바싹 붙여 자른다.
② 줄기에서 10~15cm 떨어진 곳의 밑에서 위쪽으로 1/3 정도 깊이까지 톱질 한다.
③ 톱질한 곳에서 가지의 끝 쪽으로 약간 떨어진 곳 위에서 아래 방향으로 자른다.

10) 마디 위 자르기
① 반드시 바깥눈 위에서 자른다.
② 바깥눈 7~10mm 위쪽 눈과 평행한 방향으로 비스듬히 자른다.

11) 순지르기와 잎솎기
① 상록 침엽수는 5월 하순경에 순지르기를 실시한다.
② 소나무 순지르기 : 5~6월에 2~3개의 순을 남기고 중심순을 포함한 나머지 순은 제거하며, 남길 순도 1/2~2/3 손으로 꺾어 버린다.
③ 소나무 잎 솎기 : 8월경

> 눈과 너무 가까우면 눈이 말라 죽고, 너무 비스듬하면 증산량이 많아지며, 너무 많이 남겨두면 양분의 손실이 크다.

다. 거름주기

1) 뿌리의 기능
① 양분과 수분을 흡수하고, 동화 양분을 저장하여 수목을 지탱한다.
② 굵은 뿌리는 주로 수목을 지탱하며, 양분의 흡수율은 5% 내외이다.
③ 뿌리털은 가장 양분을 많이 흡수하는 부분이다.

2) 뿌리의 종류 및 역할
   ① 저장근 : 양분을 저장하여 비대해진 뿌리
   ② 부착근 : 줄기에서 새근이 나와 다른 물체에 부착하는 뿌리
   ③ 기생근 : 다른 물체에 기생하기 위한 뿌리
   ④ 주근(主根) : 식물체를 지지하는 기근

3) 식물에 필요한 16대 원소
   ① 다량원소 : C, H, O, N, P, K, Ca, Mg, S
   ② 미량원소 : Fe, Mn, Mo, B, Zn, Cu, Cl
   ③ 비료의 3요소 : 질소(N), 인(P), 칼륨(K)
   ④ 비료의 4요소 : 질소(N), 인(P), 칼륨(K), 칼슘(Ca)

4) 비료의 종류
   ① 화학적 산성비료 : 과인산석회, 중과인산석회 등
   ② 화학적 중성비료 : 황산암모늄(유안), 질산암모늄(초안), 황산가리, 염화가리, 콩깻묵, 어박 등
   ③ 화학적 염기성비료 : 재, 석회질소, 용성인비 등

5) 주요 비료의 역할

구분		내용
질소(N)	역할	• 탄소동화작용, 질소동화작용, 호흡작용 등 생리기능에 중요하며, 뿌리, 가지, 잎 등의 생장점에 많이 분포되어 있다. • 광합성작용 촉진으로 잎이나 줄기 등 수목의 생장에 도움을 준다.
	결핍	• 생장이 위축되고 성숙이 빨라진다. • 줄기나 가지가 가늘고 작아지며, 묵은 잎부터 황변하여 떨어진다.
	과잉	• 도장하며 약해지고 성숙이 늦어진다.
	종류	• 요소, 황산암모늄(흙을 산성으로 변하게 함, 유안), 석회질소, 질산암모늄(초안), 염화암모늄
인(P)	역할	• 세포분열 촉진, 꽃과 열매 및 뿌리 발육에 관여, 새눈, 잔가지 형성에 관여
	결핍	• 뿌리, 줄기, 가지 수가 적어지고 꽃과 열매가 불량해짐
	과잉	• 영양 생장이 단축되고 성숙 촉진, 수확량 감소
	종류	• 과인산석회, 중과인산석회, 용성인비, 용과인
칼륨(K)	역할	• 병해, 서리, 한발에 대한 저항성 향상, 꽃·열매의 향기 색깔 조절
	결핍	• 잎이 시들고 단백질과 녹말의 생성이 줄어듦
	종류	• 염화칼륨, 황산칼륨

구분		내용
칼슘(Ca)	역할	• 잎에 많이 존재하며 단백질 합성과 뿌리혹박테리아의 질소고정 역할
	결핍	• 뿌리나 새싹의 생장점이 파괴되어 갈색으로 죽는다. 가뭄과 추위의 피해가 커짐
마그네슘(Mg)	역할	• 광합성에 관여하는 효소의 활성화를 높인다.
	결핍	• 조기낙엽, 잎의 황백현상
황(S)	역할	• 꽃과 열매의 향기 조절, 호흡작용, 콩과 식물의 근류 형성, 탄수화물의 대사 작용에 관여
	결핍	• 단백질 합성 늦어짐, 콩과 식물의 질소고정 작용 저하
망간(Mn)	역할	• 철의 도움을 받아 엽록소 합성에 관여, 식물제 내의 산화환원 작용을 지배
	결핍	• 황화현상으로 생육 저해
붕소(B)	역할	• 꽃의 형성, 개화 및 과실 형성, 세포분열, 원형질막 구성, 대사 작용에 관계
	결핍	• 줄기 끝 생장점이 말라죽고 다음에 곁눈이 말라죽음, 잎이 밀생하고 비틀어지며 변색, 착화 곤란, 뿌리 생장 저하, 병해에 대한 저항성 약화
철(Fe)	역할	• 엽록소 생성 촉매 작용, 산소 운반, 효소의 부활제
	결핍	• 생육초기 발생하며 엽맥 사이 잎 조직에 황화현상 및 비단무늬모양

밑거름과 덧거름

구분	효과	시비시기	목적	종류
밑거름 (춘비, 기비)	지효성거름	늦가을~이른 봄	지력회복	두엄, 깻묵, 계분
덧거름(추비)	속효성거름	봄~가을 (낙화 후, 열매딴 후)	수세회복	질소질비료, 화학비료

6) 시비방법
① 전면 거름주기 : 수목 식재 전 밑거름으로 비료를 살포하여 경운하는 경우
② 윤상 거름주기 : 수관 폭을 형성하는 가지 끝 아래에 수목 밑동을 중심으로 바퀴 모양으로 구덩이를 파서 거름을 주는 방법
③ 격윤상 거름주기 : 윤상의 방법이나 일정간격으로 띄어 거름을 주는 방법
④ 방사상 거름주기 : 수목 밑동에서 밖으로 빛이 퍼져나가는 형태로 거름을 주는 방법
⑤ 선상 거름주기 : 산울타리처럼 군식된 수목을 따라 도랑처럼 길게 거름 구덩이를 파서 거름을 주는 방법
⑥ 천공 거름주기 : 몇 군데에 구멍을 뚫고 거름을 주는 방법

라. 잡초방제

  1) 잡초의 해
    ① 양분, 수분의 약탈
    ② 수온, 지온 저하
    ③ 병·해충의 발생 조장 및 월동 장소 제공
    ④ 정원의 미관 해침

  2) 잡초의 방제
    ① 재배적 방제법 : 잔디식재, 비닐 피복으로 잡초 발생을 줄임
    ② 물리적 방제법 : 물리적 힘으로 제거(베기, 뽑기, 태우기, 갈아엎기)
    ③ 화학적 방제법 : 제초제로 방제하는 방법으로 시간적, 경제적으로 효율적이나 위험이 뒤따른다.

  3) 제초제
    ① 비선택성 제초제
      ㉮ 그라목손, 근사미, 글라신, 마세트, 라운드업, 라쏘, 시마진, 삭술이, 바스타, 대장군.
      ㉯ 패러쾃디클로라이드 액제(그라목손)와 글리포세이트 액제가 대표적인 비선택성 제초제이다.
    ② 선택성 제초제
      ㉮ 잔디 등 화본과를 제외한 광엽 잡초만 고사시킴 : 반벨, 파란들
      ㉯ 콩, 들깨 등 광엽식물을 제외한 피, 바랭이 등을 고사시킴 : 뉴원사이드

마. 조경 수목의 보호

  1) 저온의 해
    ① 동해(凍害)
      ㉮ 식물체가 추위에 의해 세포막벽 표면에 결빙 현상이 일어나 죽는 현상이다.
      ㉯ 난지산(暖地産)수종, 생육지에서 멀리 떨어져 이식된 수종일수록 동해에 약하다.
      ㉰ 침엽수류와 낙엽활엽수류는 상록활엽수류보다 내동성이 크다.
      ㉱ 바람이 없고 맑게 갠 밤의 새벽에는 서리가 많이 내린다.
    ② 상렬(霜烈)
      ㉮ 추위로 인해 나무껍질이 수선 방향으로 갈라지는 현상으로 지상 0.5~1.0m의 수간에서 많이 발생
      ㉯ 남서쪽 수피가 햇볕을 직접 받지 않도록 하고 수간에 짚싸기 또는 석회수 칠하기를 하여 예방
    ③ 상종(霜腫) : 상렬로 나무가 갈라지는 것을 반복하여 불룩해진 부분(병충해 피해를 받기 쉽다.)

2) 고온의 해

① 껍질데기(피소)
  ㉮ 여름철 석양볕에 줄기가 열을 받아 갈라짐
  ㉯ 약한 수종의 특징 : 껍질이 얇은 수종, 큰(흉고 직경 15~20cm)나무의 서쪽, 남서쪽 수간
② 한해(旱害, 한발의 해) : 여름에 기온이 높아 수분 증발이 심해 수분 부족으로 말라 죽는 현상
③ 물주는 방법
  ㉮ 물은 한 번에 충분히 주며 비가 내려 흙 속에 충분한 물이 저장될 때까지는 계속 준다.
  ㉯ 여름철에 주는 물은 아침 또는 저녁에 준다.(한낮은 회피)
  ㉰ 기온과 비슷한 물을 준다.

3) 수목의 외과 수술

① 목적 : 천연기념물, 보호수, 노거수 및 희귀목 등 고목들이 상처로 쇠약해지고 말라죽는 것을 막기 위해 수목의 외과 수술을 실시
② 시기 : 생장이 왕성하고 유합이 잘 되는 4~9월 사이에 실시
③ 외과수술 순서 : ㉮ 부패부 제거 → ㉯ 살균·살충처리 → ㉰ 방부·방수처리 → ㉱ 동공충진 → ㉲ 매트처리 → ㉳ 인공나무껍질처리 → ㉴ 수지처리
④ 동공충진물 : 합성 수지인 에폭시수지, 불포화 폴리에스테르수지, 우레탄 등

4) 수간주사

① 목적 : 쇠약한 나무, 외과 수술을 받은 나무, 병충해 피해를 입은 나무 등의 수세를 회복시키거나 발근 촉진을 위하여 인위적으로 약제를 나무줄기에 주입한다.
② 시기 : 수액이 왕성하게 이동하는 4~9월 사이 증산 작용이 왕성한 맑은 날 실시

서리의 해

구분	내용
발생	• 오목한 지형, 온도차가 심한 남쪽 경사면, 배수가 불량한 지역에서 많이 발생 • 성목보다는 유령목, 겨울철에 질소질 비료 과다 지역에서 많이 발생
서리의 해	• 이른 서리의 해(조상) : 나무가 휴면에 들어가기 전 내린 서리로 피해를 입는 것 • 늦서리 해(만상) : 이른 봄 물 오른 나무가 서리의 해로 새싹이 피해를 입는 것 • 상륜(frost ring) : 늦서리의 해로 인해 1년 나이테가 2개 생긴 것
서리해 예방	• 짚싸기를 하고 훈연법, 연소법으로 지표면의 온도를 높여 준다. • 전정과 거름주기를 일찍 끝낸다. • 서리 해가 우려되는 지역에는 나무에 미리 살수를 한다.

③ 방법
- ㉮ 수간 밑에서 5~10cm에 구멍을 뚫은 다음 반대편에 지상에서 10~15cm 높이에 구멍을 뚫는다.
- ㉯ 구멍의 각도는 20~30° 유지되도록 하고 깊이는 3~4cm로 한다.
- ㉰ 수간 주입기를 180cm 정도 높이에 고정 시킨다.
- ㉱ 구멍 속에 약제를 채워 공기를 뺀 다음 마개로 닫는다.

5) 엽면시비
① 목적 : 약해, 동해, 공해 또는 인위적인 해에 의하여 나무의 세력이 약해졌을 때 잎에 양분을 공급하여 수목을 회복시키기 위해 실시
② 시기 : 맑은 날 오전
③ 방법 : 대상 나무에 요소나 영양제를 필요 농도로 희석하여 지상부 몸 전체가 충분히 젖도록 분무 살포

바. 병충해 방제

1) 병해 용어
① 병원 : 수목에 병을 일으키는 원인을 병원이라 한다.
② 병원체와 병원균 : 병원이 생물이거나 바이러스일 때를 병원체, 세균이나 진균일 때를 병원균이라 한다.
③ 전반
- ㉮ 물에 의한 전반 : 향나무 붉은별 무늬병(적성병), 묘목 입고병
- ㉯ 바람에 의한 전반 : 잣나무 털녹병, 밤나무 흰가루병
- ㉰ 곤충, 소동물에 의한 전반 : 오동나무 빗자루병, 대추나무 빗자루병, 모자이크병
- ㉱ 토양에 의한 전반 : 묘목의 입고병, 근두암종병
- ㉲ 묘목에 의한 전반 : 잣나무 털녹병
④ 잠복기 : 감염에서 병징이 나타나서 발병하기까지의 기간
⑤ 기주교대
- ㉮ 녹병균이 생활사를 완성하기 위하여 기주를 바꾸는 것을 말하며, 2개의 기주 중에서 경제적 가치가 적은 것을 중간기주라고 한다.
- ㉯ 소나무잎녹병, 버느나무잎녹병, 오리나무잎녹병

2) 병충해의 종류
① 전염성 병해
- ㉮ 바이러스 : 모자이크병
- ㉯ 마이코플라즈마 : 대추나무 빗자루병, 뽕나무 오갈병

㉰ 세균 : 뿌리혹병
　　　㉱ 진균 : 흰가루병, 벚나무 빗자루병, 모잘록병
　② 수목의 병해
　　　㉮ 바이러스병 : 상처를 통하여 또는 곤충이 매개(진딧물)
　　　㉯ 곰팡이류
　　　　• 조균류 : 포도나무 노균병
　　　　• 담자균류 : 붉은별무늬병, 잣나무털녹병, 소나무혹병, 깜부기병, 녹병
　　　　• 자낭균류 : 흰가루병, 그을음병, 검은별무늬병
　　　㉰ 세균류 : 박테리아, 구균, 나선균, 사상균
　　　㉱ 기타 : 마이코플라즈마(대추나무 빗자루병, 뽕나무 오갈병)
　③ 충해
　　　㉮ 즙을 빨아먹는 해충 : 진딧물, 응애, 깍지벌레, 슬립스, 매미
　　　㉯ 잎을 갉아먹는 해충 : 나방류(ex: 송충이), 황금충
　　　㉰ 구멍 뚫는 해충 : 하늘소류, 소나무좀
　　　㉱ 소나무 3대 해충 : 솔나방, 소나무좀, 솔잎혹파리
　　　㉲ 한국의 3대 해충 : 솔나방, 소나무좀, 흰불나방
　　　㉳ 세계 3대 수목병 : 잣나무털녹병, 느릅나무시들음병, 밤나무 줄기마름병

> **코흐(koch)의 원칙**
> • 그 미생물이 언제나 그 병의 병환부에 존재하고
> • 미생물은 분리되어 배지 위에서 순수 배양되어야 한다.
> • 순수 배양한 미생물을 접종하여 동일한 병이 발생되어야 한다.
> • 발병된 피해부위에서 접종에 사용되었던 미생물과 동일한 성질을 가진 미생물이 재분리되어야 한다.

3) 방제법
　① 식물병의 방제법
　　　㉮ 환경개선 : 토양이 과습할 때 피해가 크므로 배수, 통풍을 좋게 한다.
　　　㉯ 중간기주 제거
　　　　• 잣나무 털녹병 : 송이풀, 까치밥나무
　　　　• 포플러 잎녹병 : 낙엽송
　　　　• 배나무 붉은별 무늬병(적성병) : 향나무
　　　㉰ 윤작 실시 : 연작의 피해가 증가하는 경우(침엽수 입고병, 오동나무 탄저병)
　② 병충해 방제법
　　　㉮ 생물학적 방제법 : 천적의 이용

㉯ 물리적 방제법 : 전정 가지의 소각, 낙엽 태우기, 잠복소, 유살 등의 이용
㉰ 화학적 방제법 : 농약 이용
㉱ 종합적 방제법 : 농약, 천적 등 종합적 대처

③ 농약

구분		포장지색	종류
살충제		초록색	해충을 방제하는 약제로 디프제, 페니트로티온수화제(스미치온, 메프치온), 포스파미돈(포스팜), DDVP 등
살비제		초록색	응애목에 속하는 해충을 방제하는 약제
살균제		분홍색	병원균을 방제하는 약제로 다이센M-45, 보르도액, 석회황합제 등
제초제		노란색	선택성(반벨, 파란들 등) 제초제와 비선택성 제초제로 나뉨
생장조절제		청색	생장을 촉진하고 낙과를 방지하는 약제로 옥신, 지베렐린, 시토키닌, ABA, 에틸렌, 아토닉 등
보조제		흰색	농약이 해충의 몸이나 농작물의 표면에 잘 묻도록 하여 약효를 높여주는 약제
살충제 종류		-	페니트로티온수화제(메프치온, 스미치온), 포스파미돈(포스팜), 트리아조포스유제(호스타치온), 페노티오카브유제(우수수), 메티다티온(수프라사이드), DDVP, 디프제 등
살균제 종류		-	만코제브수화제(다이센M-45), 베노밀, 캡탄(오소사이드)수화제, 테부코나졸 등
살비제 종류		-	디코폴액제(켈센) 등 응애방제 목적
제초제 종류	선택성 제초제	-	2,4-D, 디캄바액제(반벨), 플라자설퓨론(파란들)
	비선택성 제초제	-	페러콰딧클로라이드(그라목손), 글로포세이트(근사미, 글라신, 바스타, 삭술이, 하이로드 등), 알라클로르유제(라쏘), 뷰타클로르(마세트), 시마진 등

④ 농약살포 공식

㉮ 약량 = $\dfrac{\text{단위당(10a당) 농약살포량}}{\text{희석배수}}$

㉯ 물양 = $(\dfrac{\text{원액농도(\%)}}{\text{희석농도(\%)}} - 1) \times \text{비중} \times \text{유제양}$

㉰ 보조제
- 전착제 : 농약의 주성분을 식물체에 잘 전착시키기 위한 약제
- 증량제 : 분제 주성분의 농도를 낮추어 일정한 농도를 유지하기 위한 약제
- 용제 : 약제의 유효 성분을 용해시키는 약제
- 유화제 : 유제를 균일하게 분산시키는 약제, 계면활성제
- 협력제 : 유효성분의 효력을 증진 시키는 약제

4) 주요 병해 증상 및 방제법
① 흰가루병 (백분병, 백삽병)
㉮ 특징
- 잎과 새 가지에 흰가루 생기며 수목에 치명적이지는 않음
- 통풍이 잘 안되는 지역에서 발생되며 장미, 배롱나무, 벚나무 등 많이 발생
- 진균에 속하는 자낭균류의 대표적인 병해

㉯ 방제
- 햇볕이 잘 들고 통풍이 좋게 한다.
- 석회황합제, 4-4식보르도액, 만코제브(다이센M-45), 지오판수화제(톱신엠), 베노밀 수화제

② 녹병
㉮ 특징 : 담자균류 녹균류가 기생하여 생기며 병든 잎과 줄기에 황적색 반점 발생
㉯ 방제
- 중간숙주를 없애고 녹병에 강한 품종을 재배
- 석회황합제, 4-4식보르도액, 만코지(다이센M-45) 등 흰가루병과 동일

③ 그을음병
㉮ 특징
- 5~6월 무렵 깍지벌레, 진딧물의 배설물에 의해 발생
- 생육이 불량한 잎과 줄기, 열매에 그을음이 발생
- 식물체는 급속히 말라 죽지는 않으나 광합성이 방해되므로 쇠약해진다

㉯ 방제
- 마라톤 유제, 메타시스톡스, 메프제(스미치온)로 진딧물을 구제
- 메티다티온(수프라사이드)유제로 깍지벌레 구제
- 다코닐, 유기구리제, 지오판 등의 살균제 산포

④ 빗자루병
㉮ 특징 : 잎과 줄기에 피해, 잎은 소형으로 담황록색을 띤다.
㉯ 방제 : 매개충인 담배장님노린재, 마름무늬매미충을 제거, 옥시테트라 사이클린을 수간 주입

- 4-4식 보르도액 : 물 1L에 황산동 4g과 생석회 4g이 들어간 것을 말한다.
- **톱신페스트** : 수목을 전정한 뒤 수분증발 및 병균 침입을 막기 위하여 상처 부위에 칠하는 도포제
- ppm(pert per million) : $\dfrac{1}{1,000,000}$ 을 말하고 1%는 10,000ppm이다.

5) 주요 해충 증상 및 방제법
   ① 응애류
      ㉮ 특징
         - 잎 뒷면의 즙을 먹어 노란색 반점을 남김
         - 응애는 살비제를 사용하되 동일 약종을 계속 사용하면 약제에 대하여 저항성의 응애가 생기므로 같은 약종의 연용은 피해야 한다.
         - 발생지역에 4월 중순부터 1주일 간격으로 2~3회 정도 살포한다.
      ㉯ 방제
         - 4월 중·하순 캡센 7~10일 간격으로 2~3회 살포한다.
         - 무당벌레, 풀잠자리, 포식성 응애, 거미 등의 천적을 보호한다.
   ② 깍지벌레류
      ㉮ 특징
         - 잎이나 가지에 붙어 즙을 빨아 먹는다.
         - 잎이 황변하고 2차 그을음병을 유발한다.
      ㉯ 방제
         - 메티다티온(수프라사이드) 40% 유제 1,000배액을 5월 중·하순에 1주일 간격으로 2~3회 살포한다.
         - 무당벌레류, 풀잠자리류 등의 천적을 보호한다.
   ③ 진딧물류
      ㉮ 특징 : 잎, 가지를 가해하여 황화현상, 그을음병을 유발시킨다.
      ㉯ 방제
         - 발생 초기인 4월에 메타시스톡스 25%, 마라톤 50% 유제 1,000배액으로 하여 살포한다.
         - 무당벌레류, 꽃등에류, 풀잠자리류, 기생봉 등의 천적을 보호해야 좋다.
   ④ 미국흰불나방
      ㉮ 특징 : 집단 서식하며 잎이나 가지에 거미줄, 애벌레가 노숙해지면 분산해서 해를 입힌다.
      ㉯ 방제
         - 유충 가해기에 생물 농약인 슈리사이드 1,000배액을 살포한다.
         - 8월 중순에 피해목(버즘나무가 대표적임) 수간에 잠복소를 설치하여 유살한다.
         - 군서하는 유충을 피해 잎과 함께 채취하여 태운다.
         - 디프제(디프테렉스, 디프록스), 디플루벤주론(디밀린, 주론), 포스팜액제(다무르), 슈리사이드 등
   ⑤ 솔나방
      ㉮ 특징 : 송충이, 애벌레가 솔잎을 갉아먹어 나중에 말라죽는다.
      ㉯ 방제
         - 유충 가해기에 마라톤 50% 유제 1,000배 액 또는 70% 유제 1,500배 액을 살포한다.

- 10월에 피해 수간에 짚, 거적을 감아 월동 유충이 들어가게 한 다음 3월 이전에 방제하여 태운다.
- 7월 하순에서 8월 상순에 성충을 등화유살(불빛을 비추어 모은 다음 죽임)한다.
- 뻐꾸기, 꾀꼬리, 두견새 등은 송충이를 잡아먹으므로 보호·활용해야 한다.

⑥ 측백나무하늘소
  ㉮ 특징
  - 애벌레가 줄기 속을 가해하여 죽인다.
  - 배설물을 바깥쪽으로 배출하지 않기 때문에 발견하기가 어렵다.
  ㉯ 방제
  - 4월 상~하순에 메프(스미치온 등) 1,000배액을 2~3회 살포하여 부화유충을 죽게한다.
  - 피해를 입은 가지나 줄기를 10월부터 2월까지 소각한다.

⑦ 소나무좀
  ㉮ 특징 : 애벌레가 쇠약목에, 성충이 신초에 구멍을 뚫는다.
  ㉯ 방제
  - 세력이 약한 식물 부분을 미리 발견하여 제거해야 번식처가 없어진다.
  - 통나무 원목이나 잘라낸 뿌리 등은 5월 이전에 껍질을 벗겨 번식처를 제거한다.
  - 스미치온, 다무르 등의 살충제를 사용할 수 있으나 효과는 미미하다.

⑧ 솔잎혹파리
  ㉮ 특징 : 애벌레가 잎 기부에 혹을 만들고 즙을 빨아먹는다.
  ㉯ 방제
  - 침투성 살충제를 사용한다.
  - 포스팜(다이메크론) 등을 6월 상순~7월 중순에 나무 줄기에 주사한다.
  - 성충 우화기인 5월 하순~6월 중순에 나크 3% 분제를 2~3회 지면 살포하기도 한다.
  - 천적 기생벌인 솔잎혹파리먹좀벌, 혹파리살이먹좀벌 등을 방사하면 효과가 좋다.

- 흰불나방 : 플라타너스, 포플러, 벚나무 → 디프제 살포, 잠복소 설치
- 흰가루병 : 장미, 목련, 단풍나무, 배롱나무, 벚나무, 느티나무 → 석회 유황제 살포, 보르도액 살포
- 빗자루병 : 벚나무, 대추나무, 오동나무 → 옥시테트라사이클린 수간주사
- 잔디 붉은 녹병 : 석회 브르도액, 핵사코나졸수화제
- 농약 희석 배수에 따른 물양 : $(\dfrac{원액농도(\%)}{희석농도(\%)} - 1) \times 비중 \times 유제양$

사. 잔디 및 화단 관리

1) 잔디깎기

① 잔디깎기 효과
- ㉮ 잡초 발생을 줄인다.
- ㉯ 잔디의 밀도를 높인다.(분얼이 촉진됨)
- ㉰ 평탄한 잔디밭을 만든다.
- ㉱ 병해를 방지한다.

② 잔디깎는 횟수
- ㉮ 여름형 잔디 : 여름철 고온기에 잘 자라므로 이 때 자주 깎아준다.
- ㉯ 겨울형 잔디 : 봄, 가을 서늘할 때 잘 자라므로 이 때 자주 깎아준다.
- ㉰ 가정용 정원 : 적어도 5, 6, 7, 9월은 월 1회, 8월은 월 2회 총 6회 깎아준다.
- ㉱ 공원용 정원 : 5월 1회, 6월 2회, 7월 2~3회, 8월 3~4회, 9월 2회, 10월 1회 총 11~13회

③ 예취기의 종류
- ㉮ 핸드 모워 : 150m² 미만의 잔디밭 관리용
- ㉯ 그린 모워 : 골프장의 그린, 테니스 코트장 관리용, 0.5mm 단위로 깎는 높이 조절 가능
- ㉰ 로터리 모워 : 150m² 이상 면적의 학교, 공원용. 깎인면이 거칠다.
- ㉱ 갱 모워 : 15,000m² 이상의 골프장, 운동장, 경기장용, 트랙터에 달아 사용

④ 잔디밭 잡초
- ㉮ 잔디밭 관리에 가장 문제가 되는 잡초는 클로버이다.
- ㉯ 클로버 방제법 : 클로버는 손제초를 잘못하면 포복경이 끊어져 오히려 번식을 조장함, 선택성 제초제인 반벨(디캄바)로 방제한다.

2) 잔디밭 통기작업

① 목적 : 뿌리 호흡 촉진, 검불의 분해 촉진, 비료, 수분의 침투용이
② 통기 작업 기구 : 그린 시어, 스파이커, 브러시, 레이크

3) 뗏밥넣기

① 목적 : 땅 속 줄기가 땅 위로 노출되는 것을 막아 표면이 고른 잔디밭으로 관리를 위함
② 효과
- ㉮ 노출된 땅 속 줄기를 보호 및 뿌리 신장 촉진
- ㉯ 잔디밭 표면을 고르게 함
- ㉰ 토양 개량제 혼합시 토양 개량 효과 얻음
- ㉱ 퇴적된 검불 잔나 잔디 방석의 분해 촉진

③ 뗏밥의 종류
- ㉮ 점토 : 밭흙 : 유기물 = 1:1:1 또는 2:1:1

㈑ 가는 모래 : 밭흙 : 유기물 = 2:1:1
④ 뗏밥 넣는 시기
  ㉮ 남방형(난지형) 잔디 : 6~8월에 각 1회씩 총 3회 또는 6~7월에 각 1회 (휴면기엔 실시 안함)
  ㉯ 북방형(한지형) 잔디 : 생육이 왕성한 9월에 실시
⑤ 뗏밥의 두께
  ㉮ 가정 : 0.5~1.0cm, 골프장 : 0.3~0.7cm
  ㉯ 일시에 많은 양을 주지 않는다.

4) 잔디밭 거름 주기
① 질소질 비료는 1회 주는 양이 $1m^2$당 4g을 넘어서지 않는다.
② 난지형 잔디는 봄과 여름에, 한지형 잔디는 봄과 가을에 시비한다.
③ 너무 건조하거나 습할때는 시비를 하지 않는다.

5) 잔디의 병충해
① 잔디의 병해

병명	발병 시기	특성 및 병징	방제약
녹병(붉은 녹병)	5~6월, 9~10월에 발생	한국잔디의 대표적인 병, 엽초에 오랜지색(황갈색) 반점 생김, 배수불량, 많이 밟을 때 발생	핵사코나졸, 디니코나졸
브라운패치	6~7월, 9월에 발생하며, 고온 다습시 발생	서양 잔디에만 발생, 토양전염, 전파력이 매우 빠름, 산성땅, 질소비료 과용시, 잔디깎기 불량시 많이 발생, 병반은 1m	토양 소독, 훼나리, 티람제

② 잔디의 충해

병명	발병 시기	특성 및 병징	방제약
황금충류	4~9월	한국 잔디에 심함, 풍뎅이와 비슷, 애벌레가 잔디 뿌리를 가해	메프 유제, 아시트 분제

③ 잔디의 생육을 불량하게 하는 요인
  ㉮ 태치 : 잘려진 잎이나 말라 죽은 잎이 땅 위에 쌓여 있는 상태로 스펀지 같은 구조를 가지게 되어 물과 거름의 흡수가 어렵다.
  ㉯ 매트 : 태치 밑에 썩은 잔디의 땅속 줄기와 같은 질긴 섬유 물질이 쌓여 있는 상태이다.

> **풍뎅이 유충**
> 한국잔디 해충으로 가장 큰 피해를 준다.

제2장
기출 및
CBT 복원문제

기출문제_ 2015년 07월 19일

01 벽돌로 만들어진 건축물에 태양광선이 비추어지는 부분과 그늘진 부분에서 나타나는 배색은?

① 톤 인 톤(tone in tone)
② 톤 온 톤(tone on tone)
③ 까마이외(camaïeu) 배색
④ 트리콜로르(tricolore) 배색

- 톤 인 톤(tone in tone) : 같은 톤에서 명도와 채도를 달리 하는 배색으로 유사 색상에서 동일톤의 색을 선택한 배색
- 톤 온 톤(tone on tone) : 동일한 색상계열에서 명도와 채도를 달리하는 배색
- 까마이외(camaïeu) 배색 : 동일 색상에서 명도차가 적은 색을 선택한 배색이며 온화하게 조화되는 느낌을 줌
- 트리콜로르(tricolore) : 적색, 백색, 청색

02 이집트 하(下)대의 상징 식물로 여겨졌으며, 연못에 식재되었고, 식물의 꽃은 즐거움과 승리를 의미하여 신과 사자에게 바쳐졌었다. 이집트 건축의 주두(株頭) 장식에도 사용되었던 이 식물은?

① 자스민
② 무화과
③ 파피루스
④ 아네모네

파피루스는 지중해 연안 습지에 자라는 다년생 초목으로 이집트에서는 그 줄기를 묶어서 건축용 기둥으로 쓰기도 하였으며 하이집트 지역의 상징이기도 하였다.

03 다음 설계 도면의 종류 중 2차원의 평면을 나타내지 않는 것은?

① 평면도
② 단면도
③ 상세도
④ 투시도

투시도는 물체를 눈에 보이는 그대로 그림으로 투영하여 그리게 되며, 원근법을 이용하기 때문에 입체적인 느낌을 가지게 된다.

04 골프장에서 티와 그린 사이의 공간으로 잔디를 짧게 깎는 지역은?

① 해저드
② 페어웨이
③ 홀 커터
④ 벙커

- 해저드 : 장애지역
- 홀 커터 : 홀컵 뚫는 기계
- 벙커 : 모래 웅덩이

05 다음 중 쌍탑형 가람배치를 가지고 있는 사찰은?

① 경주 분황사
② 부여 정림사
③ 경주 감은사
④ 익산 미륵사

가람배치란 사찰의 중심부를 형성하는 건물의 배치를 말하며, 경주 감은사는 쌍탑(똑같은 모양의 탑을 마주보게 배치)을 세웠다. 감은사는 신라 신문왕이 창건하였다.

06 중국 옹정제가 제위 전 하사받은 별장으로 영국에 중국식 정원을 조성하게 된 계기가 된 곳은?

① 원명원   ② 기창원
③ 이화원   ④ 외팔묘

해설 원명원에는 서양식 건물 앞에 동양 최초의 프랑스식 정원을 꾸몄으며, 이는 윌리엄챔버에 의해 영국에 최초 중국식 정원인 큐가든이 도입되는데 영향을 끼친다.

07 다음 중 휴게시설물로 분류할 수 없는 것은?

① 퍼걸러(그늘시렁)
② 평상
③ 도섭지(발물놀이터)
④ 야외탁자

해설 도섭지는 무릎 정도 높이의 수심을 가진 수경시설이다.

08 다음 중 프랑스 베르사유궁원의 수경시설과 관련이 없는 것은?

① 아폴로 분수   ② 물극장
③ 라토나 분수   ④ 양어장

해설 아폴로 분수와 라토나 분수는 베르사유궁의 대표적인 분수이며 양어장은 베르사유궁원과 관련이 없다.

09 다음 중 서원 조경에 대한 설명으로 틀린 것은?

① 도산서당의 정우당, 남계서원의 지당에 연꽃이 식재된 것은 주렴계의 애련설의 영향이다.
② 서원의 진입공간에는 홍살문이 세워지고, 하마비와 하마석이 놓여진다.
③ 서원에 식재되는 수목들은 관상을 목적으로 식재되었다.
④ 서원에 식재되는 대표적인 수목은 은행나무로 행단과 관련이 있다.

해설 서원에는 소나무 숲을 조성하여 유생들의 변하지 않는 기상과 곧은 절개를 나타내었다.

10 다음 중 기본계획에 해당되지 않는 것은?

① 땅가름   ② 주요시설배치
③ 식재계획   ④ 실시설계

해설 기본계획에는 동선계획, 공간계획, 토지이용계획, 시설계획, 식재계획 등이 있으며 실시설계는 시공을 하기 위한 도면을 작성하는 단계이다.

11 자유, 우아, 섬세, 간접적, 여성적인 느낌을 갖는 선은?

① 직선   ② 절선
③ 곡선   ④ 점선

해설 직선은 굳건하고 남성적인 선이고 절선은 꺾은선으로 지그재그선이 여기에 해당한다. 지그재그선은 유동적이고 활동적인 선이다.

12 일본의 정원 양식 중 다음 설명에 해당하는 것은?

- 15세기 후반에 바다의 경치를 나타내기 위해 사용하였다.
- 정원소재로 왕모래와 몇 개의 바위만으로 정원을 꾸미고, 식물은 일체 쓰지 않았다.

① 다정양식   ② 축산고산수양식
③ 평정고산수양식   ④ 침전조정원양식

> 해설 실정시대의 고산수식의 특징은 물을 전혀 사용하지 않았다는 것이며, 14세기 축산고산수식에서는 수목을 다듬어 산봉우리를 표현하였지만 15세기 평정고산수식에서는 수목 등 살아있는 식물 재료를 일체 사용하지 않았다.

13 파란색 조명에 빨간색 조명과 초록색 조명을 동시에 켰더니 하얀색으로 보였다. 이처럼 빛에 의한 색채의 혼합 원리는?

① 가법혼색　　② 병치혼색
③ 회전혼색　　④ 감법혼색

> 해설
> • 가법혼색 : 혼합한 색이 원래의 색보다 명도가 높아져 색광이 밝아지는 혼색
> • 병치혼색 : 가법혼색의 일종으로 수많은 색의 점들을 조밀하게 병치하여 혼합되게 보이게 하는 방법(예 : 모자이크)
> • 회전혼색 : 하나의 면에 2개 이상의 색을 붙인 후 빠른 속도로 회전하여 두색이 혼합되게 보이도록 하는 혼색
> • 감법혼색 : 혼합한 색이 원래의 색보다 색광이 어두워 지는 혼색으로 가법혼색의 반대의 개념이다.

14 다음 중 색의 삼속성이 아닌 것은?

① 색상　　② 명도
③ 채도　　④ 대비

> 해설 대비란 어떤 요소의 특징을 강조하기 위해 그와 상반되는 형태나 색채 등을 나란히 배치하는 것을 말한다.

15 조경분야의 기능별 대상 구분 중 위락관광시설로 가장 적합한 것은?

① 오피스빌딩정원　② 어린이공원
③ 골프장　　　　　④ 군립공원

> 해설 위락관광시설에는 휴양지, 유원지, 골프장 등이 있다.

16 골재의 함수상태에 관한 설명 중 틀린 것은?

① 골재를 110℃ 정도의 온도에서 24시간 이상 건조시킨 상태를 절대건조상태 또는 노건조상태(oven dry condition)라 한다.
② 골재를 실내에 방치할 경우, 골재입자의 표면과 내부의 일부가 건조된 상태를 공기 중 건조상태라 한다.
③ 골재입자의 표면에 물은 없으나 내부의 공극에는 물이 꽉 차있는 상태를 표면건조포화상태라 한다.
④ 절대건조 상태에서 표면건조상태가 될 때까지 흡수되는 수량을 표면수량(surface moisture)이라 한다.

> 해설
> • 흡수량 : 절대 건조 상태에서 표면건조 상태가 될 때까지 흡수되는 수량
> • 유효흡수량 : 공기 중 건조상태로부터 표면건조포화상태가 될 때까지의 흡수되는 수량
> • 표면수량 : 골재 표면에 부착해 있는 물의 양

17 목질 재료의 단점에 해당되는 것은?

① 함수율에 따라 변형이 잘 된다.
② 무게가 가벼워서 다루기 쉽다.
③ 재질이 부드럽고 촉감이 좋다.
④ 비중이 적은데 비해 압축, 인장강도가 높다.

> 해설 목재의 단점은 부패성이 크고 내화성이 떨어지며 구부러지고 옹이가 있다는 것이다.

18 다음 중 열매가 붉은색으로만 짝지어진 것은?

① 쥐똥나무, 팥배나무
② 주목, 칠엽수
③ 피라칸다, 낙상홍
④ 매실나무, 무화과나무

📖 쥐똥나무(검정색), 칠엽수(황색), 매실(황색).

19 다음 설명의 ( ) 안에 가장 적합한 것은?

> 조경공사 표준시방서의 기준상 수목은 수관부 가지의 약 ( ) 이상이 고사하는 경우에 고사목으로 판정하고 지피·초본류는 해당 공사의 목적에 부합되는가를 기준으로 감독자의 육안검사 결과에 따라 고사 여부를 판정한다.

① $\frac{1}{2}$ ② $\frac{1}{3}$
③ $\frac{2}{3}$ ④ $\frac{3}{4}$

📖 수목 수관부의 $\frac{2}{3}$ 이상 고사한 경우에는 하자로 판정 한다.

20 다음 중 한지형(寒地形) 잔디에 속하지 않는 것은?

① 벤트그래스
② 버뮤다그래스
③ 라이그래스
④ 켄터키블루그래스

📖 버뮤다그래스를 제외한 대부분의 서양 잔디는 한지형 잔디이다.

21 진비중이 1.5, 전건비중이 0.54인 목재의 공극율은?

① 66%   ② 64%
③ 62%   ④ 60%

📖 공극율 = $(1 - \frac{전건비중}{진비중}) \times 100$
= $(1 - \frac{0.54}{1.5}) \times 100 = 64\%$

22 목재가 함유하는 수분을 존재 상태에 따라 구분한 것 중 맞는 것은?

① 모관수 및 흡착수
② 결합수 및 화학수
③ 결합수 및 응집수
④ 결합수 및 자유수

📖 결합수는 세포내 단백질 분자와 결합되어 쉽게 제거할 수 없는 물이고, 자유수는 세포 간극간 함유되어 있는 자유롭게 이동될 수 있는 수분이다.

23 다음 중 지피(地被)용으로 사용하기 가장 적합한 식물은?

① 맥문동   ② 등나무
③ 으름덩굴   ④ 멀꿀

📖 조경에서 대표적인 지피식물은 잔디, 맥문동, 원추리, 비비추 등이다.

24 다음 중 산울타리 수종으로 적합하지 않은 것은?

① 편백   ② 무궁화
③ 단풍나무 ④ 쥐똥나무

📖 산울타리 수종은 맹아력이 강하고 아랫가지가 오래가며 번식이 용이한 수종이 바람직하다.

25 다음 중 약한 나무를 보호하기 위하여 줄기를 싸주거나 지표면을 덮어주는데 사용되기에 가장 적합한 것은?

① 볏짚
② 새끼줄
③ 밧줄
④ 바크(bark)

> 바크(bark)란 목재 만드는 과정에서 생기는 나무 껍질을 말한다.

26 다음 중 목재 접착시 압착의 방법이 아닌 것은?

① 도포법
② 냉압법
③ 열압법
④ 냉압 후 열압법

> 도포법은 해충을 박멸하기 위하여 나무 줄기에 석회황합제 등의 약액을 바르는 방법이다.

27 다음 중 모감주나무(Koelreuteria paniculata Laxmann)에 대한 설명으로 맞는 것은?

① 뿌리는 천근성으로 내공해성이 약하다.
② 열매는 삭과로 3개의 황색종자가 들어있다.
③ 잎은 호생하고 기수1회우상복엽이다.
④ 남부지역에서만 식재 가능하고 성상은 상록 활엽교목이다.

> 모감주나무는 염주나무로 불리며, 심근성 수종으로 공해에 강하며 열매는 꽈리형의 삭과이며 검정색이다. 서해안을 비롯한 해안가에 잘 자라며 성상은 낙엽활엽교목이다.

28 다음 중 화성암에 해당하는 것은?

① 화강암
② 응회암
③ 편마암
④ 대리석

> 화성암에는 화강암, 안산암, 현무암 등이 대표적이다.
> ② 응회암 : 화산재가 퇴적해서 생긴 퇴적암
> ③ 편마암, ④ 대리석 : 변성암

29 다음 [보기]의 설명에 해당하는 수종은?

- "설송(雪松)"이라 불리기도 한다.
- 천근성 수종으로 바람에 약하며, 수관폭이 넓고 속성수로 크게 자라기 때문에 적지 선정이 중요하다.
- 줄기는 아래로 처지며, 수피는 회갈색으로 얇게 갈라져 벗겨진다.
- 잎은 짧은 가지에 30개가 총생, 3~4cm로 끝이 뾰족하며, 바늘처럼 찌른다.

① 잣나무
② 솔송나무
③ 개잎갈나무
④ 구상나무

> 개잎갈나무는 히말라야시더의 다른 이름이다.

30 벤치 좌면 재료 가운데 이용자가 4계절 가장 편하게 사용 할 수 있는 재료는?

① 플라스틱
② 목재
③ 석재
④ 철재

> 벤치재료 중 가장 많이 사용하는 것은 목재이다.

31 다음 중 열가소성 수지에 해당되는 것은?

① 페놀수지
② 멜라민수지
③ 폴리에틸렌수지
④ 요소수지

- 열가소성수지 : 폴리에틸렌(PE), 폴리염화비닐(PVC), 폴리카보네이트(PC), 아크릴
- 열경화성수지 : 페놀, 멜라민, 요소

32 다음 중 지피식물의 특성에 해당되지 않는 것은?

① 지표면을 치밀하게 피복해야 함
② 키가 높고, 일년생이며 거칠어야함
③ 환경조건에 대한 적응성이 넓어야 함
④ 번식력이 왕성하고 생장이 비교적 빨라야 함

지피식물은 키가 작고 다년생이어야 한다.

33 나무의 높이나 나무고유의 모양에 따른 분류가 아닌 것은?

① 교목
② 활엽수
③ 상록수
④ 덩굴성 수목(만경목)

잎의 생태적 특성에 따라 상록수와 낙엽수로 분류한다.

34 복수초(Adonis amurensis Regel & Radde)에 대한 설명으로 틀린 것은?

① 여러해살이풀이다.
② 꽃색은 황색이다.
③ 실생개체의 경우 1년 후 개화한다.
④ 우리나라에는 1속1종이 난다.

복수초는 씨앗이 싹을 틔우고 6년정도 지나야 꽃을 피울 수 있으며 4월에 황색으로 개화한다.

35 다음 중 가로수용으로 가장 적합한 수종은?

① 회화나무
② 돈나무
③ 호랑가시나무
③ 풀명자

가로수용 수종은 공해에 강하며 지하고가 높은 낙엽활엽수가 적당하며 은행나무, 느티나무, 왕벚나무, 플라타너스, 백합나무, 가중나무 칠엽수 등이 대표적 수종이다.

36 다음 중 금속재의 부식 환경에 대한 설명이 아닌 것은?

① 온도가 높을수록 녹의 양은 증가한다.
② 습도가 높을수록 부식속도가 빨리 진행된다.
③ 도장이나 수선 시기는 여름보다 겨울이 좋다.
④ 내륙이나 전원지역보다 자외선이 많은 일반 도심지가 부식속도가 느리게 진행된다.

금속재료는 자외선에 노출이 되면 부식 속도가 빨라진다.

37 표준품셈에서 수목을 인력시공 식재 후 지주목을 세우지 않을 경우 인력품의 몇%를 감하는가?

① 5%   ② 10%
③ 15%   ④ 20%

식재공사에서 지주목을 세우지 않을 때에는 인력시공 시에는 식재품의 10%, 기계시공 시에는 인력품의 20%를 감한다.

38 다음과 같은 피해 특징을 보이는 대기오염 물질은?

> • 침엽수는 물에 젖은 듯한 모양, 적갈색으로 변색
> • 활엽수 잎의 끝부분과 엽맥사이 조직의 괴사, 물에 젖은 듯한 모양(엽육조직피해)

① 오존　　　　② 아황산가스
③ PAN　　　　④ 중금속

🔖 아황산가스는 황을 함유한 석탄이나 석유 등이 연소할 때 배출되며 수목에 가장 많은 피해를 주는 대기오염 물질이다.

39 가로 2m×세로 50m의 공간에 H0.4×W0.5 규격의 영산홍으로 생울타리를 만들려고 하면 사용되는 수목의 수량은 약 얼마인가?

① 50주　　　　② 100주
③ 200주　　　④ 400주

🔖 관목은 1㎡당 4본을 적정 본수로 한다.
2m × 50m = 100㎡, 100㎡ × 4주 = 400주

40 표준시방서의 기재 사항으로 맞는 것은?

① 공사량　　　② 입찰방법
③ 계약절차　　④ 사용재료 종류

🔖 표준시방서는 공사의 적정을 기하기 위해 공법, 사용재료 등의 시공 기준을 명시한 문서이다.

41 다음 중 같은 밀도(密度)에서 토양공극의 크기(size)가 가장 큰 것은?

① 식토　　　　② 사토
③ 점토　　　　④ 식양토

🔖 토양입자가 크면 공극율은 증가한다.

42 대추나무에 발생하는 전신병으로 마름무늬매미충에 의해 전염되는 병은?

① 갈반병　　　② 잎마름병
③ 흑병　　　　④ 빗자루병

🔖 빗자루병은 마이코플라즈마에 의한 병으로 잎이 총생하는 것이 특징이다. 오동나무, 대추나무에 많이 발생하며, 매개충인 마름무늬매미충과 담배장님노린재를 박멸하고 옥시테트라사이클린을 수간주입한다.

43 다음 중 시설물의 사용연수로 가장 부적합한 것은?

① 철재 시소 : 10년
② 목재 벤치 : 7년
③ 철재 파고라 : 40년
④ 원로의 모래자갈 포장 : 10년

🔖 철재파고라는 부식으로 인한 안전상의 문제 때문에 20년 이내가 적당하다.

44 벽돌(190×90×57)을 이용하여 경계부의 담장을 쌓으려고 한다. 시공면적 10㎡에 1.5B 두께로 시공할 때 약 몇 장의 벽돌이 필요한가?(단, 줄눈은 10mm이고, 할증률은 무시한다.)

① 약 750장　　② 약 1490장
③ 약 2240장　　④ 약 2980장

🔖 벽돌쌓기 기준량　　　　　(단위 : 매, ㎡당)

벽두께 규격	0.5B	1.0B	1.5B	2.0B	2.5B
표준형	75	149	224	298	373
기존형	65	130	195	260	325

10㎡×224매 = 2240매

45 페니트로티온 45% 유제원액 100cc를 0.05%로 희석 살포액을 만들려고 할 때 필요한 물의 양은 얼마인가?(단, 유제의 비중은 1.0이다.)

① 69,900cc
② 79,900cc
③ 89,900cc
④ 99,900cc

해설 물양 = ($\frac{원액농도(\%)}{희석농도(\%)} - 1$) × 비중 × 유제양
= ($\frac{45}{0.05} - 1$) × 100 = 89,900cc

46 미국흰불나방에 대한 설명으로 틀린 것은?

① 성충으로 월동한다.
② 1화기 보다 2화기에 피해가 심하다.
③ 성충의 활동시기에 피해지역 또는 그 주변에 유아등이나 흡입포충기를 설치하여 유인 포살한다.
④ 알 기간에 알덩어리가 붙어 있는 잎을 채취하여 소각하며, 잎을 가해하고 있는 군서유충을 소살한다.

해설 미국흰불나방은 번데기로 월동한다.

47 다음 중 철쭉류와 같은 화관목의 전정시기로 가장 적합한 것은?

① 개화 1주 전
② 개화 2주 전
③ 개화가 끝난 직후
④ 휴면기

해설 꽃나무의 전정 적기는 화아분화 1~2개월 전 또는 꽃이 진 직후이다.

48 식물병에 대한 「코흐의 원칙」의 설명으로 틀린 것은?

① 병든 생물체에 병원체로 의심되는 특정 미생물이 존재해야 한다.
② 그 미생물은 기주생물로부터 분리되고 배지에서 순수배양 되어야 한다.
③ 순수 배양한 미생물은 동일 기주에 접종하였을 때 동일한 병이 발생되어야 한다.
④ 병든 생물체로부터 접종할 때 사용하였던 미생물과 동일한 특성의 미생물이 재분리되지만 배양은 되지않아야 한다.

해설 코흐(koch)의 원칙
- 그 미생물이 언제나 그 병의 병환부에 존재한다.
- 미생물은 분리되어 배지 위에서 순수 배양되어야 한다.
- 순수 배양한 미생물을 접종하여 동일한 병이 발생되어야 한다.
- 발병된 피해부위에서 접종에 사용되었던 미생물과 동일한 성질을 가진 미생물이 재분리 되어야 한다.

49 다음 중 제초제 사용의 주의사항으로 틀린 것은?

① 비나 눈이 올 때는 사용하지 않는다.
② 될 수 있는 대로 다른 농약과 섞어서 사용한다.
③ 적용 대상에 표시되지 않은 식물에는 사용하지 않는다.
④ 살포할 때는 보안경과 마스크를 착용하며, 피부가 노출되지 않도록 한다.

해설 농약의 장점은 다른 농약과 섞어서 사용할 수 있다는 것이지만 잘못 섞어서 사용할 경우 길항작용에 의해 농약의 효과를 상쇄시킬 수 있다.

50 평판측량의 3요소가 아닌 것은?

① 수평 맞추기[정준]
② 중심 맞추기[구심]
③ 방향 맞추기[표정]
④ 수직 맞추기[수준]

> 해설 평판측량의 3요소는 정준(평판을 평평하게 함), 구심(도상기계점과 지상기계점 일치시킴), 표정(방향을 일치시킴)이다.

51 다음 복합비료 중 주성분 함량이 가장 많은 비료는?

① 21-21-17　② 11-21-11
③ 18-18-18　④ 0-40-10

> 해설 복합비료는 질소-인산-칼륨의 순으로 함량을 나타낸다.

52 다음 중 시멘트와 그 특성이 바르게 연결된 것은?

① 조강포틀랜드시멘트 : 조기강도를 요하는 긴급공사에 적합하다.
② 백색포틀랜드시멘트 : 시멘트 생산량의 90% 이상을 점하고 있다.
③ 고로슬래그시멘트 : 건조수축이 크며, 보통시멘트보다 수밀성이 우수하다.
④ 실리카시멘트 : 화학적 저항성이 작고 발열량이 적다.

> 해설
> • 백색포틀랜드시멘트 : 치장용이나 컬러시멘트용
> • 고로슬래그시멘트 : 제철소 용광로의 광재(slag) 넣어 만든 것으로 수화열이 낮고 균열이 적어 폐수시설이나 하수도, 항만에 사용
> • 실리카시멘트 : 포졸란을 넣어서 만들며 경화속도 느리고 장기강도 크고 화학적 저항성 크다.

53 다음 중 등고선의 성질에 대한 설명으로 맞는 것은?

① 지표의 경사가 급할수록 등고선 간격이 넓어진다.
② 같은 등고선 위의 모든 점은 높이가 서로 다르다.
③ 등고선은 지표의 최대 경사선의 방향과 직교하지 않는다.
④ 높이가 다른 두 등고선은 동굴이나 절벽의 지형이 아닌 곳에서는 교차하지 않는다.

54 다음 중 멀칭의 기대 효과가 아닌 것은?

① 표토의 유실을 방지
② 토양의 입단화를 촉진
③ 잡초의 발생을 최소화
④ 유익한 토양미생물의 생장을 억제

> 해설 멀칭을 한다고 해서 토양 미생물 생장이 억제되는 것은 아니다.

55 다음 중 경사도에 관한 설명으로 틀린 것은?

① 45° 경사는 1:1이다.
② 25% 경사는 1:4이다.
③ 1:2는 수평거리 1, 수직거리 2를 나타낸다.
④ 경사면은 토양의 안식각을 고려하여 안전한 경사면을 조성한다.

> 해설 45° = 100% = 1:1, 1:2경사에서 1은 수직고이고 2는 수평거리이다.

56 인공지반에 식재된 식물과 생육에 필요한 식재 최소토심으로 가장 적합한 것은?(단, 배수구배는 1.5~2.0%, 인공토양 사용시로 한다.)

① 잔디, 초본류 : 15cm
② 소관목 : 20cm
③ 대관목 : 45cm
④ 심근성 교목 : 90cm

   • 잔디, 초본류 : 10cm 이상
   • 대관목 : 30cm 이상
   • 교목 : 60cm 이상

57 잔디재배 관리방법 중 칼로 토양을 베어주는 작업으로, 잔디의 포복경 및 지하경도 잘 라주는 효과가 있으며 레노베이어, 론에어 등의 장비가 사용되는 작업은?

① 스파이킹   ② 롤링
③ 버티컬 모잉 ④ 슬라이싱

   • 스파이킹 : 통기성 확보를 위해 구멍을 뚫는 작업
   • 롤링 : 롤잔디의 경우 굴리면서 둥근 막대 등으로 밀어주는 작업
   • 버티컬 모잉 : 잔디의 밀도를 줄여주는 작업(즉, 솎아내는 작업)

58 일반적인 토양의 표토에 대한 설명으로 가장 부적합한 것은?

① 우수(雨水)의 배수능력이 없다.
② 토양오염의 정화가 진행된다.
③ 토양미생물이나 식물의 뿌리 등이 활발히 활동하고 있다.
④ 오랜 기간의 자연작용에 따라 만들어진 중요한 자산이다.

   일반적인 토양은 공극이 있기때문에 자연 배수 능력을 가진다.

59 습기가 많은 물가나 습원에서 생육하는 식물을 수생식물이라 한다. 다음 중 이에 해당하지 않는 것은?

① 부처손, 구절초   ② 갈대, 물억새
③ 부들, 생이가래   ④ 고랭이, 미나리

   부처손은 여러해살이 풀로써 건조한 바위면에서 자라며, 구절초는 여러해살이 풀로써 산기슭에 자생한다.

60 해충의 방제방법 중 기계적 방제방법에 해당하지 않는 것은?

① 경운법   ② 유살법
③ 소살법   ④ 방사선이용법

   기계적방제법은 물리적방제법이라고도 하며 직접 물리적인 힘을 이용하여 방제하는 방법이다. 방사선이나 농약등을 이용하는 방법은 화학적 방제법이다.

ANSWER 2015년 07월 19일

01	02	03	04	05	06	07	08	09	10
②	③	④	②	③	①	③	④	③	④
11	12	13	14	15	16	17	18	19	20
③	③	①	④	③	③	①	③	①	④
21	22	23	24	25	26	27	28	29	30
②	④	①	③	①	③	①	③	③	②
31	32	33	34	35	36	37	38	39	40
③	②	③	①	④	②	②	②	①	④
41	42	43	44	45	46	47	48	49	50
②	④	②	③	①	③	②	①	②	④
51	52	53	54	55	56	57	58	59	60
①	①	②	④	④	②	④	①	①	④

기출문제_2015년 10월 10일

01 다음 [보기]에서 설명하는 것은?

- 유사한 것들이 반복 되면서 자연적인 순서와 질서를 갖게 되는 것
- 특정한 형이 점차 커지거나 반대로 서서히 작아지는 형식이 되는 것

① 점이(漸移) ② 운율(韻律)
③ 추이(推移) ④ 비례(比例)

해설
- 운율(韻律) : 질서를 통한 변화된 형태나 소리, 색채로 연속적인 변화를 주어 공간의 흥미를 줄 수 있는 경관 구성 방법
- 추이(推移) : 일이나 형편 등이 시간이 지남에 따라 변하여 나가는 경향
- 비례(比例) : 형태나 색채의 변화에 있어서 양적으로나 혹은 길이와 폭의 대소, 부분과 부분 및 부분과 전체와의 수량적 관계가 규칙적 비율을 가지는 것

02 다음 중 전라남도 담양 지역의 정자 원림이 아닌 것은?

① 소쇄원 원림 ② 명옥헌 원림
③ 식영정 원림 ④ 임대정 원림

해설
- 소쇄원 원림 : 기묘사화(己卯士禍)로 스승인 조광조가 사망하자 낙향을 하여 지은 별서 정원으로 제월당(霽月堂)과 광풍각(光風閣), 오곡문(五曲門), 애양단(愛陽壇), 고암정사(鼓巖精舍) 등 10여 동의 건물로 이루어져 있다.
- 명옥헌 원림 : 소쇄원과 함께 담양의 대표적 민가 정원으로서 조선 중기 오희도가 자연을 벗삼아 살던 곳이다.
- 식영정 원림 : 전라남도기념물 제 1호로 1972년 지정되었으며 '그림자가 쉬고 있는 정자'라는 뜻을 가지고 있다.
- 임대정 원림 : 철종 때 병조참판 민주현 선생이 지은 정자로 전라남도 화순에 위치해 있다.

03 화단 50m의 길이에 1열로 생울타리(H1.2 × W0.4)를 만들려면 해당 규격의 수목이 최소한 얼마가 필요한가?

① 42주 ② 125주
③ 200주 ④ 600주

해설 전체길이 50m ÷ 수관폭 0.4m = 125주

04 다음 제시된 색 중 같은 면적에 적용 했을 경우 가장 좁아 보이는 색은?

① 옅은 하늘색 ② 선명한 분홍색
③ 밝은 노란 회색 ④ 진한 파랑

해설 진한 파랑색은 ①, ②, ③번에 비해서 한색(寒色)으로서 한색은 후퇴색, 수축색으로 불린다.

05 도면의 작도 방법으로 옳지 않은 것은?

① 도면은 될 수 있는 한 간단히 하고, 중복을 피한다.
② 도면은 그 길이 방향을 위아래 방향으로 놓은 위치를 정위치로 한다.

③ 사용 척도는 대상물의 크기, 도형의 복잡성 등을 고려, 그림이 명료성을 갖도록 선정한다.
④ 표제란을 보는 방향은 통상적으로 도면의 방향과 일치하도록 하는 것이 좋다.

해설 도면은 그 길이 방향을 좌우 방향으로 놓은 위치가 정위치이다. (A_6 이하는 예외)

06 중국 조경의 시대별 연결이 옳은 것은?

① 명 – 이화원(頤和園)
② 진 – 화림원(華林園)
③ 송 – 만세산(萬歲山)
④ 명 – 태액지(太液池)

해설
- 청 – 이화원(頤和園)
- 남북조(북위) – 화림원(華林園)
- 한 – 태액지(太液池)

07 다음 중 배치도에 표시하지 않아도 되는 사항은?

① 축척
② 건물의 위치
③ 대지 경계선
④ 수목 줄기의 형태

해설 배치도란 건물과 부지의 위치 관계를 나타내는 도면으로 수목 줄기 형태를 나타내지 않는다.

08 다음 중 식별성이 높은 지형이나 시설을 지칭하는 것은?

① 비스타(Vista)
② 캐스케이드(Cascade)
③ 랜드마크(Landmark)
④ 슈퍼그래픽(Super graphic)

해설
- 비스타(Vista) : 좌우로 시선에 제한되고 전방의 한 점으로 시선이 모이도록 하는 경관구성 수법
- 캐스케이드(Cascade) : 계단에 물을 폭포와 같이 낙하 시키는 방식을 말하며 '계단폭포'라 불린다.
- 슈퍼그래픽(Super graphic) : 1960년대 이후부터 나타난 환경 디자인 유형 중 하나로 벽면 전체를 하나의 화폭으로 생각하고 그림 등으로 장식한 것을 말한다.

09 다음 [보기]의 설명은 어느 시대의 정원에 관한 것인가?

- 석가산과 원정, 화원 등이 특징이다.
- 대표적 유적으로 동지(東池), 만월대, 수창궁원, 청평사 문수원 정원 등이 있다.
- 휴식·조망을 위한 정자를 설치하기 시작 하였다.
- 송나라의 영향으로 화려한 관상 위주의 이국적 정원을 만들었다.

① 조선
② 백제
③ 고려
④ 통일신라

해설 고려시대는 중국의 송나라, 원나라와 시대적 배경을 함께하고, 특히 송나라의 영향으로 사대부 중심의 화려한 관상위주의 정원을 조성하였다.

10 이탈리아 바로크 양식의 특징이라 볼 수 없는 것은?

① 미원(maze)
② 토피어리
③ 다양한 물의 기교
④ 타일 포장

해설 바로크 양식 : 17~18세기에 걸쳐 나타난 양식으로 16세기 르네상스의 조화의 미에서 벗어나 세부 기교에 치중하면서 거대한 양식, 곡선활용, 원근법, 눈속임 효과의 활용 등이 활발히 나타나는 양식이다. 바닥을 타일로 포장한 양식은 스페인의 사라센(무어)양식이다.(총림, 물풍금, 다채로운 색채 등)

11 해가 지면서 주위가 어둑해질 무렵 낮에 화사하게 보이던 빨간 꽃이 거무스름해져 보이고, 청록색 물체가 밝게 보인다. 이러한 원리를 무엇이라고 하는가?

① 명순응　② 면적효과
③ 색의 항상성　④ 푸르키니에 현상

- 체코의 의사인 푸르키니에가 해질녘에 서재에 걸어둔 그림에서 우연히 적색과 황색계열의 색상은 흐려지고, 청색계열의 색상이 선명해지는 것을 보고 발견한 현상이다.
- 색의 항상성 : 조명 등 색을 관찰하는 조건이 변화 하여도 지각되는 색이 변동하지 않는 것을 말한다.

12 다음 중 어린이들의 물놀이를 위해서 만든 얕은 물 놀이터는?

① 도섭지
② 포석지
③ 폭포지
④ 천수지

- 포석지 : 굴곡이 진 수로가 있는 연못
- 폭포지 : 폭포가 있는 연못
- 천수지 : 로마 성피에트로 대성당 아트리움에 있는 세례의식 장소

13 먼셀 표색계의 색채 표기법으로 옳은 것은?

① 2040-Y70R
② 5R 4/14
③ 2:R-4.5-9s
④ 221c

- 색상(Hue), 명도(Value), 채도(Chroma)의 순서로 'HV/C'로 표기한다.
- 5R 4/14라 하면 5R(빨강)에 명도가 4이며, 채도가 14인 색을 표기한 것이다.

14 조선시대 창덕궁의 후원(비원, 秘苑)을 가리키던 용어로 가장 거리가 먼 것은?

① 북원(北園)
② 후원(後苑)
③ 금원(禁園)
④ 유원(溜園)

- 유원(溜園) : 명나라 대표적인 정원으로 창랑정, 사자림, 졸정원과 함께 중국 소주 지방의 4대 명원으로 꼽힌다.

15 서양의 대표적인 조경 양식이 바르게 연결된 것은?

① 이탈리아 - 평면기하학식
② 영국 - 자연풍경식
③ 프랑스 - 노단건축식
④ 독일 - 중정식

- 이탈리아 - 노단 건축식
- 프랑스 - 평면기하학식
- 독일 - 구성식

16 방사(防砂)·방진(防塵)용 수목들의 대표적인 특징 설명으로 가장 적합한 것은?

① 잎이 두껍고 함수량이 많으며 넓은 잎을 가진 치밀한 상록수여야 한다.
② 지엽이 밀생한 상록수이며 맹아력이 강하고 관리가 용이한 수목 이어야 한다.
③ 사람의 머리가 닿지 않을 정도의 지하고를 유지하고 겨울에는 낙엽되는 수목이어야 한다.
④ 빠른 생장력과 뿌리 뻗음이 깊고, 지상부가 무성하면서 지엽이 바람에 상하지 않는 수목이어야 한다.

해설 모래 등 먼지를 막기 위한 수종은 발근력이 뛰어나고 생장이 빠르면서 뿌리 뻗음이 깊은 수종이 적당하다. 또한 수관부가 크고 지엽이 치밀해야 먼지를 차단하기 용이하며 대표 수종으로는 쥐똥나무, 사철나무, 동백나무, 아왜나무, 굴거리나무 등이 있다.

17 다음 그림과 같은 형태를 보이는 수목은?

① 일본목련
② 복자기
③ 팔손이
④ 물푸레나무

해설 복자기 나무는 잎이 세갈래로 갈라지는 3출복엽(三出複葉)이며 단풍나무과 수종 중에서 가장 단풍이 붉다.

18 목재의 역학적 성질에 대한 설명으로 틀린 것은?

① 옹이로 인하여 인장 강도는 감소한다.
② 비중이 증가하면 탄성은 감소한다.
③ 섬유포화점 이하에서는 함수율이 감소하면 강도가 증대된다.
④ 일반적으로 응력의 방향이 섬유 방향에 평행한 경우 강도(전단강도 제외)가 최대가 된다.

해설 목재의 비중이 증가하면 외력에 대한 저항성과 탄성계수가 커진다.

19 다음 그림은 어떤 돌쌓기 방법인가?

① 층지어쌓기
② 허튼층 쌓기
③ 귀갑무늬쌓기
④ 마름돌 바른층 쌓기

해설 크기가 다양한 돌들을 흐트러 트리면서 줄눈을 불규칙하게 쌓는 방법으로 바른층 쌓기의 반대이다.

20 그림은 벽돌을 토막 또는 잘라서 시공에 사용할 때 벽돌의 형상이다. 다음 중 반토막 벽돌에 해당하는 것은?

해설 벽돌의 형상에 따른 명칭

21 목재의 치수 표시방법으로 맞지 않는 것은?

① 제재 치수   ② 제재 정치수
③ 중간 치수   ④ 마무리 치수

해설
• 제재 치수 : 제재소에서 제재한 치수
• 제재 정치수 : 제재목을 지정 치수대로 한 것
• 마무리 치수 : 절삭과 가공을 하여 조립이 완료된 상태의 치수

22 다음 중 주택 정원에 식재하여 여름에 꽃을 관상할 수 있는 수종은?

① 식나무 　　② 능소화
③ 진달래 　　④ 수수꽃다리

> • 식나무 : 3월 자색
> • 진달래 : 4월 자색
> • 수수꽃다리 : 4월 자색

23 다음 중 9월 중순~10월 중순에 성숙된 열매색이 흑색인 것은?

① 마가목 　　② 살구나무
③ 남천 　　　④ 생강나무

> • 마가목 : 적색
> • 살구나무 : 황색
> • 남천 : 적색

24 시멘트의 저장과 관련된 설명 중 ( )안에 해당하지 않는 것은?

> • 시멘트는 ( )적인 구조로 된 사일로 또는 창고에 품종별로 구분하여 저장 하여야 한다.
> • 저장 중에 약간이라도 굳은 시멘트는 공사에 사용하지 않아야 한다. ( )개월 이상 장기 저장한 시멘트는 사용하기 앞서 재시험을 실시하여 품질을 확인한다.
> • 포대 시멘트를 쌓아서 저장하면 그 질량으로 인해 하부의 시멘트가 고결할 염려가 있으므로 시멘트를 쌓아 올리는 높이는 ( )포대 이하로 하는 것이 바람직 하다.
> • 시멘트의 온도는 일반적으로 ( )정도 이하를 사용하는 것이 좋다.

① 13 　　② 6

③ 방습 　　④ 50℃

> 시멘트저장법
> • 13포 이상 쌓지 않는다.
> • 3개월 이상 저장하지 않는다.
> • 바닥에서 30cm 이상 이격시킨다.
> • 출입문을 제외한 환기창을 두지 않는다.
> • 선입선출(先入先出)
> • 방습적인 구조로 된 사일로 또는 창고에 저장
> • 시멘트 온도는 50℃ 이하로 사용하는 것이 좋다.

25 구조용 경량콘크리트에 사용되는 경량 골재는 크게 인공, 천연 및 부산 경량골재로 구분할 수 있다. 다음 중 인공경량 골재에 해당되지 않는 것은?

① 화산재
② 팽창혈암
③ 팽창점토
④ 소성플라이애시

> 인공경량 골재는 팽창혈암, 팽창점토, 플라이 애쉬 등을 1000~1200℃ 온도에서 소성하여 만든 골재이다.

26 다음 중 시멘트가 풍화작용과 탄산화 작용을 받은 정도를 나타내는 척도로 고온으로 가열하여 시멘트 중량의 감소율을 나타내는 것은?

① 경화 　　　② 위응결
③ 강열감량 　④ 수화반응

> • 경화 : 시멘트가 유동성을 잃으면서 강도가 증가되는 작용
> • 위응결 : 수화작용 초기에 가볍게 굳어졌다가 계속 반죽해 가면 굳어진 것이 풀리고 정상 응결이 일어난다. 즉 초기의 거짓 응결 작용이다.
> • 수화반응 : 시멘트와 물의 화학반응

27 재료가 외력을 받았을 때 작은 변형만 나타내도 파괴되는 현상을 무엇이라 하는가?

① 취성 ② 강성
③ 인성 ④ 전성

> • 취성(脆性) : 외력에 의하여 영구 변형을 하지 않고 파괴되는 성질로 인성(靭性)과 반대이다.
> • 강성(剛性) : 재료가 하중을 받아 파괴될 때까지 높은 응력에 견디며 큰 변형을 나타내는 성질 (변형에 대한 저항정도)
> • 인성(靭性) : 외력에 의해 파괴되기 어려운 질기고 충격에 잘 견디는 성질로 취성(脆性)과 반대이다.
> • 전성(展性) : 압축력이 가해질 때 재료가 파괴되지 않고 펴지는 성질

28 안료를 가하지 않아 목재의 무늬를 아름답게 낼 수 있는 것은?

① 유성페인트 ② 에나멜페인트
③ 클리어래커 ④ 수성페인트

> 클리어래커는 안료를 가하지 않은 투명 래커로 내후성, 내산성 및 내알칼리성이 강하다.

29 다음 설명에 해당하는 장비는?

• 2개의 눈금자가 있는데 왼쪽 눈금은 수평 거리가 20m, 오른쪽 눈금은 15m일 때 사용한다.
• 측정 방법은 우선 나뭇가지의 거리를 측정하고 시공을 통하여 수목의 선단부와 측고기의 눈금이 일치하는 값을 읽는다. 이때 왼쪽 눈금은 수평 거리에 대한 % 값으로 계산하고, 오른쪽 눈금은 각도 값으로 계산하여 수고를 측정한다.
• 수고 측정 뿐만 아니라 지형 경사도 측정에도 사용된다.

① 윤척
② 측고봉
③ 하고 측고기
④ 순또 측고기

> • 윤척 : 수목의 흉고나 근원직경 측정 기구
> • 측고봉 : 수고 측정 기구
> • 하고 측고기 : 삼각법에 의한 수고 측정 기구

30 조경에 활용되는 석질 재료의 특성으로 옳은 것은?

① 열 전도율이 높다.
② 가격이 싸다.
③ 가공하기 쉽다.
④ 내구성이 크다.

> • 석재의 장점
>   – 외관이 매우 아름답다.
>   – 내구성과 강도가 크다.
>   – 가공성이 있으며, 변형되지 않는다.
> • 석재의 단점
>   – 무거워서 다루기 불편하다.
>   – 가공하기가 어렵다.
>   – 가격이 비싸다.

31 용기에 채운 골재 절대 용적의 그 용기 용적에 대한 백분율로, 단위 질량을 밀도로 나눈 값의 백분율이 의미하는 것은?

① 골재의 실적률
② 골재의 입도
③ 골재의 조립률
④ 골재의 유효 흡수율

> 실적률 : $\dfrac{중량}{비중} \times 100$ or $100 - 공극률$

32 다음 [보기]의 조건을 활용한 골재의 공극률 계산식은?

> - D : 진비중
> - W : 겉보기 단위 용적 중량
> - W_1 : 110℃로 건조하여 냉각시킨 중량
> - W_2 : 수중에서 충분히 흡수된 대로 수중에서 측정 한 것
> - W_3 : 흡수된 시험편의 외부를 잘 닦아내고 측정한 것

① $\dfrac{W_1}{W_3 - W_2}$

② $\dfrac{W_3 - W_1}{W_1} \times 100$

③ $(1 - \dfrac{D}{W_2 - W_1}) \times 100$

④ $(1 - \dfrac{W}{D}) \times 100$

> 해설 공극률 : $\{1 - \dfrac{\text{가비중(단위용적중량)}}{\text{진비중}}\} \times 100$

33 유동화제에 의한 유동화 콘크리트의 슬럼프 증가량의 표준값으로 적당한 것은?

① 2~5cm ② 5~8cm
③ 8~11cm ④ 11~14cm

> 해설 유동화제란 워커빌리티 향상을 목적으로 미리 비빈 콘크리트에 첨가하는 혼화제로 유동화 콘크리트는 슬럼프 증가량을 10cm 이하를 원칙으로, 5~8cm를 표준으로 한다.

34 겨울철에도 노지에서 월동할 수 있는 상록 다년생 식물은?

① 옥잠화 ② 샐비어
③ 꽃잔디 ④ 맥문동

> 해설
> - 옥잠화 : 중국원산 백합과의 여러해살이 풀
> - 샐비어 : 가을 화단용 한해살이 풀
> - 꽃잔디 : 포복성 여러해살이 풀

35 다른 지방에서 자생하는 식물을 도입한 것을 무엇이라고 하는가?

① 재배식물 ② 귀화식물
③ 외국식물 ④ 외래식물

> 해설
> - 재배식물 : 이용할 목적을 가지고 인위적으로 재배하여 기르는 식물
> - 귀화식물 : 재배를 목적으로 인위적으로 외국에서 들여온 식물로 기존 식물과 어느 정도 안정된 상태를 이룬 식물
> - 외국식물 : 외국에서 자생하는 식물

36 수목을 이식할 때 고려사항으로 가장 부적합한 것은?

① 지상부의 지엽을 전정해 준다.
② 뿌리분의 손상이 없도록 주의하여 이식한다.
③ 굵은 뿌리의 자른 부위는 방부처리 하여 부패를 방지한다.
④ 운반이 용이하게 뿌리분은 기준보다 가능한 한 작게 하여 무게를 줄인다.

> 해설 뿌리분은 이식 성공률을 좌우하는 가장 핵심 요소이다. 수종에 따라 다소 차이가 있지만 근원직경의 4~6배를 원칙으로 하고 이식이 어려운 수종은 분을 더 크게 뜬다.

37 콘크리트 시공연도와 직접 관계가 없는 것은?

① 물-시멘트비 ② 재료의 분리
③ 골재의 조립도 ④ 물의 정도 함유량

해설 시공연도에 영향을 미치는 요인
- 물 – 시멘트 비
- 단위수량
- 혼화재료
- 비빔 시간 및 온도
- 잔골재율
- 굵은골재 최대치수
- 골재 입형
- 공기량

38 다음 중 과일나무가 늙어서 꽃 맺음이 나빠지는 경우에 실시하는 전정은 어느 것인가?

① 생리를 조절하는 전정
② 생장을 돕기 위한 전정
③ 생장을 억제하는 전정
④ 세력을 갱신하는 전정

해설
- 생리를 조절하는 전정 : 이식 시 지하부가 잘린 만큼 지상부를 전정하여 균형을 유지하기 위한 전정
- 생장을 돕기 위한 전정 : 병충해 피해지, 고사지 등 제거
- 생장을 억제하는 전정 : 녹음수 등을 좁은 정원에서 필요 이상으로 자라지 않도록 줄기나 가지를 자름

39 콘크리트의 배합의 종류로 틀린 것은?

① 시방배합
② 현장배합
③ 시공배합
④ 질량배합

해설
- 시방배합 : 시방서에서 규정하고 있는 배합
- 현장배합 : 골재의 흡수량 및 입도상태 등을 고려하여 시방배합을 현장에서 보정한 배합
- 질량배합 : 콘크리트 1㎥ 만드는데 필요한 각 재료를 중량으로 나태낸 것

40 소나무 순지르기에 대한 설명으로 틀린 것은?

① 매년 5~6월경에 실시한다.
② 중심 순만 남기고 모두 자른다.
③ 새순이 5~10cm의 길이로 자랐을 때 실시한다.
④ 남기는 순도 힘이 지나칠 경우 $\frac{1}{2} \sim \frac{1}{3}$ 정도로 자른다.

해설 5~6월에 2~3개의 순을 남기고 중심순을 포함한 나머지 순은 제거하며, 남길 순도 1/2~2/3 손으로 꺾어 버린다.

41 코흐의 4원칙에 대한 설명 중 잘못된 것은?

① 미생물은 반드시 환부에 존재해야 한다.
② 미생물은 분리되어 배지상에서 순수 배양되어야 한다.
③ 순수 배양한 미생물은 접종하여 동일한 병이 발생되어야 한다.
④ 발병한 피해부에서 접종에 사용한 미생물과 동일한 성질을 가진 미생물이 반드시 재분리 될 필요는 없다.

해설 코흐(koch)의 원칙
- 그 미생물이 언제나 그 병의 병환부에 존재한다.
- 미생물은 분리되어 배지 위에서 순수 배양되어야 한다.
- 순수 배양한 미생물을 접종하여 동일한 병이 발생되어야 한다.
- 발병된 피해부위에서 접종에 사용되었던 미생물과 동일 한 성질을 가진 미생물이 재분리되어야 한다.

42 토양에 따른 경도와 식물생육의 관계를 나타낼 때 나지화가 시작되는 값(kgf/㎠)은?(단, 지표면의 경도는 Yamanaka 경도계로 측정한 것으로 한다.)

① 9.4 이상
② 5.8 이상
③ 13.0 이상
④ 3.6 이상

해설 토양 경도란 바깥 힘에 대한 토양의 저항력을 말하며 야마나카식 경도계는 평평하게 깎아진 단면에 수직으로 콘을 넣어서 콘의 압력과 이것에 대응하는 토양 반력을 측정하여 경도를 측정하게 된다.

43 파이토플라스마에 의한 수목병이 아닌 것은?

① 벚나무 빗자루병
② 붉나무 빗자루병
③ 오동나무 빗자루병
④ 대추나무 빗자루병

- 대추나무 빗자루병, 오동나무빗자루병, 붉나무 빗자루병, 뽕나무 오갈병 : 파이토플라즈마
- 벚나무 빗자루병 : 진균(곰팡이)

44 대목을 대립종자의 유경이나 유근을 사용하여 접목하는 방법으로 접목한 뒤에는 관계 습도를 높게 유지하며, 정식 후 근두암종병의 발병율이 높은 단점을 갖는 접목법은?

① 아접법 ② 유대접
③ 호접법 ④ 교접법

- 아접법 : 모수(母樹)에서 눈을 따서 대목(臺木)에 붙여서 활착
- 호접법 : 맞접이라고도 하며 대목과 접수 모두 뿌리가 붙어 있는 상태에서 접합시키는 방법으로 과수와 과채류 접목에 많이 이용한다.
- 교접법 : 상처가 생겨 수분과 양분 이동이 원활하지 않을 때 상처 너머 부분을 접목에 세력을 증진 시키는 방법

45 공사의 설계 및 시공을 의뢰하는 사람을 뜻하는 용어는?

① 설계자 ② 시공자
③ 발주자 ④ 감독자

- 발주자 또는 시공주(공사의 주인)라고 한다.

46 어른과 어린이 겸용 벤치 설치시 앉음면(좌면,坐面)의 적당한 높이는?

① 25~30cm
② 35~40cm
③ 45~50cm
④ 55~60cm

- 어른과 어린이 겸용의 경우 35~40cm가 적당하며 좌판 너비는 40cm로 한다. 또한 등받이의 각도는 가벼운 휴식의 경우 105°, 일반 휴식의 경우는 110° 정도로 한다.

47 건설재료의 할증률이 틀린 것은?

① 붉은 벽돌 : 3%
② 이형철근 : 5%
③ 조경용 수목 : 10%
④ 석재판붙임용재(정형돌) : 10%

재료		할증률(%)
목재	각재	5
	판재	10
타일		3
속빈시멘트블록		4
합판	일반용	3
	수장용	5
경계블록		3
벽돌	붉은벽돌	3
	내화벽돌	3
	시멘트벽돌	5
수목, 잔디, 초화류		10
이형철근		3

48 식재 작업의 준비 단계에 포함되지 않는 것은?

① 수목 및 양생제 반입 여부를 재확인한다.
② 공정표 및 시공도면, 시방서 등을 검토한다.
③ 빠른 식재를 위한 식재 지역의 사전 조사는 생략 한다.
④ 수목의 배식, 규격, 지하 매설물 등을 고려하여 식재 위치를 결정한다.

> 식재 지역의 토질, 기후 등 입지 조건을 사전 조사한다.

49 콘크리트 포장에 관한 설명 중 옳지 않은 것은?

① 보조 기층을 튼튼히 해서 부동 침하를 막아야 한다.
② 두께는 10cm 이상으로 하고, 철근이나 용접 철망을 넣어 보강한다.
③ 물·시멘트의 비율은 60% 이내, 슬럼프의 최대 값은 5cm 이상으로 한다.
④ 온도변화에 따른 수축·팽창에 의한 파손 방지를 위해 신축 줄눈과 수축 줄눈을 설치한다.

> 물·시멘트의 비율은 60%~70%가 적당하다.

50 현대적인 공사 관리에 관한 설명 중 가장 적합한 것은?

① 품질과 공기는 정비례한다.
② 공기를 서두르면 원가가 싸게 된다.
③ 경제 속도에 맞는 품질이 확보 되어야 한다.
④ 원가가 싸게 되도록 하는 것이 공사 관리의 목적이다.

> • 품질과 공기는 반비례한다.
> • 공기를 서두르거나 지연되면 원가가 올라간다.
> • 공사 관리의 목적은 경제성 향상, 품질향상, 공기내 공사 완성이다.

51 다음 중 관리해야 할 수경 시설물에 해당되지 않는 것은?

① 폭포
② 분수
③ 연못
④ 덱(deck)

> 덱(deck) : 본래의 뜻은 선박 등의 바닥, 간판이란 뜻으로 조경에서는 목재를 제재 가공하여 바닥재용 덱(deck)을 만들어 휴식 공간으로 많이 활용하고 있다.

52 아황산가스에 민감하지 않은 수종은?

① 소나무
② 겹벚나무
③ 단풍나무
④ 화백

구분	주요 수종
아황산가스에 강한 수종	편백, 화백, 가이즈카향나무, 플라타너스, 은행나무, 가중나무, 벽오동, 가시나무, 사철나무, 쥐똥나무, 무궁화 등
아황산가스에 약한 수종	독일가문비, 낙엽송, 소나무, 삼나무, 전나무, 히말라야시더(개잎갈나무), 느티나무, 자작나무, 왕벚나무, 단풍나무, 매화나무, 조팝나무 등

53 다음 입찰계약 순서 중 옳은 것은?

① 입찰공고 → 낙찰 → 계약 → 개찰 → 입찰 → 현장설명
② 입찰공고 → 현장설명 → 입찰 → 계약 → 낙찰 → 개찰
③ 입찰공고 → 현장설명 → 입찰 → 개찰 → 낙찰 → 계약
④ 입찰공고 → 계약 → 낙찰 → 개찰 → 입찰 → 현장설명

> 해설) 개찰 결과 낙찰자 선정이 안되면 유찰이 되고, 다시 재입찰을 하게 된다.

54 조경 목재시설물의 유지관리를 위한 대책 중 적절하지 않은 것은?

① 통풍을 좋게 한다.
② 빗물 등의 고임을 방지한다.
③ 건조되기 쉬운 간단한 구조로 한다.
④ 적당한 20~30℃온도와 80% 이상의 습도를 유지시킨다.

> 해설) 목재가 부패가 잘 일어나는 최적의 조건은 20~30℃ 정도의 온도와 20% 이상의 함수율이다.

55 토양 및 수목에 양분을 처리하는 방법의 특징 설명이 틀린 것은?

① 액비 주는 양분흡수가 빠르다.
② 수간 주입은 나무에 손상이 생긴다.
③ 엽면 시비는 뿌리 발육 불량 지역에 효과적이다.
④ 천공 시비는 비료 과다투입에 따른 염류장해 발생 가능성이 없다.

> 해설) 천공 시비는 주로 액비를 비탈면에 줄 때 사용하며 군데군데 구멍을 뚫고 주기 때문에 비료 과다 투입에 따른 염류장해가 발생할 수 있다.

56 비탈면의 녹화와 조경에 사용되는 식물의 요건으로 가장 부적합한 것은?

① 적응력이 큰 식물
② 생장이 빠른 식물
③ 시비 요구도가 큰 식물
④ 파종과 식재시기의 폭이 넓은 식물

> 해설) 척박지에 잘 견딜 수 있어야 하며 주변 식물과 조화가 잘되고 번식과 생장이 빨라야 한다.

57 다음 중 원가계산에 의한 공사비의 구성에서 『경비』에 해당하지 않는 항목은?

① 안전관리비
② 운반비
③ 가설비
④ 노무비

> 해설) 경비항목
> 전력비, 운반비, 기계경비, 가설비, 특허권사용료, 기술료, 품질관리비, 안전관리비, 보험료, 외주가공비, 연구개발비, 복리후생비, 도서인쇄비, 보상비 등

58 잔디깎기의 목적으로 옳지 않은 것은?

① 잡초방제
② 이용 편리 도모
③ 병충해 방지
④ 잔디의 분얼억제

> 해설) 잔디깎기의 목적 : 잡초방제, 이용편리도모, 병충해 방지, 잔디 분얼촉진, 통풍양호 등

59 다음 중 측량의 3대 요소가 아닌 것은?

① 각측량　　② 거리측량
③ 세부측량　　④ 고저측량

해설 측량의 3요소는 거리, 방향, 높이 이다.

60 경사도(句配, slope)가 15%인 도로면상의 경사거리 135m에 대한 수평거리는?

① 130.0m　　② 132.0m
③ 133.5m　　④ 136.5m

해설 수평거리 − a, 수직거리 − b, 경사거리 − c로 놓았을 때
$\dfrac{b}{a} \times 100 = 15\%$, $b = 0.15a$를 구할 수 있다.
피타고라스 정리 : $a^2 + b^2 = c^2$에서
$a^2 + (0.15a \times 0.15a) = c^2$
$a^2 + 0.0225a^2 = c^2$
$1.0225a^2 = c^2$에서 경사거리 c는 135m이므로
$1.0225a^2 = 135 \times 135$
$1.0225a^2 = 18225$
$a^2 = \dfrac{18225}{1.0225} = 17823.96$
$a =$ 약 133.5

ANSWER									2015년 10월 10일
01	02	03	04	05	06	07	08	09	10
①	④	②	④	②	③	④	③	③	④
11	12	13	14	15	16	17	18	19	20
④	①	②	④	②	④	②	②	②	②
21	22	23	24	25	26	27	28	29	30
③	②	④	②	①	③	①	③	④	④
31	32	33	34	35	36	37	38	39	40
①	④	②	④	④	④	②	③	③	②
41	42	43	44	45	46	47	48	49	50
④	②	①	②	③	②	②	③	③	③
51	52	53	54	55	56	57	58	59	60
④	④	③	④	④	③	④	④	③	③

기출문제_ 2016년 01월 24일

01 중세 유럽의 조경 형태로 볼 수 없는 것은?

① 과수원 ② 약초원
③ 공중정원 ④ 회랑식 정원

해설 중세 유럽의 정원은 교회의 권위에 압도당해 폐쇄적인 내향적 구성을 가지며 채소원, 약초원, 과수원 등 실용적 형태의 정원이 발달한 것이 특징이다. (공중정원 – 고대 서아시아)

02 일본 고산수식 정원의 요소와 상징적인 의미가 바르게 연결된 것은?

① 나무 – 폭포
② 연못 – 바다
③ 왕모래 – 물
④ 바위 – 산봉우리

해설
• 14세기 – 축산고산수식 : 나무(산봉우리), 바위(폭포), 왕모래(물) 연상시킴
• 15세기 – 평정고산수식 : 바위(섬), 왕모래 (바다) 연상시킴. 수목사용 안함

03 다음 중 중국정원의 양식에 가장 많은 영향을 끼친 사상은?

① 선사상 ② 신선사상
③ 풍수지리사상 ④ 음양오행사상

해설 신선사상 : 불로장생하는 신선의 거처를 현실화시키고자 하는 사상으로 우리나라는 대표적으로 안압지와 궁남지가 영향을 받았다.

04 다음 중 서양식 전각과 서양식 정원이 조성되어 있는 우리나라 궁궐은?

① 경복궁 ② 창덕궁
③ 덕수궁 ④ 경희궁

해설
• 석조전 : 우리나라 최초의 서양식 건물, 1909년 영국의 하딩이 설계
• 침상원 : 석조전 앞 우리나라 최초의 유럽식 정원

05 고대 로마의 대표적인 별장이 아닌 것은?

① 빌라 투스카니
② 빌라 감베라이아
③ 빌라 라우렌티아나
④ 빌라 아드리아누스

해설
• 15C 르네상스 전기(토스카나) : 빌라 카레지오, 빌라 피에졸레, 빌라 카스텔로
• 16C 르네상스 중기(로마) : 빌라 에스테, 빌라 랑테, 빌라 파르네제
• 17C 르네상스 후기(제노바) : 빌라 감베라이아, 빌라 알도브란디니

06 미국 식민지 개척을 통한 유럽 각국의 다양한 사유지 중심의 정원양식이 공공적인 성격으로 전환되는 계기에 영향을 끼친 것은?

① 스토우 정원 ② 보르비콩트 정원
③ 스투어헤드 정원 ④ 버컨헤드 공원

> 1843년 버컨헤드(Birkenhead)공원 : 영국 최초의 공공적 성격의 공원으로 조셉 팩스턴(Joseph Paxton)의 설계, 이후 센트럴 파크 조성에 영향을 미친다.

07 프랑스 평면기하학식 정원을 확립하는데 가장 큰 기여를 한 사람은?

① 르 노트르 ② 메이너
③ 브리지맨 ④ 비니올라

> 앙드레 르 노트르는 이탈리아에서 수학하여 고국으로 돌아온 후 최초의 평면 기학학식 정원인 보르비공트 정원과 베르사유궁 정원을 조성하였다.

08 형태와 선이 자유로우며, 자연 재료를 사용하여 자연을 모방하거나 축소하여 자연에 가까운 형태로 표현한 정원 양식은?

① 건축식 ② 풍경식
③ 정형식 ④ 규칙식

> 자연 풍경식이고도 하며 대표적으로 18C 이후 영국 정원과 동아시아 정원이 있다.

09 다음 후원 양식에 대한 설명 중 틀린 것은?

① 한국의 독특한 정원 양식 중 하나이다.
② 괴석이나 세심석 또는 장식을 겸한 굴뚝을 세워 장식하였다.
③ 건물 뒤 경사지를 계단모양으로 만들어 장대석을 앉혀 평지를 만들었다.
④ 경주 동궁과 월지, 교태전 후원의 아미산원, 남원시 광한루 등에서 찾아볼 수 있다.

> 경주 동궁과 월지는 신라 왕궁의 별궁터이며 광한루는 1638년에 재건한 조선시대 대표 누각이다.

10 현대 도시환경에서 조경 분야의 역할과 관계가 먼 것은?

① 자연환경의 보호유지
② 자연 훼손지역의 복구
③ 기존 대도시의 광역화 유도
④ 토지의 경제적이고 기능적인 이용 계획

> 조경 분야는 자연과 생태보존 이용자들에 녹지제공 토지의 효율적인 이용 관리의 역할을 가진다.

11 다음 설명의 ( ) 안에 들어갈 시설물은?

| 시설 지역 내부의 포장 지역에도 (   ) 을/를 이용하여 낙엽성 교목을 식재하면 여름에도 그늘을 만들 수 있다. |

① 볼라드(bollard)
② 휀스(fence)
③ 벤치(bench)
④ 수목 보호대(grating)

> 수목보호대는 광장과 인도 등 포장 지역에서 보행자로부터 수목을 보호하기 위해 설치한다.

12 기존의 레크레이션 기회에 참여 또는 소비하고 있는 수요(需要)를 무엇이라 하는가?

① 표출수요 ② 잠재수요
③ 유효수요 ④ 유도수요

> • 표출수요 : 기존의 레크레이션에 참여 또는 소비하고 있는 수요로, 이를 통해 사람들의 선호도 파악
> • 잠재수요 : 인간에게 본래 내재하는 수요이지만 기존의 시설을 이용할 때만 반영되어 나타남
> • 유도수요 : 사람들로 하여금 그들의 레크레이션 패턴을 변경하도록 고무시켜 잠재수요를 개발

13 주택정원의 시설구분 중 휴게시설에 해당되는 것은?

① 벽천, 폭포
② 미끄럼틀, 조각물
③ 정원등, 잔디등
④ 퍼걸러, 야외탁자

종류	유형
휴게시설	벤치, 야외탁자, 퍼걸러, 평상, 정자 등
편익시설	수화물예치소, 매점, 주차장, 전망대 등
조명시설	조명등, 정원등, 경관조명시설 등
수경시설	연못, 벽천, 분수, 도섭지 등
운동시설	철봉, 평행봉 등
관리시설	관리소, 화장실 등

14 조경계획·설계에서 기초적인 자료의 수집과 정리 및 여러 가지 조건의 분석과 통합을 실시하는 단계를 무엇이라 하는가?

① 목표 설정
② 현황분석 및 종합
③ 기본 계획
④ 실시 설계

> 해설 조경 과정 : 목표설정 → 자료분석·종합 → 기본계획 → 기본설계 → 실시설계 → 시공 및 감리 → 유지관리

15 다음 『채도대비』에 관한 설명 중 틀린 것은?

① 무채색끼리는 채도 대비가 일어나지 않는다.
② 채도대비는 명도대비와 같은 방식으로 일어난다.
③ 고채도의 색은 무채색과 함께 배색하면 더 선명해 보인다.
④ 중간색을 그 색과 색상은 동일하고 명도가 밝은 색과 함께 사용하면 훨씬 선명해 보인다.

> 해설 채도 대비 : 채도가 다른 두 색을 인접시켰을 때 서로의 영향을 받아 채도가 높은 색은 더욱 높아 보이고 채도가 낮은 색은 더욱 낮아 보이는 현상. 중간색을 그 색과 같은 색상의 밝은색 위에 위치시키면 원래의 색보다 훨씬 탁하게 보인다.

16 좌우로 시선이 제한되어 일정한 지점으로 시선이 모이도록 구성하는 경관 요소는?

① 전망
② 통경선(Vista)
③ 랜드마크
④ 질감

> 해설 비스타 : 좌우로의 시선이 숲 등에 의하여 제한되고 정면의 한 점으로 시선이 모이도록 구성되어 주축선이 두드러지게 하는 경관구성 수법. 정원을 크고 길게 보이게 하는 효과가 있음

17 조경 시공 재료의 기호 중 벽돌에 해당하는 것은?

①
②
③
④

> 해설 ① : 타일 및 테라코타, ③ : 지반, ④ : 금속

18 다음 중 곡선의 느낌으로 가장 부적합한 것은?

① 온건하다.
② 부드럽다.
③ 모호하다.
④ 단호하다.

해설

	모양	느낌
직선	/ |	• 굳건하고 남성적이다. • 일정한 방향을 제시한다. • ex : 산봉우리, 절벽의 윤곽선
곡선	～	• 부드럽고 여성적이며 우아한 느낌을 준다. • ex : 구릉지, 하천의 곡선
지그재그선	∧∧	• 유동적이고 활동적이다. • 여러 방향을 제시한다. • ex : 구름모양
수평선	─	• 안락하고 편안한 느낌을 준다. • ex : 대지의 고요함
수직선	|	• 존엄성, 위엄, 고상함, 엄숙함

19 모든 설계에서 가장 기본적인 도면은?

① 입면도
② 단면도
③ 평면도
④ 상세도

해설 평면도
• 물체를 위에서 바라 본 것으로 가정하고 작도한 것
• 식재평면도: 조경 설계시 가장 많이 사용하는 도면

20 조경 실시설계 단계 중 용어의 설명이 틀린 것은?

① 시공에 관하여 도면에 표시하기 어려운 사항을 글로 작성한 것을 시방서라고 한다.
② 공사비를 체계적으로 정확한 근거에 의하여 산출한 서류를 내역서라고 한다.
③ 일반관리비는 단위 작업당 소요인원을 구하여 일당 또는 월급여로 곱하여 얻어진다.
④ 공사에 소요되는 자재의 수량, 품 또는 기계 사용량 등을 산출하여 공사에 소요되는 비용을 계산한 것을 적산이라고 한다.

해설 일반관리비 : 기업 유지관리비, 순공사원가의 6% 이내에서 계산하는 것이 보통이며 본사의 경비로 이해

21 석재의 성인(成因)에 의한 분류 중 변성암에 해당되는 것은?

① 대리석
② 섬록암
③ 현무암
④ 화강암

해설 변성암 : 화성암, 퇴적암이 지각변동, 지열에 의해 화학적·물리적으로 성질이 변한 것으로 편마암, 대리석, 사문암 등이 있다.

화성암	화강암 → 편마암 / 현무암 → 결정편암
퇴적암	혈암 → 점판암 → 천매암 / 석회암 → 대리석

22. 레미콘 규격이 25 – 210 – 12로 표시되어 있다면 ⓐ – ⓑ – ⓒ 순서대로 의미가 맞는 것은?

① ⓐ 슬럼프, ⓑ 골재최대치수, ⓒ 시멘트의 양
② ⓐ 물·시멘트비, ⓑ 압축강도, ⓒ 골재최대치수
③ ⓐ 골재최대치수, ⓑ 압축강도, ⓒ 슬럼프
④ ⓐ 물·시멘트비, ⓑ 시멘트의 양, ⓒ 골재최대치수

해설
- 굵은골재 : No.4체에 거의 다 남고 0~10% 통과하는 골재로 자갈에 해당
- 슬럼프치 : 규격 시험에서 반죽 질기에 따른 콘크리트가 내려 앉아 낮아지는 치수로 단위는 cm로 표시한다.

23. 다음 설명에 적합한 열가소성수지는?

- 강도, 전기전열성, 내약품성이 양호하고 가소재에 의하여 유연고무와 같은 품질이 되며 고온, 저온에 약하다.
- 바닥용타일, 시트, 조인트재료, 파이프, 접착제, 도료 등이 주 용도이다.

① 페놀수지
② 염화비닐수지
③ 멜라민수지
④ 에폭시수지

해설

종류	특징
페놀	• 강도, 전기 절연성, 내산성, 내수성 모두 양호하나 내알칼리성이 약하다. • 내수합판, 접착제 용도로 사용하며 베이클라이트(절연재)를 만든다.
멜라민 수지	• 내수성이 크고 열탕에서도 침식되지 않는다. • 무색 투명하고 착색이 자유로우며 내수성, 내약품성, 내용제성이 뛰어나다. • 알키드수지로 변성하여 도료, 내수베니어합판의 접착제 등에 이용된다.
에폭시	• 액체 상태나 용융 상태의 수지에 경화제를 넣어 사용 • 내산성, 내알칼리성 등이 우수하여 콘크리트 접착 등에 사용 • 접착 효과가 매우 우수하여 방수와 포장재로도 이용

24. 인공 폭포, 수목 보호판을 만드는데 가장 많이 이용되는 제품은?

① 유리블록제품
② 식생호안블록
③ 콘크리트격자블록
④ 유리섬유강화플라스틱

해설 유리섬유강화 플라스틱(FRP, Fiberglass Reinforced Plastic) : 약한 플라스틱에 강화재를 넣어 만든 제품으로 벤치, 화단장식재, 인공폭포, 인공암, 정원석 등에 사용한다.

25. 알루미나 시멘트의 최대 특징으로 옳은 것은?

① 값이 싸다.
② 조기강도가 크다.
③ 원료가 풍부하다.
④ 타 시멘트와 혼합이 용이하다.

해설 알루미나 시멘트
- 황산에 침식이 잘 되는 포틀랜드 시멘트의 결점을 보완하기 위해 만들어짐(알루미나 + 생석회)
- 초기 강도가 매우 크고(재령 1일에 보통 포틀랜드 28일 강도) 해수 및 기타 화학적 저항성이 큼
- 열분해 온도가 높아 내화용 콘크리트에 적합하나 가격이 비싼 것이 단점

26 다음 중 목재의 장점에 해당하지 않는 것은?

① 가볍다.
② 무늬가 아름답다.
③ 열전도율이 낮다.
④ 습기를 흡수하면 변형이 잘 된다.

> **해설**
> • 목재의 장점
> - 색깔, 무늬 등 외관이 아름답다.
> - 재질이 부드럽고 촉감이 좋다.
> - 무게가 가벼워서 다루기 좋다.
> - 무게에 비해 강도가 크다.
> - 가공이 쉽고 열전도율이 낮다.
> • 목재의 단점
> - 부패성이 크다.
> - 함수율에 따라 변형이 될 수 있다.
> - 부위에 따라 재질이 불균질하다.
> - 불에 타기 쉽다.
> - 구부러지고 옹이가 있다.

27 다음 금속 재료에 대한 설명으로 틀린 것은?

① 저탄소강은 탄소함유량이 0.3% 이하이다.
② 강판, 형강, 봉강 등은 압연식 제조법에 의해 제조된다.
③ 구리에 아연 40%를 첨가하여 제조한 합금을 청동이라고 한다.
④ 강의 제조방법에는 평로법, 전로법, 전기로법, 도가니법 등이 있다.

> **해설** 구리 60%에 아연 40%를 첨가하여 제조한 합금을 황동이라고 한다.

28 다음 조경시설 소재 중 도로 절·성토면의 녹화공사, 해안매립 및 호안공사, 하천제방 및 급류 부위의 법면보호공사 등에 사용되는 코코넛 열매를 원료로 한 천연섬유 재료는?

① 코이어 메시

② 우드칩
③ 테라소브
④ 그린블록

> **해설** 코이어 메시는 코코넛 열매를 원료로 격자 형태로 엮어놓은 환경 친화적인 제품으로 법면 녹화에 많이 이용한다.

29 견치석에 관한 설명 중 옳지 않은 것은?

① 형상은 재두각추체(裁頭角錐體)에 가깝다.
② 접촉면의 길이는 앞면 4변의 제일 짧은 길이의 3배 이상이어야 한다.
③ 접촉면의 폭은 전면 1변의 길이의 1/10 이상이어야 한다.
④ 견치석은 흙막이용 석축이나 비탈면의 돌붙임에 쓰인다.

> **해설** 견치석
> • 형상은 재두각추체에 가깝고 뒷길이 접촉면 폭, 뒷면 등이 규격화된 돌로써 4방락(四方落) 또는 2방락(二方落)의 것이 있다.
> • 뒷길이는 앞면 길이의 1.5배 이상이고, 1개의 무게 70~100kg으로 옹벽 쌓기에서 메쌓기 또는 찰쌓기 용으로 사용된다.

30 무근콘크리트와 비교한 철근콘크리트의 특성으로 옳은 것은?

① 공사기간이 짧다.
② 유지관리비가 적게 소요된다.
③ 철근 사용의 주목적은 압축강도 보완이다.
④ 가설공사인 거푸집 공사가 필요 없고 시공이 간단하다.

> **해설** 철근을 배근한 콘크리트는 무근 콘크리트에 비해 압축, 인장강도가 높아져 유지관리비가 절약된다.

31 『Syringa oblata var. dilatata』는 어떤 식물인가?

① 라일락
② 목서
③ 수수꽃다리
④ 쥐똥나무

해설 ① 라일락 : Syringa vulgaris
② 목서 : Osmanthus fragrans
④ 쥐똥나무 : Ligustrum obtusifolium

32 다음 중 수관의 형태가 "원추형"인 수종은?

① 전나무
② 실편백
③ 녹나무
④ 산수유

해설

구분	주요 수종
원추형	낙우송, 삼나무, 전나무, 메타세콰이아, 주목 등
우산형	편백, 화백, 반송, 층층나무, 왕벚나무 등
구형	녹나무, 가시나무, 수수꽃다리, 화살나무 등
난형	백합나무, 동백나무, 목련, 박태기나무 등
원주형	포플러류, 무궁화 등
배상형	느티나무, 가중나무, 단풍나무, 자귀나무 등
능수형	능수버들, 용버들, 수양벚나무 등
만경형	능소화, 담쟁이덩굴, 등나무, 으름덩굴, 인동 등
포복형	눈향나무, 눈주목 등

33 다음 중 인동덩굴(Lonicera japonica Thunb.)에 대한 설명으로 옳지 않은 것은?

① 반상록 활엽 덩굴성
② 원산지는 한국, 중국, 일본
③ 꽃은 1~2개씩 옆액에 달리며 포는 난형으로 길이는 1~2㎝
④ 줄기가 왼쪽으로 감아 올라가며, 소지는 회색으로 가시가 있고 속이 빔

해설 인동 : 줄기가 오른쪽으로 감아 올라가고 소지는 적갈색이며 속이 비어있고 황갈색 털이 있다.

34 서향(Daphne odora Thunb.)에 대한 설명으로 맞지 않는 것은?

① 꽃은 청색계열이다.
② 성상은 상록활엽관목이다.
③ 뿌리는 천근성이고 내염성이 강하다.
④ 잎은 어긋나기하며 타원형이고, 가장자리가 밋밋하다.

해설 서향은 향이 천리까지 간다하여 천리향으로 불리며 꽃은 연분홍색이다.

35 팥배나무(Sorbus alnifolia K.Koch)의 설명으로 틀린 것은?

① 꽃은 노란색이다.
② 생장속도는 비교적 빠르다.
③ 열매는 조류 유인식물로 좋다.
④ 잎의 가장자리에 이중거치가 있다.

해설 팥배나무(Sorbus alnifolia K.Koch) 꽃은 5월에 흰색으로 핀다.

36 골담초(Caragana sinica Rehder)에 대한 설명으로 틀린 것은?

① 콩과(科) 식물이다.
② 꽃은 5월에 피고 단생한다.
③ 생장이 느리고 덩이뿌리로 위로 자란다.
④ 비옥한 사질양토에서 잘 자라고 토박지에서도 잘 자란다.

> 골담초(Caragana sinica Rehder)는 생장속도가 빠른 식물로 뿌리를 골담근(骨擔根)이라 한다.

37 다음 중 조경수의 이식에 대한 적응이 가장 어려운 수종은?

① 편백
② 미루나무
③ 수양버들
④ 일본잎갈나무

> 일본잎갈나무 : 일본이 원산지로 조림 사업에 이용하고 있으며 목재 가치가 뛰어나다. 낙엽송이라고도 불린다.

38 조경 수목은 식재지의 위치나 환경조건 등에 따라 적절히 선정하여야 한다. 다음 중 수목의 구비 조건으로 가장 거리가 먼 것은?

① 병충해에 대한 저항성이 강해야 한다.
② 다듬기 작업 등 유지관리가 용이해야 한다.
③ 이식이 용이하며, 이식 후에도 잘 자라야 한다.
④ 번식이 힘들고 다량으로 구입이 어려워야 희소성 때문에 가치가 있다.

> 조경 수목의 구비 조건
> • 수형이 아름답고 실용적이어야 할 것
> • 이식이 쉽고 잘 자랄 것
> • 불리한 환경에서의 적응성이 클 것
> • 쉽게 다량으로 구할 수 있을 것
> • 병충해에 강할 것
> • 다듬기 작업에 견디는 성질이 좋을 것

39 방풍림(wind shelter) 조성에 알맞은 수종은?

① 팽나무, 녹나무, 느티나무
② 곰솔, 대나무류, 자작나무
③ 신갈나무, 졸참나무, 향나무
④ 박달나무, 가문비나무, 아까시나무

> 방풍용수종 : 지엽이 치밀하고 가지나 줄기가 견고한 심근성 수종으로 상록활엽수와 참나무과 수종이 적당하다.

40 미선나무(Abeliophyllum distichum Nakai)의 설명으로 틀린 것은?

① 1속 1종
② 낙엽활엽관목
③ 잎은 어긋나기
④ 물푸레나무과(科)

> 우리나라에서만 자라는 한국 특산 수종으로 잎은 마주나기를 한다.

41 농약제제의 분류 중 분제(粉劑, dusts)에 대한 설명으로 틀린 것은?

① 잔효성이 유제에 비해 짧다.
② 작물에 대한 고착성이 우수하다.
③ 유효성분 농도가 1~5% 정도인 것이 많다.
④ 유효성분을 고체증량제와 소량의 보조제를 혼합 분쇄한 미분말을 말한다.

> 분제는 유제, 수화제에 비해 고착성이 떨어져 잔효성이 요구되는 곳에는 부적합하다.

42 다음 중 철쭉, 개나리 등 화목류의 전정시기로 가장 알맞은 것은?

① 가을 낙엽 후 실시한다.
② 꽃이 진 후에 실시한다.
③ 이른 봄 해동 후 바로 실시한다.
④ 시기와 상관없이 실시할 수 있다.

> 화목류는 꽃이 진 후 또는 화아분아 1개월 전에 전정하는 것이 바람직하다.

43 양버즘나무(플라타너스)에 발생된 흰불나방을 구제하고자 할 때 가장 효과가 좋은 약제는?

① 디플루벤주론수화제
② 결정석회황합제
③ 포스파미돈액제
④ 티오파네이트메틸수화제

> 흰불나방 구제 : 디프제, 더스반, 디밀린, 다무르 등

44 조경 수목에 공급하는 속효성 비료에 대한 설명으로 틀린 것은?

① 대부분의 화학비료가 해당된다.
② 늦가을에서 이른 봄 사이에 준다.
③ 시비 후 5~7일 정도면 바로 비효가 나타난다.
④ 강우가 많은 지역과 잦은 시기에는 유실정도가 빠르다.

> 밑거름과 덧거름

구분	효과	시비시기	목적	종류
밑거름 (춘비, 기비)	지효성	늦가을 ~ 이른 봄	지력 회복	두엄, 깻묵, 계분
덧거름 (추비)	속효성	봄~가을 (낙화 후, 열매딴 후)	수세 회복	질소질비료, 화학비료

45 잔디공사 중 떼심기 작업의 주의사항이 아닌 것은?

① 떳장의 이음새에는 흙을 충분히 채워 준다.
② 관수를 충분히 하여 흙과 밀착되도록 한다.
③ 경사면의 시공은 위쪽에서 아래쪽으로 작업한다.
④ 떳장을 붙인 다음에 롤러 등의 장비로 전압을 실시한다.

> 경사면은 떼가 중력에 의해 미끄러지므로 떼꽂이를 이용에 아래에서 위로 작업해 나간다.

46 다음 설명에 해당하는 것은?

> • 나무의 가지에 기생하면 그 부위가 국소적으로 이상비대 한다.
> • 기생 당한 부위의 윗부분은 위축 되면서 말라 죽는다.
> • 참나무류에 가장 큰 피해를 주며, 팽나무, 물오리나무, 자작나무, 밤나무 등의 활엽수에도 많이 기생한다.

① 새삼
② 선충
③ 겨우살이
④ 바이러스

> 겨우살이 : 겨우살이과의 상록관목으로 기생목이라 불린다.

47 천적을 이용해 해충을 방제하는 방법은?

① 생물적 방제
② 화학적 방제
③ 물리적 방제
④ 임업적 방제

- 생물학적 방제법 : 천적의 이용
- 물리적 방제법 : 전정 가지의 소각, 낙엽 태우기, 잠복소, 유살 등의 이용
- 화학적 방제법 : 농약 이용
- 종합적 방제법 : 농약, 천적 등 종합적 대처

48 곰팡이가 식물에 침입하는 방법은 직접침입, 자연개구로 침입, 상처침입으로 구분할 수 있다. 다음 중 직접 침입이 아닌 것은?

① 피목침입
② 흡기로 침입
③ 세포간 균사로 침입
④ 흡기를 가진 세포간 균사로 침입

- 직접적인침입 : 흡기침입, 각피 아래로 침입, 부착기로 침입, 세포간 균사로 침입
- 자연개구부를 통한침입 : 기공으로 침입, 피목침입, 수공침입
- 상처를 통한 침입 : 상처난 곳으로 침입, 주근과 측근 사이의 균열을 통한 침입, 곰팡이가 식물 조직을 죽이고 난 후 침입

49 비탈면의 잔디를 기계로 깎으려면 비탈면의 경사가 어느 정도보다 완만하여야 하는가?

① 1:1보다 완만해야한다.
② 1:2보다 완만해야한다.
③ 1:3보다 완만해야한다.
④ 경사에 상관없다.

- 교목 식재 허용 경사와 동일하다.

50 수목 식재 후 물집을 만드는데, 물집의 크기로 가장 적당한 것은?

① 근원지름(직경)의 1배
② 근원지름(직경)의 2배
③ 근원지름(직경)의 3~4배
④ 근원지름(직경)의 5~6배

- 식재 순서

(가) 분얼하기   (나) 죽쑤기   (다) 멀칭

물집 : 관수를 하기 전 물이 바깥쪽으로 유실되는 것을 막기 위해 뿌리분 바깥쪽으로 흙을 복돋아 만든 둔덕

51 토공사에서 터파기할 양이 100m³, 되메우기양이 70m³일 때 실질적인 잔토처리량(m³)은? (단, L = 1.1, C = 0.8 이다.)

① 24   ② 30
③ 33   ④ 39

- 실질적인 잔토처리량
  = (터파기량 − 되메우기량) × L
  = 30 × 1.1 = 33m³

52 다음 설명의 ( ) 안에 적합한 것은?

( )란 지질 지표면을 이루는 흙으로, 유기물과 토양 미생물이 풍부한 유기물층과 용탈층 등을 포함한 토층 토양을 말한다.

① 표토   ② 조류(algae)
③ 풍적토   ④ 충적토

구분	상태
Ao층 (유기물층)	• A층 위의 유기물 집적층 • L층(낙엽층), F층(조부식층), H(정부식층)으로 나뉨
A층 (표층, 용탈층)	• 토양의 표면이 되는 부분 • 많은 성분이 씻겨 내려간 토층으로 식물의 썩은 부분이 모여 있어서 검은 빛을 띤다.
B층 (하층, 집적층)	• A층으로부터 용탈된 물질이 쌓인 층
C층 (기층, 모재층)	• A층과 B층을 이루는 암석이 풍화된 그대로이거나 풍화 도중에 있는 모재층
D층 (기암, 모암층)	• C층 밑의 암석층

53 조경시설물 유지관리 연관 작업계획에 포함되지 않는 작업 내용은?

① 수선, 교체
② 개량, 신설
③ 복구, 방제
④ 제초, 전정

해설 제초와 전정은 수목에 대한 유지관리 계획에 해당한다.

54 건설공사 표준품셈에서 사용되는 기본(표준형) 벽돌의 표준 치수(mm)로 옳은 것은?

① 180×80×57
② 190×90×57
③ 210×90×60
④ 210×100×60

표준형 벽돌   기존형 벽돌

55 다음 설명에 해당하는 공법은?

(1) 면상의 매트에 종자를 붙여 비탈면에 포설, 부착하여 일시적인 조기 녹화를 도모하도록 시공한다.
(2) 비탈면을 평평하게 끝손질한 후 떼꽂이 등을 꽂아주어 떠오르거나 바람에 날리지 않도록 밀착한다.
(3) 비탈면 상부 0.2m 이상을 흙으로 덮고 단부(端部)를 흙속에 묻어 넣어 비탈면 어깨로부터 물의 침투를 방지한다.
(4) 긴 매트류로 시공할 때에는 비탈면의 위에서 아래로 길게 세로로 깔고 흙쌓기 비탈면을 다지고 붙일 때에는 수평으로 깔며 양단을 0.05m 이상 중첩한다.

① 식생대공
② 식생자루공
③ 식생매트공
④ 종자분사파종공

해설 식물에 의한 비탈면 보호공법에는 떼심기 공법, 종자뿜어 붙이기, 식생자루공법, 식생매트공법 등이 있다.

56 수준측량에서 표고(標高 : elevation)라 함은 일반적으로 어느 면(面)으로부터 연직거리를 말하는가?

① 해면(海面)
② 기준면(基準面)
③ 수평면(水平面)
④ 지평면(地平面)

해설 표고(標高, elevation) : 수준기준면으로부터 지표 위 어느 점까지의 연직거리를 말한다. 우리나라에서는 인천만의 평균 해면을 국가 수준기준면(National Geodetic Vertical Datum; NGVD)으로 하고 이 수준면을 기준으로 하여 표고를 산출한다.

57 다음 중 콘크리트의 공사에 있어서 거푸집에 작용하는 콘크리트 측압의 증가 요인이 아닌 것은?

① 타설 속도가 빠를수록
② 슬럼프가 클수록
③ 다짐이 많을수록
④ 빈배합일 경우

> 해설 거푸집에 미치는 콘크리트 측압
> • 경화 속도가 빠를수록 측압이 작다.
> • 시공 연도가 좋을수록 측압은 크다.
> • 붓기 속도가 빠를수록 측압이 크다.
> • 수평 부재가 수직 부재보다 측압이 작다.

58 다음 중 현장 답사 등과 같은 높은 정확도를 요하지 않는 경우에 간단히 거리를 측정하는 약측정 방법에 해당하지 않는 것은?

① 목측
② 보측
③ 시각법
④ 줄자측정

> 해설 눈과 도보 등은 정확도를 요하지 않는 대략적인 측정이고 줄자는 거리와 길이 등 정확한 수치가 필요할 때 사용한다.

59 다음 [보기]가 설명하는 특징의 건설장비는?

- 기동성이 뛰어나고, 대형목의 이식과 자연석의 운반, 놓기, 쌓기 등에 가장 많이 사용된다.
- 기계가 서 있는 지반보다 낮은 곳의 굴착에 좋다.
- 파는 힘이 강력하고 비교적 경질 지반에 적용한다.
- Drag Shovel 이라고도 한다.

① 로더(Loader)
② 백호우(Back Hoe)
③ 불도저(Bulldozer)
④ 덤프트럭(Dump Truck)

> 해설
> • 로더 : 연약 지반의 흙을 깎아 싣거나 모아놓은 흙, 골재 등의 적재에 적합하다.
> • 불도저 : 흙깎기, 고르기 등 배토작업에 사용되며 경제적인 작업능률 범위는 50m 정도이다.

60 토양 환경을 개선하기 위해 유공관을 지면과 수직으로 뿌리 주변에 세워 토양 내 공기를 공급하여 뿌리호흡을 유도하는데, 유공관의 깊이는 수종, 규격, 식재지역의 토양 상태에 따라 다르게 할 수 있으나, 평균 깊이는 몇 미터 이내로 하는 것이 바람직한가?

① 1m
② 1.5m
③ 2m
④ 3m

> 해설 식재 공사 시 뿌리의 호흡을 원활하게 하여 빠른 착근을 유도할 수 있다.

ANSWER 2016년 01월 24일

01	02	03	04	05	06	07	08	09	10
③	③	②	③	②	④	①	②	④	③
11	12	13	14	15	16	17	18	19	20
④	①	④	②	④	②	④	④	③	③
21	22	23	24	25	26	27	28	29	30
①	③	②	④	②	④	③	①	②	②
31	32	33	34	35	36	37	38	39	40
③	①	④	①	①	②	④	②	①	③
41	42	43	44	45	46	47	48	49	50
②	②	①	②	③	③	①	③	②	④
51	52	53	54	55	56	57	58	59	60
③	①	④	③	③	④	④	④	②	①

기출문제_ 2016년 04월 02일

01 형태는 직선 또는 규칙적인 곡선에 의해 구성되고 축을 형성하며 연못이나 화단 등의 각 부분에도 대칭형이 되는 조경 양식은?

① 자연식   ② 풍경식
③ 정형식   ④ 절충식

해설

구분	특징
정형식정원 (整形式庭園)	• 서아시아, 유럽지역에서 발달 • 축을 중심으로 좌우 대칭형으로 구성 • 직선, 원, 원호 등을 사용한 형식 • 기하학식 정원이라고도 함
자연식정원 (自然式庭園)	• 동아시아, 유럽의 18세기 영국 • 연못, 호수 중심으로 정원조성 • 주변을 돌면서(회유) 경관을 즐김

02 다음 중 정원에 사용되었던 하하(Ha-ha) 기법을 가장 잘 설명한 것은?

① 정원과 외부사이 수로를 파 경계하는 기법
② 정원과 외부사이 언덕으로 경계하는 기법
③ 정원과 외부사이 교목으로 경계하는 기법
④ 정원과 외부사이 산울타리를 설치하여 경계하는 기법

해설 하하(Ha -Ha) : 중세 프랑스의 군사용 호(濠)로써, 정원에 물리적 경계 없이 정원을 바라볼 수 있게 정원 부지의 경계선에 깊은 도랑을 팜으로써 일명 가축을 보호하고 목장이나 삼림, 경지 등을 정원 풍경 속에 끌어들이자는 의도에서 나온 것

03 다음 고서에서 조경 식물에 대한 기록이 다루어지지 않은 것은?

① 고려사   ② 악학궤범
③ 양화소록   ④ 동국이상국집

해설 1493년(성종 24) 예조판서 성현과 유자광이 조선시대의 의궤와 악보를 정리하여 편찬한 악서

04 스페인 정원에 관한 설명으로 틀린 것은?

① 규모가 웅장하다.
② 기하학적인 터 가르기를 한다.
③ 바닥에는 색채타일을 이용하였다.
④ 안달루시아(Andalusia) 지방에서 발달했다.

해설 스페인은 이슬람 성격을 가진 중정식 정원으로 물과 분수, 대리석, 색채타일 등을 이용하여 소규모로 화려하게 장식하였다.

05 다음 중 고산수식법의 설명으로 알맞은 것은?

① 가난함이나 부족함 속에서도 아름다움을 찾아내어 검소하고 한적한 삶을 표현

② 이끼 낀 정원석에서 고담하고 한아를 느낄 수 있도록 표현

③ 정원의 못을 복잡하게 표현하기 위해 호안을 곡절시켜 심(心)자와 같은 형태의 못을 조성

④ 물이 있어야 할 곳에 물을 사용하지 않고 돌과 모래를 사용해 물을 상징적으로 표현

📖 고산수식
- 물을 전혀 사용하지 않음
- 불교의 영향을 받은 극도의 추상적 구성
- 14세기 – 축산고산수식 : 나무(산봉우리), 바위(폭포), 왕모래(물) 연상시킴
- 15세기 – 평정고산수식 : 바위(섬), 왕모래 (바다) 연상시킴, 수목사용 안함

06 경복궁 내 자경전의 꽃담 벽화문양에 표현되지 않은 식물은?

① 매화
② 석류
③ 산수유
④ 국화

📖 흥선대원군이 고종의 어머니인 조대비(신정익왕후)를 위해 지었으며 꽃, 나비, 대나무, 석류, 국화, 모란, 천도, 매화 등이 그려져 있다.

07 우리나라 부유층의 민가정원에서 유교의 영향으로 부녀자들을 위해 특별히 조성된 부분은?

① 전정
② 중정
③ 후정
④ 주정

📖 조선 중엽 이후 풍수지리설의 영향을 받아 건물 뒤에 정원을 조성하는 기법이 발달하였다.

08 다음 중 고대 이집트의 대표적인 정원수는?

- 강한 직사광선으로 인하여 녹음수로 많이 사용
- 신성시하여 사자(死者)를 이 나무 그늘 아래 쉬게 하는 풍습이 있었음

① 파피루스
② 버드나무
③ 장미
④ 시카모어

📖 시카모어 : 이집트 인이 신성시 하던 수목이었으며 상(上) 이집트는 연꽃, 하(下) 이집트는 파피루스가 대표 상징 식물이었다.

09 다음 중 독일의 풍경식 정원과 가장 관계가 깊은 것은?

① 한정된 공간에서 다양한 변화를 추구
② 동양의 사의주의 자연풍경식을 수용
③ 외국에서 도입한 원예식물의 수용
④ 식물생태학, 식물지리학 등의 과학이론의 적용

📖 독일정원의 특징
- 영국의 풍경식 정원의 영향을 받으며 독특한 양식을 갖게 됨
- 식물생태학과 식물지리학에 기초를 둔 과학적 기반 위에 조성
- 실용적 형태의 정원 발달 (분구원)

10 다음 중 사적인 정원이 공적인 공원으로 역할 전환의 계기가 된 사례는?

① 에스테장
② 베르사이유궁
③ 켄싱턴 가든
④ 센트럴 파크

📖 센트럴파크 : 영국 버컨헤드 공원의 영향을 받았으며 옴스테드에 의해 조성된 세계 최초의 도시공원이다.

11 주택정원거실 앞쪽에 위치한 뜰로 옥외생활을 즐길 수 있는 공간은?

① 안뜰
② 앞뜰
③ 뒤뜰
④ 작업뜰

앞뜰 (전정)	• 대문에서 현관 사이 • 주택의 첫 인상을 좌우하는 곳 • 4계절의 변화를 느끼도록 보여주는 정원
안뜰 (주정)	• 응접실, 거실에 접한 가족의 사적인 공간 • 휴식, 운동, 독서 등 옥외생활 • 퍼걸러, 정자, 벤치, 수경시설과 운동시설
작업뜰 (작업정)	• 일상 생활의 작업을 행하는 곳 • 창고, 장독대, 빨래 건조대 등 • 차폐식재나 초화류, 관목식재
뒤뜰 (후정)	• 침실과 같은 휴양 공간과 연결되어 조용하고 정숙한 분위기 • 사생활이 보장 되도록 구성

12 조경계획 및 설계과정에 있어서 각 공간의 규모, 사용재료, 마감방법을 제시해 주는 단계는?

① 기본구상
② 기본계획
③ 기본설계
④ 실시설계

• 기본설계 : 기본계획의 각 부분을 더욱 구체적으로 발전(각 공간의 정확한 규모, 사용재료, 마감방법 등)
• 실시설계 : 실제 시공이 가능하도록 시공 도면을 작성 하는 것 상세도, 시방서, 공사비 내역서 작성 포함

13 도시 내부와 외부의 관련이 매우 좋으며 재난 시 시민들의 빠른 대피에 큰 효과를 발휘하는 녹지 형태는?

① 분산식
② 방사식
③ 환상식
④ 평행식

공원의 녹지 계통 형식

형식	특징
분산식	• 녹지대가 여기저기 분산 배치
환상식	• 도시를 중심으로 환상 상태로 5~10km 조성 • 도시 방지 효과 큼
방사식	• 도시를 중심으로 외부로 방사상 녹지 형성
방사환상식	• 방사식 +환상식 • 가장 이상적인 녹지계통 형식
평행식	• 띠 모양으로 일정한 간격으로 평행하게 녹지대 조성

14 다음 [보기]의 행위 시 도시공원 및 녹지 등에 관한 법률상의 벌칙 기준은?

• 위반하여 도시공원에 입장하는 사람으로부터 입장료를 징수한 자
• 허가를 받지 아니하거나 허가받은 내용을 위반하여 도시공원 또는 녹지에서 시설, 건축물 또는 공작물을 설치한 자

① 2년 이하의 징역 또는 3천만 원 이하의 벌금
② 1년 이하의 징역 또는 1천만 원 이하의 벌금
③ 1년 이하의 징역 또는 500만 원 이하의 벌금
④ 1년 이하의 징역 또는 3천만 원 이하의 벌금

해설 도시공원 및 녹지등에 관한 법률 제 10장 벌칙 제 53조, 제54조, 제56조

15 표제란에 대한 설명으로 옳은 것은?

① 도면명은 표제란에 기입하지 않는다.
② 도면 제작에 필요한 지침을 기록한다.
③ 도면번호, 도명, 작성자명, 작성일자 등에 관한 사항을 기입한다.
④ 용지의 긴 쪽 길이를 가로 방향으로 설정할 때 표제란은 왼쪽 아래 구석에 위치한다.

해설
• 기입내용 : 공사명, 도면명, 축척, 도면번호, 설계일시, 설계자명, 작성일자 등
• 위치 : 도면 하단부에 좌우로 길게, 오른쪽 끝에 상하로 길게, 오른쪽 하단 구석에 작게

16 먼셀 색채계의 기본색인 5가지 주요 색상으로 바르게 짝지어진 것은?

① 빨강, 노랑, 초록, 파랑, 주황
② 빨강, 노랑, 초록, 파랑, 보라
③ 빨강, 노랑, 초록, 파랑, 청록
④ 빨강, 노랑, 초록, 남색, 주황

해설
• 1차 3원색 : 빨강, 노랑, 파랑
• 2차 5원색(1차 혼합) : 빨강, 노랑, 초록, 파랑, 보라

17 건설재료의 골재의 단면표시 중 잡석을 나타낸 것은?

①   ②

③   ④

해설 잡석 : 콘크리트의 골재, 석축의 메움(채움)돌 등으로 주로 사용

18 대형건물의 외벽도색을 위한 색채계획을 할 때 사용하는 컬러샘플(color sample)은 실제의 색보다 명도나 채도를 낮추어서 사용하는 것이 좋다. 이는 색채의 어떤 현상 때문인가?

① 착시효과
② 동화현상
③ 대비효과
④ 면적효과

해설 면적대비 : 작은 색견본을 보고 색을 선택한 다음 아파트 외벽에 칠했더니 명도와 채도가 높아져 보이는 현상으로 큰 면적의 색을 고를 때는 원하는 색보다 어둡고 탁한 색을 고른다.

19 색채와 자연환경에 대한 설명으로 옳지 않은 것은?

① 풍토색은 기후와 토지의 색, 즉 지역의 태양빛, 흙의 색 등을 의미한다.
② 지역색은 그 지역의 특성을 전달하는 색채와 그 지역의 역사, 풍속, 지형, 기후 등의 지방색과 합쳐 표현된다.
③ 지역색은 환경색채계획 등 새로운 분야에서 사용되기 시작한 용어이다.
④ 풍토색은 지역의 건축물, 도로환경, 옥외광고물 등의 특징을 갖고 있다.

해설
• 지역색 : 특정 지역의 습도, 하늘, 흙, 돌 등 자연스럽게 어울리고 선호되는 색으로 그 지역 주민들이 선호
• 풍토 : 환경적 특성을 지닌 지역적 특징의 색으로, 토지, 자연이 인간과 어울려 형성된 특유의 풍토가 생활, 문화, 사업에 영향을 주는 색

20 오른손잡이의 선긋기 연습에서 고려해야 할 사항이 아닌 것은?

① 수평선 긋기 방향은 왼쪽에서 오른쪽으로 긋는다.
② 수직선 긋기 방향은 위쪽에서 아래쪽으로 내려 긋는다.
③ 선은 처음부터 끝나는 부분까지 일정한 힘으로 한 번에 긋는다.
④ 선의 연결과 교차부분이 정확하게 되도록 한다.

> 수직선 긋기 방향은 아래쪽에서 위쪽으로 올려 긋는다.

21 다음 중 방부 또는 방충을 목적으로 하는 방법으로 가장 부적합한 것은?

① 표면탄화법
② 약제도포법
③ 상압주입법
④ 마모저항법

> 목재의 방부 처리법

방법	내용
도장법	• 목재를 충분히 건조시킨 다음 방부제를 도포하는 가장 일반적인 방법
주입법	• 상압주입법 : 방부제 용액에 목재를 일정기간 침지 • 가압주입법 : 압력용기 속에 목재를 넣어 7~12기압의 고압에서 방부제를 주입하는 방법으로 방부력이 가장 우수
침지법	• 상온에서 CCA, 크레오소트 등에 목재를 몇 시간 또는 며칠 동안 침지하는 방법
표면 탄화법	• 목재의 표면을 3~10mm정도 태워서 탄화시키는 방법으로 흡수성이 증가하는 단점이 있음

22 조경공사의 돌쌓기용 암석을 운반하기에 가장 적합한 재료는?

① 철근
② 쇠파이프
③ 철망
④ 와이어로프

> 와이어로프 : 몇 개의 철사를 꼬아서 1줄의 스트랜드(strand;새끼줄)를 만들고, 다시 6가닥의 스트랜드를 1줄의 마(麻)로프를 중심으로 꼬아서 만든 줄

23 다음 [보기]가 설명하는 건설용 재료는?

> • 갈라진 목재 틈을 메우는 정형 실링재이다.
> • 탄성복원력이 적거나 거의 없다.
> • 일정 압력을 받은 새시의 접합부 쿠션 겸, 실링재로 사용 되었다.

① 프라이머
② 코킹
③ 퍼티
④ 석고

> 퍼티(Putty) : 탄산칼슘·연백 등의 안료를 유지나 수지 등과 같은 전색제로 잘 배합하여 경도가 높은 풀 형태로 만든 것으로 가구의 구멍 메꾸기, 간극, 균열 메꾸기 등에 사용하고 있다.

24 쇠망치 및 날메로 요철을 대강 따내고, 거친 면을 그대로 두어 부풀린 느낌으로 마무리하는 것으로 중량감, 자연미를 주는 석재가 공법은?

① 혹두기
② 정다듬
③ 도드락다듬
④ 잔다듬

- 정다듬 : 혹두기한 면을 정으로 비교적 고르고 곱게 다듬는 것으로 거친 정도에 따라 거친다듬, 중다듬, 고운다듬으로 구분
- 도두락다듬 : 정다듬 한 표면을 도드락 망치를 이용하여 1~3회 정도로 곱게 다듬는 작업
- 잔다듬 : 외날망치나 양날망치로 정다듬면 또는 도드락 다듬면을 일정 방향이나 평행선으로 다듬어 평탄하게 마무리 하는 작업

25. 건설용 재료의 특징 설명으로 틀린 것은?

① 미장재료 - 구조재의 부족한 요소를 감추고 외벽을 아름답게 나타내 주는 것
② 플라스틱 - 합성수지에 가소제, 채움제, 안정제, 착색제 등을 넣어서 성형한 고분자 물질
③ 역청재료 - 최근에 환경 조형물이나 안내판 등에 널리 이용되고, 입체적인 벽면구성이나 특수지역의 바닥 포장재로 사용
④ 도장재료 - 구조재의 내식성, 방부성, 내마멸성, 방수성, 방습성 및 강도 등이 높아지고 광택 등 미관을 높여 주는 효과를 얻음

역청재료 : 천연산의 것이나 원유의 건류·증류에 의해서 얻어지는 유기 화합물. 주요한 것은 아스팔트·타르·피치 등이며, 방수·방부·포장 등에 사용된다.

26. 내부 진동기를 사용하여 콘크리트 다지기를 실시할 때 내부 진동기를 찔러 넣는 간격은 얼마 이하를 표준으로 하는 것이 좋은가?

① 30cm   ② 50cm
③ 80cm   ④ 100cm

내부 진동기 다지기를 할 때는 내부 진동기를 하층의 콘크리트 속으로 0.1m 정도 찔러 넣으며 삽입 간격은 0.5m 이하로 한다.

27. 굵은 골재의 절대 건조 상태의 질량이 1000g, 표면건조포화 상태의 질량이 1100g, 수중질량이 650g 일 때 흡수율은 몇 %인가?

① 10.0%
② 28.6%
③ 31.4%
④ 35.0%

- 함수율 : $\dfrac{습윤상태 - 절대건조상태}{절대건조상태} \times 100$
- 표면수율 : $\dfrac{습윤상태 - 표면건조내부포화상태}{표면건조내부포화상태} \times 100$
- 흡수율 : $\dfrac{표면건조내부포화상태 - 절대건조상태}{절대건조상태} \times 100$
- 유효흡수율 : $\dfrac{표면건조내부포화상태 - 공기중건조상태}{공기중건조상태} \times 100$

28. 시멘트의 강열감량(ignition loss)에 대한 설명으로 틀린 것은?

① 시멘트 중에 함유된 H_2O와 CO_2의 양이다.
② 클링커와 혼합하는 석고의 결정수량과 거의 같은 양이다.
③ 시멘트에 약 1000℃의 강한 열을 가했을 때의 시멘트 감량이다.
④ 시멘트가 풍화하면 강열감량이 적어지므로 풍화의 정도를 파악하는데 사용된다.

강열감량(ignition loss) : 시멘트를 950±50℃로 항량(恒量)이 될 때까지 가열했을 때의 중량의 감소 백분율로써 시멘트의 풍화가 진행된다거나 혼합물이 존재하면 이 값이 커진다.

29 아스팔트의 물리적 성질과 관련된 설명으로 옳지 않은 것은?

① 아스팔트의 연성을 나타내는 수치를 신도라 한다.
② 침입도는 아스팔트의 콘시스턴시를 임의 관입저항으로 평가하는 방법이다.
③ 아스팔트에는 명확한 융점이 있으며, 온도가 상승하는데 따라 연화하여 액상이 된다.
④ 아스팔트는 온도에 따른 콘시스턴시의 변화가 매우 크며, 이 변화의 정도를 감온성이라 한다.

해설 아스팔트는 융점이 명확하지 않으며(종류에 따라 낮고 높음) 100g 하중을 가한 바늘이 5초간 들어간 깊이를 침입도라 한다.

30 새끼(볏짚제품)의 용도 설명으로 가장 부적합한 것은?

① 더위에 약한 수목을 보호하기 위해서 줄기에 감는다.
② 옮겨 심는 수목의 뿌리분이 상하지 않도록 감아준다.
③ 강한 햇볕에 줄기가 타는 것을 방지하기 위하여 감아준다.
④ 천공성 해충의 침입을 방지하기 위하여 감아준다.

해설 새끼는 굴취 시 뿌리분을 감을 때나 추위와 햇볕으로부터 수피를 보호하기 위해 감아주는 용도로 사용한다.

31 무너짐 쌓기를 한 후 돌과 돌 사이에 식재하는 식물 재료로 가장 적합한 것은?

① 장미   ② 회양목
③ 화살나무   ④ 꽝꽝나무

해설 돌틈식재 : 돌과 돌 사이의 빈 공간에 비옥한 흙을 채워 회양목이나 철쭉 등의 관목류와 초화류를 식재

32 다음 중 아황산가스에 강한 수종이 아닌 것은?

① 고로쇠나무
② 가시나무
③ 백합나무
④ 칠엽수

해설

구분	주요 수종
아황산가스에 강한 수종	편백, 화백, 가이즈카향나무, 플라타너스, 은행나무, 가중나무, 벽오동, 가시나무, 사철나무, 쥐똥나무 등
아황산가스에 약한 수종	독일가문비, 소나무, 삼나무, 전나무, 히말라야시더(개잎갈나무), 느티나무, 자작나무, 왕벚나무 등

33 단풍나무과(科)에 해당하지 않는 수종은?

① 고로쇠나무
② 복자기
③ 소사나무
④ 신나무

해설 소사나무 : 자작나무과

34 다음 중 양수에 해당하는 수종은?

① 일본잎갈나무 ② 조록싸리
③ 식나무   ④ 사철나무

구분	주요 수종
음수	주목, 전나무, 비자나무, 독일가문비, 팔손이, 사철나무, 회양목, 굴거리나무, 광나무, 가시나무, 녹나무, 동백나무, 후박나무, 호랑가시나무 등
양수	소나무, 향나무, 낙엽송(일본 잎갈나무), 가중나무, 자작나무, 석류나무, 플라타너스, 느티나무 등

35 다음 중 내염성이 가장 큰 수종은?

① 사철나무   ② 목련
③ 낙엽송   ④ 일본목련

구분	주요 수종
내염성이 큰 수종	비자나무, 곰솔(해송), 노간주나무, 모감주나무, 사철나무, 쥐똥나무, 녹나무, 아왜나무, 광나무, 꽝꽝나무, 태산목, 해당화 등
내염성이 작은 수종	독일가문비, 소나무, 단풍나무, 버드나무, 백목련, 자목련, 일본목련 등

36 형상수(topiary)를 만들기에 가장 적합한 수종은?

① 주목   ② 단풍나무
③ 개벚나무   ④ 전나무

▶ 토피어리(Topiary)
- 맹아력이 강한 나무를 인체나 동물의 모양을 본따서 인위적인 모양을 만든 나무로 형상수라고도 한다.
- 주요 수종 : 향나무, 주목, 회양목 등

37 화단에 심겨지는 초화류가 갖추어야 할 조건으로 가장 부적합한 것은?

① 가지수는 적고 큰 꽃이 피어야 한다.
② 바람, 건조 및 병·해충에 강해야 한다.
③ 꽃의 색채가 선명하고, 개화기간이 길어야 한다.
④ 성질이 강건하고 재배와 이식이 비교적 용이해야 한다.

▶ 화단용 초화류 구비 조건
- 키가 되도록 작으며 개화기간이 길어야 할 것
- 외모가 아름다우며 꽃이 많이 달릴 것
- 건조와 병해충에 강하며 환경에 대한 적응성이 클 것

38 수종과 그 줄기색(樹皮)의 연결이 틀린 것은?

① 벽오동은 녹색 계통이다.
② 곰솔은 흑갈색 계통이다.
③ 소나무는 적갈색 계통이다.
④ 흰말채나무는 흰색 계통이다.

구분	주요 수종
백색 계통	자작나무, 백송, 분비나무, 플라타너스, 서어나무 등
청록색 계통	식나무, 벽오동, 황매화 등
갈색 계통	편백, 배롱나무, 철쭉 등
적갈색 계통	소나무, 주목, 삼나무, 섬잣나무, 잣나무 등
흑갈색 계통	해송, 가문비나무, 독일가문비, 히말라야시다 등

39 귀룽나무(Prunus padus L.)에 대한 특성으로 맞지 않는 것은?

① 원산지는 한국, 일본이다.
② 꽃과 열매는 백색계열이다.
③ Rosaceae과(科) 식물로 분류된다.
④ 생장속도가 빠르고 내공해성이 강하다.

> 해설 귀룽나무 열매는 적색이다가 8월 이후 검정색으로 변한다.

40 능소화(Campsis grandifolia K.Schum.)의 설명으로 틀린 것은?

① 낙엽활엽덩굴성이다.
② 잎은 어긋나며 뒷면에 털이 있다.
③ 나팔모양의 꽃은 주홍색으로 화려하다.
④ 동양적인 정원이나 사찰 등의 관상용으로 좋다.

> 해설 능소화 잎은 마주보기를 하며 기수 1회 우상 복엽이다.

41 봄에 향나무의 잎과 줄기에 갈색의 돌기가 형성되고 비가 오면 한천모양이나 젤리모양으로 부풀어 오르는 병은?

① 향나무 가지마름병
② 향나무 그을음병
③ 향나무 붉은별무늬병
④ 향나무 녹병

> 해설 향나무 녹병
> • 특징 : 잎과 가지에 발병하며 이종기생균으로 향나무에서 겨울포자세대를 보내고 배나무 등 장미과 수목에서 녹병정자와 녹포자세대를 거친다.
> • 방제 : 향나무는 4~5월과 7월, 중간기주 수목은 4~6월에 트리아디메폰 수화제 800배액 또는 페나리몰 수화제 3,300배액을 10일 간격으로 4회 이상 살포한다.

42 잔디의 병해 중 녹병의 방제약으로 옳은 것은?

① 만코제브(수)
② 테부코나졸(유)
③ 에마멕틴벤조에이트(유)
④ 글루포시네이트암모늄(액)

> 해설
> • 만코제브(수) : 다이센 M-45 상품명의 살균제로 만코지라 불림
> • 테부코나졸(유) : 탄저병, 녹병 등 살균제
> • 에마멕틴벤조에이트 : 소나무 재선충 등 살충제
> • 글루포시네이트암모늄(액) : 제초제

43 25% A유제 100mL를 0.05%의 살포액으로 만드는데 소요되는 물의 양(L)으로 가장 가까운 것은? (단, 비중은 1.0 이다.)

① 5
② 25
③ 50
④ 100

> 해설 물양 = ($\frac{원액농도(\%)}{희석농도(\%)}$ - 1) × 비중 × 유제양

44 해충의 체(體) 표면에 직접 살포하거나 살포된 물체에 해충이 접촉되어 약제가 체내에 침입하여 독(毒) 작용을 일으키는 약제는?

① 유인제
② 접촉살충제
③ 소화중독제
④ 화학불임제

> 해설 살충제는 체(體)에 침투하는 경로에 따라 소화중독제(경구적), 접촉살충제(경피적), 훈증제로 구별한다.

45 도시공원 녹지 중 수림지 관리에서 그 필요성이 가장 떨어지는 것은?

① 시비(施肥)
② 하예(下刈)
③ 제벌(除伐)
④ 병충해 방제

> 수림지는 활엽수와 침엽수의 혼유림으로 시비(施肥) 요구도가 낮다.

46 다음 설명에 해당하는 파종 공법은?

- 종자, 비료, 파이버(Fiber), 침식방지제 등 물과 교반하여 펌프로 살포 녹화한다.
- 비탈 기울기가 급하고 토양 조건이 열악한 급경사지에 기계와 기구를 사용해서 종자를 파종한다.
- 한랭도가 적고 토양 조건이 어느 정도 양호한 비탈면에 한하여 적용한다.

① 식생매트공
② 볏짚거적덮기공
③ 종자분사파종공
④ 지하경뿜어붙이기공

> 종자 뿜어 붙이기(Hydroseeding) : 종자와 비료를 섞어 기계로 분사·파종하는 방법. 급경사, 짧은 시간, 절·성토 모두 사용

47 장미 검은무늬병은 주로 식물체 어느 부위에 발생하는가?

① 꽃
② 잎
③ 뿌리
④ 식물전체

> 잎에 검은 병반이 생기면서 일찍 떨어져 수세가 약화되며, 여름철에 비가 많고 기온이 낮으면 피해가 심하다

48 진딧물의 방제를 위하여 보호하여야 하는 천적으로 볼 수 없는 것은?

① 무당벌레류
② 꽃등애류
③ 솔잎벌류
④ 풀잠자리류

> 무당벌레, 꽃등애류, 풀잠자리, 기생봉 등이 천적이다.

49 수목의 이식 전 세근을 발달시키기 위해 실시하는 작업을 무엇이라 하는가?

① 가식
② 뿌리돌림
③ 뿌리분 포장
④ 뿌리외과수술

> - 뿌리돌림의 목적 : 이식력 약한 나무의 뿌리분 안에 미리 세근을 발달시켜 이식력을 높이고자 실시하는 작업
> - 뿌리돌림의 시기 : 뿌리의 생장이 가장 활발한 시기인 이른 봄

50 수목을 장거리 운반할 때 주의해야 할 사항이 아닌 것은?

① 병충해 방제
② 수피 손상 방지
③ 분 깨짐 방지
④ 바람 피해 방지

> 수목운반
> - 육교, 터널, 전선 등 장애물 통과 고려하여 수관부분은 매준다.
> - 이중 적재를 피한다.
> - 수목과 접촉하는 부위는 짚, 가마니 등의 완충재를 댄다
> - 적재방향은 뿌리분은 차의 앞쪽, 수관은 뒤쪽이다.

51 인간이나 기계가 공사 목적물을 만들기 위하여 단위물량 당 소요로 하는 노력과 품질을 수량으로 표현한 것을 무엇이라 하는가?

① 할증
② 품셈
③ 견적
④ 내역

> 품셈 : 식재공사에서 지주목을 세우지 않을 때에는 인력시공 시에는 식재품의 10%, 기계시공 시에는 인력품의 20%를 감한다.

52 내구성과 내마멸성이 좋아 일단 파손된 곳은 보수가 어려우므로 시공 때 각별한 주의가 필요하다. 다음과 같은 원로 포장 방법은?

이음매(판자)

① 마사토 포장   ② 콘크리트 포장
③ 판석 포장   ④ 벽돌 포장

해설 신축줄눈 : 포장 슬래브가 자유로이 팽창, 수축할 수 있도록 하여 콘크리트의 균열과 파괴를 예방하기 위해 설치하는 줄눈으로 채움재로는 나무판재, 합성수지 등을 쓴다.

53 철근의 피복 두께를 유지하는 목적으로 틀린 것은?

① 철근량 절감
② 내구성능 유지
③ 내화성능 유지
④ 소요의 구조내력확보

해설 피복두께 : 외부 요인으로부터 철근을 보호하기 위한 것으로 부재의 최외단에 배치된 철근표면으로부터 이를 덮고 있는 콘크리트 표면까지의 최단거리를 말한다.

54 다음 중 건설공사의 마지막으로 행하는 작업은?

① 터닦기
② 식재공사
③ 콘크리트공사
④ 급·배수 및 호안공

해설 가장 먼저 터닦기를 실시하고 식재공사가 마지막 공종이다.

55 경사진 지형에서 흙이 무너지는 것을 방지하기 위하여 토양의 안식각을 유지하며 크고 작은 돌을 자연스러운 상태가 되도록 쌓아 올리는 방법은?

① 평석쌓기
② 견치석쌓기
③ 디딤돌쌓기
④ 자연석 무너짐쌓기

해설 자연석 무너짐 쌓기
• 자연풍경에서 암석이 무너져 내려 안정되게 쌓여있는 것을 그대로 묘사하는 방법
• 상부로 갈수록 비교적 작은 돌 사용
• 맨 위의 상석은 비교적 작고, 윗면을 평평하게 하거나, 자연스럽게 높낮이가 있도록 처리
• 돌과 돌 사이에 작은 돌을 끼워 넣지 않는다.(굄돌을 쓰지 않는다.)

56 작업 현장에서 작업물의 운반작업 시 주의사항으로 옳지 않은 것은?

① 어깨높이 보다 높은 위치에서 하물을 들고 운반하여서는 안 된다.
② 운반시의 시선은 진행방향을 향하고 뒷걸음으로 운반을 하여서는 안 된다.
③ 무거운 물건을 운반할 때 무게 중심이 높은 하물은 인력으로 운반하지 않는다.
④ 단독으로 긴 물건을 어깨에 메고 운반할 때에는 뒤쪽을 위로 올린 상태로 운반한다.

해설 긴 물건은 무게 중심을 뒤쪽으로 하여 메고 운반한다.

57 예불기(예취기) 작업 시 작업자 상호간의 최소 안전거리는 몇 m 이상이 적합한가?

① 4m ② 6m
③ 8m ④ 10m

> 예초기 작업 방법
> • 엔진 시동 시 작업자는 칼날과 안전거리를 확보하고 칼날이 지면과 장애물에 닿지 않도록 하여야 한다.
> • 올바른 작업자세를 유지하고 앞 방향(상단 → 하단, 우측 → 좌측)으로 작업한다.
> • 작업 시 안전공간(작업반경 10m 이상)을 확보하면서 작업한다.
> • 일반적으로 예초기 날의 각도는 5~10°로 하고 높이는 10cm 내외를 유지한다.

58 옹벽자체의 자중으로 토압에 저항하는 옹벽의 종류는?

① L형 옹벽
② 역T형 옹벽
③ 중력식 옹벽
④ 반중력식 옹벽

> • 중력식옹벽 : 흙의 압력을 자체의 무게로 지지하는 옹벽으로 3m 내외의 낮은 옹벽으로 무근 콘크리트 사용
> • T자형 & L자형 옹벽 : 캔틸레버를 이용하여 재료를 절약한 것으로 자체 무게와 뒤채움한 토사의 무게를 지지하여 안전도를 높인 옹벽으로 주로 5m 내외의 높지 않은 곳에 철근 콘크리트를 사용

59 지형도상에서 2점간의 수평거리가 200m이고, 높이차가 5m라 하면 경사도는 얼마인가?

① 2.5% ② 5.0%
③ 10.0% ④ 50.0%

$$\frac{높이}{거리} \times 100$$

60 옥상녹화 방수 소재에 요구되는 성능 중 가장 거리가 먼 것은?

① 식물의 뿌리에 견디는 내근성
② 시비, 방제 등에 견디는 내약품성
③ 박테리아에 의한 부식에 견디는 성능
④ 색상이 미려하고 미관상 보기 좋은 것

> 인공지반 위에 식물을 식재하는 경우 미관 보다는 하중, 방수, 방근이 1차 고려 요인이다.

ANSWER									2016년 04월 02일
01	02	03	04	05	06	07	08	09	10
③	①	②	①	④	③	③	④	④	④
11	12	13	14	15	16	17	18	19	20
①	③	②	②	③	②	②	④	④	②
21	22	23	24	25	26	27	28	29	30
④	④	③	①	②	②	①	③	①	①
31	32	33	34	35	36	37	38	39	40
②	①	③	①	①	①	①	④	②	②
41	42	43	44	45	46	47	48	49	50
④	③	②	①	③	②	③	③	②	①
51	52	53	54	55	56	57	58	59	60
②	②	②	②	④	④	④	③	①	④

01 조선시대 궁궐이나 상류주택 정원에서 가장 독특하게 발달한 공간은?

① 전정　　② 후정
③ 주정　　④ 중정

조선시대 정원의 특징
- 중엽 이후 한국적 색채가 짙은 정원양식으로 발달(후원양식)
- 신선사상 : 삼신산과 불로장생을 상징하는 십장생 및 중도(中島)를 설치
- 후기에 풍수 지리설의 영향으로 후원양식과 화계가 발달
- 유가사상(儒家思想) : 주택 공간이 채와 마당, 별당과 별서 등의 공간으로 조성
- 음양오행설 : 방지원도(方池圓島)

02 영국 튜터왕조에서 유행했던 화단으로 낮게 깎은 회양목 등으로 화단을 여러 가지 기하학적 문양으로 구획 짓는 것은?

① 기식화단　　② 매듭화단
③ 카펫화단　　④ 경재화단

영국의 정형식 정원
- 11세기~17세기 튜더왕조에 이탈리아와 프랑스의 영향으로 발달
- 축을 중심으로 한 기하학적인 구성과 매듭화단(knot garden), 미원 등이 유행

03 중정(patio)식 정원의 가장 대표적인 특징은?

① 토피어리　　② 색채타일
③ 동물 조각품　　④ 수렵장

스페인 중정(patio)식 정원의 특징
- 중정 구성의 독특함과 섬세한 장식이 있다.
- 물과 분수의 풍부한 사용이 특징적이다.
- 대리석과 벽돌이 기하학적 형태를 이룬다.
- 다채로운 색채를 도입하였다.

04 16세기 무굴제국의 인도정원과 가장 관련이 깊은 것은?

① 타지마할　　② 퐁텐블로
③ 클로이스터　　④ 알함브라 궁원

타지마할 : 황제 샤자한이 왕비인 뭄타즈 마할을 위해 조성한 궁전 형태의 묘지정원

05 이탈리아의 노단 건축식 정원, 프랑스의 평면기하학식 정원 등은 자연 환경 요인 중 어떤 요인의 영향을 가장 크게 받아 발생한 것인가?

① 기후　　② 지형
③ 식물　　④ 토지

이탈리아는 산악지형과 구릉지가 많아 노단식, 프랑스는 평지가 많아 평면 기하학식으로 발달되었다.

06 중국 청나라 시대 대표적인 정원이 아닌 것은?

① 원명원 이궁　　② 이화원 이궁

③ 졸정원　　　　④ 승덕피서산장

해설 졸정원과 작원은 명나라 시대의 대표적 민가 정원이다.

07 정원요소로 징검돌, 물통, 세수통, 석등 등의 배치를 중시하던 일본의 정원 양식은?

① 다정원　　　　② 침전조 정원
③ 축산고산수 정원　④ 평정고산수 정원

해설 도산시대(모모야마) 다정양식 : 15~16C
- 수법이 화려해지기 시작
- 석등과 수수분 등장
- 호화롭지 않고 다도를 즐기는 다실과 주변 공간을 조화

08 다음 중 창경궁(昌慶宮)과 관련이 있는 건물은?

① 만춘전　　　　② 낙선재
③ 함화당　　　　④ 사정전

해설 낙선재 : 19세기 중반 창덕궁 동남쪽에 건립한 사대부 주택 양식의 건물로 창덕궁과 창경궁 경계에 위치해 있다.
① 만춘전 : 경복궁. ③ 함화당 : 경복궁. ④ 사정전 : 경복궁

09 메소포타미아의 대표적인 정원은?

① 베다사원
② 베르사이유 궁전
③ 바빌론의 공중정원
④ 타지마할 사원

해설 공중 정원(hanging garden)
- BC500년경 신바빌로니아의 네부카드네자르 2세가 왕비인 아미티스를 위하여 건설한 세계 고대 7대 불가사의 중에 하나
- 테라스에(노단) 식재로 인공의 산 조성(인공관수, 방수층), 최초의 옥상정원임
- 벽은 붉은 벽돌로 축조된 것으로 추측 됨

10 경관요소 중 높은 지각 강도(A)와 낮은 지각 강도(B)의 연결이 옳지 않은 것은?

① A : 수평선, B : 사선
② A : 따뜻한 색채, B : 차가운 색채
③ A : 동적인 상태, B : 고정된 상태
④ A : 거친 질감, B : 섬세하고 부드러운 질감

해설
- A : 수평선 : 편안함 – 낮은지각강도
- B : 사선 : 동적임 – 높은지각강도

11 국토교통부장관이 규정에 의하여 공원녹지 기본계획을 수립 시 종합적으로 고려해야 하는 사항으로 가장 거리가 먼 것은?

① 장래 이용자의 특성 등 여건의 변화에 탄력적으로 대응할 수 있도록 할 것
② 공원녹지의 보전·확충·관리·이용을 위한 장기발전방향을 제시하여 도시민들의 쾌적한 삶의 기반이 형성되도록 할 것
③ 광역도시계획, 도시·군기본계획 등 상위계획의 내용과 부합되어야 하고 도시·군기본계획의 부문별 계획과 조화되도록 할 것
④ 체계적·독립적으로 자연환경의 유지·관리와 여가활동의 장은 분리 형성하여 인간으로부터 자연의 피해를 최소화 할 수 있도록 최소한의 제한적 연결망을 구축할 수 있도록 할 것

해설 도시공원 및 녹지등에 관한 법률 제 2장 [공원녹지기본계획]

12 다음 중 좁은 의미의 조경 또는 조원으로 가장 적합한 설명은?

① 복잡 다양한 근대에 이르러 적용되었다.
② 기술자를 조경가라 부르기 시작하였다.
③ 정원을 포함한 광범위한 옥외공간 전반이 주대상이다.
④ 식재를 중심으로 한 전통적인 조경기술로 정원을 만드는 일만을 말한다.

• 좁은 의미의 조경 : 조원(造園)
  식재를 중심으로 한 정원을 만드는 일 ☞ 정원사
• 넓은 의미의 조경 : 조경(造景)
  정원을 포함한 옥외공간 전반을 다루는 개념
  ☞ 조경가

13 수목 또는 경사면 등의 주위 경관 요소들에 의하여 자연스럽게 둘러싸여 있는 경관을 무엇이라 하는가?

① 파노라마 경관
② 지형경관
③ 위요경관
④ 관개경관

• 파노라마 경관
  – 시야를 제한받지 않고 멀리까지 트인 경관
  – 웅장함과 아름다움을 느낄 수 있으며, 자연에 대한 존경심을 일으키게 한다.
• 지형경관
  – 지형지물이 경관에서 지배적인 위치를 지니는 경우
• 위요 경관
  – 수목, 경사면 등의 주위 경관 요소들에 의하여 울타리처럼 자연스럽게 둘러싸여 있는 경관
  – 시선의 주의력을 끌 수 있어 소규모의 지형도 경관으로서 의의를 갖게 해준다.
• 관개경관
  – 교목의 수관 아래에 형성되는 경관

14 조경 양식에 대한 설명으로 틀린 것은?

① 조경양식에는 정형식, 자연식, 절충식 등이 있다.
② 정형식 조경은 영국에서 처음 시작된 양식으로 비스타 축을 이용한 중앙 광로가 있다.
③ 자연식 조경은 동아시아에서 발달한 양식이며 자연 상태 그대로를 정원으로 조성한다.
④ 절충식 조경은 한 장소에 정형식과 자연식을 동시에 지니고 있는 조경양식이다.

구분	종류	대표적 예
정형식 정원 (整形式 庭園)	평면기하학식	프랑스 정원
	노단식 (노단건축식)	이탈리아정원
	중정식	중세수도원, 스페인정원
자연식 정원 (自然式 庭園)	전원풍경식	영국정원
	회유임천식	일본정원, 중국정원
	고산수식	일본정원
절충식 정원	자연식 + 절충식	목동 파리공원

15 도시기본구상도의 표시기준 중 노란색은 어느 용지를 나타내는 것인가?

① 주거용지   ② 관리용지
③ 보존용지   ④ 상업용지

토지이용계획도(국제적 약속)

주거	농경지	상업	공원	녹지	공업
노랑색	갈색	빨강색	녹색	녹색	보라색

16 다음 그림과 같은 정투상도(제3각법)의 입체로 맞는 것은?

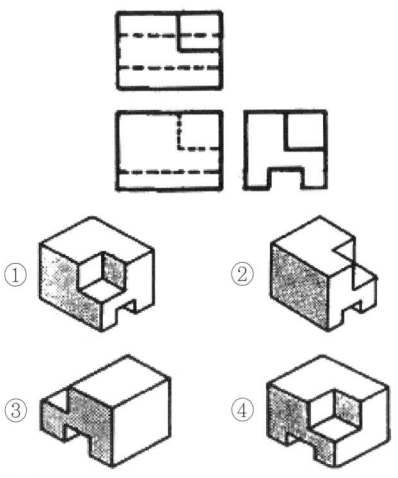

해설 정투상도 : 직각을 이루고 있는 평면상에 물체로부터 수직선을 내려서 얻은 2개의 또는 그 이상의 방향도로 물체의 모양과 크기를 정확히 나타낼 수 있는 도면이다.

17 가법혼색에 관한 설명으로 틀린 것은?

① 2차색은 1차색에 비하여 명도가 높아진다.
② 빨강 광원에 녹색 광원을 흰 스크린에 비추면 노란색이 된다.
③ 가법혼색의 삼원색을 동시에 비추면 검정이 된다.
④ 파랑에 녹색 광원을 비추면 시안(cyan)이 된다.

해설 가법혼색 : 색광(빛)을 혼합함으로써 새로운 색채를 만들어 내는 것으로 색광이 서로 더해 지면서 원래의 색보다 더 밝아지며(명도가 높아지며) 백색광이 되는 현상

18 다음 중 직선의 느낌으로 가장 부적합한 것은?

① 여성적이다.   ② 굳건하다.
③ 딱딱하다.   ④ 긴장감이 있다.

해설

	모양	느낌
직선	/ |	• 굳건하고 남성적이다. • 일정한 방향을 제시한다. • ex : 산봉우리, 절벽의 윤곽선
곡선	~	• 부드럽고 여성적이며 우아한 느낌을 준다. • ex : 구릉지, 하천의 곡선
지그재그선	WW	• 유동적이고 활동적이다. • 여러 방향을 제시한다. • ex : 구름모양
수평선	—	• 안락하고 편안한 느낌을 준다. • ex : 대지의 고요함
수직선	|	• 존엄성, 위엄, 고상함, 엄숙함

19 건설재료 단면의 경계표시 기호 중 지반면(흙)을 나타낸 것은?

①
②
③
④

해설 지반의 다른 표현 –

20 [보기]의 ( ) 안에 적합한 쥐똥나무 등을 이용한 생울타리용 관목의 식재간격은?

> 조경 설계 기준 상의 생울타리용 관목의 식재 간격은 (~)m, 2~3줄을 표준으로 하되, 수목 종류와 식재 장소에 따라 식재 간격이나 줄 숫자를 적정하게 조정해서 시행 하여야 한다.

① 0.14~0.20
② 0.25~0.75
③ 0.8~1.2
④ 1.2~1.5

해설
- 생울타리 관목의 식재 간격은 0.25 ~ 0.75m 2~3줄을 표준으로 한다.
- 관목의 식재 밀도는 수관폭 20cm일 때 32주/m^2, 30cm일 때 14주/m^2, 40cm일 때 8주/m^2, 50cm일 때 5주/m^2, 60cm일 때 4주/m^2, 80cm 일 때 2주/m^2, 100cm일 때 1주/m^2를 표준으로 한다.
- 지피, 초화류 식재 간격은 0.14~0.2m, 식재 밀도는 11~25본/m^2 또는 25~49본/m^2를 표준으로 한다.

21 일반적인 합성수지(plastics)의 장점으로 틀린 것은?

① 열전도율이 높다.
② 성형가공이 쉽다.
③ 마모가 적고 탄력성이 크다.
④ 우수한 가공성으로 성형이 쉽다.

해설
- 장점
  - 성형이 자유롭다.
  - 강도와 탄력성이 크다.
  - 착색이 자유롭고 광택이 좋다.
  - 내산성과 내알칼리성이 크다.
  - 투광성 및 접착성이 있다.
  - 전기와 열에 대한 절연성이 있다.
- 단점
  - 열전도율이 높고 불에 타기 쉽다.
  - 내열성, 내후성, 내광성이 부족하다.
  - 변색이 잘 된다.
  - 저온 및 자외선에 약하다.
  - 표면의 경도가 낮다.
  - 정전기 발생량이 크다.

22 [보기]에 해당하는 도장공사의 재료는?

> - 초화면(硝化綿)과 같은 용제에 용해시킨 섬유계 유도체를 주성분으로 하고 여기에 합성수지, 가소제와 안료를 첨가한 도료이다.
> - 건조가 빠르고 도막이 견고하며 광택이 좋고 연마가 용이하며, 불점착성 · 내마멸성 · 내수성 · 내유성 · 내후성 등이 강한 고급 도료이다.
> - 결점으로는 도막이 얇고 부착력이 약하다.

① 유성페인트   ② 수성페인트
③ 래커   ④ 니스

해설 래커 : 자연 건조방법에 의해 상온(常溫)에서 경화되며 셀루로오스 도료라고도 한다.

23 변성암의 종류에 해당하는 것은?

① 사문암   ② 섬록암
③ 안산암   ④ 화강암

해설

성인에 의한 분류	종류
화성암 (심성암/화산암 으로 분류)	화강암, 안산암, 현무암, 섬록암 등
퇴적암	응회암, 사암, 점판암, 혈암, 석회암 등
변성암	편마암, 대리석, 사문암 등

24 일반적으로 목재의 비중과 가장 관련이 있으며, 목재성분 중 수분을 공기 중에서 제거한 상태의 비중을 말하는 것은?

① 생목비중 ② 기건비중
③ 함수비중 ④ 절대 건조비중

🔍 기건비중은 함수율 15%일 때의 비중으로 이 때 함수율을 목재가 대기 중의 온도와 습도에 대해 평형상태를 이루고 있는 상태이기 때문에 기건 함수율이라고 한다.

25 조경에서 사용되는 건설재료 중 콘크리트의 특징으로 옳은 것은?

① 압축강도가 크다.
② 인장강도와 휨강도가 크다.
③ 자체 무게가 적어 모양변경이 쉽다.
④ 시공과정에서 품질의 양부를 조사하기 쉽다.

🔍 • 장점
   – 임의 형상대로 구조물을 만듦
   – 재료 획득, 운반용이
   – 압축강도, 내구성, 내화성, 내수성이 크다.
   – 철근을 피복하여 녹 방지하며, 철근과 부착력이 크다.
   – 시공이 용이하고 유지비가 적게 든다.
 • 단점
   – 자체 무게가 크다.
   – 균열의 위험성
   – 개조, 파괴가 힘들다.
   – 품질 유지 및 시공 관리가 쉽지 않다.
   – 인장강도, 휨강도 작다.
   – 보강 위해 철근 사용

26 시멘트의 제조 시 응결시간을 조절하기 위해 첨가하는 것은?

① 광재 ② 점토
③ 석고 ④ 철분

🔍 석고 : 시멘트의 급결현상을 방지하기 위해 시멘트를 제조할 때 첨가한다.

27 타일 붙임재료의 설명으로 틀린 것은?

① 접착력과 내구성이 강하고 경제적이며 작업성이 있어야 한다.
② 종류는 무기질 시멘트 모르타르와 유기질 고무계 또는 에폭시계 등이 있다.
③ 경량으로 투수율과 흡수율이 크고, 형상·색조의 자유로움 등이 우수하나 내화성이 약하다.
④ 접착력이 일정기준 이상 확보되어야만 타일의 탈락현상과 동해에 의한 내구성의 저하를 방지할 수 있다.

🔍 타일은 투수율과 흡수율이 작은 것이 장점이다.

28 미장 공사 시 미장재료로 활용될 수 없는 것은?

① 견치석 ② 석회
③ 점토   ④ 시멘트

🔍 미장 재료는 바르는 재료로 점토, 소석회, 벽토, 시멘트 등이 있으며 견치석은 옹벽 쌓기에 쓰인다.

29 알루미늄의 일반적인 성질로 틀린 것은?

① 열의 전도율이 높다.
② 비중은 약 2.7 정도이다.
③ 전성과 연성이 풍부하다.
④ 산과 알칼리에 특히 강하다.

🔍 알루미늄 : 전성과 연성이 뛰어나고 전기 전도성이 좋아 고압 전선의 재료로 쓰이며, 가볍고 부식이 잘 되지 않는 특성이 있어 금속 중에서 철 다음으로 많이 생산 되어 여러 용도로 사용하고 있다. 산과 알칼리에 약하고 열 팽창율이 크다.

30 콘크리트 혼화재의 역할 및 연결이 옳지 않은 것은?

① 단위수량, 단위시멘트량의 감소 : AE감수제
② 작업성능이나 동결융해 저항성능의 향상 : AE제
③ 강력한 감수효과와 강도의 대폭 증가 : 고성능감수제
④ 염화물에 의한 강재의 부식을 억제 : 기포제

> 해설
> • 기포제 : 계면활성작용에 의해 물리적으로 기포를 도입하는 것으로써 공기량은 최고 85%까지 생성될 수 있다.
> • 기포콘크리트는 공기층으로 인하여 보온, 차음 효과가 뛰어나다.

31 공원식재 시공 시 식재할 지피식물의 조건으로 가장 거리가 먼 것은?

① 관리가 용이하고 병충해에 잘 견뎌야 한다.
② 번식력이 왕성하고 생장이 비교적 빨라야 한다.
③ 성질이 강하고 환경조건에 대한 적응성이 넓어야 한다.
④ 토양까지의 강수 전단을 위해 지표면을 듬성듬성 피복하여야 한다.

> 해설 지피식물의 조건
> • 답압에 대한 저항성이 크며 키가 작고 다년생일 것
> • 번식과 생장이 빠르며 치밀한 지표 피복을 할 것
> • 환경에 대한 적응성과 병충해에 대한 저항성이 강할 것

32 줄기가 아래로 늘어지는 생김새의 수간을 가진 나무의 모양을 무엇이라 하는가?

① 쌍간   ② 다간
③ 직간   ④ 현애

> 해설 줄기 모양에 따른 수형

직간   곡간   사간   쌍간   다간   현애

33 다음 중 광선(光線)과의 관계 상 음수(陰樹)로 분류하기 가장 적합한 것은?

① 박달나무   ② 눈주목
③ 감나무   ④ 배롱나무

> 해설
>
> | 구분 | 주요 수종 |
> |---|---|
> | 음수 | 주목, 전나무, 비자나무, 독일가문비, 팔손이, 사철나무, 회양목, 굴거리나무, 광나무, 가시나무, 녹나무, 동백나무, 후박나무, 호랑가시나무 등 |
> | 양수 | 소나무, 향나무, 낙엽송, 가중나무, 자작나무, 석류나무, 플라타너스, 느티나무 등 |

34 가죽나무가 해당되는 과(科)는?

① 운향과   ② 멀구슬나무과
③ 소태나무과 ④ 콩과

> 해설 가중나무
> • 소태나무과 낙엽활엽 수종이다.
> • 잎은 복엽이고 열매는 시과이다.
> • 암꽃과 수꽃이 서로 다른 그루에서 피는 자웅이주 수종이다.
> • 건조와 공해에 강함

35 고로쇠나무와 복자기에 대한 설명으로 옳지 않은 것은?

① 복자기의 잎은 복엽이다.
② 두 수종은 모두 열매는 시과이다.
③ 두 수종은 모두 단풍색이 붉은색이다.
④ 두 수종은 모두 과명이 단풍나무과이다.

> 고로쇠나무는 황색(노랑색) 단풍이 든다.

36 수피에 아름다운 얼룩무늬가 관상 요소인 수종이 아닌 것은?

① 노각나무　　② 모과나무
③ 배롱나무　　④ 자귀나무

> 자귀나무
> • 6월에 피는 꽃은 관상가치가 높으나 향기가 없으며 척박지에 잘 자라지만 이식은 용이하지 않은 수종이다.
> • 야합수(夜合樹)라고도 불리는 콩과 식물이다.

37 열매를 관상목적으로 하는 조경 수목 중 열매색이 적색(홍색) 계열이 아닌 것은? (단, 열매색의 분류 : 황색, 적색, 흑색)

① 주목　　　　② 화살나무
③ 산딸나무　　④ 굴거리나무

> 굴거리나무 : 굴거리나무과의 난대성 상록활엽교목으로 열매는 검정색이다.

38 흰말채나무의 특징 설명으로 틀린 것은?

① 노란색의 열매가 특징적이다.
② 층층나무과로 낙엽활엽관목이다.
③ 수피가 여름에는 녹색이나 가을, 겨울철의 붉은 줄기가 아름답다.
④ 잎은 대생하며 타원형 또는 난상타원형이고, 표면에 작은 털이 있으며 뒷면은 흰색의 특징을 갖는다.

> 흰말채나무 : 층층나무과의 낙엽활엽 관목으로서 홍서목(紅瑞木)이라고도 한다. 5월에 흰색 꽃과 9월에 흰(아이보리)색 열매가 겨울의 붉은 수피와 더불어서 관상 가치가 높다. 잎은 대생하며 표면에 작은 털이 있다.

39 수목식재에 가장 적합한 토양의 구성비는? (단, 구성은 토양 : 수분 : 공기의 순서임)

① 50% : 25% : 25%
② 50% : 10% : 40%
③ 40% : 40% : 20%
④ 30% : 40% : 30%

> 토양은 무기물과 유기물의 고상(固相), 토양 공기의 기상(氣相), 토양 수분의 액상(液相)으로 구성되어 있으며 고상비율 50%, 액상비율 25%, 기상비율 25%의 비율로 나뉘어져 있다.

40 차량 통행이 많은 지역의 가로수로 가장 부적합한 것은?

① 은행나무　　② 층층나무
③ 양버즘나무　④ 단풍나무

구분	주요 수종
아황산가스에 강한 수종	편백, 화백, 가이즈카향나무, 플라타너스, 은행나무, 가중나무, 벽오동, 가시나무, 사철나무, 쥐똥나무 등
아황산가스에 약한 수종	독일가문비, 소나무, 삼나무, 전나무, 히말라야시더(개잎갈나무), 느티나무, 자작나무, 단풍나무, 왕벚나무 등

41 지주목 설치에 대한 설명으로 틀린 것은?

① 수피와 지주가 닿은 부분은 보호조치를 취한다.
② 지주목을 설치할 때에는 풍향과 지형 등을 고려한다.
③ 대형목이나 경관상 중요한 곳에는 당김줄형을 설치한다.
④ 지주는 뿌리 속에 박아 넣어 견고히 고정되도록 한다.

해설 매몰형 지주를 제외한 지주목은 뿌리 바깥쪽으로 설치되면 뿌리보호 조치가 우선 이루어져야 한다.

42 조경공사의 유형 중 환경생태복원 녹화공사에 속하지 않는 것은?

① 분수공사
② 비탈면녹화공사
③ 옥상 및 벽체녹화공사
④ 자연하천 및 저수지공사

해설 분수공사는 수경공사의 일부분이며 환경생태복원과는 거리가 있다.

43 수목의 가식 장소로 적합한 곳은?

① 배수가 잘 되는 곳
② 차량출입이 어려운 한적한 곳
③ 햇빛이 잘 안들고 점질 토양의 곳
④ 거센 바람이 불거나 흙 입자가 날려 잎을 덮어 보온이 가능한 곳

해설 가식
 • 공사 진행상 당일 식재가 곤란하여 공사현장 곳곳에 임시로 심어 놓는 것을 말하며 뿌리의 건조와 지엽의 손상을 막는데 주목적이 있다.
 • 그늘지고 배수가 잘 되는 지역이 적당하며 필요시 지주목을 설치하고 관수 시설을 갖춘다.

44 수목의 잎 조직 중 가스 교환을 주로 하는 곳은?

① 책상조직
② 엽록체
③ 표피
④ 기공

해설 기공 : 잎의 뒷면에 있는 공기구멍. 두 개의 공변세포에 의해 열리고 닫힌다.

45 곤충이 빛에 반응하여 일정한 방향으로 이동하려는 행동습성은?

① 주광성(phototaxis)
② 주촉성(thigmotaxis)
③ 주화성(chemotaxis)
④ 주지성(geotaxis)

해설
 • 주광성 : 빛에 유입되는 것으로 나비는 양성, 바퀴는 음성 주광성을 가지고 있다.
 • 주촉성 : 다른 물건에 접촉하려는 것으로 나방이나 딱정벌레 중에는 나무의 가지 틈에 서식하는 종류가 있다.
 • 주화성 : 화학물질에 유인되는 것으로 배추흰나비는 십자화과채소에 알을 낳는다.
 • 주지성 : 진딧물은 머리가 땅을 향하여 앉고(양성주지성), 모기는 머리쪽이 위를 향하여 앉는다.(음성주지성)

46 대추나무 빗자루병에 대한 설명으로 틀린 것은?

① 마름무늬매미충에 의하여 매개 전염된다.
② 각종 상처, 기공 등의 자연개구를 통하여 침입한다.
③ 잔가지와 황록색의 아주 작은 잎이 밀생하고, 꽃봉오리가 잎으로 변화된다.
④ 전염된 나무는 옥시테트라사이클린 항생제를 수간주입 한다.

• 특징
  – 마이코플라즈마에 의해 발생
  – 잎과 줄기에 피해, 잎은 소형으로 담황록색을 띤다
  – 곤충에 의해 전파된다.
• 방제
  – 매개충인 담배장님노린재, 마름무늬매미충을 제거, 옥시테트라 사이클린을 수간 주입

47 멀칭재료는 유기질, 광물질 및 합성재료로 분류할 수 있다. 유기질 멀칭재료에 해당하지 않는 것은?

① 볏짚 ② 마사
③ 우드 칩 ④ 톱밥

유기질과 무기질은 탄소(C)의 존재로 나누며 마사토는 무기질 재료이다.

48 1차 전염원이 아닌 것은?

① 균핵 ② 분생포자
③ 난포자 ④ 균사속

• 1차 전염원 : 균사, 균핵, 자낭포자 등
• 2차 전염원 : 유주자, 분생포자
• 분생포자 : 진균(眞菌)류가 만드는 무성포자(無性胞子)

49 살충제에 해당되는 것은?

① 베노밀 수화제
② 페니트로티온 유제
③ 글리포세이트암모늄 액제
④ 아시벤졸라-에스-메틸·만코제브 수화제

• 베노밀 : 침투성 살균제
• 페니트로티온(스미치온) : 살충제
• 글리포세이트암모늄 : 제초제
• 아시벤졸라-에스-메틸·만코제브 : 살균제

50 여름용(남방계) 잔디라고 불리며, 따뜻하고 건조하거나 습윤한 지대에서 주로 재배되는데 하루 평균기온이 10℃ 이상이 되는 4월 초순부터 생육이 시작되어 6~8월의 25~35℃ 사이에서 가장 생육이 왕성한 것은?

① 켄터키블루그라스
② 버뮤다그라스
③ 라이그라스
④ 벤트그라스

서양잔디 대부분은 한지형 잔디지만 버뮤다그라스는 난지형 잔디이다.

51 다음 설명에 적합한 조경 공사용 기계는?

• 운동장이나 광장과 같이 넓은 대지나 노면을 판판하게 고르거나 필요한 흙 쌓기 높이를 조절하는데 사용
• 길이 2~3m, 나비 30~50cm의 배토판으로 지면을 긁어 가면서 작업
• 배토판은 상하좌우로 조절할 수 있으며, 각도를 자유롭게 조절할 수 있기 때문에 지면을 고르는 작업 외에 언덕깎기, 눈치기, 도랑파기 작업 등이 가능

① 모터 그레이더 ② 차륜식 로더
③ 트럭 크레인 ④ 진동 컴팩터

모터 그레이더

52 콘크리트용 혼화재료에 관한 설명으로 옳지 않은 것은?

① 포졸란은 시공연도를 좋게 하고 블리딩과 재료분리 현상을 저감시킨다.
② 플라이애쉬와 실리카흄은 고강도 콘크리트 제조용으로 많이 사용된다.
③ 알루미늄 분말과 아연 분말은 방동제로 많이 사용되는 혼화제이다.
④ 염화칼슘과 규산소오다 등은 응결과 경화를 촉진하는 혼화제로 사용된다.

해설 알루미늄 분말과 아연 분말은 발포제로 사용된다.

53 콘크리트의 시공단계 순서가 바르게 연결된 것은?

① 운반 → 제조 → 부어넣기 → 다짐 → 표면마무리 → 양생
② 운반 → 제조 → 부어넣기 → 양생 → 표면마무리 → 다짐
③ 제조 → 운반 → 부어넣기 → 다짐 → 양생 → 표면마무리
④ 제조 → 운반 → 부어넣기 → 다짐 → 표면마무리 → 양생

54 다음 중 경관석 놓기에 관한 설명으로 가장 부적합한 것은?

① 돌과 돌 사이는 움직이지 않도록 시멘트로 굳힌다.
② 돌 주위에는 회양목, 철쭉 등을 돌에 가까이 붙여 식재한다.
③ 시선이 집중하기 쉬운 곳, 시선을 유도해야 할 곳에 앉혀 놓는다.
④ 3, 5, 7 등의 홀수로 만들며, 돌 사이의 거리나 크기 등을 조정배치 한다.

해설 경관석은 자연석으로 시멘트를 사용할 경우 노출 시 경관과 이질감을 줄 수 있다.

55 축척 1/500 도면의 단위면적이 10㎡인 것을 이용하여, 축척 1/1000 도면의 단위면적으로 환산하면 얼마인가?

① 20㎡
② 40㎡
③ 80㎡
④ 120㎡

해설 1/500에서 10㎡는 2m×5m이고, 1/1000은 1/500의 각 2배 길이 이므로 4m × 10m = 40㎡

56 토공사(정지) 작업 시 일정한 장소에 흙을 쌓아 일정한 높이를 만드는 일을 무엇이라 하는가?

① 객토
② 절토
③ 성토
④ 경토

해설 경관변화, 방음, 방풍 등을 위해 마운딩(造山, 築山작업)을 조성하는 것이 대표적인 성토 공사이다.

57 옥상녹화용 방수층 및 방근층 시공 시 "바탕체의 거동에 의한 방수층의 파손" 요인에 대한 해결방법으로 부적합한 것은?

① 거동 흡수 절연층의 구성
② 방수층 위에 플라스틱계 배수판 설치
③ 합성고분자계, 금속계 또는 복합계 재료 사용
④ 콘크리트 등 바탕체가 온도 및 진동에 의한 거동 시 방수층 파손이 없을 것

해설 ②번의 '방수층 위에 플라스틱계 배수판 설치'는 배수층 설치를 통한 체류수의 원활한 흐름의 해결방안이다.

58 지표면이 높은 곳의 꼭대기 점을 연결한 선으로, 빗물이 이것을 경계로 좌우로 흐르게 되는 선을 무엇이라 하는가?

① 능선 ② 계곡선
③ 경사 변환점 ④ 방향 변환점

해설 등고선이 봉우리쪽을 향하여 파고 들어오는 부분은 계곡이고 봉우리 반대로 멀어지며 흘러 내려가는 곳이 능선이다. 즉 능선은 U자형 바닥의 높이가 점점 낮은 높이의 등고선을 향하고, 계곡은 반대로 U자형 바닥의 높이가 높은 높이의 등고선을 향한다.

59 수변의 디딤돌(징검돌) 놓기에 대한 설명으로 틀린 것은?

① 보행에 적합하도록 지면과 수평으로 배치한다.
② 징검돌의 상단은 수면보다 15cm 정도 높게 배치한다.
③ 디딤돌 및 징검돌의 장축은 진행방향에 직각이 되도록 배치한다.
④ 물 순환 및 생태적 환경을 조성하기 위하여 투수지역에서는 가벼운 디딤돌을 주로 활용한다.

해설 국토해양부 승인 [조경설계 기준]
• 물 순환 및 생태적 환경을 조성하기 위하여 투수지역에서는 무거운 디딤돌을 주로 활용한다.
• 디딤돌로 인한 답압에 의하여 자연 지형이나 생태적 지속성이 파괴될 수 있는 위치는 피한다.
• 급류 발생이 가능한 여울 기능을 겸하도록 한다.

60 수경시설(연못)의 유지관리에 관한 내용으로 옳지 않은 것은?

① 겨울철에는 물을 2/3 정도만 채워둔다.
② 녹이 잘 스는 부분은 녹막이 칠을 수시로 해준다.
③ 수중식물 및 어류의 상태를 수시로 점검한다.
④ 물이 새는 곳이 있는지의 여부를 수시로 점검하여 조치한다.

해설 겨울철에는 동파 예방을 위해 물을 빼 놓는다.

ANSWER 2016년 07월 10일

01	02	03	04	05	06	07	08	09	10
②	②	②	①	②	③	①	②	③	①
11	12	13	14	15	16	17	18	19	20
④	④	③	②	①	②	③	①	④	②
21	22	23	24	25	26	27	28	29	30
①	③	①	①	①	③	①	③	④	④
31	32	33	34	35	36	37	38	39	40
④	④	④	③	③	④	③	①	①	④
41	42	43	44	45	46	47	48	49	50
④	①	①	④	①	②	②	②	②	②
51	52	53	54	55	56	57	58	59	60
①	③	④	①	②	③	②	①	④	①

CBT 복원문제 _ 2017년 1회

01 태호석 같은 구멍 뚫린 괴석을 세우는 수법은 어느 나라에서 유래되었는가?

① 중국 ② 일본
③ 한국 ④ 영국

■해설 태호석은 중국의 태호 지방에서 많이 나오는 괴석(怪石)의 일종으로 수침과 풍침으로 모양이 기이하게 변한 자연석이다.

02 백제의 유민 노자공이 정원 축조수법을 일본에 전해 준 시기는?

① 4세기 초엽 ② 4세기 말엽
③ 5세기 중엽 ④ 6세기 초엽

■해설 일본서기에는 6세기 중엽 비조(아스카)시대에 백제의 유민 노자공이 일본 궁실 남정의 수미산과 오교를 축조했다는 기록이 있다.

03 일반적인 동선의 성격과 기능을 설명한 것으로 부적합한 것은?

① 동선은 다양한 공간 내에서 사람 또는 사람의 이동경로를 연결하게 해 주는 기능을 갖는다.
② 동선은 가급적 단순하고 명쾌해야 한다.
③ 성격이 다른 동선은 혼합하여도 무방하다.
④ 이용도가 높은 동선의 길이는 짧게 해야 한다.

■해설 차량 동선과 보행 동선을 분리하듯이 성격이 다른 동선은 분리를 해야 하며, 최단 거리 원칙을 적용하여야 한다.

04 운동시설 배치 계획 시 시설의 설치 방향에 대한 고려를 가장 신경 쓰지 않아도 되는 것은?

① 골프장의 각 코스
② 실외 야구장
③ 축구장
④ 스쿼시장

■해설 운동시설을 옥외에 설치하는 경우 해를 보는 일이 없도록 남북방향으로 설치하지만, 실내에서 설치하는 경우에는 방향에 대한 고려가 불필요하다.

05 프로젝트의 수행단계 중 주로 자료의 수집, 분석 종합에 초점을 맞추는 단계는?

① 조경설계
② 조경시공
③ 조경계획
④ 조경관리

■해설 자료를 수집, 분석하고 종합하여 기본 계획도를 작상하는 단계를 조경 계획이라고 하고 이후 설계, 시공, 관리의 순서로 진행된다.

06 르 노트르가 이탈리아에서 수학한 뒤 귀국하여 만든 최초의 평면기하학식 정원은?

① 보르비 콩트
② 베르사이유
③ 루브르 궁
④ 몽소공원

해설 르 노트르는 프랑스의 지형을 고려한 평면기하학식 정원을 고안하였으며 당시 재무장관이었던 니콜라스 푸케의 저택에 보르비 콩트 정원을 통해서 이를 실현하였다. 이후 베르사이유궁 설계에도 참여하게 된다.

07 서양의 각 시대별 조경 양식에 관한 설명 중 옳은 것은?

① 서아시아의 조경은 수렵원 및 공중정원이 특징적이다.
② 이집트는 상업 및 집회를 위한 공공정원이 유행하였다.
③ 고대 그리스 포룸과 같은 옥외공간이 형성되었다.
④ 고대 로마의 주택정원에는 지스터스(xystus)라는 가족을 위한 사적인 공간을 조성하였다.

해설
• 상업과 집회를 위한 아고라가 유행한 곳은 그리스이다.
• 포룸이라는 광장은 고대 로마에서 발달하였다.
• 고대 로마 주택정원에서 가족의 사적인 공간은 페리스틸리움(peristylium)이다.

08 19세기 정원의 실용적인 측면이 강조되어 독일에서 만들어진 정원의 형태는?

① 벨베데레원 ② 분구원
③ 지구라트 ④ 약초원

해설 분구원은 나라에서 시민에게 대여를 한 일종의 도심 텃밭이며 클라인가르텐(Kleingarten)이라고 통용되고 있다. 독일이 세계대전 시 군수물자 조달과 도시민의 식량 공급원으로 이용하였다.

09 조경계획을 실시할 때 조사해야 할 자연환경 요소에 해당하지 않는 것은?

① 기상
② 식생
③ 교통
④ 경관

해설 교통 및 접근성 등은 인문환경 요소에 해당한다.

10 경관구성의 미적 원리를 통일성과 다양성으로 구분할 때 다양성에 해당하는 것은?

① 조화
② 균형
③ 강조
④ 대비

해설
• 통일성 : 조화, 균형, 대칭, 강조
• 다양성 : 비례, 율동, 대비

11 선의 방향에 따른 분류 중 수평선이 주는 느낌은?

① 권위감
② 평화감
③ 남성감
④ 운동감

해설 직선은 수직선과 수평선 그리고 대각선이 있으며 수직선은 권위감, 수평선은 평화감, 대각선은 운동감을 가진다. 또한 지그재그선은 여러 방향을 제시하고, 자유 곡선은 부드럽고 우아한 느낌을 주는 여성적인 선이다.

12 조경가에 대한 설명으로 틀린 것은?

① 예술성을 지닌 실용적이고 기능적인 생활 환경을 만든다.
② 정원사(Landscape gardener)라는 개념과 동일하다.
③ 미국의 옴스테드(Olmsted, Frederick Law)가 1858년 처음 용어를 사용하였다.
④ 건축가의 작업과 많은 유사성을 지니고 있으며 경관 건축가라고도 한다.

> 정원사는 식재를 중심으로 한 정원을 만드는 일을 하며, 조경가는 정원을 포함한 옥외공간 전반을 다룬다.

13 조선시대 선비들이 즐겨 심고 가꾸었던 사절우(四節友)에 해당하는 식물이 아닌 것은?

① 소나무   ② 대나무
③ 매화나무 ④ 난초

> • 사절우(四節友) : 절개가 곧은 4개의 친구로 매화, 소나무, 국화, 대나무이다.
> • 사군자(四君子) : 매화, 난초, 국화, 대나무

14 경복궁의 경회루 원지(苑池)의 형태는?

① 장방형   ② 원지형
③ 반달형   ④ 노단형

> 경회루 정원의 연못은 장방형(직사각형) 형태이다.

15 16세기 이탈리아의 대표적인 정원인 빌라 에스테(Villad' Este)의 특징 설명으로 바르지 못한 것은?

① 사이프러의 열식
② 자수화단
③ 미로
④ 연못

> 데스테장이라고도 불리며 르네상스 시대 수경 처리가 가장 뛰어난 정원이다. 4개의 노단으로 이루어져 있으며 1단에는 감탕나무 총림과 물풍금, 2단에는 용의 분수, 3단에는 100개의 분수, 4단에는 카지노가 있다.

16 전통정원에서 흔히 볼 수 있고 줄기가 아름다우며 여름에 꽃이 개화하여 100여일 간다고 해서 백일홍이라 불리는 수종은?

① 백합나무   ② 불두화
③ 배롱나무   ④ 이팝나무

> • 중국 원산의 부처꽃과 수종이며 7월에 개화하여 가을까지 개화기가 100일 이상으로 길다.
> • 수피가 얇아 추위에 약하며 간즈름 나무로 불리기도 한다.

17 인공지반 조성 시 토양유실 및 배수기능이 저하되지 않도록 배수층과 토양층 사이에 여과와 분리를 위해 설치하는 것은?

① 자갈
② 모래
③ 토목섬유
④ 합성수지 배수관

> 땅속에 공극율이 큰 자갈 등을 이용해 배수층을 만들며, 흙으로 인해 자갈층의 공극이 메워지는 경우를 막기 위해 자갈층 위에 두는 일종의 필터이다.

18 알칼리에 강한 도료를 써야 하는 경우로서 가장 적합한 것은?

① 목재의 도장

② 철재의 도장
③ 알루미늄 도장
④ 콘크리트의 도장

해설 시멘트의 주 성분은 석회암으로 알칼리성을 띤다.

19 목재의 두께가 7.5cm 미만에 폭이 두께의 4배 이상인 제재목은?

① 판재　　　② 각재
③ 원목　　　④ 합판

해설 판재류 : W≥4T

20 나무줄기가 옆으로 비스듬히 기울어진 수형을 무엇이라고 하는가?

① 사간　　　② 곡간
③ 직간　　　④ 다간

해설
• 곡간 : 원줄기가 좌우로 구부러지는 수형
• 직간 : 원줄기가 하늘을 향해 곧게 올라가는 수형
• 다간 : 원줄기에서 줄기가 여러개 갈라지는 수형

21 다음 조경시설물 중 비철금속을 주로 사용해야 하는 것은?

① 철봉
② 그네
③ 잔디 보호책
④ 수경장치물

해설 물이 닿는 시설물들은 비철 금속을 이용해야 녹이 슬지 않는다.

22 미장재료에 속하는 것은?

① 페인트　　　② 니스
③ 회반죽　　　④ 래커

해설
• 대표적인 미장재료로는 모르타르, 회반죽, 벽토 등이 있다.
• 페인트, 니스, 래커는 도장재료이다.

23 상록수의 주요한 기능으로 부적합한 것은?

① 시각적으로 불필요한 곳을 가려준다.
② 겨울철에는 바람막이로 유용하다.
③ 신록과 단풍으로 계절감을 준다.
④ 변화되지 않는 생김새를 유지한다.

해설 상록수는 겨울에도 녹색의 잎을 달고 있으므로 단풍으로 인한 계절감과는 거리가 멀다.

24 수목은 뿌리를 뻗는 상태에 따라 천근성과 심근성으로 분류한다 천근성(淺根性) 수종으로만 짝지어 진것은?

① 자작나무, 미루나무
② 젓나무, 백합나무
③ 느티나무, 은행나무
④ 백목련, 가시나무

해설 ②, ③, ④항은 모두 뿌리가 땅 속 깊이 내려가는 심근성 수종이다.

25 1년 내내 푸른 잎을 달고 있으며 잎이 바늘처럼 뾰족한 나무를 무엇이라 하는가?

① 상록 활엽수
② 상록 침엽수
③ 낙엽 활엽수
④ 낙엽 침엽수

해설
• 상록활엽수 : 회양목, 사철나무, 동백나무 등
• 상록침엽수 : 소나무, 잣나무, 주목 등
• 낙엽활엽수 : 느티나무, 왕벚나무, 단풍나무 등
• 낙엽침엽수 : 낙엽송, 메타세콰이아, 은행나무 등

26 재료의 굵기, 절단, 마모 등에 대한 저항성을 나타내는 용어는?

① 경도(硬度) ② 강도(强度)
③ 전성(展性) ④ 취성(脆性)

- 강도(强度) : 재료에 하중이 걸린 경우, 재료가 파괴되기까지의 변형에 저항하는 성질
- 전성(展性) : 압축력이 가해질 때 재료가 파괴되지 않고 펴지는 성질
- 취성(脆性) : 외력에 의하여 영구 변형을 하지 않고 파괴되는 성질로 인성(靭性)과 반대

27 일반적인 목재의 특성 중 장점으로 옳은 것은?

① 충격, 진동에 대한 저항성이 작다.
② 열 전도율이 낮다.
③ 충격의 흡수성이 크고, 건조에 의한 변형이 크다.
④ 가연성이며 인화점이 낮다.

목재의 장점
- 열전도율이 낮다.
- 무게에 비해 강도가 크다.
- 외관 및 무늬가 아름답고, 가공성이 좋다.

28 가공은 용이하나 흡수성이 높고, 내수성이 크지만 강도가 높지 못해 건축용으로는 부적당하며 석축 등에 이용하는 석재는?

① 화강암
② 현무암
③ 응회암
④ 사문암

응회암은 화산재가 쌓여서 굳어진 다공질의 퇴적암으로, 가공이 용이하고 내화성이 큰 것이 장점이지만 강도가 떨어지는 것이 단점이다.

29 다음 중 건조지에 가장 잘 견디는 나무는?

① 낙우송
② 능수버들
③ 오리나무
④ 가중나무

①, ②, ③항은 습지를 좋아하는 수종이며, 대표적인 건조지 수종으로는 소나무, 향나무, 자작나무, 가중나무 등이 있다.

30 다음 [보기]가 설명하고 있는 콘크리트의 종류는?

- 슬럼프 저하 등 워커빌리티의 변화가 생기기 쉽다.
- 동일 슬럼프를 얻기 위한 단위수량이 많아진다.
- 콜드조인트가 발생하기 쉽다.
- 초기 강도 발현은 빠른 반면에 장기강도가 저하될 수 있다.

① 한중 콘크리트 ② 경량 콘크리트
③ 서중 콘크리트 ④ 매스 콘크리트

여름에 치는 서중 콘크리트는 수화열이 높기 때문에 조기에 경화가 이루어지지만 장기 강도는 오히려 떨어진다.

31 조경재료 중 인조재료로 분류하기 어려운 것은?

① 우드칩(wood chip)
② 태호석
③ 인조석
④ 슬레이트(slate)

태호석은 중국 태호 지방에서 나는 자연석의 일종이다.

32 콘크리트 블록 제품의 특징으로 적합하지 않은 것은?

① 모양을 임의로 만들 수 있다.
② 유지관리비가 적게 든다.
③ 인장강도 및 휨 강도가 큰 편이다.
④ 만드는 방법이 비교적 간단하다.

> 해설 콘크리트의 단점으로는 인장강도 및 휨 강도가 약하다는 것이다. 때문에 구조물의 경우 강도 보강을 위해 철근을 사용한다.

33 10월경에 붉은 계열의 열매가 관상 대상이 되는 수종이 아닌 것은?

① 남천
② 산수유
③ 왕벚나무
④ 화살나무

> 해설 왕벚나무는 7월에 일명 벚지라 하는 검은색의 열매가 익는다.

34 음수에 해당하는 수종은?

① 팔손이나무
② 소나무
③ 무궁화
④ 일본잎갈나무

> 해설 팔손이는 두릅나무과의 상록 관목으로서 10월에 흰색 꽃이 개화하는 음수이다. ②, ③, ④는 양수이다.

35 조경 소재 중 벽돌의 사용에 있어 가장 부적합것은?

① 원로의 포장
② 담장의 기초
③ 테라스의 바닥
④ 경계벽

> 해설 벽돌의 용도는 바닥 포장을 하는 포장재로 쓰며, 조적을 하여 벽체를 만들 때 사용한다.

36 수목의 이식 시 조개분으로 분뜨기했을 때 분의 깊이는 근원 직경의 몇 배 정도로 하는 것이 적당한가?

① 2배
② 3배
③ 4배
④ 6배

> 해설 뿌리분의 크기는 근원직경의 4배~6배이며, 일반적인 분의 크기는 4배이다.

37 수목 해충의 잠복소를 설치하는 가장 적당한 시기는?

① 3월 하순경
② 5월 하순경
③ 7월 하순경
④ 9월 하순경

> 해설 잠복소는 해충을 유살(誘殺) 하기 위해 수목의 몸통에 감아주는 짚으로서 겨울이 오기 전 가을에 설치한다.

38 나무가 쇠약해 지거나 말라 죽는 원인이라 할 수 없는 것은?

① 생리적 노쇠현상
② 양분의 결핍
③ 기상의 현상
④ 토양 미생물의 왕성한 활동

> 해설 나무가 쇠약해 지는 원인은 ①, ②, ③외에도 여러 가지가 있다. 토양에 미생물이 많아지면 토질이 향상되어 뿌리 생육이 좋아진다.

39 가로 조명등의 종류별 특징에 관한 설명으로 틀린 것은?

① 강철 조명등은 내구성이 강하지만 부식이 잘 된다.
② 알루미늄 조명등은 부식에 약하지만 비용이 저렴한 편이다.
③ 콘크리트 조명등은 유지가 용이하고, 내구성이 강하지만 설치 시 무게로 인해 장비가 요구된다.
④ 나무로 만든 조명등은 미관적으로 좋고 초기의 유지가 용이하다.

> 알루미늄은 부식에 강하고 가벼운 것이 장점이지만 비용이 비싼 것이 단점이다.

40 수목종자의 저장 방법을 설명한 것으로 틀린 것은?

① 건조 저장은 종자를 30% 이내의 함수량이 되도록 건조시킨다.
② 보호 저장은 은행, 밤, 도토리 등을 모래와 혼합하여 실내나 창고에서 5℃로 유지한다.
③ 밀봉 저장은 가문비나무, 삼나무, 편백 등의 종자를 유리병이나 데시케이터 등에 방습제와 함께 넣는다.
④ 노천 매장은 잣나무, 단풍나무, 느티나무 등의 종자를 모래와 1:2의 비율로 섞어 양지쪽에 묻는다.

> • 종자가 발아하기 위해서는 수분, 산소 등이 필요하며 저장 시는 발아를 억제해야 한다.
> • 건조 저장시 함수량은 15% 이하가 적당하다.

41 잡초제거를 위한 제초제 중 잔디밭에 사용할 때 각별한 주의가 요구되는 것은?

① 선택성 제초제
② 비선택성 제초제
③ 접촉형 제초제
④ 호르몬형 제조체

> 그라목손, 근사미와 같은 비선택성 제초제는 잔디도 함께 죽이기 때문에 잔디밭에 사용할 때는 각별한 주의를 요한다.

42 대표적인 난지형 잔디로 내답압성이 크며 관리하기가 가장 용이한 것은?

① 버뮤다 그래스 ② 금잔디
③ 툴 페스큐 ④ 라이 그라스

> 버뮤다 그래스는 우산잔디라고도 불리며, 남해안에 많이 자생하는 난지형 잔디로 내답압성이 크다.

43 다음 [보기]에서 설명하고 있는 병은?

> • 수목에 치명적인 병은 아니지만 발생하면 생육이 위축되고 외관을 나쁘게 한다.
> • 장미, 단풍나무, 배롱나무, 벚나무 등에 많이 발생한다.
> • 병든 낙엽을 모아 태우거나 땅속에 묻음으로써 전염원을 차단하는 것이 필수적이다.
> • 통기불량, 일조부족, 질소과다 등이 발병 원인이다.

① 흰가루병 ② 녹병
③ 빗자루병 ④ 그을음병

> 백분병이라 불리기도 하며 밤낮의 기온차가 심하거나 통풍이 잘 되지 않는 곳에서 흔히 발생하는 곰팡이병이다.

44 다음 [보기]와 같은 특징 설명에 가장 적합한 시설물은?

- 간단한 눈가림 구실을 한다.
- 서양식으로 꾸며진 중문으로 볼 수 있다.
- 보통 가는 철제 파이프 또는 각목으로 만든다.
- 장미 등 덩굴식물을 올려 장식한다.

① 퍼걸러 ② 아치
③ 트렐리스 ④ 펜스

해설 우리나라에는 낙산사 홍예문이 대표적인 예이다.

45 디딤돌로 이용할 돌의 두께로 가장 적당한 것은?

① 1~5cm
② 10~20cm
③ 25~35cm
④ 35~45cm

해설 지상의 노출높이 3~5cm, 땅속에 5~8cm 깊이로 묻으면 8~13cm가 된다.

46 다음 전정 방법 중 굵은 가지를 처리하는 방법으로 가장 잘 표현된 것은?

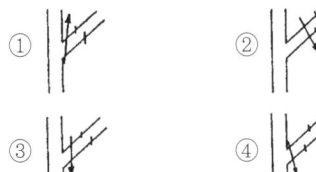

해설 굵은 가지는 한번에 내리 자르면 찢어질 우려가 있기 때문에 자를 부분 바깥쪽으로 아래에서 위로 $\frac{1}{3}$ 톱질 후 다시 위에서 아래로 잘라 가지를 떨어뜨린 후 비스듬히 자른다.

47 토피어리(형상수)를 만드는 방법 및 순서에 관한 설명으로 틀린 것은?

① 상처에 유합 조직이 생기기 쉬운 따뜻한 계절을 택하여 실시한다.
② 불필요하다고 판단되는 가지를 쳐버린 다음, 남은 가지를 적당한 방향으로 유인한다.
③ 강전정으로 형태를 단번에 만들지 말고, 연차적으로 원하는 수형을 만들어 간다.
④ 토피어리를 만드는 방법은 어떤 수종이든 규준틀을 만들어 가지를 유인하는 것이 가장 효과적이다.

해설 유인을 하는 방법과 전정을 하는 방법, 유인과 전정을 함께 병행하는 방법이 있으며 수종마다 특성에 따라 방법을 달리한다.

48 잔디의 거름주기 방법으로 적당하지 않은 것은?

① 질소질 거름은 1회 주는 양이 1㎡ 당 10g 정도 주어야 한다.
② 난지형 잔디는 하절기에, 한지형 잔디는 봄과 가을에 집중해서 거름을 준다.
③ 한지형 잔디의 경우 고온에서의 시비는 피해를 촉발시킬 수 있으므로 가능하면 시비를 하지 않는 것이 원칙이다.
④ 가능하면 제초작업 후 비가 오기 직전에 실시하며 불가능 시기에는 시비 후 관수한다.

해설 질소질 비료 1회 주는 양은 1㎡ 당 4g을 넘어서는 안된다.

49 다음 그림은 정원수의 거름주는 방법이다. 이 중 방사상 시비법에 해당하는 것은?

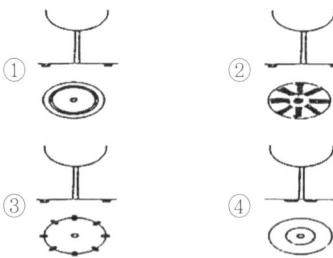

해설 ① : 윤상 거름주기
③ : 격윤상 거름주기
④ : 전면 거름주기

50 석축 공사의 설명으로 부적합한 것은?

① 견치석 쌓기에서는 터파기를 하고 잡석과 콘크리트를 사용하여 연속 기초를 만든다.
② 호박돌 쌓기는 규칙적인 모양으로 쌓는 것이 보기에 자연스럽다.
③ 자연석 쌓기의 이음매는 돌과 돌 사이에 모르타르로 굳혀 가면서 쌓는다.
④ 석축의 높이가 높을 때에는 군데 군데 물 뺌 구멍을 뚫어 놓는다.

해설 자연석 쌓기의 경우 돌과 돌 사이에 흙을 채우고 회양목, 철쭉 등 관목을 식재한다.

51 대규모 공원과 같이 완전한 배수가 요구되지 않는 지역에서 등고선을 고려하여 주관을 설치하고, 주관을 중심으로 양측에 지관을 지형에 따라 필요한 곳에 설치하는 방법은?

① 부채살형   ② 빗살형
③ 어골형   ④ 자유형

해설 • 어골형
  – 주관을 중앙에 비스듬히 지관을 설치하는 것
  – 경기장 같은 평탄한 지역에 적합, 전 지역의 배수 균일
• 절치형(빗살형)
  – 지역 경계 근처에 주관 설치, 한쪽 측면에 지관을 설치하여 연결하는 것
  – 비교적 좁은 면적의 전 지역을 균일하게 배수할 때 이용
• 선형(부채살형)
  – 주관, 지관의 구분이 없이 같은 표기의 관이 부채살 모양으로 1개 지점으로 집중되게 설치하여 집수 후 배수시킴
• 자유형
  – 전면 배수가 요구되지 않는 지역에서 많이 사용
  – 지형의 등고선을 따라 주관을 설치하고 지관을 설치하는 방법

52 평판 측량에서 제도용지의 도상점과 땅 위의 측점을 동일하게 맞추는 것은?

① 정준
② 자침
③ 표정
④ 구심

해설 평판측량의 3요소는 정준(평판을 평평하게 함), 구심(도상기계점과 지상기계점 일치시킴), 표정(방향을 일치시킴)이다.

53 콘크리트가 굳은 후 거푸집 판을 콘크리트 면에서 잘 떨어지게 하기 위해 거푸집 판에 칠하는 것은?

① 박리제   ② 동바리
③ 프라이머   ④ 쉘락

해설 경유, 폐유 등의 유제와 합성수지 등을 사용하며 기름 성분이 많기 때문에 콘크리트에서 잘 떨어질 수 있으나, 콘크리트와 마감재와의 접착성을 저하시킬 수 있는 단점이 있다.

54 시방서의 설명으로 옳은 것은?

① 설계도면에 필요한 예산계획서이다.
② 공사계약서이다.
③ 평면도, 입면도, 투시도 등을 볼 수 있도록 그려놓은 것이다.
④ 공사개요, 시공방법, 특수재료 및 공법에 관한 사항 등을 명기한 것이다.

📖 설계자가 작성하는 것으로 설계도면상 나타낼 수 없는 내용이나 추가로 필요한 사항을 표시한 공사 작업의 기준이 되는 문서를 말한다.

55 잔디밭에 물을 공급하는 관수에 대한 설명으로 틀린 것은?

① 식물에 물을 공급하는 방법은 지표관개법과 살수관개법으로 나눌 수 있다.
② 살수관개법은 설치비가 많이 들지만 관수 효과가 높다.
③ 수압에 의해 작동하는 회전식은 360°까지 임의조절이 가능하다.
④ 회전장치가 수압에 의해 지면보다 10cm 상승 또는 하강하는 팝업(pop-up)살수기는 평소 시각적으로 불량하다.

📖 팝업(pop-up)살수기는 지하부에 있는 회전 장치가 살수시는 지상부로 상승하여 작동하고 살수가 끝나면 다시 지하로 돌아 간다. 평상시에는 보이지 않으므로 시각적으로 문제가 없다.

56 콘크리트의 균열방지를 위한 일반적인 방법으로 틀린 것은?

① 발열량이 적은 시멘트를 사용한다.
② 슬럼프(slump)값을 작게 한다.
③ 타설시 내·외부 온도차를 줄인다.
④ 시멘트의 사용량을 줄이고 단위수량을 증가시킨다.

📖 시멘트의 양을 줄이게 되면 빈배합이 되어 콘크리트가 불량해지고, 단위 수량을 증가시키면 반죽이 질어지게 된다.

57 터 닦기할 때 성토시(흙쌓기) 침하에 대비하여 계획된 높이보다 몇 % 정도 더돋기를 하는가?

① 3~5%   ② 10~15%
③ 20~25% ④ 30~35%

📖 더돋기란 성토 후 침하되는 것을 예상하여 계획고 보다 10% 정도 더 높게 흙을 쌓는 것을 말한다.

58 아왜나무의 식재 시 품의 산정은 어느 것을 기준으로 하는가?

① 나무높이에 의한 식재
② 흉고직경에 의한 식재
③ 근원직경에 의한 식재
④ 수관폭에 의한 식재

📖 아왜나무와 동백나무는 나무 높이에 의한 식재 품을 적용한다.
• H×B : 흉고직경 B에 의한 품
• H×R : 근원직경에 의한 품

59 수피가 얇은 나무에서 햇빛에 의해 수피가 타는 것을 방지하기 위하여 실시해야 할 작업은?

① 수관주사주입   ② 낙엽깔기
③ 줄기싸기   ④ 받침대 세우기

📖 수피가 얇아서 겨울에 동해나 여름에 햇빛에 데는 피해(피소)를 받을 수 있는 수종은 새끼나 녹화마대로 수피감기를 해준다.

60 가는 가지 자르기 방법 설명으로 옳은 것은?

① 자를 가지의 바깥쪽 눈 바로 위를 비스듬히 자른다.
② 자를 가지의 바깥쪽 눈과 평행하게 멀리서 자른다.
③ 자를 가지의 안쪽 눈 바로 위를 비스듬히 자른다.
④ 자를 가지의 안쪽 눈과 평행한 방향으로 자른다.

> 해설 바깥쪽으로 뻗어 나가는 수관 형태를 만들기 위해서 바깥쪽 눈 바로 위쪽을 비스듬히 자른다. 단 눈과 너무 가까우면 눈이 말라 죽을 수 있고, 너무 비스듬하면 증산량이 많아지며, 너무 비스듬히 남겨두면 양분의 손실이 크다.

ANSWER								CBT 복원문제 2017년 1회	
01	02	03	04	05	06	07	08	09	10
①	④	③	④	③	①	①	②	③	④
11	12	13	14	15	16	17	18	19	20
②	②	④	①	①	③	③	④	①	①
21	22	23	24	25	26	27	28	29	30
④	③	③	①	②	①	③	②	④	③
31	32	33	34	35	36	37	38	39	40
②	③	③	①	②	③	④	④	②	①
41	42	43	44	45	46	47	48	49	50
②	①	①	②	②	④	④	①	②	③
51	52	53	54	55	56	57	58	59	60
④	④	①	④	④	④	②	①	③	①

CBT 복원문제 _ 2017년 2회

01 영국의 스토우(Stowe)원을 설계했으며, 정원 내에 하하(Ha-ha)의 기교를 생각해 낸 조경가는?

① 브릿지맨
② 윌리엄 켄트
③ 험프리 랩턴
④ 에디슨

> 영국의 풍경식 정원가 찰스 브릿지맨은 담너머 보이는 자연 경관은 누구나 관망할 수 있어야 한다며 물리적 경계인 담장을 없애고 땅을 파서 호를 만드는 Ha-ha수법을 고안하였다.

02 조경을 프로젝트의 대상지별로 구분할 때 문화재 주변 공간에 해당되지 않는 곳은?

① 궁궐
② 사찰
③ 유원지
④ 왕릉

> 유원지, 휴양지, 골프장은 위락/관광시설이다.

03 다음 중 무리지어 나는 철새, 설경 또는 수면에 투영된 영상 등에서 느껴지는 경관은?

① 초점경관
② 관개경관
③ 일시경관
④ 세부경관

> 일시경관은 잠시 나타났다가 사라지는 경관으로 계절감과 자연의 다양성을 느낄 수 있다.

04 관찰자 시선의 중심선을 기준으로 형태감이나 색채감에서 양쪽의 크기나 무게가 안정감을 줄 때 나타나는 아름다움은?

① 대비미
② 강조미
③ 균형미
④ 반복미

> 양쪽의 크기나 무게가 안정감을 줄 때의 아름다움을 균형미라 하며, 균형에는 대칭 균형과 비대칭 균형이 있다.

05 각종 기구(T자, 삼각자, 스케일 등)를 사용하여 설계자의 의사를 선, 기호, 문장 등으로 용지에 표시하여 전달하는 것은?

① 모델링
② 계획
③ 제도
④ 제작

> 제도 용구를 사용하여 설계자의 의사를 선과 기호 등으로 나타내는 것을 제도라고 한다.

06 골프장의 각 코스를 설계할 때 어느 방향으로 길게 배치하는 것이 가장 이상적인가?

① 동서방향
② 남북방향
③ 동남방향
④ 북서방향

> 골프장의 경우 인코스와 아웃코스가 장축으로 전개되기 때문에 장축을 남북 방향으로 설치해야 태양으로 인한 눈부심을 방지할 수 있다.

07 우리나라에서 최초의 유럽식 정원이 도입된 곳은?

① 덕수궁 석조전 앞 정원
② 파고다 공원
③ 장충단 공원
④ 구 중앙정부청사 주위 정원

> 해설 덕수궁 석조전은 영국인 하딩이 기본 설계를 한 최초의 유럽식 건물이며, 그 앞의 침상원은 최초의 유럽식 정원이다.

08 이탈리아 르네상스 시대의 조경 작품이 아닌 것은?

① 빌라 토스카나(Villa Toscana)
② 빌라 란셀로티(Villa Lancelotti)
③ 빌라 메디치(Villa Medici)
④ 빌라 란테(Villa Lante)

> 해설 토스카나는 이탈리아에 중부에 있는 지명 이름이다.

09 도시공원 및 녹지 등에 관한 법률 시행규칙에 의해 도시공원의 효용을 다하기 위하여 설치하는 공원시설 중 편익시설로 분류되는 것은?

① 야유회장   ② 자연체험장
③ 정글짐   ④ 전망대

> 해설 법률에서 정한 편익 시설에는 주차장, 매점, 전망대, 수화물예치소 등이 있다.

10 선의 분류 중 모양에 따른 분류가 아닌 것은?

① 실선   ② 파선
③ 1점 쇄선   ④ 치수선

> 해설 선은 실선과 허선으로 나뉘고 허선은 다시 모양에 따라서 쇄선과 파선으로 나뉜다. 치수선은 용도에 의한 명칭이다.

11 1/100 축척의 설계 도면에서 1cm는 실제 공사 현장에서는 얼마를 의미하는가?

① 1cm   ② 1mm
③ 1m   ④ 10m

> 해설 1/100의 축척에서 1은 도상거리 100을 줄인 비율로써 모든 길이와 크기를 100배 줄여서 도면에 나타낸다고 생각하면 된다. 그러므로 도면에서 1cm는 다시 100배 확대를 하면 실제 길이가 된다. 1cm × 100배 = 100cm

12 조경양식 발생요인 가운데 사회 환경 요인이 아닌 것은?

① 민족성   ② 사상
③ 종교   ④ 기후

> 해설 기후, 지형 등은 자연 환경 요인에 해당한다.

13 서양에서 정원이 건축의 일부로 종속되던 시대에서 벗어나 건축물을 정원양식의 일부로 다루려는 경향이 나타난 시대는?

① 중세   ② 르네상스
③ 고대   ④ 현대

> 해설 르네상스시대에 들어서는 건물 중심이 아닌 정원 중심의 조경이 발달하였다.

14 사적지 조경 시 민가 뒤뜰에 식재하는 수종으로 잘 어울리지 않는 것은?

① 버즘나무   ② 감나무
③ 앵두나무   ④ 대추나무

해설 우리나라 후원에는 녹음수보다 유실수 위주로 식재하였다.

15 다음 중 인간적 척도(human scale)와 밀접한 관계를 갖기가 가장 어려운 경관은?

① 관개경관
② 지형경관
③ 세부경관
④ 위요경관

해설 인간적 척도 : 인간 활동과 관련된 적절한 규모와 크기로써 지형경관은 지형지물이 지배적인 역할을 하는 랜드마크 경관이다.

16 목재의 옹이와 관련된 설명 중 틀린 것은?

① 옹이는 목재강도를 감소시키는 가장 흔한 결점이다.
② 죽은 옹이는 산 옹이보다 일반적으로 기계적 성질에 미치는 영향이 적다.
③ 옹이가 있으면 인장강도는 증가한다.
④ 같은 크기의 옹이가 한 곳에 많이 모인 집중 옹이가 고루 분포된 경우 보다 강도 감소에 끼치는 영향이 더욱 크다.

해설 목재에서 옹이는 목재의 강도를 저하시키는 주된 결점이 된다.

17 일반적인 금속재료의 장점이라고 볼 수 없는 것은?

① 여러 가지 하중에 대한 강도가 크다.
② 재질이 균일하고 불연재이다.
③ 각기 고유의 광택이 있다.
④ 가열에 강하고 질감이 따뜻하다.

해설 금속 재료는 불연재이고 강도가 크지만, 가열하면 역학적 성질이 저하되고 내산성과 내알칼리성이 작으며 차가운 느낌을 주는 것이 단점이다.

18 조경용으로 벽돌, 도관, 타일, 기와 등을 만드는 재료로 가장 적당한 것은?

① 금속
② 플라스틱
③ 점토
④ 시멘트

해설 대표적인 점토 제품으로 점토벽돌, 타일, 토관, 도관이 있다.

19 우리나라에서 사용되고 있는 점토벽돌은 기존형과 표준형으로 분류되는데 그 중 기존형 벽돌의 규격은?

① 20cm×9cm×5cm
② 21cm×10cm×6cm
③ 22cm×12cm×6.5cm
④ 19cm×9cm×5.7cm

해설

표준형 벽돌   기존형 벽돌

20 다음 중 맹아력이 가장 약한 수종은?

① 가시나무
② 쥐똥나무
③ 벚나무
④ 사철나무

해설 맹아력이란 싹이 나오는 힘을 말하며, 일반적으로 울타리로 쓰는 수종들은 맹아력이 강하다. 벚나무는 맹아력이 약한 대표적 수종이다.

21 다음 중 석가산을 만들고자 할 때 적합한 돌은?

① 잡석
② 괴석
③ 호박돌
④ 자갈

- 석가산이란 관상 가치가 높거나 괴기한 돌을 쌓아서 만든 가산(假山)으로써 신선사상에 그 유래가 있다.
- 괴석은 풍침과 수침을 받아 모양이 괴기하게 변한 돌이다.

22 디딤돌로 사용하는 돌 중에서 보행 중 군데군데 잠시 멈추어 설 수 있도록 설치하는 돌의 크기(지름)로 가장 적당한 것은?

① 10~15cm
② 20~25cm
③ 30~35cm
④ 50~55cm

- 디딤돌의 일반적인 크기는 25~30cm이며, 시작과 끝 중간에 동선이 갈라지는 부분은 2배 크기의 것을 쓴다.

23 다음 중 일반적으로 봄에 가장 먼저 황색 계통의 꽃이 피는 수종은?

① 등나무
② 산수유
③ 박태기나무
④ 벚나무

- 등나무 : 5월 자색
- 박태기나무 : 4월 자색
- 벚나무 : 4월 흰색

24 주목(Taxus cuspidata S, et Z)에 관한 설명으로 부적합한 것은?

① 9월경 붉은 색의 열매가 열린다.
② 큰 줄기가 적갈색으로 관상가치가 높다.
③ 맹아력이 강하며, 음수나 양지에서 생육이 가능하다.
④ 생장속도가 매우 빠르다.

- 주목은 생장 속도가 매우 더딘 수종으로써 '살아서 천년, 죽어서 천년'이라고 한다.

25 플라스틱 제품 제작 시 첨가하는 재료가 아닌 것은?

① 가소제
② 안정제
③ 충진제
④ A.E제

- 가소제 : 소성(塑性)을 향상시키기 위해 첨가
- 안정제 : 기후나 환경에 의해 성질이 변하지 않도록 첨가. 열안정제, 광안정제 등
- 충진제 : 플라스틱의 제품의 제작 시 노화방지나 증량(增量)의 목적으로 첨가
- A.E제 : 시멘트의 혼화제 일종인 표면활성제

26 시멘트가 경화하는 힘의 크기를 나타내며, 시멘트의 분말도, 화합물 조성 및 온도 등에 따라 결정되는 것은?

① 전성
② 소성
③ 인성
④ 강도

- 전성 : 압력을 가했을 때 펴지는 성질
- 소성 : 외력을 가한 후 이 힘을 제거 했을 때 변형된 형태로 남아 있으려 하는 성질로 탄성과 반대의 성질
- 인성 : 깨지거나 파괴하려는 힘에 대한 저항도를 말하며, 인성이 높다는 것은 잘 파괴되지 않는다라는 뜻이다.

27 다음 중 일반적으로 살아있는 가지를 자를 경우 수종별 상처 부위의 부후 위험성이 가장 적은 수종은?

① 왕벚나무 ② 소나무
③ 목련 ④ 느릅나무

☞ 부후(腐朽)란 썩는 성질을 말하며, 소나무는 송진으로 인해 부후의 위험성이 적다.

28 외벽을 아름답게 나타내는데 사용하는 미장 재료는?

① 타르 ② 벽토
③ 니스 ④ 래커

☞ 미장재료는 바르는 재료로 모르타르, 회반죽, 벽토, 플러스터 등이 있으며, 보기 중 ①, ③, ④항은 도장재료에 해당된다.

29 다음 중 음수이며 또한 천근성인 수종에 해당되는 것은?

① 전나무 ② 모과나무
③ 자작나무 ④ 독일가문비나무

☞ • 전나무 : 음수, 심근성
• 모과나무 : 양수, 심근성
• 자작나무: 양수, 천근성

30 목재의 건조목적과 가장 관련이 없는 것은?

① 부패 방지
② 사용 후의 수축, 균열 방지
③ 강도 증진
④ 무늬 강조

☞ 건조의 궁극적인 목적은 기건상태로 만들어 강도를 증진시키고 부패를 방지하는 것이다.

31 토양 개량제로 활용되지 못하는 것은?

① 홀맥스콘 ② 피트모스
③ 부엽토 ④ 펄라이트

☞ 홀맥스콘은 루톤과 함께 가장 일반화되어 있는 발근 촉진제이다.

32 분쇄목인 우드칩(wood chip)을 멀칭재료로 사용할 때의 효과가 아닌 것은?

① 미관효과 우수 ② 잡초억제기능
③ 배수억제효과 ④ 토양개량효과

☞ 멀칭이란 지표를 덮어주는 것으로 잡초발생억제, 지온상승, 토양유실방지 등의 목적을 가진다.

33 잔디밭 조성 시 뗏장 심기와 비교한 종자파종 방법의 이점이 아닌 것은?

① 비용이 적게 든다.
② 작업이 비교적 쉽다.
③ 균일하고 치밀한 잔디를 얻을 수 있다.
④ 잔디밭 조성에 짧은 시일이 걸린다.

☞ ①, ②, ③항은 종자파종의 장점이며, 단점으로는 뗏장에 비해 자라는 시간이 길어 잔디밭 조성에 시간이 많이 소요된다.

34 봄에 씨뿌림하는 1년 초에 해당하지 않는 것은?

① 매리골드 ② 피튜니아
③ 채송화 ④ 샐비어

☞ 봄에 씨를 뿌린다는 것은 가을에 꽃을 본다는 뜻이다. 피튜니아는 봄에 씨를 뿌려 6월에서 가을까지 오랜 시간 꽃을 볼 수 있는 다년생 초화이며 한국에서만 1년생으로 분류해서 쓰고 있다.

35 다음 [보기]가 설명하는 합성수지의 종류는?

> - 특히 내수성, 내열성이 우수하다.
> - 내연성, 전기적 절연성이 있고 유리섬유판, 텍스, 피혁류 등의 접착이 가능하다.
> - 용도는 방수제, 도료, 접착제 등이다.
> - 500℃ 이상 견디는 수지다.
> - 용도는 방수제, 도료, 접착제로 사용된다.

① 실리콘수지 ② 멜라민수지
③ 푸란수지 ④ 폴리에틸렌수지

해설 실리콘은 접착, 방수제로 가장 많이 사용하며 500℃ 이상 견디는 수지이다.

36 조경수목 중 낙엽수류의 일반적인 뿌리돌림 시기로 가장 알맞은 것은?

① 3월 중순~4월 상순
② 5월 상순~7월 상순
③ 7월 하순~8월 하순
④ 8월 상순~9월 상순

해설 낙엽수의 뿌리돌림 시기는 이른 봄 수액이 이동하기 시작할 때가 적기이다.

37 병·해충의 화학적 방제 내용으로 틀린 것은?

① 병·해충을 일찍 발견해야 방제효과가 크다.
② 될 수 있으면 발생 후에 약을 뿌려준다.
③ 병·해충이 발생하는 과정이나 습성을 미리 알아두어야 한다.
④ 약해에 주의해야 한다.

해설 병·해충은 예방이 최우선이고 발병 후에는 신속하게 구제를 하여야 전염을 방지할 수 있다.

38 응애만을 죽이는 농약의 종류에 해당하는 것은?

① 살충제
② 살균제
③ 살비제
④ 살서제

해설 응애류를 구제하기 위해 사용하는 약제를 살비제라 한다.

39 낙엽수의 휴면기 겨울 전정(12월~3월)의 장점으로 틀린 것은?

① 병충해의 피해를 입은 가지의 발견이 쉽다.
② 가지의 배치나 수형이 잘 드러나므로 전정하기가 쉽다.
③ 굵은 가지를 잘라 내어도 전정의 영향을 거의 받지 않는다.
④ 막눈 발생을 유도하며 새가지가 나오기 전까지 수종 고유의 아름다운 수형을 감상할 수 있다.

해설 ①, ②, ③항은 겨울 전정의 장점이다.

40 조경수목 중 탄수화물의 생성이 풍부할 때 꽃이 잘 필 수 있는 조건에 맞는 탄소와 질소의 관계로 가장 적당한 것은?

① N > C ② N = C
③ N < C ④ N ≥ C

해설 C(탄소), N(질소)의 비를 C/N율 또는 탄질율이라고 하며 질소보다 탄소가 많아야 화아분화가 잘 이루어진다.

41 굳지 않은 콘크리트의 성질을 표시하는 용어 중 거푸집 등의 형상에 순응하여 채우기 쉽고, 분리가 일어나지 않는 성질을 가리키는 것은?

① 워커빌리티(workability)
② 컨시스턴시(consistency)
③ 플라스티시티(plasticity)
④ 펌퍼빌리티(pumpability)

> • 워커빌리티(workability) : 작업난이도, 재료의 분리에 저항하는 성질
> • 컨시스턴시(consistency) : 물의 양에 따른 콘크리트의 반죽질기
> • 펌퍼빌리티(pumpability) : 펌프카 압송 난이도

42 잔디 1매(30×30cm)에 1본의 꼬치가 필요하다. 경사 면적이 45m²인 곳에 잔디를 전면붙이기로 식재하려 한다면 이 경사지에 필요한 꼬치는 약 몇 개인가?(단, 가장 근사값을 정한다.)

① 46본   ② 333본
③ 450본   ④ 495본

> 전체 면적을 뗏장의 면적으로 나누면 소요 매수를 구할 수 있다.
> 45m² ÷ 0.09m² = 500매

43 디딤돌 놓기의 방법 설명으로 틀린 것은?

① 디딤돌의 간격은 보폭을 고려하여야 한다.
② 디딤돌 놓기는 직선 위주로 놓는다.
③ 디딤돌이 시작하는 곳, 끝나는 곳, 갈라지는 곳에는 다른 것에 비해 큰 디딤돌을 놓는다.
④ 디딤돌의 긴지름은 보행자 진행 방향과 수직을 이루어야 한다.

> 디딤돌은 일직선이 아니라 지그재그로 놓는다.

44 다음 중 제초제가 아닌 것은?

① 페니트로티온수화제
② 시마진수화제
③ 알라클로르유제
④ 패러쾃디클로라이드액제

> 페니트로티온수화제는 살충제로서 메프제가 여기에 속한다.
> ②, ③, ④외에 뷰타클로르(마세트), 싸이오벤카브(사단), 트라이아진제(아트라진, 시마진) 글리포세이트(근사미) 등이 있다.

45 일반적으로 표면 배수 시 빗물받이는 몇 m마다 1개씩 설치하는 것이 효과적인가?

① 1~10m
② 20~30m
③ 40~50m
④ 60~70m

> 표면 배수는 빗물이 지하로 흡수되기 전 표면수를 배수하는 것으로 빗물받이(우수거)는 측구 20~30m마다 1개씩 설치한다.

46 야외용 의자 제작 시 2인용을 기준으로 할 때 얼마 정도의 길이가 필요한가?(단, 여유 공간을 포함한다.)

① 60cm 정도   ② 120cm 정도
③ 180cm 정도 ④ 200cm 정도

> 1인용은 45~47cm, 2인용은 120cm, 3인용은 180cm 정도이다.

47 화단을 조성하는 장소의 환경 조건과 구성하는 재료 등에 따라 구분할 때 "경재화단"에 대한 설명으로 바른 것은?

① 화단의 어느 방향에서나 관상 가능하도록 중앙 부위는 높게, 가장자리는 낮게 조성한다.
② 양쪽 방향에서 관상할 수 있으며 키가 작고 잎이나 꽃이 화려하고 아름다운 것을 심어준다.
③ 전면에서만 감상되기 때문에 화단 앞쪽은 키가 작은 것을, 뒤쪽으로 갈수록 큰 초화류를 심는다.
④ 가장 규모가 크고 아름다운 화단으로 광장이나 잔디밭 등에 조성되며 화려하고 복잡한 문양 등으로 펼쳐진다.

해설 ① – 기식화단, ② – 리본화단, ④ – 화문화단

48 소나무 혹병의 환부가 4~5월경에 터져서 흩어져 나오는 포자는?

① 녹포자   ② 녹병포자
③ 여름포자 ④ 겨울포자

해설 녹포자는 녹균류 생식기관의 일종으로 녹포자기에 의해 만들어진 홀씨이다.

49 다음 설명과 관련이 있는 잔디의 병은?

- 17~22°C 정도의 기온에서 습윤 시 잘 발생
- 질소질 비료 성분이 부족한 지역에서 발생하기 쉬움
- 담자균류에 속하는 곰팡이로서 년 2회 발생
- 디니코나졸수화제를 살포하여 방제

① 흰가루병   ② 그을음병
③ 잎마름병   ④ 녹병

해설 녹병은 장마철 등 습할 때 자주 깎아주지 않아서 발생하는 병으로, 질소질 비료 성분이 과다할 때 발병율이 높다.

50 조경공사에서 수목 및 잔디의 할증률은 몇 %인가?

① 1%
② 5%
③ 10%
④ 20%

해설 수목 등 식물 재료의 할증율은 10%이다.

51 시공관리의 주요 계획목표라고 볼 수 없는 것은?

① 우수한 품질
② 공사기간의 단축
③ 우수한 시각미
④ 경제적 시공

해설 시공의 4대 목표는 싸게, 안전하게, 빨리, 품질 좋게이다.

52 다음 중 정구장과 같이 좁고 긴 형태의 전지역을 균일하게 배수하려는 암거방법은?

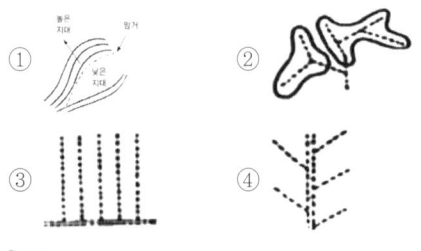

해설 ① – 차단법, ② – 자유형, ④ – 어골형

53 좁은 정원에 식재된 나무가 필요 이상으로 커지지 않게 하기 위하여 녹음수를 전정하는 것은?

① 생장을 돕기 위한 전정
② 생장을 억제하는 전정
③ 생리 조정을 위한 전정
④ 갱신을 위한 전정

  해설 가로수 등 수목이 필요 이상으로 커지지 않게 하는 전정은 생장을 억제하기 위한 전정이다.

54 새끼줄로 뿌리부분을 감는 방법 중 석줄 두 번 걸기를 표현한 것은?

 ① ②

 ③ ④

해설

석줄한번감기 석줄두번감기 넉줄한번감기

55 세포분열을 촉진하여 식물체의 각 기관들의 수를 증가, 특히 꽃과 열매를 많이 달리게 하고, 뿌리의 발육, 녹말 생산, 엽록소의 기능을 높이는데 관여하는 영양소는?

① N ② P
③ K ④ Ca

  해설 꽃과 열매를 많이 달리게 하는 비료는 인(P)이다.

56 추위에 의하여 나무의 줄기 또는 수피가 수선 방향으로 갈라지는 현상을 무엇이라 하는가?

① 고사
② 피소
③ 상렬
④ 괴사

  해설 상렬은 지상 0.5m~1.0m의 수간에서 많이 발생하며, 피소는 여름철 볕에 줄기가 열을 받아 갈라지는 현상이다.

57 토공사에서 흐트러진 상태의 토양변환율이 1.1일 때 터파기량이 10m³, 되메우기량이 7m³ 이라면 잔토처리량은?

① 3m³
② 3.3m³
③ 7m³
④ 17m³

  해설 잔토량 = 터파기량 − 되메우기량
  (10−7)×1.1(흐트러진 상태 토량변화율) = 3.3m³

58 돌가루와 아스팔트를 섞어 가열한 것을 식기 전에 다져 놓은 자갈층 위에 고르게 깔아 롤러로 다져 끝맺음한 포장방법은?

① 소형고압블럭포장
② 콘크리트포장
③ 아스팔트포장
④ 마사토포장

  해설 아스팔트는 석유 원유 중 휘발성 기름 성분을 제외한 찌꺼기로써 검정색을 띤다. 고온에서는 액체 상태가 되고 저온에서는 딱딱해지는 성질을 가지고 있다.

59 연못의 급배수에 대한 설명으로 부적합한 것은?

① 배수공은 연못 바닥의 가장 깊은 곳에 설치한다.
② 항상 일정한 수위를 유지하기 위한 시설을 토수구라 한다.
③ 순환 펌프 시설이나 정수시설을 설치 시 차폐식재를 하여 가려준다.
④ 급배수에 필요한 파이프의 굵기는 강우량과 급수량을 고려해야 한다.

> 해설 항상 일정한 수위를 유지하기 위한 시설을 월류구(Over Flow)라 한다.

60 덩굴식물이 시설물을 타고 올라가 정원적인 미를 살릴 수 있는 시설물이 아닌 것은?

① 파골라 ② 테라스
③ 아치   ④ 트렐리스

> 해설 테라스(terrace)는 실내 휴게 공간의 옥외로의 연장으로서 노단의 개념을 가지고 있다. 즉, 단이 있는 휴게 공간이라고 이해하면 된다.

ANSWER — CBT 복원문제 2017년 2회

01	02	03	04	05	06	07	08	09	10
①	③	③	③	③	②	①	①	④	④
11	12	13	14	15	16	17	18	19	20
③	④	②	①	②	③	④	②	②	③
21	22	23	24	25	26	27	28	29	30
②	④	②	④	④	④	②	②	④	④
31	32	33	34	35	36	37	38	39	40
①	③	④	②	①	①	②	③	④	③
41	42	43	44	45	46	47	48	49	50
③	④	①	②	②	②	①	①	④	③
51	52	53	54	55	56	57	58	59	60
③	③	②	④	②	②	②	①	②	②

01 '조경가'에 관한 설명으로 부적합한 것은?

① 조경가와 건축가의 작업은 많은 유사성이 있다.
② 정원사와 같은 개념이다.
③ 미국의 옴스테드가 처음으로 용어를 사용했다.
④ 경관을 조성하는 전문가이다.

📖 정원사는 원(園)을 다스리는 사람으로서 협의의 의미이며 조경(造景)의 일부라 할 수 있다.

02 고려시대 조경 수법은 대비를 중요시 하는 양상을 보인다. 어느 시대의 수법을 받아 들였는가?

① 신라시대 수법
② 일본 임천식 수법
③ 중국 당시대 수법
④ 중국 송시대 수법

📖 고려 시대는 중국 송나라, 금나라, 원나라와 시대적 배경을 같이 하며, 특히 사대부 중심의 화려한 관상 위주의 조경 양식이 발달한 송나라의 영향을 많이 받았다.

03 다음 중 경복궁 교태전 후원과 관계없는 것은?

① 화계가 있다.
② 상량전이 있다.
③ 아미산이라 칭한다.
④ 굴뚝은 육각형 4개가 있다.

📖 상량전은 창덕궁 낙선재의 후원이다.

04 다음 중 사절우(四節友)에 해당하지 않는 것은?

① 소나무   ② 난초
③ 국화   ④ 대나무

📖 사절우(四節友)란 4개의 절개가 곧은 친구라는 뜻으로 매화, 소나무, 국화, 대나무이다.
※사군자(四君子) : 매화(梅花), 난초(蘭草), 국화(菊花), 대나무(竹)

05 조선시대 전기 조경관련 대표 저술서이며, 정원 식물의 특성과 번식법, 괴석의 배치법, 꽃을 화분에 심는 법, 최화법(催花法), 꽃이 꺼리는 것, 꽃을 취하는 법과 기르는 법, 화분 놓는법과 관리법 등의 내용이 수록되어 있는 것은?

① 양화소록   ② 작정기
③ 동사강목   ④ 택리지

📖 조선 세조때 강희안(姜希顔)이 집필한 원예서 이다.
• 중국 : 명나라 계성의 [원야]
• 일본 : 평안시대 귤준강 [작정기]

06 중국 조경의 시대별 연결이 옳은 것은?

① 명 – 이화원(頤和園)
② 진 – 화림원(華林園)
③ 송 – 만세산(萬歲山)
④ 명 – 태액지(太液池)

> 해설
> • 청 – 이화원(頤和園)
> • 남북조(북위) – 화림원(華林園)
> • 한 – 태액지(太液池)

07 다음 중 일본 정원과 관련이 가장 적은 것은?

① 축소 지향적   ② 인공적 기교
③ 통경선의 강조 ④ 추상적 구성

> 해설
> 통경선은 비스타(Vista)라고 하며 프랑스의 평면 기하학식 정원에서 주로 사용되는 기법이다.

08 정토사상과 신선사상을 바탕으로 불교 선(禪)사상의 직접적 영향을 받아 극도의 상징성(자연석이나 모래 등으로 산·수 자연을 상징)으로 조성된 14~15세기 일본의 정원양식은?

① 중정식 정원   ② 고산수식 정원
③ 전원풍경식 정원 ④ 다정식 정원

> 해설
> • 중정식 정원 : 스페인 정원양식
> • 전원풍경식 정원 : 18세기 영국
> • 다정식 정원 : 16세기 일본

09 앙드레 르 노트르가 유명하게 된 것은 어떤 정원을 만든 후 부터인가?

① 베르사이유(Versailles)
② 센트럴파크(Central park)
③ 토스카나장(Villa Toscana)
④ 알함브라(Alhambra)

> 해설
> 앙드레 르 노트르는 이탈리아에서 수학한 후 고국으로 돌아와 최초 평면 기하학식 정원인 니콜라스 푸케의 보르비콩트 정원을 조성하였다. 이는 베르사유궁 정원을 설계하는 계기가 되었으며 이로 인해 큰 명성을 얻게 된다.

10 먼셀의 색상환에서 BG는 무슨 색인가?

① 연두   ② 남색
③ 청록   ④ 노랑

> 해설
> 먼셀의 20 색상환에서 B는 청색(Blue), G는 녹색(Green)이다.

11 다음 설명의 ( )에 들어갈 각각의 용어는?

> • 면적이 커지면 명도와 채도가 (㉠)
> • 큰 면적의 색을 고를 때의 견본색은 원하는 색보다 (㉡)색을 골라야 한다.

① ㉠ 높아진다   ㉡ 밝고 선명한
② ㉠ 높아진다   ㉡ 어둡고 탁한
③ ㉠ 낮아진다   ㉡ 밝고 선명한
④ ㉠ 낮아진다   ㉡ 어둡고 탁한

> 해설
> 면적대비에 관한 내용으로, 동일한 색이라도 면적에 따라 채도와 명도가 달라져 보이는 현상을 말한다.

12 명암순응(明暗順應)에 대한 설명으로 틀린 것은?

① 눈이 빛의 밝기에 순응해서 물체를 본다는 것을 명암순응이라 한다.
② 맑은 날 색을 본것과 흐린 날 색을 본것이 같이 느껴지는 것이 명순응이다.
③ 터널에 들어갈 때와 나갈때의 밝기가 급격히 변하지 않도록 명암 순응 식재를 한다.

④ 명순응에 비해 암순응은 장시간을 필요로 한다.

📖 명암순응은 밝은 것에 대한 순응과 어두운 것에 대한 순응을 말한다.(예 : 극장에 들어갈 때(암순응)와 나올 때(명순응)의 순응)

13 감산혼합의 3원색에 해당하지 않는 것은?

① 시안(Cyan)
② 마젠타(Magenta)
③ 옐로(Yellow)
④ 블루(Blue)

📖 가산혼합의 3원색은 빨강(Red), 초록(Green), 파랑(Blue)이며, 감산혼합의 3원색은 시안(Cyan), 마젠타(Magenta), 옐로(Yellow)이다. 또한 시안과 마젠타의 색을 섞으면 파랑(Blue), 마젠타와 옐로를 섞으면 빨강(Red), 시안과 옐로를 섞으면 초록(Green)이 나타난다. 시안, 마젠타, 옐로를 모두 섞으면 검정(Black)이 나타난다.

14 주변 지역의 경관과 비교할 때 지배적이며, 특징을 가지고 있어 지표적인 역할을 하는 것을 무엇이라 하는가?

① vista
② districts
③ nodes
④ landmarks

📖 도시의 이미지 형성 5가지 물리적 요소 (K.Lynch)

구분	개념
통로(path)	연속성과 방향성을 제시 (ex : 길, 고속도로)
모서리 (edges)	지역과 지역을 갈라 놓거나 관찰자의 통행이 단절되는 부분 (ex : 한강제방)
지역(distrc)	중심지, 사대문 안의 상업지역
결절점 (node)	도로의 접합점(ex : 광장, 로터리)
랜드마크 (landmark)	눈에 뚜렷한 지형지물이나 지표물 (ex : 남산, 63빌딩)

15 기본계획 수립 시 도면으로 표현되는 작업이 아닌 것은?

① 동선계획
② 집행계획
③ 시설물배치계획
④ 식재계획

📖 집행계획은 집행에 관한 계획을 세우는 것으로 도면화 되는 것이 아니다.

16 축척 1/50 도면에서 도상(圖上)에 가로 6cm, 세로 8cm 길이로 표시된 연못의 실제 면적(㎡)은?

① 12
② 24
③ 36
④ 48

📖

또는 가로 세로를 실제 거리로 환산하여 면적 산출
(6×50) × (8×50) = 300cm(3m) × 400cm(4m)

17 조감도는 소점이 몇 개인가?

① 1개
② 2개
③ 3개
④ 4개

📖 소점이란 물체 기준면 즉, 기면과 평행으로 모이는 점으로 조감도는 기면이 3개이므로 3소점이다.

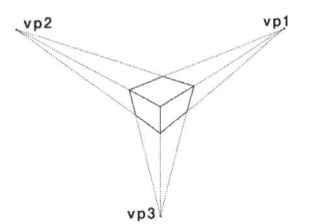

18 넓은 초원과 같이 시야가 가리지 않고 멀리 터져 보이는 경관을 무엇이라 하는가?

① 전경관   ② 지형경관
③ 위요경관 ④ 초점경관

• 지형경관 : 지형지물이 경관에서 지배적인 위치를 지니는 경우
• 위요경관 : 수목, 경사면 등의 주위 경관 요소들에 의하여 울타리처럼 자연스럽게 둘러싸여 있는 경관
• 초점경관 : 관찰자의 시선이 경관 내의 어느 한 점으로 유도되도록 구성된 경관

19 도시공원 및 녹지 등에 관한 법규상 도시공원 설치 및 규모의 기준에서 어린이 공원의 최소규모는 얼마인가?

① 500㎡   ② 1,000㎡
③ 1,500㎡ ④ 2,000㎡

유치거리 250m 이하, 면적 1,500㎡ 이상

20 다음 중 미끄럼틀 활주판의 활강 각도는 얼마인가?

① 25°   ② 30°
③ 35°   ④ 40°

활강 각도는 지면과 활주판이 이루는 각을 말하며, 35°로 옥외 계단의 각과 동일하다.

21 소철과 은행나무의 공통점으로 옳은 것은?

① 속씨식물
② 자웅이주
③ 낙엽침엽교목
④ 우리나라 자생식물

소철과 은행은 겉씨식물이며, 은행은 낙엽 침엽 교목 이지만 소철은 상록 침엽 관목이며 원산지는 중국과 일본이다.

22 가로수가 갖추어야 할 조건이 아닌 것은?

① 공해에 강한 수목
② 답압에 강한 수목
③ 지하고가 낮은 수목
④ 이식에 잘 적응하는 수목

가로수 보행자에게 지장을 주면 안되기 때문에 지하고가 높아야 한다.

23 다음 중 옻나무와 관련된 설명 중 가장 거리가 먼 것은?

① 열매는 핵과로 편 원형이며 연한 황색으로 10월에 익는다.
② 주로 숫나무가 암나무 보다 옻액이 많이 생산된다.
③ 독립 생장한 나무가 밀집 생장한 나무보다 옻액이 많이 생산된다.
④ 표피가 울퉁불퉁한 나무가 부드러운 나무 보다 옻액이 많이 생산된다.

표피가 부드럽고 매끈한 나무가 옻액이 많이 생산된다.

24 다음 설명에 적합한 수목은?

• 감탕나무과 식물이다.
• 상록활엽소교목으로 열매가 적색이다.
• 잎은 호생으로 타원상의 6각형이며 가장자리에 바늘 같은 각점(角點)이 있다.
• 자웅이주이다.
• 열매는 구형으로서 지름 8~10mm이며, 적색으로 익는다.

① 감탕나무   ② 낙상홍
③ 먼나무   ④ 호랑가시나무

①, ②, ③, ④ 수종의 공통점은 모두 감탕나무과 수종이며, 열매가 적색이다. 또한 감탕나무와 먼나무는 잎이 호생이며 자웅이주 이지만 열매의 크기가 5~8mm로 호랑가시보다 작다.

25 다음 중 미선나무에 대한 설명으로 옳은 것은?

① 열매는 부채 모양이다.
② 꽃색은 노란색으로 향기가 있다.
③ 상록활엽교목으로 산야에서 흔히 볼 수 있다.
④ 원산지는 중국이며 세계적으로 여러 종이 존재 한다.

미선나무는 우리나라 에서만 자라는 한국 특산 식물로 1속 1종만 존재한다. 물푸레나무과의 낙엽 관목이며 3월에 흰색 꽃이 잎보다 먼저 핀다.

26 다음 중 낙우송의 설명으로 옳지 않은 것은?

① 잎은 5~10cm 길이로 마주나는 대생이다.
② 소엽은 편평한 새의 깃 모양으로서 가을에 단풍이 든다.
③ 열매는 둥근 달걀모양으로 길이 2~3cm 지름1.8~3.0cm의 암갈색이다.
④ 종자는 삼각형의 각모에 광택이 있으며 날개가 있다.

대생으로 잎이 마주나는 수종은 메타세콰이아이다.

27 가로2m×세로 50m의 공간에 H0.4×W0.5 규격의 영산홍으로 생울타리를 만들려고 하면 사용되는 수목의 수량은 약 얼마인가?

① 50주
② 100주
③ 200주
④ 400주

관목은 1㎡당 4본을 적정 본수로 한다.
2m×50m=100㎡, 100㎡×4주 = 400주

28 조경 시공 재료의 기호 중 벽돌에 해당하는 것은?

①
②
③
④

① : 타일 및 테라코타, ③ : 지반, ④ : 금속

29 콘크리트공사에서 워커빌리티의 측정법으로 부적합한 것은?

① 표준관입시험
② 구관입시험
③ 다짐계수시험
④ 비비(Vee-Bee)시험

표준관입시험은 63.5kg 해머를 75cm의 높이에서 30cm 관입하는데 필요한 타격 횟수를 관측하는 시험으로, 지반이 건물의 무게를 견딜 수 있는 능력을 측정하는 시험이다.

30 일반적 크기가 20~30mm 정도이고, 최대치수는 40mm이며, 콘크리트 혼합용으로 사용되는 돌 이름을 무엇이라 하는가?

① 산석
② 자갈
③ 모래
④ 잡석

자갈은 보통 굵은 골재라 하고 용적 배합 시 시멘트 - 모래 - 자갈의 비가 1:2:4, 1:3:6, 1:4:8 이다.

31 암석을 구성하고 있는 조암 광물질의 집합 상태에 따라 생기는 눈 모양을 무엇이라 하는가?

① 절리 ② 층리
③ 석목 ④ 석리

> 해설 광물 입자들이 모여서 이루는 작은 규모의 조직으로서 암석을 분류하고 성인(成因)을 추정할 때에 중요한 단서가 된다.
> • 절리 : 암석에 외력이 가해져 갈라진 금이나 틈
> • 층리 : 퇴적암에서 볼 수 있는 암석의 층상 배열상태
> • 석목 : 석재의 층에서 볼 수 있는 절리 등으로 인해 결정의 병행상태에 따라 절단이 용이한 방향성을 말한다.

32 진비중이 2.6이고, 가비중이 1.2인 토양의 공극율은 약 얼마인가?

① 34.2% ② 46.5%
③ 53.8% ④ 66.4%

> 해설 공극율 = $(1 - \frac{가비중}{진비중}) \times 100$
> $= (1 - \frac{1.2}{2.6}) \times 100 = 53.85\%$

33 보통포틀랜드 시멘트와 비교했을때 고로(高爐)시멘트의 일반적 특성에 해당되지 않는 것은?

① 초기 강도가 크다.
② 내열성이 크고 수밀성이 양호하다.
③ 해수(海水)에 대한 저항성이 크다.
④ 수화열이 적어 매스콘크리트에 적합하다.

> 해설 슬래그 시멘트(고로 시멘트)
> • 제철소의 용광로에서 생긴 광재(slag)를 넣어 만든다.
> • 수화열이 낮고, 해수에 대한 저항성이 크다.
> • 내구성과 화학적 저항성이 크다.
> • 폐수시설, 하수도 항만 등에 사용된다.
> • 조기강도는 작고, 장기강도가 크다.

34 다음 중 목재의 장점이 아닌 것은?

① 가격이 비교적 저렴하다.
② 온도에 대한 팽창, 수축이 비교적 작다
③ 생산량이 많으며 입수가 용이하다.
④ 크기에 제한을 받는다.

> 해설 목재의 단점으로는 부패성이 크고 구부러지고 옹이가 있으며 함수율에 따라 변형이 잘 된다는 것이다.

35 거푸집에 쉽게 다져 넣을 수 있고 거푸집을 제거하면 천천히 형상이 변화하지만 재료가 분리되거나 허물어지지 않는 굳지 않은 콘크리트의 성질은?

① workability ② plasticity
③ consistency ④ finishability

> 해설
> • 반죽질기(consistency) : 물양의 다소에 따른 반죽의 되고 진 정도를 나타내는것. 굳지 않은 콘크리트의유동성
> • 워커빌리티(workability) : 콘크리트 칠 때 적당한 유동성과 점성이 있어 시공부분에 잘 채워지고 분리를 일으키지 않는 정도, 작업난이도라고도 함
> • 성형성(plasticity) : 거푸집으로 쉽게 성형할 수 있으며, 풀기가 있어 거푸집 제거시 허물어지거나 재료의 분리가 없는 성질
> • 피니셔빌리티(finishability)
>   – 콘크리트 표면을 마무리 할 때의 난이도 정도를 나타내는 말
>   – 워커빌리티와 반드시 일치하지는 않음
>   – 굵은 골재의 최대 치수, 잔골재율, 잔골재의 입도, 반죽 질기 등에 의해 난이도가 변함
> • 블리딩(bleeding) : 재료 선택, 배합이 부적당한 경우, 물이 분리되어 먼지와 함께 위로 올라오는 현상
> • 레이턴스(laitance) : 블리딩에 의해 콘크리트 표면에서 침전하고 말라붙어 표피를 형성한 것

36 우리나라에서 사용되고 있는 점토벽돌은 기존형과 표준형으로 분류되는데 그 중 기존형 벽돌의 규격은?

① 20cm×9cm×5cm
② 21cm×10cm×6cm
③ 22cm×12cm×6.5cm
④ 19cm×9cm×5.7cm

표준형 벽돌

기존형 벽돌

37 목재의 건조 방법은 자연건조법과 인공건조법으로 구분될 수 있다. 다음 중 인공건조법이 아닌 것은?

① 증기법
② 침수법
③ 훈연건조법
④ 고주파건조법

해설 자연건조법

구분	내용
공기건조법	• 목재를 자연 기상조건에 의해 건조하는 것으로, 통풍이 잘되는 음지에 쌓아서 건조시키는 방법 • 침엽수: 3~6개월, 활엽수: 6~12개월 소요
침수(수침)법	• 3~4주 물에 담갔다가 2~3주 공기중에 건조시키는 과정을 반복

38 다음 설명하는 열경화수지는?

• 강도가 우수하며, 베이클라이트를 만든다.
• 내산성, 전기 절연성, 내약품성, 내수성이 좋다.
• 내알칼리성이 약한 결점이 있다.
• 내수합판, 접착제 용도로 사용된다.

① 요소계수지 ② 메타아크릴수지
③ 염화비닐계수지 ④ 페놀계수지

해설 열경화성 수지는 축합반응을 하여 고분자로 된 것이며 한번 굳어지면 열을 가해도 소성되지 않는 수지로 에폭시, 페놀, 요소, 멜라민, 아미노수지, 폴리에스테르 등이 있다. 그 중 베이클라이트(절연재)로 사용되는 것은 페놀이다.

39 목재의 방부재(preservate)는 유성, 수용성, 유용성으로 크게 나눌 수 있다. 유용성으로 방부력이 대단히 우수하고 열이나 약제에도 안정적이며 거의 무색제품으로 사용되는 약제는?

① PCP ② 염화아연
③ 황산구리 ④ 크레오소트

해설 PCP(펜타클로로페놀, pentachlorophenol)는 유기염소계의 살충력이 강한 살충제 성분이다. 참고로 크레오소트는 냄새가 고약해서 철도 침목 등에 사용되는 유용성 방부제이다.

40 다음 중 조경수목의 꽃눈분화, 결실 등과 가장 관련이 깊은 것은?

① 질소와 탄소비율 ② 탄소와 칼륨비율
③ 질소와 인산비율 ④ 인산과 칼륨비율

해설 탄질율은 화아분화와 관련이 깊으며 C/N율이라고도 한다.
C > N인 경우 화아분화가 잘 된다.

41 다음 [보기]와 같은 특징을 갖는 암거배치 방법은?

- 중앙에 큰 맹암거를 중심으로 하여 작은 맹암거를 좌우에 어긋나게 설치하는 방법
- 경기장 같은 평탄한 지형에 적합하며, 전 지역의 배수가 균일하게 요구되는 지역에 설치
- 주관을 경사지에 배치하고 양측에 설치

① 빗살형 ② 부채살형
③ 어골형 ④ 자연형

해설 암거배치방법의 구분

구분	내용	형태
어골형	• 주관을 중앙에 비스듬히 지관을 설치하는 것 • 경기장 같은 평탄한 지역에 적합, 전 지역의 배수 균일	
절치형(빗살형)	• 지역 경계 근처에 주관 설치, 한쪽 측면에 지관을 설치하여 연결하는 것 • 비교적 좁은 면적의 전 지역 균일하게 배수할 때 이용	
선형(부채살형)	• 주관, 지관의 구분이 없이 같은 표기의 관이 부채살 모양으로 1개 지점으로 집중되게 설치하여 집수 후 배수시킴	
차단법	• 경사면 위나 자체의 유수를 막기 위해 사용 • 경사면 바로 위쪽에 배수구를 설치하여 유수를 막는 방법	
자연형	• 전면 배수 요구되지 않는 지역에서 많이 사용 • 지형의 등고선을 따라 주관을 설치하고 지관을 설치하는 방법	

42 제초제 1000ppm은 몇 %인가?

① 0.01%
② 0.1%
③ 1%
④ 10%

해설 ppm(parts per million)은 $\frac{1}{1,000,000}$을 말하고 1%는 10,000ppm이다.

43 수목 외과 수술의 시공 순서로 옳은 것은?

㉠ 동공 가장자리의 형성층 노출
㉡ 부패부 제거
㉢ 표면 경화처리
㉣ 동공 충진
㉤ 방수처리
㉥ 인공수피 처리
㉦ 소독 및 방부처리

① ㉠-㉥-㉡-㉢-㉣-㉤-㉦
② ㉡-㉦-㉠-㉥-㉤-㉢-㉣
③ ㉠-㉡-㉢-㉣-㉤-㉥-㉦
④ ㉡-㉠-㉦-㉣-㉤-㉢-㉥

해설 부패부제거 → 형성층노출 → 살균·살충처리 → 방부·방수처리 → 동공충진 → 매트처리 → 인공나무껍질처리 → 수지처리

44 콘크리트 혼화제 중 내구성 및 워커빌리(workbility)를 향상시키는 것은?

① 감수제 ② 경화촉진제
③ 지연제 ④ 방수제

해설 표면활성제인 감수제는 시멘트 입자를 분산시켜 워커빌리티를 좋게하고 수화작용을 촉진하여 강도를 증진시킨다.

45 조경식재 공사에서 뿌리돌림의 목적으로 가장 부적합한 것은?

① 뿌리분을 크게 만들려고
② 이식 후 활착을 돕기 위해
③ 잔뿌리의 신생과 신장도모
④ 뿌리 일부를 절단 또는 각피하여 잔뿌리 발생촉진

> 뿌리돌림은 잔뿌리 발생을 촉진 시켜 이식 후 활착을 돕기 위해 이른 봄에 실시하는 단근 박피 작업이다.

46 체계적인 품질관리를 추진하기 위한 데밍(Deming's Cycle)의 관리로 가장 적합한 것은?

① 계획(Plane) – 추진(Do) – 조치(Action) – 검토(Check)
② 계획(Plane) – 검토(Check) – 추진(Do) – 조치(Action)
③ 계획(Plane) – 조치(Action) – 검토(Check) – 추진(Do)
④ 계획(Plane) – 추진(Do) – 검토(Check) – 조치(Action)

> PDCA 사이클은 Dr. W. Edward Deming이 고안한 품질 관리를 위한 방법으로 공장 및 관리회사에서 쓰이지만, 자기개발을 위한 목표 설정에도 활용된다. 이는 업무의 효율적이고 꾸준한 관리와 결과 달성 등에 목적이 있다.

47 다음 중 흙쌓기에서 비탈면의 안정 효과를 가장 크게 얻을 수 있는 경사는?

① 1:0.3 ② 1:0.5
③ 1:0.8 ④ 1:1.5

>
> 1은 수직고 1.5는 수평 거리를 의미한다.

48 조경공사에 사용되는 장비 중 운반용 기계에 해당되지 않는 것은?

① 덤프 트럭(dump truck)
② 크레인(crane)
③ 백호우(back hoe)
④ 지게차(forklift)

> 백호우는 기계가 서 있는 곳보다 낮은 곳의 굴착에 유리한, 주 용도가 굴착 기계이다.
> • 크램쉘 : 좁은 곳 수직 굴착
> • 드래그라인 : 기계가 서 있는 곳보다 낮은 곳의 연약지반 굴착, 수중굴착
> • 파워쇼빌 : 기계가 서있는 곳보다 높은 곳의 굴착

49 사람, 동물 또는 기계가 어떠한 일을 하는데 있어서 단위당 필요한 노력과 물질이 얼마가 되는지를 수량으로 작성해 놓은 것을 무엇이라 하는가?

① 투자
② 적산
③ 품셈
④ 견적

> 품셈 : 인간이나 동물 또는 기계가 공사 목적물을 달성하기 위하여 단위 물량 당 소요로 하는 노력(품)과 물질을 수량으로 표시한 것. 식재공사에서 지주목을 세우지 않을 때에는 인력시공 시에는 식재품의 10%, 기계시공 시에는 인력품의 20%를 감한다.

50 벽면적 4.8㎡ 크기에 1.5B 두께로 붉은 벽돌을 쌓고자 할때 벽돌의 소요 매수는?(단, 줄눈의 두께는 10mm이고, 할증률을 고려한다.)

① 925매 ② 963매
③ 1109매 ④ 1245매

📖 벽돌쌓기 기준량 (단위 : 매, ㎡당)

벽두께 규격	0.5B	1.0B	1.5B	2.0B	2.5B
표준형	75	149	224	298	373
기존형	65	130	195	260	325

4.8㎡ × 224매 ≒ 1076매,
1076 × 0.03(할증 3%) ≒ 33매
∴ 소요매수 = 1076 + 33 = 1109매

51 시방서의 기재 사항이 아닌 것은?

① 재료의 종류 및 품질
② 건물의 인도 시기
③ 재료에 필요한 시험
④ 시공 방법의 정도 및 완성에 관한 사항

📖 시방서란 재료의 품질, 치수, 시공방법 및 공법 등을 기술한 것이다.

52 길이쌓기 켜와 마구리쌓기 켜가 번갈아 반복되게 쌓는 방법으로 모서리나 벽이 끝나는 곳에 반절이나 2.5토막이 쓰이는 벽돌쌓기 방법은?

① 영국식 쌓기 ② 프랑스식 쌓기
③ 영롱쌓기 ④ 미국식쌓기

📖 영국식 쌓기 : 한켜 길이쌓기, 다음켜 마구리쌓기로 올라가며 마지막에 2.5토막이 쓰이는 구조적으로 가장 튼튼한 방법이다.

영국식쌓기   네덜란드 쌓기

프랑스식쌓기   미국식 쌓기

53 다음 중 이식하기 어려운 수종이 아닌 것은?

① 소나무
② 자작나무
③ 섬잣나무
④ 은행나무

📖 자작나무, 자귀나무, 소나무, 전나무, 목련, 백합나무, 섬잣나무, 참나무류 등은 이식이 어려운 수종이다.

54 개화, 결실을 목적으로 실시하는 정지, 전정의 방법으로 틀린 것은?

① 약지는 길게, 강지는 짧게 전정하여야 한다.
② 묵은 가지나 병충해 가지는 수액 유동 전에 전정한다.
③ 작은 가지나 내측으로 뻗은 가지는 제거 한다.
④ 개화 결실을 촉진하기 위하여 가지를 유인하거나 단근 작업을 실시한다.

📖 약지는 짧게(조금), 강지는 길게(많이) 전정하여야 한다.

55 다음 중 조경 수목의 병해와 방제 방법이 맞는 것은?

① 빗자루병 - 배수구 설치
② 검은점무늬병 - 만코제브수화제(다이센엠-45)
③ 잎녹병 - 페니트로티온수화제(메프치온)
④ 흰가루병 - 트리클로르폰수화제(드프록스)

- 빗자루병 : 옥시테트라사이클린 수간주사
- 잎녹병 : 만코제브수화제(다이센엠-45)
- 흰가루병 : 석회황합제, 4-4식보르도액, 베노밀 등

56 솔잎혹파리에 대한 설명 중 틀린 것은?

① 1년에 1회 발생한다.
② 유충으로 땅속에서 월동한다.
③ 우리나라에서는 1929년에 처음 발견되었다.
④ 유충은 솔잎을 밑부에서부터 갉아 먹는다.

솔잎혹파리 유충은 솔잎 밑부에 충영(벌레혹)을 만들어 즙액을 빨아 먹는다.

57 다음 식물에 발생하는 병 중 어린 가지와 열매 등이 검게 그을리게 되는 병은?

① 흰가루병   ② 녹병
③ 그을음병   ④ 탄저병

진딧물에 의해 1차 그을음병, 깍지벌레에 의해 2차 그을음병이 발생하며 광합성에 지장을 주게 된다.

58 다음 그림 중 수목의 가지에서 마디 위 다듬기의 요령으로 가장 좋은 것은?

눈과 너무 가까우면 눈이 말라 죽고, 너무 비스듬하면 증산량이 많아지며, 너무 많이 남겨 두면 양분의 손실이 크다.

눈의 위치와 자라는 방향   마디 위 자르기 요령

59 대추나무에 발생하는 전신병으로 마름무늬매미충에 의해 전염되는 병은?

① 갈반병   ② 잎마름병
③ 혹병   ④ 빗자루병

- 빗자루병은 마이코플라즈마에 의한 병으로 잎이 총생하는 것이 특징이다.
- 오동나무, 대추나무에 많이 발생하며 매개충인 마름무늬매미충과 담배장님노린재를 박멸하고, 옥시테트라 사이클린을 수간주입한다.

60 봄에 향나무의 잎과 줄기에 갈색의 돌기가 형성되고 비가 오면 한천모양이나 젤리모양으로 부풀어 오르는 병은?

① 향나무 가지마름병
② 향나무 그을음병
③ 향나무 붉은별무늬병
④ 향나무 녹병

해설 향나무 녹병
- 특징 : 잎과 가지에 발병하며 이종기생균으로 향나무에서 겨울포자세대를 보내고 배나무 등 장미과 수목에서 녹병정자와 녹포자세대를 거친다.
- 방제 : 향나무는 4~5월과 7월, 중간기주 수목은 4~6월에 트리아디메폰 수화제 800배액 또는 페나리몰 수화제 3,300배액을 10일 간격으로 4회 이상 살포한다

ANSWER — CBT 복원문제 2017년 3회

01	02	03	04	05	06	07	08	09	10
②	④	②	②	①	③	③	②	①	③
11	12	13	14	15	16	17	18	19	20
②	②	④	④	②	①	③	①	③	③
21	22	23	24	25	26	27	28	29	30
②	③	④	④	①	①	④	②	①	②
31	32	33	34	35	36	37	38	39	40
④	③	①	④	②	②	②	④	①	①
41	42	43	44	45	46	47	48	49	50
③	②	④	①	①	④	④	③	③	③
51	52	53	54	55	56	57	58	59	60
②	①	④	①	②	④	③	④	④	④

CBT 복원문제 _ 2018년 1회

01 주축선 양쪽에 짙은 수림을 만들어 주축선이 두드러지게 하는 비스타(Vista)수법을 가장 많이 이용한 정원은?

① 영국정원
② 독일정원
③ 이탈리아정원
④ 프랑스정원

> 프랑스 평면 기하학식은 비스타 수법을 이용하였으며, 비스타(Vista)란 좌우로의 시선이 숲 등에 의하여 제한되고 정면의 한 점으로 시선이 모이도록 구성되어 주축선이 두드러지게 하는 경관구성 수법이다.

02 부귀나 영화를 등지고 자연과 벗하며 농경하고 살기 위해 세운 주거를 별서(別墅)정원이라 한다. 우리나라의 현존하는 대표적인 것은?

① 윤선도의 부용동 원림
② 강릉의 선교장
③ 이덕유의 평천산장
④ 구례의 운조루

> • 강릉의 선교장 : 이내번이 족제비 떼를 쫓다가 우연히 발견한 명당터에 지은 상류 개인 주택으로 열화당, 동별당, 활래정 등이 있다.
> • 이덕유의 평천산장 : 중국 당나라 민가정원
> • 구례의 운조루 : 전남 구례군에 위치하며 낙안부사를 지낸 유이주가 지은 99칸의 집 중에서 사랑채를 말하며 명당 자리이다.

03 하나의 정원 속에 여러 비율로 꾸며 놓은 국부를 함께 가지고 있으며, 조화보다 대비를 한층 더 중요시한 나라는?

① 중국
② 영국
③ 독일
④ 한국

> 중국 정원의 특징은 강한 대비의 미를 즐겨 사용했다는 것이다.

04 다음 중 중국 4대 명원(四大名園)에 포함되지 않는 것은?

① 작원   ② 사자림
③ 졸정원   ④ 창랑정

> 중국 소주 지방의 4대 명원은 사자림, 졸정원, 창랑정, 유원이다.

05 중국 조경의 시대별 연결이 옳은 것은?

① 명 – 이화원(頤和園)
② 진 – 화림원(華林園)
③ 송 – 만세산(萬歲山)
④ 명 – 태액지(太液池)

> • 청 – 이화원(頤和園)
> • 남북조(북위) – 화림원(華林園)
> • 한 – 태액지(太液池)

06 다음 중 일본에서 가장 먼저 발달한 정원 양식은?

① 고산수식 ② 회유임천식
③ 다정 ④ 축경식

해설
- 고산수식 : 실정시대 (14 ~ 15C)
- 회유임천식 : 겸창시대 (12 ~ 13C)
- 다정 : 도산시대 (16C)
- 축경식 : 명치시대 (19 C)

07 고대 로마의 정원 배치는 3개의 중정으로 구성되어 있었다. 그 중 사적인 기능을 가진 제 2 중정에 속하는 곳은?

① 아트리움 ② 지스터스
③ 페리스틸리움 ④ 아고라

해설 중정의 구성

공간구성	아트리움 (atrium)	페리스틸리움 (peristylium)	지스터스 (xystus)
	제 1중정	제 2중정	
	무열주 중정 (無柱廊中庭)	주랑식 중정 (柱廊中庭)	후정
용도	공공장소 (손님접대)	가족의 사적인 공간	

08 스페인 정원의 특징과 관계가 먼 것은?

① 건물로서 완전히 둘러싸인 가운데 뜰 형태의 정원
② 정원의 중심부는 분수가 설치된 작은 연못 설치
③ 웅대한 스케일의 파티오 구조의 정원
④ 난대, 열대 수목이나 꽃나무를 화분에 심어 중요한 자리에 배치

해설 스페인 정원의 파티오는 웅대함보다는 화려함이 극치를 이루는 정원이다.

09 다음 중 영국의 풍경식 정원가가 아닌 사람은?

① 스테판 스위처 ② 조셉 에디슨
③ 윌리암 캔트 ④ 윌리암 챔버

해설 윌리암 챔버는 브라운파(풍경식정원)를 비판하였으며, 큐가든에 중국 양식의 탑을 세웠다.

10 19세기 정원의 실용적인 측면이 강조되어 독일에서 만들어진 정원의 형태는?

① 벨베데레원 ② 분구원
③ 지구라트 ④ 약초원

해설 분구원은 나라에서 시민에게 대여를 한 일종의 도심 텃밭이며 클라인가르텐(Kleingarten)이라고 통용되고 있다. 독일이 세계대전 시 군수물자 조달과 도시민의 식량 공급원으로 이용 되었다.

11 경관구성의 미적 원리를 통일성과 다양성으로 구분할 때 다양성에 해당하는 것은?

① 조화 ② 균형
③ 강조 ④ 대비

해설
- 통일성 : 조화, 균형, 대칭, 강조
- 다양성 : 비례, 율동, 대비

12 독도는 광활한 바다에 우뚝 솟은 바위섬이다. 독도의 전망대에서 바라보는 경관의 유형으로 가장 적합한 것은?

① 파노라마경관 ② 지형경관
③ 위요경관 ④ 초점경관

- 파노라마경관 : 전경관이라고도 하며 자연에 대한 존경심을 유발한다.
- 지형경관 : 지형지물이 우세적인 경관 요소로 작용하는경관으로 랜드마크 경관이라고도 한다.
- 위요경관 : 수평적인 요소에 수직적인 요소가 있으며 둘러싸여진 경관으로 아늑함을 느끼게 한다.(정적인 휴식공간으로 적당)
- 초점경관 : 시선이 한곳으로 모이도록 조성되는 경관으로 비스타 경관이라고도 한다.

13 차경에 대한 설명 중 적당하지 않은 것은?

① 멀리 바라 보이는 자연 풍경을 경관구성 재료의 일부분으로 이용하는 수법이다.
② 전망이 좋은 곳에서 쉽게 적용시킬 수 있는 수법이다.
③ 축을 강조하는 정원 양식에서 특히 많이 사용된다.
④ 차경을 이용할 때 정원은 깊이가 있게 된다.

차경(借景) : 멀리 바라 보이는 자연 풍경을 경관 구성 재료의 일부분으로 사용하는 수법으로 자연 풍경식 정원에서 널리 사용되는 수법이다.
축을 강조하는 정원은 정형식 정원이다.

14 조경 설계 과정에서 가장 먼저 이루어져야 할 것은?

① 구상 개념도 작성
② 실시 설계도 작성
③ 평면도 작성
④ 내역서 작성

① 목표설정 : 공간규모 계획
② 자료수집 : 자연환경분석, 인문환경분석
③ 분석 및 종합 : 수집된 자료를 분석 종합
④ 기본구상 : 기본 구상 및 공간 개념 도출
⑤ 기본계획
 – 대안작성 (반드시 2개 이상)
 – 최종안→기본계획도(Master Plan)
⑥ 기본설계 : 기본계획을 구체적으로 발전(각 공간의 정확한 규모, 마감방법 등)
⑦ 실시설계
 – 시공이 가능하도록 시공 도면을 작성
 – 상세도, 시방서, 내역서 작성
⑧ 시공 및 감리 : 식재시공, 시설물 시공
⑨ 유지관리 : 이용관리, 운영관리, 유지관리

15 도시공원 및 녹지 등에 관한 법규에 의한 어린이 공원의 설계 기준으로 부적합한 것은?

① 유치거리는 250m 이하
② 규모는 1,500㎡ 이상
③ 공원 시설 부지 면적은 60% 이하
④ 건물 면적은 10% 이하

도시공원 및 녹지 등에 관한 법률 6조, 11조 관련

	면적	건폐율
어린이공원		5%
근린공원	3만㎡ 이하	20%
	3만 ~ 10만㎡	15%
	10만㎡ 이상	10%
묘지공원		2%

16 도시공원 및 녹지 등에 관한 법률 시행규칙상 도시의 소공원 공원시설 부지면적 기준은?

① 100분의 20 이하
② 100분의 30 이하
③ 100분의 40 이하
④ 100분의 60 이하

도시공원 및 녹지등에 관한 법률 11조 도시공원 안 공원시설 부지 면적
* 소공원, 묘지공원 : 100분의 20 이하
* 근린공원 : 100분의 40 이하
* 체육공원 : 100분의 50 이하
* 어린이공원 : 100분의 60 이하
* 역사공원, 문화공원 : 제한없음

17 표준시방서의 기재 사항으로 맞는 것은?

① 공사량　　② 입찰방법
③ 계약절차　④ 사용재료 종류

🔍 표준시방서는 공사의 적정을 기하기 위해 공법, 사용재료 등의 시공 기준을 명시한 문서이다.

18 다음 중 정형식 배식유형은?

① 부등변삼각형식재
② 임의식재
③ 군식
④ 교호식재

단식 대식　열식　교호식재　집단식재

19 주택 정원의 대문에서 현관에 이르는 공간으로 명쾌하고 가장 밝은 공간이 되도록 조성해야 하는 곳은?

① 앞뜰　　② 안뜰
③ 뒷뜰　　④ 가운데 뜰

🔍 • 앞뜰(전정) : 외부에서 내부로 진입하는 전이 공간
• 안뜰(주정) : 가족 구성원의 주된 활동 공간
• 뒷뜰(후정) : 침실과 면한 정숙한 사색의 공간
• 가운데뜰(중정) : 건물과 회랑으로 둘러싸인 정원

20 침엽수로만 짝지어진 것이 아닌 것은?

① 향나무, 주목
② 낙우송, 잣나무
③ 가시나무, 구실잣밤나무
④ 편백, 낙엽송

🔍 가시나무와 구실잣밤나무는 남부수종으로서 상록활엽교목이다.

21 낙엽활엽소교목으로 양수이며 잎이 나오기 전 3월경 노란색으로 개화하고, 빨간 열매를 맺어 아름다운 수종은?

① 개나리　　② 생강나무
③ 산수유　　④ 풍년화

🔍 ①, ②, ③, ④ 모두 3월에 황색으로 개화하며, 개나리 열매는 황색, 생강나무와 풍년화 열매는 검정색이다.

22 다음중 양수로만 짝지어진 것은?

① 느티나무, 가죽나무
② 주목, 버즘나무
③ 아왜나무, 소나무
④ 식나무, 팔손이나무

🔍 음수 : 주목, 아왜나무, 식나무, 팔손이

23 서양 잔디의 특성 설명으로 가장 부적합한 것은?

① 그늘에서도 비교적 잘 견딘다.
② 대부분 숙근성 다년초로 병충해에 강하다.
③ 일반적으로 씨뿌림으로 시공한다.
④ 상록성인 것도 있다.

🔍 • 특성
– 서양에서 사료용 목초로 재배하던 것을 지피식물로 사용
– 한국잔디에 비해 자주 깎아 주어야 하고, 그늘에 잘 견디지만, 더위와 병에 약하다.
• 번식
– 대부분 종자 번식을 한다.

- 종류
  - 난지형잔디 : 겨울에 잎이 말라 죽는 하록형 잔디로 버뮤다그래스가 대표적이다.
  - 한지형잔디 : 사철 푸른 잔디로 밴트그래스(골프장에서 많이 이용), 캔터키블루그래스, 라이그래스 등이 있다.

24 관상하기가 편리하도록 땅을 1~2m 깊이로 파 내려가 평평한 바닥을 조성하고, 그 바닥에 화단을 조성한 것은?

① 기식화단 ② 모둠화단
③ 양탄자화단 ④ 침상화단

- 기식화단(모둠화단) : 잔디밭 중앙, 광장의 중앙, 축의 교차점에 조성되는 화단으로 중앙에는 키 큰 직립성의 초화를 심고 주변부로 갈수록 키 작은 종류를 심어 사방에서 관상할 수 있게 만든 화단
- 양탄자화단(모전화단, 자수화단) : 넓은 뜰이나 공원 등에 키가 작은 꽃을 심어 마치 양탄자처럼 꽃 색이 조화된 기하학적 무늬를 만드는 화단
- 침상화단 : 관상하기가 편리하도록 땅을 1~2m 깊이로 파 내려가 평평한 바닥을 조성하고, 그 바닥에 화단을 만들어 위에서 내려다보면서 관상할 수 있도록 만든 화단

25 벽돌쌓기법에서 한 켜는 마구리쌓기, 다음 켜는 길이쌓기로 하고 모서리 벽 끝에 이오토막을 사용하는 벽돌쌓기 방법인 것은?

① 미국식쌓기 ② 영국식쌓기
③ 프랑스식쌓기 ④ 마구리쌓기

길이쌓기   마구리쌓기

옆세워쌓기   길이세워쌓기

26 용적 배합비 1:2:4콘크리트 1m³ 제작에 모래가 0.45m³필요하다. 자갈은 몇 m³ 필요한가?

① 0.45m³ ② 0.5m³
③ 0.90m³ ④ 0.15m³

- 용적배합 1:2:4에서 1은 시멘트, 2는 모래, 4는 자갈의 비를 의미한다.

27 재료가 외력을 받았을 때 작은 변형만 나타내도 파괴되는 현상을 무엇이라 하는가?

① 강성(剛性) ② 인성(靭性)
③ 전성(展性) ④ 취성(脆性)

- 강성(剛性) : 물체가 외력을 받아도 모양이나 부피가 변하지 않는 단단한 성질
- 인성(靭性) : 잡아당기는 힘에 견디는 성질
- 전성(展性) : 얇게 펴지는 성질

28 목재의 방부제(preservate)는 유성, 수용성, 유용성으로 크게 나눌 수 있다. 유용성으로 방부력이 대단히 우수하고 열이나 약제에도 안정적이며 거의 무색제품으로 사용되는 약제는?

① PCP ② 염화아연
③ 황산구리 ④ 크레오소트

해설
- PCP(펜타클로로페놀, pentachlorophenol)는 유기 염소계의 살충력이 강한 살충제 성분이다.
- 크레오소트는 냄새가 고약해서 철도 침목 등에 사용되는 유용성 방부제이다.

29 다음 중 수목의 전정시 제거해야 하는 가지가 아닌 것은?

① 밑에서 움돋는 가지
② 아래를 향해 자란 하향지
③ 위를 향해 자라는 주지
④ 교차한 교차지

해설 잘라 주어야 할 가지

30 다음 중 수관 폭을 형성하는 가지 끝 아래의 수관선을 기준으로 환상으로 깊이 20~25cm, 나비 20~30cm 정도로 둥글게 파서 거름을 주는 방법은?

① 윤상거름주기
② 방사상거름주기
③ 천공거름주기
④ 전면거름주기

해설 거름을 주는 방법

(가) 전면 거름주기 (나) 윤상 거름주기 (다) 격윤상 거름주기
(라) 방사상 거름주기 (마) 점상 거름주기 (바) 선상 거름주기

31 조경관리에서 주민참가의 단계는 시민 권력의 단계, 형식참가의 단계, 비참가의 단계 등으로 구분되는데 그 중 시민권력의 단계에 해당되지 않는 것은?

① 자치관리(citizen control)
② 유화(placation)
③ 권한위양(delegated power)
④ 파트너십(partnership)

해설
- 시민권력의 단계 : 파트너쉽, 권한위양, 자치관리
- 형식참가의 단계 : 정보제공, 상담, 유화
- 비참가의 단계 : 조작, 치료

32 다음 시멘트의 성분 중 화합물상에서 발열량이 가장 많은 성분은?

① C_3A
② C_3S
③ C_4AF
④ C_2S

해설 C_3A는 알루미네이트로서 알루미나 성분이 가장 발열량이 높다. C_3S는 수화열이 중간이며 C_2S와 C_4AF는 수화열이 낮다.
- C_3S : 규산 3석회
- C_4AF : 알민산철4석회
- C_2S : 규산 2석회

33 거푸집에 쉽게 다져 넣을 수 있고 거푸집을 제거하면 천천히 형상이 변화하지만 재료가 분리되거나 허물어지지 않는 굳지 않은 콘크리트의 성질은?

① workability
② plasticity
③ consistency
④ finishability

- 반죽질기(consistency) : 물양의 다소에 따른 반죽의 되고 진 정도를 나타내는것, 굳지 않은 콘크리트의유동성
- 워커빌리티(workability) : 콘크리트 칠 때 적당한 유동성과 점성이 있어 시공부분에 잘 채워지고 분리를 일으키지 않는 정도, 작업난이도라고도 함
- 성형성(plasticity) : 거푸집으로 쉽게 성형할 수 있으며, 풀기가 있어 거푸집 제거시 허물어지거나 재료의 분리가 없는 성질
- 피니셔빌리티(finishability)
  - 콘크리트 표면을 마무리 할 때의 난이도 정도를 나타내는 말
  - 워커빌리티와 반드시 일치하지는 않음
  - 굵은 골재의 최대 치수, 잔골재율, 잔골재의 입도, 반죽 질기 등에 의해 난이도가 변함
- 블리딩(bleeding) : 재료 선택, 배합이 부적당한 경우, 물이 분리되어 먼지와 함께 위로 올라오는 현상
- 레이턴스(laitance) : 블리딩에 의해 콘크리트 표면에서 침전하고 말라붙어 표피를 형성한 것

34 화성암의 심성암에 속하며 흰색 또는 담회색인 석재는?

① 화강암　　② 안산암
③ 점판암　　④ 대리석

화성암은 지하 깊은 곳에서 굳어진 심성암, 그리고 반심성암 지표에서 굳어진 화산암으로 구분된다. 화강암은 심성암이며, 안산암과 현무암 등은 화산암이다. 또한 점판암은 퇴적암이고 대리석은 석회암이 변성된 변성암이다.

35 크롬산 아연을 안료로 하고, 알키드 수지를 전색료로 한 것으로서 알루미늄 녹막이 초벌칠에 적당한 도료는?

① 광명단
② 파커라이징
③ 그라파이트
④ 징크로메이트

녹이 나는 것을 막기 위해 칠하는 도료를 방청도료(防靑塗料)라 하고, 철재는 광명단, 알루미늄은 징크로메이트가 대표적인 방청도료로 사용된다.

36 가공은 용이하나 흡수성이 높고, 내수성이 크지만 강도가 높지 못해 건축용으로는 부적당하며 석축 등에 이용하는 석재는?

① 화강암　　② 현무암
③ 응회암　　④ 사문암

응회암은 화산재가 쌓여서 굳어진 다공질의 퇴적암으로, 가공이 용이하고 내화성이 큰 것이 장점이지만 강도가 떨어지는 것이 단점이다.

37 지형도에서 U자 모양으로 그 바닥이 낮은 높이의 등고선을 향하면 이것은 무엇을 의미하는가?

① 계곡　　② 능선
③ 현애　　④ 동굴

능선과 계곡
- 능선 : U자형, 계곡의 U자형보다 둥글다.
- 계곡 : (등고선이 높은 방향으로는 거꾸로 된) U자형, 능선보다 예각을 지닌다.
- 능선은 U자형 바닥의 높이가 점점 낮은 높이의 등고선을 향하고, 계곡은 반대로 U자형 바닥의 높이가 높은 높이의 등고선을 향한다.

38 정원수는 개화 생리에 따라 당년에 자란 가지에 꽃피는 수종, 2년생 가지에 꽃피는 수종, 3년생 가지에 꽃피는 수종으로 구분한다. 다음 중 2년생 가지에 꽃피는 수종은?

① 장미 ② 무궁화
③ 살구나무 ④ 명자나무

- 당년생 가지 개화 : 배롱나무, 장미, 무궁화, 능소화, 나무수국, 대추나무, 포도, 감나무
- 2년생 가지 개화 : 벚나무, 목련, 생강나무, 산수유, 앵두나무, 살구나무, 자두나무, 복숭아나무, 개나리, 박태기나무, 진달래, 철쭉류
- 3년생 가지 개화 : 사과나무, 배나무, 명자나무

39 다음 중 과일나무가 늙어서 꽃 맺음이 나빠지는 경우에 실시하는 전정은 어느 것인가?

① 생리를 조절하는 전정
② 생장을 돕기 위한 전정
③ 생장을 억제하는 전정
④ 세력을 갱신하는 전정

- 생리를 조절하는 전정 : 이식 시 지하부가 잘린 만큼 지상부를 전정하여 균형을 유지하기 위한 전정
- 생장을 돕기 위한 전정 : 병충해 피해지, 고사지 등 제거
- 생장을 억제하는 전정 : 녹음수 등을 좁은 정원에서 필요 이상으로 자라지 않도록 줄기나 가지를 자름

40 수목의 키를 낮추려면 다음 중 어떠한 방법으로 전정하는 것이 가장 좋은가?

① 수액이 유동하기 전에 약전정을 한다.
② 수액이 유동한 후에 약전정을 한다.
③ 수액이 유동하기 전에 강전정을 한다.
④ 수액이 유동한 후에 강전정을 한다.

- 수목의 생장을 억제하기 위해서는 휴면기에 강전정을 해야 한다.

41 콘크리트가 굳은 후 거푸집 판을 콘크리트 면에서 잘 떨어지게 하기 위해 거푸집 판에 칠하는 것은?

① 박리제 ② 동바리
③ 프라이머 ④ 쉘락

- 박리제는 경유, 폐유 등의 유제와 합성 수지 등을 사용하며 기름 성분이 많기 때문에 콘크리트에서 잘 떨어질 수 있으나, 콘크리트와 마감재와의 접착성을 저하 시킬 수 있는 단점이 있다.

42 가을에 그윽한 향기를 가진 등황색 꽃이 피는 수종은?

① 금목서 ② 남천
③ 팔손이나무 ④ 생강나무

- 봄에 향기가 짙은 수종은 매화, 서향, 수수꽃다리이며, 가을은 금목서이다.

43 곁눈 밑에 상처를 내어 놓으면 잎에서 만들어진 동화 물질이 축적되어 잎눈이 꽃눈으로 변하는 일이 많다. 어떤 이유 때문인가?

① C/N율이 낮아지므로
② C/N율이 높아지므로
③ T/R율이 낮아지므로
④ T/R율이 높아지므로

- 화아분화와 결실에 가장 큰 영향을 미치는 것은 탄질율이고 C/N율이라고도 한다.
  C 〉N인 경우 화아분화가 잘 된다.

44 한가지 약제를 연용하여 살포시 방제효과가 떨어지는 대표적인 해충은?

① 깍지벌레 ② 진딧물
③ 잎벌 ④ 응애

해설 살비제는 응애를 방제하기 위해 사용하며, 연용하여 사용 시 약에 내성을 가진 저항성 응애가 발생할 수 있다.

45 다음과 같은 피해 특징을 보이는 대기오염 물질은?

- 침엽수는 물에 젖은 듯한 모양, 적갈색으로 변색
- 활엽수 잎의 끝부분과 엽맥사이 조직의 괴사, 물에 젖은 듯한 모양(엽육조직피해)

① 오존 ② 아황산가스
③ PAN ④ 중금속

해설 아황산가스는 황을 함유한 석탄이나 석유 등이 연소할 때 배출되며 수목에 가장 많은 피해를 주는 대기오염 물질이다.

46 토양 단면에 있어 낙엽과 그 분해 물질 등 대부분 유기물로 되어 있는 토양 고유의 층으로 L층, F층, H층으로 구성되어 있는 것은?

① 용탈층(A층)
② 유기물층 (Ao층)
③ 집적층(B층)
④ 모재층(C층)

해설 토양 단면의 구분

구분	상태
Ao층 (유기물층)	• A층 위의 유기물 집적층 • L층(낙엽층), F층(조부식층), H(정부식층)
A층(표층)	• 토양의 표면이 되는 부분
B층(하층)	• A층으로부터 용탈된 물질이 쌓인 층
C층(기층)	• A층과 B층을 이루는 암석이 풍화된 그대로 있는 모재층
D층(기암)	• C층 밑의 암석층

47 92~96%의 철을 함유하고 나머지는 크롬 · 규소 · 망간 · 유황 · 인 등으로 구성되어 있으며 창호철물, 자물쇠, 맨홀 뚜껑 등의 재료로 사용되는 것은?

① 선철 ② 강철
③ 주철 ④ 순철

해설 주철은 강보다 용융점이 낮아 복잡한 형태의 것들을 주조하기 쉬우나 압연성 단조성이 없다는 것이 결점이다.

48 다음 중 굵은 가지 절단 시 제거하지 말아야 하는 부위는?

① 목질부 ② 지피융기선
③ 지륭 ④ 피목

해설 원줄기에서 가지가 뻗어 나갈 때 가지의 기부와 원줄기 사이에 부풀어 오른 부분을 지륭(枝隆)이라 하며 이 부분이 상처를 입으면 잘 아물지 않고 부패의 위험성이 크다.
※ 지피융기선 : 원줄기와 가지가 갈라지는 안쪽에 가지의 수피가 바깥쪽으로 밀려나면서 볼록해 지는 부분

49 전정 시기와 방법에 관한 설명 중 옳지 않은 것은?

① 상록 활엽수는 겨울 전정 시에 강전정을 하여야 한다.
② 화목류의 봄전정은 꽃이 진 후에 하는 것이 좋다.
③ 여름 전정은 수광(受光)과 통풍을 좋게 할 목적으로 행한다.
④ 상록 활엽수는 가을 전정이 적기(適期)이다.

해설 상록 활엽수는 가을 전정을 하며, 내한성이 약하기 때문에 겨울에 강전정을 하면 피해를 볼 수 있다.

50 성토 4500㎥를 축조하려 한다. 토취장의 토질은 점성토로 토량변화율은 L = 1.20, C = 0.90이다. 자연 상태의 토량을 어느 정도 굴착하여야 하는가?

① 5000㎥ ② 5400㎥
③ 6000㎥ ④ 4860㎥

> 자연상태 얼마를 다져야 4500㎥ 되는가를 생각하는 문제이며, 다져진 4500㎥ 토양을 자연 상태로 되돌려야 한다.
> 4500㎥ × $\frac{1}{C}$ = 4500㎥ × $\frac{1}{0.9}$ = 5000㎥

51 진비중이 1.5, 전건비중이 0.54인 목재의 공극율은?

① 66% ② 64%
③ 62% ④ 60%

> 공극율 = (1 − $\frac{전건비중}{진비중}$) × 100
> = (1 − $\frac{0.54}{1.5}$) × 100 = 64%

52 석재의 가공 방법 중 혹두기 작업의 바로 다음 후속 작업으로 작업면을 비교적 고르고 곱게 처리할 수 있는 작업은

① 물갈기 ② 잔다듬
③ 정다듬 ④ 도드락다듬

> 혹두기 → 정다듬 → 도드락다듬 → 잔다듬 → 물갈기 순이다.

53 분쇄목인 우드칩(wood chip)을 멀칭재료로 사용할 때의 효과가 아닌 것은?

① 미관효과 우수 ② 잡초억제기능
③ 배수억제효과 ④ 토양개량효과

> 멀칭이란 지표를 덮어주는 것으로 잡초발생억제, 지온상승, 토양유실방지 등의 목적을 가진다.

54 수목은 뿌리를 뻗는 상태에 따라 천근성과 심근성으로 분류한다 천근성(淺根性) 수종으로만 짝지어 진것은?

① 자작나무, 미루나무
② 젓나무, 백합나무
③ 느티나무, 은행나무
④ 백목련, 가시나무

> ②, ③, ④항은 모두 뿌리가 땅 속 깊이 내려가는 심근성 수종이다.

55 조경 재료는 식물재료와 인공재료로 구분된다. 다음 중 식물재료의 특징으로 옳지 않은 것은?

① 생장과 번식을 계속하는 연속성이 있다.
② 생물로서 생명 활동을 하는 자연성을 지니고 있다.
③ 계절적으로 다양하게 변화함으로써 주변과의 조화성을 가진다.
④ 기후변화와 더불어 생태계에 영향을 주지 못한다.

> 식물재료는 연속성, 자연성, 조화성, 비규격성의 특징을 가지고 있다.

56 솔잎혹파리에 대한 설명 중 틀린 것은?

① 1년에 1회 발생한다.
② 유충으로 땅속에서 월동한다.
③ 우리나라에서는 1929년에 처음 발견되었다.
④ 유충은 솔잎을 밑부에서부터 갉아 먹는다.

> 솔잎혹파리 유충은 솔잎 밑부에 충영(벌레혹)을 만들어 즙액을 빨아 먹는다.

57 주차장법 시행 규칙상 주차장의 주차단위구획 기준은?(단, 평행주차형식 외의 장애인 전용 방식이다.)

① 2.0m 이상 × 4.5m 이상
② 3.0m 이상 × 5.0m 이상
③ 2.3m 이상 × 4.5m 이상
④ 3.3m 이상 × 5.0m 이상

  해설 주차구획 기준은 2.5m 이상 × 5m 이상, 장애인의 경우는 3.3m 이상 × 5.0m 이상이다.

58 체계적인 품질관리를 추진하기 위한 데밍(Deming's Cycle)의 관리로 가장 적합한 것은?

① 계획(Plane) – 추진(Do) – 조치(Action) – 검토(Check)
② 계획(Plane) – 검토(Check) – 추진(Do) – 조치(Action)
③ 계획(Plane) – 조치(Action) – 검토(Check) – 추진(Do)
④ 계획(Plane) – 추진(Do) – 검토(Check) – 조치(Action)

  해설 PDCA 사이클은 Dr. W. Edward Deming이 고안한 품질 관리를 위한 방법으로 공장 및 관리회사에서 쓰이지만, 자기개발을 위한 목표 설정에도 활용된다. 이는 업무의 효율적이고 꾸준한 관리와 결과 달성 등에 목적이 있다.

59 장미과(科) 식물이 아닌 것은?

① 피라칸사   ② 해당화
③ 아카시나무   ④ 왕벚나무

  해설 아카시나무는 콩과에 해당한다.

60 다음 [보기]의 설명으로 가장 적합한 잔디는?

> - 한지형 잔디로 잎 표면에 도드라진 줄이 있다.
> - 질감이 거칠기는 하나 고온과 건조에 가장 강하다.
> - 척박한 토양에서도 잘 견디기 때문에 비탈면의 녹화에 적합하다.
> - 주형(株型)으로 분얼로만 퍼져 자주 깎아 주지 않으면 잔디 밭으로의 기능을 상실한다.

① 톨 훼스큐
② 켄터키 블루 그래스
③ 버뮤다 그래스
④ 들잔디

  해설 톨 훼스큐는 서양잔디 중에서 건조지에 강하고 토양을 가리지 않으며 특히 경사면 녹화에 많이 이용된다.

ANSWER CBT 복원문제 2018년 1회

01	02	03	04	05	06	07	08	09	10
④	①	①	①	③	②	③	③	④	②
11	12	13	14	15	16	17	18	19	20
④	①	③	①	④	①	④	④	①	③
21	22	23	24	25	26	27	28	29	30
③	①	②	④	②	③	④	①	③	①
31	32	33	34	35	36	37	38	39	40
②	①	②	①	④	③	②	③	①	③
41	42	43	44	45	46	47	48	49	50
①	①	②	④	②	②	③	③	①	①
51	52	53	54	55	56	57	58	59	60
②	③	④	④	④	④	④	①	③	①

01 옛날 처사도(處士圖)를 근간으로 한 은일사상이 가장 성행하였던 시대는?

① 고구려시대　② 백제시대
③ 신라시대　　④ 조선시대

이재관 : 1783(정조7년)~1837(헌종3년), 조선 말기의 화가이며, 처사란 벼슬을 하지 않고 초야에 묻혀 살았던 선비를 뜻한다. 또한 은일사상이란 속세를 떠나 자연에 은둔하며 살고자 하는 자연 동경사상을 말하며 조선 후기에 유행을 하였다.

02 고려시대 조경 수법은 대비를 중요시 하는 양상을 보인다. 어느 시대의 수법을 받아 들였는가?

① 신라시대 수법　② 일본 임천식 수법
③ 중국 당시대 수법　④ 중국 송시대 수법

고려 시대는 중국 송나라, 금나라, 원나라와 시대적 배경을 같이 하며, 특히 사대부 중심의 화려한 관상 위주의 조경 양식이 발달한 송나라의 영향을 많이 받았다.

03 일본의 정원 양식 중 다음 설명에 해당하는 것은?

- 15세기 후반에 바다의 경치를 나타내기 위해 사용 하였다.
- 정원소재로 왕모래와 몇 개의 바위만으로 정원을 꾸미고, 식물은 일체 쓰지 않았다.

① 다정양식　　② 축산고산수양식
③ 평정고산수양식　④ 침전조정원양식

실정시대의 고산수식의 특징은 물을 전혀 사용하지 않았다는 것이며, 14세기 축산고산수식에서는 수목을 다듬어 산봉우리를 표현하였지만 15세기 평정고산수식에서는 수목 등 살아있는 식물 재료를 일체 사용하지 않았다.

04 중국 조경의 시대별 연결이 옳은 것은?

① 명 - 이화원(頤和園)
② 진 - 화림원(華林園)
③ 송 - 만세산(萬歲山)
④ 명 - 태액지(太液池)

- 청 - 이화원(頤和園)
- 남북조(북위) - 화림원(華林園)
- 한 - 태액지(太液池)

05 조경양식 중 이슬람 양식의 스페인 정원이 속하는 것은?

① 평면 기하학식　② 노단식
③ 중정식　　　　④ 전원풍경식

스페인은 건물로 둘러싸인 중정(中庭)식이며 건물의 형태가 회랑식과 주랑식이 있다.

06 일본 정원에서 가장 중점을 두고 있는 것은?

① 대비　② 조화
③ 반복　④ 대칭

※해설 일본 정원은 조화에 중점을 둔 축경식이며, 인공적인 미를 통하여 시각적 예술성을 극대화 하였다.

07 다음 중 석가산을 만들고자 할 때 적합한 돌은?

① 잡석 ② 괴석
③ 호박돌 ④ 자갈

※해설
- 석가산이란 관상 가치가 높거나 괴기한 돌을 쌓아서 만든 가산(假山)으로써 신선사상에 그 유래가 있다.
- 괴석은 풍침과 수침을 받아 모양이 괴기하게 변한 돌이다.

08 먼셀 표색계의 색채 표기법으로 옳은 것은?

① 2040-Y70R
② 5R 4/14
③ 2:R-4.5-9s
④ 221c

※해설
- 색상(Hue), 명도(Value), 채도(Chroma)의 순서로 'HV/C'로 표기한다.
- 5R 4/14라 하면 5R(빨강)에 명도가 4이며, 채도가 14인 색을 표기한 것이다.

09 차경에 대한 설명 중 적당하지 않은 것은?

① 멀리 바라 보이는 자연 풍경을 경관구성 재료의 일부분으로 이용하는 수법이다.
② 전망이 좋은 곳에서 쉽게 적용시킬 수 있는 수법이다.
③ 축을 강조하는 정원 양식에서 특히 많이 사용된다.
④ 차경을 이용할 때 정원은 깊이가 있게 된다.

※해설 차경(借景) : 멀리 바라 보이는 자연 풍경을 경관 구성 재료의 일부분으로 사용하는 수법으로 자연 풍경식 정원에서 널리 사용되는 수법이다. 축을 강조하는 정원은 정형식 정원이다.

10 다음 정원요소 중 인도정원에 가장 큰 영향을 미친 것은?

① 노단 ② 토피아리
③ 돌수반 ④ 물

※해설 이슬람 정원에서는 물이 가장 중요한 정원 조성 재료로 사용 되었다.

11 회색의 시멘트 블록들 가운데에 놓인 붉은 벽돌은 실제의 색보다 더 선명해 보인다. 이러한 현상을 무엇이라고 하는가?

① 색상대비
② 명도대비
③ 채도대비
④ 보색대비

※해설 채도대비란 채도가 다른 두 색을 인접 배치 하였을 때 채도가 높은 색은 더욱 높아 보이고 낮은 색은 더욱 낮아 보이는 현상을 말한다.

12 다음 중 주택 정원에 사용하는 정원수의 아름다움을 표현하는 미적 요소로 가장 거리가 먼 것은?

① 색채미 ② 형태미
③ 내용미 ④ 조형미

※해설 조경미(美)에는 색채미, 형태미, 내용미가 있으며 조경미의 원리는 통일성(조화, 균형, 대칭, 반복)과 다양성(비례, 율동, 대비)등이 있다.

13 미적인 형 그 자체로는 균형을 이루지 못하지만 시각적인 힘의 통합에 의해 균형을 이룬 것처럼 느끼게 하여 동적인 감각과 변화 있는 개성적 감정을 불러 일으키며, 세련미와 성숙미 그리고 운동감과 유연성을 주는 미적 원리는?

① 비례 ② 비대칭
③ 집중 ④ 대비

> 해설 비대칭 균형 : 모양과 크기가 서로 다른 물체가 시각 축 양쪽에서 균형을 이루는 것으로 자연풍경식정원에서 즐겨 사용하는 수법이다.

14 조경 시공 재료의 기호 중 벽돌에 해당하는 것은?

①   ②
③   ④

> 해설 ① : 타일 및 테라코타, ③ : 지반, ④ : 금속

15 선의 분류 중 모양에 따른 분류가 아닌 것은?

① 실선 ② 파선
③ 1점 쇄선 ④ 치수선

> 해설 선은 실선과 허선으로 나뉘고 허선은 다시 모양에 따라서 쇄선과 파선으로 나뉜다. 치수선은 용도에 의한 명칭이다.

16 조경설계기준상 휴게시설의 의자에 관한 설명으로 틀린 것은?

① 체류 시간을 고려하여 설계하며, 긴 휴식에 이용되는 의자는 앉음판의 높이가 낮고 등받이를 길게 설계한다.
② 등받이의 각도는 수평면을 기준으로 85~95°를 기준으로 한다.
③ 앉음판의 높이는 34~46cm를 기준으로 하되 어린이를 위한 의자는 낮게 할 수 있다.
④ 의자의 길이는 1인당 최소 45cm를 하되, 팔걸이 부분의 폭은 제외한다.

가벼운 휴식용 벤치   일반휴식용 벤치

17 운동시설 배치 계획 시 시설의 설치 방향에 대한 고려를 가장 신경 쓰지 않아도 되는 것은?

① 골프장의 각 코스
② 실외야구장
③ 축구장
④ 스쿼시장

> 해설 운동 시설을 옥외에 설치하는 경우 해를 보는 일이 없도록 남북 방향으로 설치하며 실내에 설치하는 경우에는 방향에 대한 고려가 필요 없다.

18 조경 설계 과정에서 가장 먼저 이루어져야 할 것은?

① 구상 개념도 작성
② 실시 설계도 작성
③ 평면도 작성
④ 내역서 작성

> 해설 ① 목표설정 : 공간규모 계획
> ② 자료수집 : 자연환경분석, 인문환경분석
> ③ 분석 및 종합 : 수집된 자료를 분석 종합

④ 기본구상 : 기본 구상 및 공간 개념 도출
⑤ 기본계획
　- 대안작성 (반드시 2개 이상)
　- 최종안→기본계획도(Master Plan)
⑥ 기본설계 : 기본계획을 구체적으로 발전(각 공간의 정확한 규모, 마감방법 등)
⑦ 실시설계
　- 시공이 가능하도록 시공 도면을 작성
　- 상세도, 시방서, 내역서 작성
⑧ 시공 및 감리 : 식재시공, 시설물 시공
⑨ 유지관리 : 이용관리, 운영관리, 유지관리

19. 다음 설명에 해당하는 도시공원의 종류는?

- 설치 기준의 제한은 없으며, 유치거리 500m 이하, 공원면적 10,000㎡ 이상으로 할 수있다.
- 주로 인근에 거주하는 자의 이용에 제공할 목적으로 설치 한다.

① 어린이공원
② 근린생활권근린공원
③ 도보권근린공원
④ 묘지공원

해설 생활권 근린공원은 유치거리 500m, 도보권 근린공원은 유치거리 1,000m이다.

20. 다음 중 순공사원가에 속하지 않는 것은?

① 재료비
② 경비
③ 노무비
④ 일반관리비

해설
- 순공사비 : 재료비+노무비+경비
- 총공사비 : 순공사비 + 일반관리비 + 이윤 + 세금

21. 다음 중 내염성이 가장 약한 수종은?

① 아왜나무
② 곰솔
③ 일본목련
④ 모감주나무

해설
- 내염성이 큰 수종 : 비자나무, 곰솔(해송), 주목, 측백나무, 모감주나무, 사철나무, 쥐똥나무, 굴거리나무, 녹나무, 아왜나무, 광나무, 꽝꽝나무, 태산목, 호랑가시나무, 해당화 등
- 내염성이 작은 수종 : 독일가문비, 소나무, 잎갈나무, 단풍나무, 버드나무, 백목련, 자목련, 일본목련, 개나리 등

22. 다음 중 아황산 가스에 약한 수종은?

① 낙엽송
② 플라타너스
③ 벽오동
④ 편백

해설
- 아황산가스에 강한 수종 : 편백, 화백, 가이즈카향나무, 플라타너스, 은행나무, 가중나무, 벽오동, 가시나무, 사철나무, 쥐똥나무, 무궁화 등
- 아황산가스에 약한 수종 : 독일가문비, 낙엽송, 소나무, 삼나무, 전나무, 히말라야시더(개잎갈나무), 느티나무, 자작나무, 왕벚나무, 단풍나무, 매화나무, 조팝나무 등

23. 화강암(granite)의 특징 설명으로 옳지 않은 것은?

① 조직이 균일하고 내구성 및 강도가 크다.
② 내화성이 우수하여 고열을 받는 곳에 적당하다.
③ 외관이 아름답기 때문에 장식재로 쓸 수 있다.
④ 자갈, 쇄석 등과 같은 콘크리트용 골재로 많이 사용된다.

해설 화강암은 내구성이 뛰어나 바닥 포장용으로 많이 사용하며, 내화성 및 내열성은 떨어진다.

24 AE콘크리트의 성질 및 특징 설명으로 틀린 것은?

① 수밀성이 향상 된다.
② 콘크리트 경화에 따른 발열이 커진다.
③ 입형이나 입도가 불량한 골재를 사용할 경우에 공기 연행의 효과가 크다.
④ 일반적으로 빈배합의 콘크리트일수록 공기 연행에 의한 워커빌리티의 개선 효과가 크다.

> 해설 AE콘크리트는 AE제를 사용하여 콘크리트 속에 미세한 공기가 생기게 한 콘크리트로 유동성이 좋고, 방수성이 뛰어나며 화학작용에 대한 저항성이 크다.

25 다음 설명하는 열경화수지는?

- 강도가 우수하며, 베이클라이트를 만든다.
- 내산성, 전기 절연성, 내약품성, 내수성이 좋다.
- 내알칼리성이 약한 결점이 있다.
- 내수합판, 접착제 용도로 사용된다.

① 요소계수지　　② 메타아크릴수지
③ 염화비닐계수지　④ 페놀계수지

> 해설 열경화성 수지는 축합반응을 하여 고분자로 된 것이며 한번 굳어면 열을 가해도 소성되지 않는다. 에폭시, 페놀, 요소, 멜라민, 아미노수지, 폴리에스테르 등이 있다.
> 베이클라이트(절연재)로 사용되는 것은 페놀이다.

26 다음 중 변성암(變成岩) 계통의 석재(石材)인 것은?

① 대리석　　　② 화강암
③ 화산암　　　④ 이판암

> 해설 대리석은 석회암이 변성작용에 의해서 변성된 변성암이다.

27 다음 중 여성토의 정의로 가장 알맞은 것은?

① 가라앉을 것을 예측하여 흙을 계획높이보다 더 쌓는 것
② 중앙분리대에서 흙을 볼록하게 쌓아 올리는 것
③ 옹벽앞에 계단처럼 콘크리트를 쳐서 옹벽을 보강하는 것
④ 잔디밭에서 잔디에 주기적으로 뿌려 뿌리가 노출되지 않도록 준비하는 토양

> 해설 여성고는 더돋기라고 하며 계획고보다 10% 이내로 더 쌓는 것을 말한다.

28 한중 콘크리트의 양생에 관한 설명으로 옳지 않은 것은?

① 골재가 동결되어 있거나 골재에 빙설이 혼입되어 있는 정도의 골재는 그대로 사용할 수 있다.
② 하루의 평균 기온이 4℃ 이하가 예상되는 조건일 때는 콘크리트가 동결할 염려가 있으므로 한중 콘크리트 시공 하여야 한다.
③ 한중 콘크리트에는 공기연행 콘크리트를 사용하는 것을 원칙으로 한다.
④ 물-결합재비는 원칙적으로 60% 이하로 하여야 한다.

> 해설 평균 4℃ 이하일 때 타설하는 콘크리트로, 불량 골재를 사용하게 되면 콘크리트 내구성에 큰 문제가 생긴다.

29 수목 외과 수술의 시공 순서로 옳은 것은?

> ㉠ 동공 가장자리의 형성층 노출
> ㉡ 부패부 제거
> ㉢ 표면 경화처리
> ㉣ 동공 충진
> ㉤ 방수처리
> ㉥ 인공수피 처리
> ㉦ 소독 및 방부처리

① ㉠-㉥-㉡-㉢-㉣-㉤-㉦
② ㉡-㉦-㉠-㉥-㉤-㉢-㉣
③ ㉠-㉡-㉢-㉣-㉤-㉥-㉦
④ ㉡-㉠-㉦-㉣-㉤-㉢-㉥

📖 부패부제거 → 형성층노출 → 살균·살충처리 → 방부·방수처리 → 동공충진 → 매트처리 → 인공나무껍질처리 → 수지처리

30 일반적으로 빗자루병이 가장 쉽게 발생하는 대표 수종이 아닌 것은?

① 대추나무 ② 오동나무
③ 모과나무 ④ 벚나무

📖 빗자루병은 잎이 총생하는(빗자루처럼 뭉쳐있는) 병징이 나타나며, 대추나무, 오동나무, 벚나무가 대표적이다.

31 콘크리트 단위중량 계산, 배합설계 및 시멘트의 품질 판정에 주로 이용되는 시멘트의 성질은?

① 분말도 ② 응결시간
③ 비중   ④ 압축강도

📖 시멘트 비중을 알기 위해 류샤델리병에 시멘트를 넣어서 부피를 측정하고 시험보통포틀랜드 시멘트의 경우 비중은 3.14이며 그 이하이면 풍화가 된 것이다.

32 가로2m×세로 50m의 공간에 H0.4×W0.5 규격의 영산홍으로 생울타리를 만들려고 하면 사용되는 수목의 수량은 약 얼마인가?

① 50주
② 100주
③ 200주
④ 400주

📖 관목은 1㎡당 4본을 적정 본수로 한다.
2m×50m=100㎡, 100㎡×4주 = 400주

33 Methidathion(메치온) 40% 유제를 1000배액으로 희석해서 10a당 6말(20L/말)을 살포하여 해충을 방제하고자 할 때 유제의 소요량은 몇 mL인가?

① 100
② 120
③ 150
④ 240

📖 약량 = $\frac{단위당(10a\ 당)\ 농약살포량}{희석배수}$ = $\frac{120}{1000}$
= 0.12L = 120mL

34 삼각형의 세변의 길이가 각각 5m, 4m, 5m 라고 하면 면적은 약 얼마인가?

① 약 8.2㎡   ② 9.2㎡
③ 10.2㎡   ④ 약 11.2㎡

📖 헤론공식

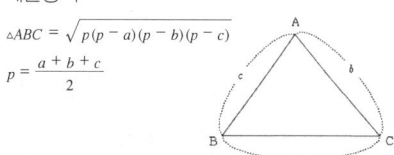

35 벽면적 4.8㎡ 크기에 1.5B 두께로 붉은 벽돌을 쌓고자 할때 벽돌의 소요 매수는?(단, 줄눈의 두께는 10mm이고, 할증률을 고려한다.)

① 925매 ② 963매
③ 1109매 ④ 1245매

📖 벽돌쌓기 기준량 (단위 : 매, ㎡당)

벽두께 규격	0.5B	1.0B	1.5B	2.0B	2.5B
표준형	75	149	224	298	373
기존형	65	130	195	260	325

4.8㎡ × 224매 ≒ 1076매.
1076 × 0.03(할증 3%) ≒ 33매
∴ 소요매수 = 1076 + 33 = 1109매

36 20L 분무기 한통에 1000배 액의 농약 용액을 만들고자 할 때 필요한 농약의 약량은?

① 10㎖ ② 20㎖
③ 30㎖ ④ 50㎖

📖 20,000㎖ ÷ 1000(배) = 20㎖

37 다음 중 공사 현장의 공사 및 기술관리, 기타 공사업무 시행에 관한 모든 사항을 처리하여야 할 사람은?

① 공사 발주자 ② 공사 현장 대리인
③ 공사 현장 감독관 ④ 공사 현장 감리원

📖 현장 대리인은 감독관의 지시에 따라 공사 업자를 대리하여 현장에 상주하는 책임시공 기술자로 현장소장이라고 한다.

38 공사 발주를 하거나 견적을 작성하는데 필요한 설계도서에 포함되지 않는 것은?

① 일반시방서 ② 일위대가표
③ 수량산출서 ④ 계약서

📖 계약서는 낙찰자 선정 후 발주자와 수주자 사이에 체결되는 것으로 설계도서에 포함되지 않는다.

39 대규모 공원과 같이 완전한 배수가 요구되지 않는 지역에서 등고선을 고려하여 주관을 설치하고, 주관을 중심으로 양측에 지관을 지형에 따라 필요한 곳에 설치하는 방법은?

① 부채살형 ② 빗살형
③ 어골형 ④ 자유형

📖 암거배치 방법

구분	내용	형태
어골형	• 주관을 중앙에 비스듬히 지관을 설치하는 것 • 경기장 같은 평탄한 지역에 적합, 전 지역의 배수 균일	
절치형 (빗살형)	• 지역 경계 근처에 주관 설치, 한쪽 측면에 지관을 설치하여 연결하는 것 • 비교적 좁은 면적의 전 지역 균일하게 배수할 때 이용	
선형 (부채살형)	• 주관, 지관의 구분이 없이 같은 표기의 관이 부채살 모양으로 1개 지점으로 집중되게 설치하여 집수 후 배수시킴	
차단법	• 경사면 위나 자체의 유수를 막기 위해 사용 • 경사면 바로 위쪽에 배수구를 설치하여 유수를 막는 방법	
자연형	• 전면 배수 요구되지 않는 지역에서 많이 사용 • 지형의 등고선을 따라 주관을 설치하고 지관을 설치하는 방법	

40 다음 중 훼손지 비탈면의 초류종자 살포(종 비토뿜어붙이기)와 가장 관계 없는 것은?

① 종자 ② 생육기반재
③ 지효성비료 ④ 농약

해설 종자뿜어붙이기(Hydroseeding)는 종자와 비료를 섞어서 생육기반재 위에 기계로 분사하는 방법으로 비탈면 녹화에 가장 많이 쓰이는 공법이다.

41 다음 중 공기 중에 환원력이 커서 산화가 쉽고 이온화 경향이 가장 큰 금속은?

① Pb ② Fe
③ Al ④ Cu

해설
- Pb : 납
- Fe : 철
- Al : 알루미늄
- Cu : 구리
- 이온화 경향의 크기 : K 〉 Ca 〉 Na 〉 Mg 〉 Al 〉 Zn 〉 Fe 〉 Ni 〉 Sn 〉 Pb 〉 H 〉 Cu 〉 Hg 〉 Ag 〉 Pt 〉 Au

42 합성수지 중에서 파이프, 튜브, 물받이통 등의 제품에 가장 많이 사용되는 열가소성 수지는?

① 페놀수지
② 멜라민수지
③ 염화비닐수지
④ 폴리에스테르수지

해설
- 열가소성수지 : 중합 반응에 의해서 고분자로 된 것으로 열을 다시 가하면 소성이 생긴다. (즉, 모양을 바꿀 수 있다.) 폴리에틸렌, 폴리염화비닐, 폴리카보네이트, 아크릴 등
- 열경화성수지 : 축합 반응에 의해서 고분자로 된 것으로 열을 다시 가해도 소성이 생기지 않는다. (즉, 모양을 바꿀 수 없다.) 아미노 수지 일종인 멜라민, 페놀, 요소 등

43 다음 중 인공토양을 만들기 위한 경량재가 아닌 것은?

① 부엽토
② 화산재
③ 펄라이트(perlite)
④ 버미큘라이트(vermiculite)

해설 인공토양에는 버미큘라이트, 펄라이트, 피트모스, 화산재 등이 대표적이다.

44 다음 중 메쌓기에 대한 설명으로 가장 부적합한 것은?

① 모르타르를 사용하지 않고 쌓는다.
② 뒷채움에는 자갈을 사용한다.
③ 쌓는 높이의 제한을 받는다.
④ 2제곱미터마다 지름 9cm정도의 배수공을 설치한다.

해설 메쌓기의 경우 배수가 잘 되기 때문에 따로 배수관 설치를 할 필요가 없으며, 찰쌓기의 경우 2~3㎡마다 3~6cm의 배수관을 설치 한다.

45 다음 중 파이토플라즈마에 의한 수목병은?

① 뽕나무오갈병
② 잣나무털녹병
③ 밤나무뿌리혹병
④ 낙엽송끝마름병

해설
- 잣나무털녹병 : 곰팡이
- 밤나무뿌리혹병 : 세균
- 낙엽송끝마름병 : 세균감염 포자
- 파이토 플라즈마에 의한 병 : 뽕나무 오갈병, 대추나무와 오동나무 빗자루병

46 다음 중 오리나무 갈색무늬병균의 전반에 대한 설명으로 옳은 것은?

① 곤충 및 소동물에 의해서 전반된다.
② 물에 의해서 전반된다.
③ 종자의 표면에 부착해서 전반된다.
④ 바람에 의해서 전반된다.

> 해설 전반(傳搬)이란 전염과 유사하지만 전염은 좁은 범위에서 개체간 병이 옮겨진 것인데 반해, 전반은 비교적 넓은 범위에서 바이러스가 운반되어 병이 옮겨지는 것을 말한다.

47 다음 중 콘크리트 내구성에 영향을 주는 아래 화학 반응식의 현상은?

$$Ca(OH)_2 + CO_2 \rightarrow CaCO_3 + H_2O \uparrow$$

① 콘크리트염해   ② 동결융해현상
③ 콘크리트 중성화 ④ 알칼리 골재반응

> 해설 콘크리트가 알칼리성을 잃게 되는 작용으로 중성화 또는 탄산화라 한다.

48 정원수는 개화 생리에 따라 당년에 자란 가지에 꽃피는 수종, 2년생 가지에 꽃피는 수종, 3년생 가지에 꽃피는 수종으로 구분한다. 다음 중 2년생 가지에 꽃피는 수종은?

① 장미   ② 무궁화
③ 살구나무   ④ 명자나무

> 해설
> • 당년생 가지 개화 : 배롱나무, 장미, 무궁화, 능소화, 나무수국, 대추나무, 포도, 감나무
> • 2년생 가지 개화 : 벚나무, 목련, 생강나무, 산수유, 앵두나무, 살구나무, 자두나무, 복숭아 나무, 개나리, 박태기나무, 진달래, 철쭉류,
> • 3년생 가지 개화 : 사과나무, 배나무, 명자나무

49 질소와 칼륨 비료의 효과로 부적합한 것은?

① N : 수목 생장 촉진
② K : 뿌리, 가지 생육 촉진
③ N : 개화 촉진
④ K : 각종 저항성 촉진

> 해설 개화 및 열매와 관계가 깊은 비료는 인(P) 이다.

50 추위에 의하여 나무의 줄기 또는 수피가 수선 방향으로 갈라지는 현상을 무엇이라 하는가?

① 고사   ② 피소
③ 상렬   ④ 괴사

> 해설 상렬은 지상 0.5m~1.0m의 수간에서 많이 발생하며, 피소는 여름철 볕에 줄기가 열을 받아 갈라지는 현상이다.

51 다음 수목 중 봄철에 꽃을 가장 빨리 보려면 어떤 수종을 식재해야 하는가?

① 말발도리   ② 자귀나무
③ 매실나무   ④ 금목서

> 해설
> • 말발도리 : 5월 흰색
> • 자귀나무 : 6월 연분홍색
> • 매실나무 : 4월 흰색
> • 금목서 : 9월 황색

52 잡초제거를 위한 제초제 중 잔디밭에 사용할 때 각별한 주의가 요구되는 것은?

① 선택성 제초제   ② 비선택성 제초제
③ 접촉형 제초제   ④ 호르몬형 제조체

> 해설 그라목손, 근사미와 같은 비선택성 제초제는 잔디도 함께 죽이기 때문에 잔디밭에 사용할 때는 각별한 주의를 요한다.

53 다음 중 건조지에 가장 잘 견디는 나무는?

① 낙우송   ② 능수버들
③ 오리나무 ④ 가중나무

해설 ①, ②, ③은 습지를 좋아하는 수종이며, 대표적인 건조지 수종은 소나무, 향나무, 자작나무, 가중나무 등이 있다.

54 나무줄기가 옆으로 비스듬히 기울어진 수형을 무엇이라고 하는가?

① 사간   ② 곡간
③ 직간   ④ 다간

해설
- 곡간 : 원줄기가 좌우로 구부러지는 수형
- 직간 : 원줄기가 하늘을 향해 곧게 올라가는 수형
- 다간 : 원줄기에서 줄기가 여러개 갈라지는 수형

55 다음 콘크리트와 관련된 설명 중 옳은 것은?

① 콘크리트의 굵은 골재 최대 치수는 20mm이다.
② 물-결합재비는 원칙적으로 60% 이하이어야 한다.
③ 콘크리트는 원칙적으로 공기 연행제를 사용하지 않는다.
④ 강도는 일반적으로 표준 양생을 실시한 콘크리트 공시체의 재령 30일 일때 시험값을 기준으로 한다.

해설 ① 콘크리트의 굵은 골재 최대 치수는 40mm이다.
③ 콘크리트는 AE제 등 공기 연행제를 사용하며 독립기포 형성하여 콘크리트 유동성을 좋게 하고 재료 분리를 막는다.
④ 강도는 일반적으로 표준 양생을 실시한 콘크리트 공시체의 재령 28일 일때 시험값을 기준으로 한다.

56 다음 중 콘크리트의 공사에 있어서 거푸집에 작용하는 콘크리트 측압의 증가 요인이 아닌 것은?

① 타설 속도가 빠를수록
② 슬럼프가 클수록
③ 다짐이 많을수록
④ 빈배합일 경우

해설 거푸집에 미치는 콘크리트 측압
- 경화 속도가 빠를수록 측압이 작다
- 시공 연도가 좋을수록 측압은 크다.
- 붓기 속도가 빠를수록 측압이 크다.
- 수평 부재가 수직 부재보다 측압이 작다.
- 부배합일 경우 측압이 크다.

57 축척이 1/5000인 지도상에서 구한 수평 면적이 5cm²라면 지상에서의 실제 면적은 얼마인가?

① 1250m²   ② 12500m²
③ 2500m²   ④ 25000m²

해설 $\left(\dfrac{1}{축척}\right)^2 = \dfrac{도상면적(m^2)}{실제면적(m^2)} = \dfrac{1}{25,000,000} = \dfrac{0.0005}{x}$

58 다음 중 ( ) 안에 알맞은 것은?

> 공사 목적물을 완성하기까지 필요로 하는 여러 가지 작업의 순서와 단계를 (　)(이)라고 한다. 가장 효과적으로 공사 목적물을 만들 수 있으며 시간을 단축시키고 비용을 절감할 수 있는 방법을 정할 수 있다.

① 공종   ② 검토
③ 시공   ④ 공정

해설 공종은 공사의 종류, 공정은 공사의 일정으로 이해하면 된다.

59 곤충이 빛에 반응하여 일정한 방향으로 이동하려는 행동습성은?

① 주광성(phototaxis)
② 주촉성(thigmotaxis)
③ 주화성(chemotaxis)
④ 주지성(geotaxis)

해설
- 주광성: 빛에 유인되는 것으로 나비는 양성, 바퀴는 음성 주광성을 가지고 있다.
- 주촉성: 다른 물건에 접촉하려는 것으로 나방이나 딱정벌레 중에는 나무의 가지 틈에 서식하는 종류가 있다.
- 주화성: 화학물질에 유인되는 것으로 배추흰나비는 십자화과채소에 알을 낳는다.
- 주지성: 진딧물은 머리가 땅을 향하여 앉고(양성주지성), 모기는 머리쪽이 위를 향하여 앉는다.(음성주지성)

60 양버즘나무(플라타너스)에 발생된 흰불나방을 구제하고자 할 때 가장 효과가 좋은 약제는?

① 디플루벤주론수화제
② 결정석회황합제
③ 포스파미돈액제
④ 티오파네이트메틸수화제

해설 흰불나방 구제 : 디프제, 더스반, 디밀린, 다무르 등

ANSWER — CBT 복원문제 2018년 2회

01	02	03	04	05	06	07	08	09	10
④	④	③	③	③	②	②	②	③	④
11	12	13	14	15	16	17	18	19	20
③	④	②	②	④	③	②	①	②	④
21	22	23	24	25	26	27	28	29	30
③	①	②	②	④	①	①	①	④	③
31	32	33	34	35	36	37	38	39	40
③	④	②	②	③	②	②	④	④	④
41	42	43	44	45	46	47	48	49	50
③	③	①	④	①	③	③	③	③	③
51	52	53	54	55	56	57	58	59	60
③	②	②	①	②	②	④	②	①	①

01 부귀나 영화를 등지고 자연과 벗하며 농경하고 살기 위해 세운 주거를 별서(別墅)정원이라 한다. 우리나라의 현존하는 대표적인 것은?

① 윤선도의 부용동 원림
② 강릉의 선교장
③ 이덕유의 평천산장
④ 구례의 운조루

해설
- 강릉의 선교장 : 이내번이 족제비 떼를 쫓다가 우연히 발견한 명당터에 지은 상류 개인 주택으로 열화당, 동별당, 활래정 등이 있다.
- 이덕유의 평천산장 : 중국 당나라 민가정원
- 구례의 운조루 : 전남 구례군에 위치하며 낙안부사를 지낸 유이주가 지은 99칸의 집 중에서 사랑채를 말하며 명당 자리이다.

02 다음 중 경주 월지(안압지; 雁鴨池)에 있는 섬의 모양으로 가장 적당한 것은?

① 육각형
② 사각형
③ 한반도형
④ 거북이형

해설
- 안압지는 문무왕 14년 5100평으로 조성 되었으며 못 안에는 대, 중, 소 3개의 섬이 있다.
- 남동쪽 가장 큰 섬과 북서쪽 두 번째 큰 섬은 거북이 모양을 하고 있다.

03 영국의 풍경식 정원은 자연과의 비율이 어떤 비율로 조성 되었는가?

① 1:1
② 1:5
③ 2:1
④ 1:100

해설 자연풍경식 정원은 자연 자체를 경관으로 삼았기 때문에 자연과의 비율이 1:1이다.

04 다음 중 왕과 왕비만이 즐길 수 있는 사적인 정원이 아닌 곳은?

① 경복궁의 아미산
② 창덕궁 낙선재의 후원
③ 덕수궁 석조전 전정
④ 덕수궁 준명당의 후원

해설 덕수궁 석조전 : 최초의 서양식 석조 건물로 1900년 영국인 하딩에 의해 기본 설계가 되었다. 준공 후 고종 황제가 궁궐로 잠시 사용 하다가, 6.25전쟁 이후 박물관, 유물관으로 사용되었으며 복원된 이후 지금은 대한제국 역사관으로 개관하였다.

05 수도원 정원에서 원로의 교차점인 중정 중앙에 큰나무 한 그루를 심는 것을 뜻하는 것은?

① 파라다이소(Paradiso)
② 바(Bagh)
③ 트렐리스(Trellis)
④ 페리스틸리움(Peristylium)

해설 정원 중앙에 큰 나무를 식재하고 수로를 전개하여 지상낙원을 전개하고자 하였다.

06 18세기 영국 험프리 랩턴(Humphrey Repton)에 의해 완성된 정원 수법으로 가장 적합한 것은?

① 노단건축식
② 평면기하학식
③ 사의주의 풍경식
④ 사실주의 풍경식

> • 영국 : 사실주의 자연 풍경식
> • 중국 : 사의주의 자연 풍경식

07 수집된 자료를 종합한 후에 이를 바탕으로 개략적인 계획안을 결정하는 단계는?

① 목표설정   ② 기본구상
③ 기본설계   ④ 실시설계

> 수집된 자료를 분석하여 기본구상 개념도를 작성하게 된다.

08 다음 중 주택정원의 작업뜰에 위치할 수 있는 시설물로 가장 부적합한 것은?

① 장독대   ② 빨래 건조장
③ 파고라   ④ 채소밭

> 작업정은 주택 내에서 작업을 할 수 있는 정원으로, 시설물로는 장독대, 빨래 건조대, 텃밭, 수도시설 등이 위치한다. 파고라는 주정(안뜰)에 위치한다.

09 먼셀의 색상환에서 BG는 무슨 색인가?

① 연두   ② 남색
③ 청록   ④ 보라

> B는 Blue, G는 Green을 의미하며 청록색이 된다.

10 먼셀표색계의 10색상환에서 서로 마주보고 있는 색상의 짝이 잘못 연결된 것은?

① 빨강(R) - 청록(BG)
② 노랑(Y) - 남색(PB)
③ 초록(G) - 자주(RP)
④ 주황(YR) - 보라(P)

> 먼셀표색계

11 파란색 조명에 빨간색 조명과 초록색 조명을 동시에 켰더니 하얀색으로 보였다. 이처럼 빛에 의한 색채의 혼합 원리는?

① 가법혼색
② 병치혼색
③ 회전혼색
④ 감법혼색

> • 가법혼색 : 혼합한 색이 원래의 색보다 명도가 높아져 색광이 밝아지는 혼색
> • 병치혼색 : 가법혼색의 일종으로 수많은 색의 점들을 조밀하게 병치하여 혼합되게 보이게 하는 방법(예 : 모자이크)
> • 회전혼색 : 하나의 면에 2개 이상의 색을 붙인 후 빠른 속도로 회전하여 두색이 혼합되게 보이도록 하는 혼색
> • 감법혼색 : 혼합한 색이 원래의 색보다 색광이 어두워 지는 혼색으로 가법혼색의 반대의 개념이다.

12 다음 [보기]에서 설명하는 것은?

- 유사한 것들이 반복 되면서 자연적인 순서와 질서를 갖게 되는 것
- 특정한 형이 점차 커지거나 반대로 서서히 작아지는 형식이 되는 것

① 점이(漸移) ② 운율(韻律)
③ 추이(推移) ④ 비례(比例)

> • 운율(韻律) : 질서를 통한 변화된 형태나 소리, 색채로 연속적인 변화를 주어 공간의 흥미를 줄 수 있는 경관 구성 방법
> • 추이(推移) : 일이나 형편 등이 시간이 지남에 따라 변하여 나가는 경향
> • 비례(比例) : 형태나 색채의 변화에 있어서 양적으로 혹은 길이와 폭의 대소, 부분과 부분 및 부분과 전체와의 수량적 관계가 규칙적 비율을 가지는 것

13 오방색 중 오행으로는 목(木)에 해당하며 동방(東方)의 색으로 양기가 가장 강한 곳이며, 계절로는 만물이 생성하는 봄의 색이고 인(仁)을 암시하는 색은?

① 적(赤) ② 청(靑)
③ 황(黃) ④ 백(白)

> 오방색
>
> | | 북(北)
흑(黑)
수(水)
현무 | |
> |---|---|---|
> | 서(西)
백(白)
금(金)
백호 | 중앙(中央)
황(黃)
토(土)
황용 | 동(東)
청(靑)
목(木)
청룡 |
> | | 남(南)
적(赤)
화(火)
주작 | |

14 다음 중 정형식 배식유형은?

① 부등변삼각형식재
② 임의식재
③ 군식
④ 교호식재

단식 대식   열식   교호식재   집단식재

15 수목을 표시할 때 주로 사용되는 제도 용구는?

① 삼각자
② 템플릿
③ 삼각축척
④ 곡선자

> 수목을 평면으로 내려다 보면 원형으로 보이기 때문에 배식 평면도에서 원형 템플릿을 가장 많이 사용한다.

16 다음 식의 'A'에 해당하는 것은?

$$용적율 = \frac{A}{대지면적}$$

① 건축면적
② 건축연면적
③ 1호당면적
④ 평균층수

> 연면적이란 대지에 들어선 하나의 건축물의 바닥면적의 합계를 의미하며, 지상층, 지하층, 주차장시설을 모두 포함하는 면적이다. 단, 용적율 산정시에는 지하층, 주차장시설, 주민공동시설 면적을 제외한 바닥면적 합계를 적용한다.
>
> $$건폐율 = \frac{건축면적}{대지면적} \times 100$$

17 도시공원 및 녹지등에 관한 법률 시행규칙상 도시공원 중 설치 규모가 가장 큰 곳은?

① 광역권근린공원
② 체육공원
③ 묘지공원
④ 도시지역권근린공원

해설 도시공원의 설치 및 규모기준

공원구분	유치거리	면적	시설설치면적
소공원	제한 없음	–	20% 이하
어린이공원	250m 이하	1,500m² 이상	60% 이하
근린생활권 근린공원	500m 이하	10,000m² 이상	40% 이하
도보권 근린공원	1km 이하	30,000m² 이상	40% 이하
도시지역권 근린공원	제한 없음	100,000m² 이상	40% 이하
광역권 근린공원	제한 없음	1,000,000m² 이상	40% 이하
묘지공원	제한 없음	100,000m² 이상	20% 이하
체육공원	제한 없음	10,000m² 이상	50% 이하

18 다음 중 수목의 흉고 직경을 측정할 때 사용하는 기구는?

① 윤척   ② 와이어제측고기
③ 덴드로메타   ④ 경척

해설 덴드로메타는 수목의 수고를 측정하는 기구이다.

19 흰말채나무의 설명으로 옳지 않은 것은?

① 층층나무과로 낙엽활엽관목이다.
② 노란색의 열매가 특징적이다.
③ 수피가 여름에는 녹색이나 가을, 겨울철의 붉은 줄기가 아름답다.
④ 잎은 대생하며 타원형 또는 난상타원형이고, 표면에 작은 털, 뒷면은 흰색의 특징을 갖는다.

해설 열매의 색은 흰색에 가까운 아이보리 색이다.

20 다음 [보기]의 설명에 해당하는 수종은?

- 어린가지의 색은 녹색 또는 적갈색으로 옆흔이 발달하고 있다.
- 수피에서는 냄새가 나며 약간 골이 파여 있다.
- 단풍나무 중 복엽이면서 가장 노란색 단풍이 든다.
- 내조성, 속성수로서 조기녹화에 적당하여 녹음수로 이용가치가 높으며 폭이 없는 가로에 가로수로 심는다.

① 복장나무
② 네군도단풍
③ 단풍나무
④ 고로쇠나무

해설 단풍나무과 중에서 노란색 단풍이 드는 수종은 네군도단풍과 고로쇠나무이며 잎이 복엽인 수종은 복자기, 복장나무, 네군도 단풍이다. (복엽↔단엽)

21 공정 관리기법 중 횡선식 공정표(bar-chart)의 장점에 해당하는 것은?

① 신뢰도가 높으며 전자계산기의 이용이 가능하다.
② 각 공종별의 착수 및 종료일이 명시되어 있어 판단이 용이하다.

③ 바나나 모양의 곡으로 작성하기 쉽다.
④ 상호관계가 명확하며, 주 공정선의 밑에는 현장인원의 중점 배치가 가능하다.

해설

	막대 공정표	네트워크 공정표
장점	• 공정별 공사와 전체의 공정시기 등이 일목요연 • 착공일과 완료일이 명료함	• 상호간의 작업관계가 명확하다. • 작업의 문제점 예측 가능 • 신뢰도가 높고 편리하다.(계산기 사용가능)
단점	• 작업간의 관계가 명확하지 않다. • 작업상황이 변동되었을 때 탄력성이 없다.	• 공정표 작성에 숙련을 요한다. • 수정 및 변경에 많은 시간 요구된다.
용도	• 소규모공사, 시급을 요하는 공사에 사용	• 대형공사, 복잡하고 중요한 공사에 사용

22 시설물의 기초 부위에서 발생하는 토공량의 관계식으로 옳은 것은?

① 잔토처리 토량 = 되메우기 체적 − 터파기 체적
② 되메우기 토량 = 터파기 체적 − 기초 구조부 체적
③ 되메우기 토량 = 기초 구조부 체적 − 터파기 체적
④ 잔토처리 토량 = 기초 구조부 체적 − 터파기 체적

해설
• 터파기량 : 구조물 체적 + 되메우기량
• 구조물 체적(잔토량) : 터파기량 − 되메우기량
• 되메우기량 : 터파기량 − 구조물 체적(잔토량)

23 다음 중 등고선의 성질에 관한 설명으로 옳지 않은 것은?

① 등고선상에 있는 모든 점은 높이가 다르다.
② 등경사지는 등고선 간격이 같다.
③ 급경사지는 등고선 간격이 좁고, 완경사지는 등고선 간격이 넓다.
④ 등고선은 도면의 안이나 밖에서 폐합되며 도중에 없어지지 않는다.

해설 등고선의 성질
• 등고선상의 모든 점은 같은 높이이다.
• 등고선은 도면 안 또는 밖에서 서로 만나며, 없어지지 않는다.
• 등고선이 도면 안에서 만나는 경우는 산꼭대기나 요지(凹地)이다.
• 높이가 다른 등고선은 절벽이나 동굴에서 교차한다.
• 급경사지에서 간격이 좁고, 완만한 경사지에서 간격이 넓다.
• 경사가 같으면 같은 간격이다.

24 단위용적중량이 1700kgf/m³, 비중이 2.6인 골재의 공극률은 약 얼마인가?

① 34.6%   ② 52.94%
③ 3.42%   ④ 5.53%

해설
• 실적률 = $\frac{중량}{비중} \times 100 = \frac{1.7}{2.6} \times 100 = 65.38\%$
• 공극률 = 100 − 65.38 = 34.62%

25 다음 중 조경수목의 꽃눈분화, 결실 등과 가장 관련이 깊은 것은?

① 질소와 탄소비율   ② 탄소와 칼륨비율
③ 질소와 인산비율   ④ 인산과 칼륨비율

26 다음 중 루비깍지벌레의 구제에 가장 효과적인 농약은?

① 페니트로티온수화제
② 다이아지논분제
③ 포스파미돈액제
④ 옥시테트라사이클린수화제

> 해설
> - 포스파미돈은 포스팜이라고도 하며 솔잎혹파리(수간주사)나 깍지벌레 구제에 사용하는 고독성 농약이다.
> - 페니트로티온수화제 : 살충제로써 스미치온, 메프치온이 대표적이다.
> - 다이아지논분제 : 살충제
> - 옥시테트라사이클린수화제 : 빗자루병 수간주사

27 콘크리트의 응결, 경화 조절의 목적으로 사용되는 혼화제에 대한 설명 중 틀린 것은?

① 콘크리트용 응결, 경화 조정제는 시멘트의 응결, 경화 속도를 촉진시키거나 지연시킬 목적으로 사용되는 혼화제이다.
② 촉진제는 그라우트에 의한 지수공법 및 뿜어붙이기 콘크리트에 사용된다.
③ 지연제는 조기 경화현상을 보이는 서중콘크리트나 수송거리가 먼 레디믹스트 콘크리트에 사용된다.
④ 급결제를 사용한 콘크리트의 조기 강도 증진은 매우 크나 장기강도는 일반적으로 떨어진다.

> 해설 그라우트란 시멘트+물+혼화재 등을 섞은 일종의 시멘트풀이며, 지수공법이란 지반굴착 시 물이 들어오지 않도록 물을 차단하는 공법을 말한다.

28 식물이 필요로 하는 양분요소 중 미량원소로 옳은 것은?

① O
② K
③ Fe
④ S

> 해설 다량원소 : C(탄소), H(수소), O(산소), N(질소), P(인), K(칼륨), Ca(칼슘), Mg(마그네슘), S(황)

29 콘크리트 1m³에 소요되는 재료의 양을 계량하여 1:2:4 또는 1:3:6 등의 배합 비율로 표시하는 배합을 무엇이라 하는가?

① 표준계량 배합
② 용적배합
③ 중량배합
④ 시험중량배합

> 해설 콘크리트 용적배합은 일반적으로 1:2:4, 1:3:6, 1:4:80다.

30 "느티나무 10주에 600,000원, 조경공 1인과 보통공 2인이 하루에 식재한다."라고 가정할 때 느티나무 1주를 식재할 때 소요되는 비용은? (단, 조경공 노임은 60,000원/일, 보통공 40,000원/일 이다)

① 68,000원
② 70,000원
③ 72,000원
④ 74,000원

> 해설
> - 노무비 = 60,000원 + (2인 × 40,000원) = 140,000원
> - 재료비 = 600,000원
> - 총공사비 = 740,000원
> - 느티나무 1주 식재비 = 740,000원÷10주 = 74,000원

31 다음 중 아황산가스에 견디는 힘이 가장 약한 수종은?

① 삼나무
② 편백

③ 플라타너스　　④ 사철나무

해설 삼나무, 소나무, 전나무, 독일가문비, 느티나무, 왕벚나무 등은 아황산 가스에 견디는 성질이 약한 대표 수종이다.

32 식물의 주요한 표징 중 병원체의 영양기관에 의한 것이 아닌 것은?

① 균사　　② 균핵
③ 포자　　④ 자좌

해설
- 식물 병원균을 동정할 때 병원균의 균사, 균핵, 자좌, 포자경을 표징이라고 한다.
- 포자는 곰팡이나 버섯 등의 균류가 만들어 내는 생식 세포이다.

33 소나무류의 순자르기에 대한 설명으로 옳은 것은?

① 10~12월에 실시한다.
② 남길 순도 1/3~1/2 정도로 자른다.
③ 새순이 15cm 이상 길이로 자랐을 때에 실시한다.
④ 나무의 세력이 약하거나 크게 기르고자 할 때는 순자르기를 강하게 실시한다.

해설 소나무 순자르기는 5~6월경 순이 5~10cm정도 자랐을 때 실시하는 작업으로 생장을 억제하는 약전정이다.

34 석재의 분류는 화성암, 퇴적암, 변성암으로 분류할 수 있다. 다음 중 퇴적암에 해당되지 않는 것은?

① 사암　　② 혈암
③ 석회암　　④ 안산암

해설 화강암, 안산암, 현무암, 섬록암 등은 화성암 계통이다.

35 낙엽활엽소교목으로 양수이며 잎이 나오기 전 3월경 노란색으로 개화하고, 빨간 열매를 맺어 아름다운 수종은?

① 개나리
② 생강나무
③ 산수유
④ 풍년화

해설 ①, ②, ③, ④ 모두 3월에 황색으로 개화하며, 개나리 열매는 황색, 생강나무와 풍년화 열매는 검정색이다.

36 다음과 같은 특징을 갖는 시멘트는?

- 조기강도가 크다.(재령 1일에 보통포틀랜드시멘트의 재령 28일 강도와 비슷함)
- 산, 염류, 해수 등의 화학적 작용에 대한 저항성이 크다.
- 내화성이 우수하다.
- 한중 콘크리트에 적합하다.

① 알루미나시멘트
② 실리카시멘트
③ 포졸란시멘트
④ 플라이애쉬시멘트

해설 알루미나가 30% 이상 혼합된 혼합시멘트로서 수화열이 매우 크며 조기에 경화한다. 화학약품 침식과 해수에 강하나, 가격이 비싸기 때문에 많이 쓰이지는 않고 있다.

37 심근성 수목을 굴취할 때 뿌리분의 형태는?

① 접시분　　② 사각평분
③ 보통분　　④ 조개분

해설 뿌리분의 형태

접시분   보통분   조개분

천근성 수목은 접시분, 심근성 수목은 조개분을 뜬다.

38 다음 [보기]의 설명에 해당하는 수종은?

> - "설송(雪松)"이라 불리기도 한다.
> - 천근성 수종으로 바람에 약하며, 수관폭이 넓고 속성수로 크게 자라기 때문에 적지 선정이 중요하다.
> - 줄기는 아래로 처지며, 수피는 회갈색으로 얇게 갈라져 벗겨진다.
> - 잎은 짧은 가지에 30개가 총생, 3~4cm로 끝이 뾰족하며, 바늘처럼 찌른다.

① 잣나무
② 솔송나무
③ 개잎갈나무
④ 구상나무

해설 개잎갈나무는 히말라야시더의 다른 이름이다.

39 다음 중 열가소성 수지에 해당되는 것은?

① 페놀수지
② 멜라민수지
③ 폴리에틸렌수지
④ 요소수지

해설
- 열가소성수지 : 폴리에틸렌(PE), 폴리염화비닐(PVC), 폴리카보네이트(PC), 아크릴
- 열경화성수지 : 페놀, 멜라민, 요소

40 다음 중 경사도에 관한 설명으로 틀린 것은?

① 45° 경사는 1:1 이다.
② 25% 경사는 1:4 이다.
③ 1:2는 수평거리 1, 수직거리 2를 나타낸다.
④ 경사면은 토양의 안식각을 고려하여 안전한 경사면을 조성한다.

해설 45° = 100% = 1:1 , 1:2경사에서 1은 수직고이고 2는 수평거리이다.

41 방사(防砂), 방진(防塵)용 수목들의 대표적인 특징 설명으로 가장 적합한 것은?

① 잎이 두껍고 함수량이 많으며 넓은 잎을 가진 치밀한 상록수여야 한다.
② 지엽이 밀생한 상록수이며 맹아력이 강하고 관리가 용이한 수목이어야 한다.
③ 사람의 머리가 닿지 않을 정도의 지하고를 유지하고 겨울에는 낙엽되는 수목이어야 한다
④ 빠른 생장력과 뿌리 뻗음이 깊고, 지상부가 무성하면서 지엽이 바람에 상하지 않는 수목이어야 한다.

해설 모래 등 먼지를 막기 위한 수종은 발근력이 뛰어나고 생장이 빠르면서 뿌리 뻗음이 깊은 수종이 적당하다. 또한 수관부가 크고 지엽이 치밀해야 먼지를 차단하기 용이하며 대표 수종으로는 쥐똥나무, 사철나무, 동백나무, 아왜나무, 굴거리나무 등이 있다.

42 시멘트의 저장과 관련된 설명 중 ( ) 안에 해당하지 않는 것은?

- 시멘트는 ( )적인 구조로 된 사일로 또는 창고에 품종별로 구분하여 저장 하여야 한다.
- 저장 중에 약간이라도 굳은 시멘트는 공사에 사용하지 않아야 한다. ( )개월 이상 장기 저장한 시멘트는 사용하기 앞서 재시험을 실시하여 품질을 확인 한다.
- 포대 시멘트를 쌓아서 저장하면 그 질량으로 인해 하부의 시멘트가 고결할 염려가 있으므로 시멘트를 쌓아 올리는 높이는 ( )포대 이하로 하는 것이 바람직 하다.
- 시멘트의 온도는 일반적으로 ( )정도 이하를 사용하는 것이 좋다.

① 13   ② 6
③ 방습   ④ 50℃

해설 시멘트저장법
- 13포 이상 쌓지 않는다.
- 3개월 이상 저장하지 않는다.
- 바닥에서 30cm 공극율 이격시킨다.
- 출입문을 제외한 환기창을 두지 않는다.
- 선입선출(先入先出)
- 방습적인 구조로 된 사일로 또는 창고에 저장
- 시멘트 온도는 50℃ 이하로 사용하는 것이 좋다.

43 건설재료의 할증률이 틀린 것은?

① 붉은벽돌 : 3%
② 이형철근 : 5%
③ 조경용 수목 : 10%
④ 석재판붙임용재(정형돌) : 10%

해설 건설재료의 할증률

재료		할증률(%)
목재	각재	5
	판재	10
타일		3
속빈시멘트블록		4
합판	일반용	3
	수장용	5
경계블록		3
벽돌	붉은벽돌	3
	내화벽돌	3
	시멘트벽돌	5
수목, 잔디, 초화류		10
이형철근		3

44 다음 설명하는 해충으로 가장 적합한 것은?

- 유충은 적색, 분홍색, 검은색이다.
- 끈끈한 분비물을 분비한다.
- 식물의 어린 잎이나 새가지, 꽃봉우리에 붙어 수액을 빨아먹어 생육을 억제한다.
- 점착성 분비물을 배설하여 그을음병을 발생시킨다.

① 응애
② 송벌레
③ 진딧물
④ 깍지벌레

해설
- 1차그을음병 : 진딧물
- 2차그을음병 : 깍지벌레

45 수목의 흰가루병은 가을이 되면 병환부에 흰가루가 섞여서 미세한 흑색의 알맹이가 다수 형성 되는데 다음 중 이것을 무엇이라 하는가?

① 균사(菌絲)
② 자낭구(子囊球)
③ 분생자병(分生子柄)
④ 분생포자(分生胞子)

해설 자낭구는 13~20℃의 습하고 서늘한 지역에서 잘 발생 되며 완전히 폐쇄된 구형이다.

46 봄에 씨뿌림 하는 1년초에 해당하지 않는 것은?

① 매리골드   ② 피튜니아
③ 채송화   ④ 샐비어

해설
• 봄에 씨를 뿌린다는 것은 가을에 꽃을 본다는 뜻이다.
• 피튜니아는 봄에 씨를 뿌려 6월에서 가을까지 오랜 시간 꽃을 볼 수 있는 다년생 초화이며 한국에서만 1년생으로 분류해서 쓰고 있다.

47 조경시공의 일정계획을 수립할 때 사용되는 1일 평균 시공량 산정식으로 옳은 것은?

① $\dfrac{공사량}{계약기간}$

② $\dfrac{공사량}{작업가능일수}$

③ $\dfrac{공사량}{(작업가능일수 \times 1/4)}$

④ $\dfrac{공사량}{(소요작업일수 \times 1/3)}$

해설 식재공사의 경우 총 식재해야 할 수종이 100주일 때 작업 일수가 10일이라면 하루에 10주씩 식재를 해나가야 한다.

48 다음 중 시공 현장에서 사용되는 긴결(연결) 철물에 해당하는 것은?

① 못   ② 강판
③ 함석   ④ 형강

해설 못, 볼트, 너트 등이 해당된다.

49 우리나라의 조선시대 전통 정원을 꾸미고자 할 때 다음 중 연못 시공으로 적합한 호안공은?

① 자연석 호안공
② 사괴석 호안공
③ 편책 호안공
④ 마름돌 호안공

해설 18cm 정도의 네모난 육면체의 화강석을 사괴석이라고 하며 예로부터 담장 등을 쌓을 때 많이 사용 하였다.

50 다음 중 석탄을 235~315℃에서 고온 건조하여 얻은 타르 제품으로서 독성이 적고 자극적인 냄새가 있는 유성 목재 방부제는?

① 콜타르
② 클레오스트유
③ 플로오르화나트륨
④ 펜타클로르페놀(PCP)

해설
• 콜타르 : 석탄의 건류로 생성되는 흑갈색의 점성이 높은 액상 물질로 대부분은 제철용 코크스 제조과정의 부산물로 얻어진다.
• 플로오르화나트륨 : NaF의 화학식을 지닌 이온성 화합물이다. 무색의 고체이며 흔히 불소라 불리고 충치 예방에 많이 사용된다.
• 펜타클로르페놀(PCP) : 유기 염소계의 살충력이 강한 살충제 성분이다.

51 다음 중 한발이 계속될 때 짚깔기나 물주기를 제일 먼저 해야 될 나무는?

① 소나무
② 향나무
③ 가중나무
④ 낙우송

> • 습지에 강한 수종 (내습성강) : 낙우송, 메타세콰이아, 나무수국, 계수나무, 수양버들, 위성류, 오동나무 등
> • 건조지에 강한 수종 (내건성강) : 소나무, 향나무, 노간주나무, 가중나무, 자작나무, 사시나무 등

52 백색계통의 꽃을 감상 할 수 있는 수종은?

① 개나리
② 이팝나무
③ 산수유
④ 맥문동

> • 개나리 : 3월 황색
> • 이팝나무 : 5월 흰색
> • 산수유 : 3월 황색
> • 맥문동 : 6월 자색

53 전통정원에서 흔히 볼 수 있고 줄기가 아름다우며 여름에 꽃이 개화하여 100여일 간다고 해서 백일홍이라 불리는 수종은?

① 백합나무
② 불두화
③ 배롱나무
④ 이팝나무

> 배롱나무는 중국 원산의 부처꽃과 수종이며 7월에 개화하여 가을까지 개화기가 100일 이상으로 길다. 수피가 얇아 추위에 약하며 간즈름 나무로 불리기도 한다.

54 회양목의 설명으로 틀린 것은?

① 낙엽활엽관목이다.
② 잎은 두껍고 타원형이다.
③ 3~4월경에 꽃이 연한 황색으로 핀다.
④ 열매는 삭과로 달걀형이며, 털이 없으며 갈색으로 9~10월에 성숙한다.

> 회양목은 예로부터 도장의 재료로 쓰였다하여 도장목이라고도 불리우며 석회질 토양에서 잘 자라는 상록성 활엽 관목이다.

55 강(鋼)과 비교한 알루미늄의 특징에 대한 내용 중 옳지 않은 것은?

① 강도가 작다.
② 비중이 작다.
③ 열팽창율이 작다.
④ 전기 전도율이 높다.

> 알루미늄은 전성과 연성이 뛰어나고 전기 전도성이 좋아 고압 전선의 재료로 쓰이며, 가볍고 부식이 잘되지 않는 특성이 있어 금속 중에서 철 다음으로 많이 생산되어 여러 용도로 사용하고 있다. 강과 비교했을 때 열 팽창율이 크다.

56 식물의 아래 잎에서 황화현상이 일어나고 심하면 잎 전면에 나타나며, 잎이 작지만 잎 수가 감소하며 초본류의 초장이 작아지고 조기 낙엽이 비료결핍의 원인이라면 어느 비료 요소와 관련된 설명인가?

① P
② N
③ Mg
④ K

> 질소가 부족하면 상장생장이 위축되고 잎에서 황화 현상이 일어난다.

57 수준측량의 용어 설명 중 높이를 알고 있는 기지점에 세운 표척눈금의 읽은 값을 무엇이라 하는가?

① 후시　　② 전시
③ 전환점　　④ 중간점

> **해설**
> • 후시 : 기지점에 세운 표척의 읽음값(Back Sight)
> • 전시 : 표고를 구하려는 점에 세운 표척의 읽음값(Fore Sight)
> • 전환점(이기점) : 전시와 후시를 연결하는 점 (Turning Point)
> • 중간점 : 전시만을 취하는 점(Intermediate Point)

58 가연성 도료의 보관 및 장소에 대한 설명 중 틀린 것은?

① 직사광선을 피하고 환기를 억제한다.
② 소방 및 위험물 취급 관련 규정에 따른다.
③ 건물 내 일부에 수용할 때에는 방화구조적인 방을 선택한다.
④ 주위 건물에서 격리된 독립된 건물에 보관하는 것이 좋다.

> **해설** 직사광선을 피하고 환기를 자주 시킨다.

59 해충의 방제방법 중 기계적 방제방법에 해당 하지 않는 것은?

① 경운법　　② 유살법
③ 소살법　　④ 방사선이용법

> **해설** 기계적 방제법은 물리적 방제법이라고도 하며 직접 물리적인 힘을 이용하여 방제하는 방법이다. 이와 달리 방사선이나 농약 등을 이용하는 방법은 화학적 방제법에 속한다.

60 적심(摘心 : candle pinching)에 대한 설명으로 틀린 것은?

① 고정 생장하는 수목에 실시한다.
② 참나무과(科) 수종에서 주로 실시한다.
③ 수관이 치밀하게 되도록 교정하는 작업이다.
④ 촛대처럼 자란 새순을 가위로 잘라 주거나 손끝으로 끊어준다.

> **해설** 적심은 생장을 억제하는 전정으로 참나무과 수종은 뿌리가 심근성이고 녹음수로 사용하기 때문에 적심 작업은 필요하지 않다.

ANSWER　　　　　　　　　CBT 복원문제 2018년 3회

01	02	03	04	05	06	07	08	09	10
①	④	①	③	①	④	②	③	③	④
11	12	13	14	15	16	17	18	19	20
①	①	②	④	②	②	②	①	②	②
21	22	23	24	25	26	27	28	29	30
②	②	①	①	①	③	③	②	②	④
31	32	33	34	35	36	37	38	39	40
①	③	②	③	①	④	③	③	③	③
41	42	43	44	45	46	47	48	49	50
④	②	②	③	②	②	②	①	②	②
51	52	53	54	55	56	57	58	59	60
④	②	③	①	③	②	①	①	④	②

CBT 복원문제 _ 2019년 1회

01 고구려는 여러번에 걸쳐 수도를 옮겼는데 주몽은 처음 졸본 지역에 정착하여 졸본성에 수도를 정하게 된다. 다음 중 졸본성에 있는 산성은?

① 남한산성　② 대성산성
③ 강화산성　④ 오녀산성

> 졸본성 환인분지의 약 800m의 산지에 축조된 오녀산성은 남북 약 1,000m, 동서 너비 약 300m의 비교적 규모가 큰 성인데, 동·서·남쪽은 모두 넓적한 돌로 성벽을 쌓았고, 북쪽은 수직에 가까운 벼랑에 의지하여 성벽을 이루었다.

02 다음 중 별서 정원의 연결이 바르게 된 것은?

① 송시열 - 남간정사
② 김조순 - 초간정
③ 윤선도 - 다산초당
④ 정영방 - 옥호정

> 대전광역시 동구 가양동에 있는 조선 중기의 별당으로 조선 후기의 유학자 송시열이 제자들을 가르쳤던 건물이다.

03 다음 일본의 조경 양식별 대표작에 대한 설명으로 잘못된 것은?

① 평안시대 동삼조전은 침전식 양식이다.
② 겸창시대 서방사는 축경식 양식이다.
③ 실정시대 대선원, 용안사 정원은 고산수식 양식이다.
④ 강호시대 계리궁은 회유식 양식이다.

> 겸창시대 서방사 정원은 회유 임천식 양식이다.

04 다음 중 고대 이집트 무덤인 사자의 정원에 설치되지 않았던 것은?

① 사각형의 연못　② 수목의 열식
③ 키오스크　　　④ 원형 분수

> 이집트 대표적인 사자의 정원에는 레크미라와 테베가 있고, 이집트인들은 죽은 자를 위한 사자(死者)의 정원을 꾸몄다.

05 다음 중 앙드레 르 노트르 건축물이 아닌 것은?

① 보르비콩트　② 베르사유궁
③ 생클루　　　④ 벨베데레원

> 건축가 브라만테(Donato Bramante)는 로마법왕 율리우스 2세의 명을 받아 바티칸 궁전(Vatican Palace)의 벨베데레원(Belvedere)을 설계하였다.

06 탑골 공원은 사적 제354호로 지정되어 있으며 우리나라 최초의 대중적 성격의 공원이다. 탑골 공원의 설계자는?

① 옴스테드　② 브라운
③ 브릿지맨　④ 켄트

> 고종 34년에 영국인 브라운의 설계에 의해 공원으로 조성되었으며 파고다 공원이라고도 한다.

07 다음 중 창덕궁 후원 내 옥류천 일원에 위치하고 있는 궁궐 내 유일의 초정은?

① 애련정   ② 부용정
③ 관람정   ④ 청의정

해설 초정(草亭) : 지붕을 기와가 아닌 풀로 얹은 정자를 말한다.

08 다음은 야생 동물의 서식처와 관련된 인자들이다. 야생 동물의 서식처와 가장 밀접한 관련이 있는 것은?

① 지형의 변화
② 식생분포
③ 토양분포
④ 인공구조물 분포

해설 하나의 야생 동물은 2가지 이상의 식생형을 필요로 한다. 즉 새들은 둥지를 만들 곳과 먹이를 구할 곳이 필요하다. 따라서 둘 이상의 식생형이 만나는 곳에 많은 야생 동물을 볼 수 있다.

09 조경 식재 설계도를 작성할 때 수목명, 규격, 본수 등을 기입하기 위한 인출선 사용의 유의 사항으로 올바르지 않는 것은?

① 가는 선으로 명료하게 긋는다.
② 인출선의 수평 부분은 기입 사항의 길이와 맞춘다.
③ 인출선의 교차나 치수선의 교차를 피한다.
④ 인출선의 방향과 기울기는 자유롭게 표기하는 것이 좋다.

해설 인출선 사용상의 유의사항
• 가는 선으로 명료하게 긋는다.
• 인출선의 수평 부분은 기입사항의 길이와 맞춘다.
• 인출선의 방향과 기울기는 통일하는 것이 좋다.
• 인출선간의 교차나 치수선의 교차를 피한다.
• 한 도면에서는 인출선의 굵기와 질 등을 동일하게 유지한다.

10 다음 선의 종류와 선긋기의 내용이 잘못 짝지어진 것은?

① 가는실선 : 수목 인출선
② 파선 : 단면선
③ 1점쇄선 : 경계선
④ 2점쇄선 : 가상선

해설 파선은 실제로 존재하지만 보이지 않는 부분을 나타낼 때 사용하며, 단면선은 굵은 실선으로 그리게 된다. 또한 2점 쇄선은 가상선이고 중심선은 1점 쇄선으로 나타낸다.

11 조경계획 및 설계과정에 있어서 각 공간의 규모, 사용재료, 마감 방법을 제시해 주는 단계는?

① 기본구상
② 기본계획
③ 기본설계
④ 실시설계

해설
• 기본설계 : 기본계획의 각 부분을 더욱 구체적으로 발전(각 공간의 정확한 규모, 사용재료, 마감방법 등)
• 실시설계 : 실제 시공이 가능하도록 시공 도면을 작성 하는 것 (상세도, 시방서, 공사비 내역서 작성 포함)

12 다음 도면 용지 중 A_2 용지의 규격은?

① 497 × 210   ② 420 × 297
③ 594 × 420   ④ 841 × 594

해설 도면의 규격(단위 mm)

제도지의 치수		A_0	A_1	A_2	A_3	A_4
b × a		1,189×841	841×594	594×420	420×297	297×210
c (최소)		10	10	10	5	5
d (최소)	철하지 않을 때	10	10	10	5	5
	철할 때	25	25	25	25	25
비고		전지	2절지	4절지	8절지	16절지

13 다음 중 입체적인 느낌을 주는 도면에 해당하지 않는 것은?

① 투시도 ② 조감도
③ 상세도 ④ 다이어그램

해설 투시도와 조감도는 소점을, 상세도는 부분 치수를 세밀하게 나타내기 위해 입체적인 도면을 그리게 된다. 다이어그램은 설계자의 의도를 개략적으로 나타내기 위한 시각 언어이다.

14 다음 중 정형식 배식유형은?

① 부등변삼각형식재
② 임의식재
③ 군식
④ 교호식재

해설

단식 대식   열식   교호식재 집단식재

15 다음 중 점층(漸層)에 관한 설명으로 가장 적합한 것은?

① 조경 재료의 형태나 색깔, 음향 등의 점진적 증가

② 대소, 장단, 명암, 강약
③ 일정한 간격을 두고 흘러오는 소리, 다변화되는 색채
④ 중심축을 두고 좌우 대칭

해설 ② : 대비 ③ : 율동 ④ : 대칭

16 회색의 시멘트 벽돌 가운데 놓인 붉은 벽돌은 실제 색보다 더욱 선명하게 보인다. 이러한 현상을 무엇이라 하는가?

① 색상대비 ② 면적대비
③ 연변대비 ④ 채도대비

해설 채도란 색의 3속성의 하나로 색의 선명도, 색상의 진하고 엷음을 나타내는 포화도(飽和度)라고도 하며, 아무것도 섞지 않아 맑고 깨끗하며 원색에 가까운 것을 채도가 높다고 표현한다. 채도 대비란 채도가 다른 두 색을 인접시켰을 때 서로의 영향을 받아 채도가 높은 색은 더욱 높아 보이고 채도가 낮은 색은 더욱 낮아 보이는 현상을 말한다.

17 조경 설계 과정에서 가장 먼저 이루어져야 할 것은?

① 구상 개념도 작성
② 실시 설계도 작성
③ 평면도 작성
④ 내역서 작성

해설 조경 수행 단계
① 목표설정 : 공간규모 계획 → ② 자료수집 : 자연환경분석, 인문환경분석 → ③ 분석 및 종합 : 수집된 자료를 분석 종합 → ④ 기본구상 : 기본구상 및 공간 개념 도출 → ⑤ 기본계획 : 대안작성 (반드시 2개 이상) → ⑥ 기본설계 : 기본계획을 구체적으로 발전(각 공간의 정확한 규모, 마감방법 등) → ⑦ 실시설계 : 시공이 가능하도록 시공 도면을 작성 → ⑧ 시공 및 감리 : 식재시공, 시설물 시공 → ⑨ 유지관리 : 이용관리, 운영관리, 유지관리

18 도시공원 및 녹지 등에 관한 법률에서 [어린이공원]의 설계 기준으로 틀린 것은?

① 유치거리는 250m 이하, 1개소의 면적은 1500㎡ 이상의 규모로 한다.
② 휴양 시설 중 경로당을 설치하여 어린이와의 유대감을 형성할 수 있다.
③ 유희시설에 설치되는 시설물에는 정글짐, 미끄럼틀, 시소 등이 있다.
④ 공원시설 부지 면적은 전체 면적의 60% 이하로 하여야 한다.

📖 어린이공원에는 경로당을 설치할 수 없다.

19 사고방지를 위한 식재 중에는 명암순응 식재가 있다. 다음 중 암순응에 대한 설명으로 적당한 것은?

① 밝은 곳에서 어두운 터널로 들어설 때 순응
② 어두운 터널에 있다가 밝은 곳으로 나올 때 순응
③ 날이 어두워 지면서 적색이 눈에 잘 띄는 것에 대한 순응
④ 날이 어두워 지면서 청색이 눈에 잘 띄는 것에 대한 순응

📖 암순응 : 갑자기 어두운 곳에 들어섰을 때 일시적으로 보이지 않다가 시간이 지나면서 눈이 순응되어 차츰 보이게 되는 현상

20 먼셀표색계의 10색상환에서 서로 마주보고 있는 색상의 짝이 잘못 연결된 것은?

① 빨강(R) – 청록(BG)
② 노랑(Y) – 남색(PB)
③ 초록(G) – 자주(RP)
④ 주황(YR) – 보라(P)

📖 먼셀표색계

21 가법혼색에 관한 설명으로 틀린 것은?

① 2차색은 1차색에 비하여 명도가 높아진다.
② 빨강 광원에 녹색 광원을 흰 스크린에 비추면 노란색이 된다.
③ 가법 혼색의 삼원색을 동시에 비추면 검정이 된다.
④ 파랑 광원에 녹색 광원을 비추면 시안(cyan)이 된다.

📖 가법혼색 : 색광(빛)을 혼합함으로써 새로운 색채를 만들어 내는 것으로 색광이 서로 더해 지면서 원래의 색보다 더 밝아지며(명도가 높아지며) 백색광이 되는 현상

22 조경 미(美) 이론 중 형태나 선, 색깔, 음향 등이 점차적으로 증가 또는 감소하는 아름다움을 무엇이라 하는가?

① 운율미   ② 반복미
③ 단순미   ④ 점층미

📖 형태나 선, 색깔, 음향 등이 점차적으로 증가 또는 감소하는 것으로 예를 들면, 계절의 색채 변화 과정을 농담. 낮은 곳에서 높은 곳으로, 높은 곳에서 낮은 곳으로 강에서 약으로, 직선에서 곡선으로, 대에서 소로, 소에서 대로 점차 변화하는 모습이다.

23 도시 공원 중 면적이 100,000m² 이상이며 장래의 시가지화가 예상되지 않는 곳에 설치되어야 하는 공원은?

① 소공원
② 근린공원
③ 체육공원
④ 묘지공원

> 정숙한 장소로써 공원 내 시설물 설치 면적 허용은 20% 이하이다.

24 다음 식의 'A'에 해당하는 것은?

$$용적율 = \frac{A}{대지면적}$$

① 건축면적
② 건축연면적
③ 1호당면적
④ 평균층수

> 연면적이란 대지에 들어선 하나의 건축물의 바닥면적의 합계를 의미하며, 지상층, 지하층, 주차장시설을 모두 포함하는 면적이다. 단, 용적율 산정 시에는 지하층, 주차장시설, 주민공동시설 면적을 제외한 바닥면적 합계를 적용한다.

25 미기후에 관련된 조사 항목으로 적당하지 않은 것은?

① 대기오염의 정도
② 태양복사열
③ 안개 및 서리
④ 지역온도 및 전국온도

> 지형이나 풍향 등에 따른 국부적 장소에 나타나는 부분적 장소의 독특한 기상 상태를 미기후라 한다.

26 다음 조경 재료 중 식물재료와 인공재료의 특징에 대한 설명 중 잘못된 것은?

① 식물재료: 연속성, 인공재료: 가공성
② 식물재료: 조화성, 인공재료: 불변성
③ 식물재료: 자연성, 인공재료: 균일성
④ 식물재료: 비규격성, 인공재료: 특수성

> 식물재료와 인공재료의 특징

재료	특징
식물재료	연속성, 조화성, 자연성, 비규격성
인공재료	균일성, 불변성, 가공성

27 다음 중 긴결 철물에 해당하는 것이 아닌 것은?

① 볼트
② 너트
③ 못
④ 듀벨

> 긴결 철물이란 물체를 연결(체결) 할 때 사용하는 재료를 말한다. 참고로 듀벨은 두 목재 사이의 접합부에 끼워 볼트 접합을 보강하기 위한 철물을 말한다.

28 다음 중 석가산을 만들고자 할 때 적합한 돌은?

① 잡석
② 괴석
③ 호박돌
④ 자갈

> • 석가산이란 관상 가치가 높거나 괴기한 돌을 쌓아서 만든 가산(假山)으로써 신선 사상에 그 유래가 있다.
> • 괴석은 풍침과 수침을 받아 모양이 괴기하게 변한 돌이다.

29 KS규격 표시에서 구분에서 석재는 어느 부문으로 분류가 되는가?

① KS A ② KS D
③ KS F ④ KS H

> 해설
> • KS A : 기본부문 (기본일반/방사선관리/가이드/인간공학/기타)
> • KS D : 금속부문 (금속일반/원재료/강재/주철/기타)
> • KS F : 건설부문 (건설일반/시험·검사·측량/재료·부재/시공/기타)
> • KS H : 식료품부문 (식품일반/농산물가공품/축산물가공품/수산물가공품/기타)

30 여름에 꽃을 피우는 수종이 아닌 것은?

① 배롱나무 ② 석류나무
③ 조팝나무 ④ 능소화

> 해설 조팝나무는 4월에 흰색 꽃이 핀다.

31 다음 영양 번식 중에서 접목이 잘 되는 수종 나열이 잘못된 것은?

① 참나무, 감나무
② 피라칸사, 복사나무
③ 모과나무, 반송
④ 사과나무, 포도나무

> 해설 감나무는 접목이 잘 되지만 일반적으로 참나무류 수종들은 접목이 잘 되지 않는다.

32 다음 중 열매가 붉은색으로 열리는 수종으로만 짝지어진 것은?

① 산수유, 때죽나무
② 산딸나무, 이팝나무
③ 낙상홍, 피라칸사
④ 화살나무, 흰말채나무

> 해설
> • 산수유, 산딸나무, 화살나무 : 붉은색 열매
> • 때죽나무, 흰말채나무 : 아이보리색 열매
> • 이팝나무 : 검정색 열매

33 다음 중 물푸레나무과에 해당하지 않는 것은?

① 이팝나무 ② 미선나무
③ 개나리 ④ 산수유

> 해설 산수유는 층층나무과 낙엽활엽 소교목이다.

34 조경 수목의 구비 조건 중 지엽이 치밀하고 맹아력이 강하며 아랫 가지가 말라죽지 않아야 하는 수종에 해당하는 것은?

① 산울타리용 수종
② 녹음용 수종
③ 방음용 수종
④ 방풍용 수종

> 해설 측백, 화백, 사철나무, 회양목, 쥐똥나무, 매자나무 등이 있다.

35 다음 조경 수목 중에서 열매 및 수피를 감상하는 나무에 해당하는 것은?

① 느티나무 ② 단풍나무
③ 모과나무 ④ 층층나무

> 해설 모과나무는 심근성 수종으로 꽃, 열매, 수피를 감상하기 위한 용도로 식재된다.

36 인공 지반에서 자연 토양에 잔디 식재 시 생육에 필요한 식재토심은 얼마 이상인가?

① 15cm ② 30cm
③ 45cm ④ 60cm

해설 인공지반 식재 생육 식재토심

형태상 분류	자연토양 사용 (cm 이상)	인공토양 사용 (cm 이상)
잔디/초본류	15	10
소관목	30	20
대관목	45	30
교목	70	60

37 다음 중 석탄을 235~315°C에서 고온 건조하여 얻은 타르 제품으로서 독성이 적고 자극적인 냄새가 있는 유성 목재 방부제는?

① 콜타르
② 클레오소트유
③ 플로오르화나트륨
④ 펜타클로르페놀(PCP)

해설
- 콜타르 : 석탄의 건류로 생성되는 흑갈색의 점성이 높은 액상 물질
- 플로오르화나트륨 : 무색의 고체이며 흔히 불소라 불리고 충치 예방에 많이 사용된다.
- 펜타클로르페놀(PCP) : 유기 염소계의 살충력이 강한 살충제 성분이다.

38 시멘트 혼화제 중에서 염화칼슘을 넣는 이유는 무엇인가?

① 조기강도를 증가시키기 위하여
② 장기강도를 증가시키기 위하여
③ 내구성을 향상시키기 위하여
④ 콜드 조인트를 발생시키기 위하여

해설 염화칼슘은 응결경화 촉진제로 초기에 빨리 굳게 하여 조기강도를 증진시키기 위해 첨가한다.

39 다음 합성수지 중 열경화성 수지가 아닌 것은?

① 실리콘   ② 멜라민
③ 폴리염화비닐 ④ 페놀

해설 폴리염화비닐(pvc)는 열가소성 수지로서 파이프, 튜브, 물받이통 등의 제품에 가장 많이 사용된다.
(열가소성수지 - 중합반응, 열경화성수지 - 축합반응)

40 다음 중 골재의 단위 용적중의 실적 용적을 백분율로 나타낸 값으로 단위 질량을 밀도로 나눈 값의 백분율이 의미하는 것은 무엇인가?

① 공극율   ② 진비중
③ 실적율   ④ 가비중

해설
- 실적률 = $\dfrac{중량}{비중}$ × 100, 공극률 = 100 - 실적률
- 공극률 = $\left(1 - \dfrac{가비중}{진비중}\right)$ × 100

41 다음 중 점토 제품에 해당되지 않는 것은?

① 소형고압블록 ② 도관
③ 토관   ④ 자기

해설 소형고압블록 : 보·차도용 콘크리트 제품 중 일정한 크기의 골재와 시멘트를 배합하여 높은 압력과 열로 처리한 보도블록

42 석재의 분류는 화성암, 퇴적암, 변성암으로 분류할 수 있다. 다음 중 퇴적암에 해당되지 않는 것은?

① 사암   ② 혈암
③ 석회암   ④ 안산암

해설 화강암, 안산암, 현무암, 섬록암 등은 화성암 계통이다.

43 다음 보기가 설명하는 암석은 무엇인가?

> 화성암, 퇴적암 등이 화학적, 물리적으로 성질이 변한 것으로 편마암, 대리석, 사문암 등이 있다.

① 응회암 ② 점판암
③ 변성암 ④ 석회암

해설 변성암은 화성암 등이 지열과 지압에 의해 성질이 변한 암석이다.

44 목재의 가공 작업 중 소지조정, 눈막이(눈메꿈), 샌딩실러 등은 무엇을 하기 위한 작업인가?

① 도장작업
② 제재치수작업
③ 방부작업
④ 절단작업

해설 소지조정은 녹이나 기름을 제거하기 위한 준비 작업을 말하고 눈막이 작업은 목재의 갈라진 틈을 버티 등으로 채워주는 작업을 말한다.

45 재료가 외력을 받았을 때 작은 변형만 나타내도 파괴되는 현상을 무엇이라 하는가?

① 취성 ② 강성
③ 인성 ④ 전성

해설
- 취성(脆性) : 외력에 의하여 영구 변형을 하지 않고 파괴되는 성질로 인성(靭性)과 반대이다.
- 강성(剛性) : 재료가 하중을 받아 파괴될 때 까지 높은 응력에 견디며 큰 변형을 나타내는 성질
- 인성(靭性) : 외력에 의해 파괴되기 어려운 질기고 충격에 잘 견디는 성질로 취성(脆性)과 반대이다.
- 전성(展性) : 압축력이 가해질 때 재료가 파괴되지 않고 펴지는 성질

46 다음 중 교목의 식재 공사 공정으로 옳은 것은?

① 구덩이 파기 → 물 죽쑤기 → 묻기 → 지주 세우기 → 수목방향 정하기 → 물집 만들기
② 구덩이 파기 → 수목방향 정하기 → 묻기 → 물 죽쑤기 → 지주 세우기 → 물집 만들기
③ 수목방향 정하기 → 구덩이 파기 → 물 죽쑤기 → 묻기 → 지주 세우기 → 물집 만들기
④ 수목방향 정하기 → 구덩이 파기 → 묻기 → 지주 세우기 → 물 죽쑤기 → 물집 만들기

해설 식재 공사 시 식혈(식재구덩이) 파기가 처음이고, 수목을 앉힌 후 죽쑤기를 한다. 가장 마지막으로 해야 할 일은 물집을 만든 후 관수를 하는 일이다.

47 인력을 이용한 수목식재 공사에서 지주목을 세우지 않을 경우 품셈 적용에서 인력품의 몇 %를 감해야 하는가?

① 5% ② 10%
③ 15% ④ 20%

해설 교목 식재 시 지주목을 세우지 않을 경우 인력 시공 때는 품의 10%, 기계시공 때에는 품의 20% 감한다.

48 디딤돌로 이용할 돌의 두께로 가장 적당한 것은?

① 1~5cm ② 10~20cm
③ 25~35cm ④ 35~45cm

해설 지상의 노출 높이 3~5cm, 땅속에 5~8cm 깊이로 묻으면 8~13cm가 된다.

49 석재 중 직육면체가 되도록 각 면을 다듬은 가공석을 말하며 가장 정형화된 돌은?

① 사괴석 ② 견칫돌
③ 마름돌 ④ 호박돌

해설 마름돌은 지정된 규격에 따라 직육면체가 되도록 각 면을 다듬은 석재를 말한다.

50 일정한 응력을 가할 때, 변형이 시간과 더불어 증대하는 현상을 의미하는 것은?

① 탄성 ② 취성
③ 크리프 ④ 릴랙세이션

해설
• 크리프 : 물체에 외력이 작용할 때 시간이 지나면서 변형이 증대해 가는 현상으로서, 고무줄에 추를 달았을 때 시간이 흐르면서 고무줄이 서서히 늘어나는 것을 예로 들 수 있다.
• 릴랙세이션 : 시간이 지나면서 응력이 감소되는 현상

51 잔디밭 조성 시 전면 붙이기는 어느 공법에 해당 하는가?

① 평떼 붙이기 공법
② 줄떼 붙이기 공법
③ 줄모아 붙이기 공법
④ 종자뿜어 붙이기 공법

해설 평떼 붙이기 공법에는 전면 붙이기, 이음매 붙이기, 어긋나게 붙이기 공법이 있다.

52 다음 중 기계가 서 있는 위치보다 높은 곳을 굴착할 때 사용하는 건설 장비는?

① 드래그쇼벨 ② 드래그라인
③ 파워쇼벨 ④ 모터 그레이더

해설 기계가 서있는 곳보다 낮은 곳 굴착은 드래그쇼벨, 높은 곳의 굴착은 파워쇼벨, 드래그라인은 기계가 서 있는 곳보다 낮은 곳의 연약 지반이나 수중 굴착용 건설 장비이다.

53 운반 공사에서 소(小) 거리 운반은 몇 m 이내의 거리를 말하는가?

① 10m ② 20m
③ 30m ④ 40m

해설 소운반 거리는 20m 이내의 거리를 말하며, 20m 초과 경우는 초과분에 대하여 별도 계상한다. 또한 경사면 운반 거리는 수직고 1m를 수평거리 6m로 본다.

54 다음 비탈면 경사 중 가장 경사가 완만한 것은?

① 1:1경사 ② 45° 경사
③ 100% 경사 ④ 5할 경사

해설 1:1 경사 = 45° 경사 = 100% 경사이고, 5할 경사는 50% 경사를 의미한다.

55 다음 중 여성토의 정의로 가장 알맞은 것은?

① 가라앉을 것을 예측하여 흙을 계획 높이보다 더 쌓는 것
② 중앙 분리대에서 흙을 볼록하게 쌓아 올리는 것
③ 옹벽 앞에 계단처럼 콘크리트를 쳐서 옹벽을 보강하는 것
④ 잔디밭에서 잔디에 주기적으로 뿌려 뿌리가 노출되지 않도록 준비하는 토양

해설 여성고는 더돋기라고 하며 계획고보다 10% 이내로 더 쌓는 것을 말한다.

56 잔디밭 조성 시 뗏장 심기와 비교한 종자파종 방법의 이점이 아닌 것은?

① 비용이 적게 든다.
② 작업이 비교적 쉽다.
③ 균일하고 치밀한 잔디를 얻을 수 있다.
④ 잔디밭 조성에 짧은 시일이 걸린다.

해설 ①, ②, ③항은 종자파종의 장점이며, 단점으로는 뗏장에 비해 자라는 시간이 길어 잔디밭 조성에 시간이 많이 소요된다.

57 농약 혼용 시 주의하여야 할 사항으로 틀린 것은?

① 혼용 시 침전물이 생기면 사용하지 않아야 한다.
② 가능한 한 고농도로 살포하여 인건비를 절약한다.
③ 농약의 혼용은 반드시 농약 혼용 가부표를 참고한다.
④ 농약을 혼용하여 조제한 약제는 가능하면 즉시 살포하여야 한다.

해설 농약을 고농도로 살포하면 농약에 의한 중독 등 2차 피해가 발생한다.

58 살비제(acaricide)란 어떠한 약제를 말하는가?

① 선충을 방제하기 위하여 사용하는 약제이다.
② 나방류를 방제하기 위하여 사용하는 약제이다.
③ 응애류를 방제하기 위하여 사용하는 약제이다.
④ 병균이 식물체에 침투하는 것을 방제하기 위하여 사용 하는 약제이다.

해설 살비제는 흡즙성 해충 중에서 응애를 박멸하기 위해 사용하는 농약이다.

59 다음 수목 병해 중 세균에 의한 병에 해당하는 것은?

① 뿌리혹병   ② 흰가루병
③ 그을음병   ④ 모잘록병

해설 뿌리혹병의 병징(symptoms) 증상으로는 뿌리줄기와 잎 등에 혹이 생기며 이상 증식한다. ②, ③, ④는 진균에 의한 병이다.

60 다음 중 한국 잔디에 많이 발생하는 충해는 무엇인가?

① 명나방 유충
② 굼벵이(풍뎅이유충)
③ 사슴벌레
④ 진딧물

해설 굼벵이 피해가 가장 심하며 후라단, 킬토충 팔라딘, 카핀다, 데푸콘 등 토양 살충제 방제한다.

ANSWER							CBT 복원문제 2019년 1회		
01	02	03	04	05	06	07	08	09	10
④	①	②	④	④	②	④	②	④	②
11	12	13	14	15	16	17	18	19	20
③	③	④	②	①	④	①	②	①	④
21	22	23	24	25	26	27	28	29	30
③	④	④	②	④	②	④	②	③	③
31	32	33	34	35	36	37	38	39	40
①	③	④	①	③	①	②	①	③	③
41	42	43	44	45	46	47	48	49	50
①	④	③	①	②	②	②	②	④	②
51	52	53	54	55	56	57	58	59	60
①	③	②	④	②	④	②	③	①	②

CBT 복원문제 _ 2019년 2회

01 신라시대 안압지와 백제시대 궁남지의 공통된 종교 및 사상은 무엇인가?

① 유교사상 ② 풍수지리설
③ 신선사상 ④ 음양오행설

> 안압지와 궁남지에는 신선의 거처를 현실화 시키고자 하는 의도가 담겨져 있다.

02 다음 중 창덕궁 후원에 있는 것이 아닌 것은?

① 향원지 ② 부용정
③ 주합루 ④ 옥류천

> 향원지와 향원정은 경복궁 후원에 있는 연못이다.

03 정토사상과 신선사상을 바탕으로 불교 선사상의 직접적 영향을 받아 극도의 상징성(자연석이나 모래 등으로 산수 자연을 상징)으로 조성된 14~15세기 일본의 정원 양식은?

① 중정식 정원 ② 고산수식 정원
③ 전원풍경식 정원 ④ 다정식 정원

> - 중정식 정원 : 스페인 정원양식
> - 전원풍경식 정원 : 18세기 영국
> - 다정식 정원 : 16세기 일본

04 중국의 정원 형태 중 동양 최초로 서양식(프랑스) 정원의 성격을 지닌 정원은?

① 열하산장 ② 만수산이궁
③ 원명원이궁 ④ 졸정원

> 원명원 이궁에 프랑스 로코코 양식의 영향을 받은 유럽식 건물인 서양루(西洋樓)가 있다.

05 버킹검의 [스토우가든]을 설계하고, 담장 대신 정원 부지의 경계선에 도랑을 파서 외부로부터의 침입을 막은 Ha-Ha 수법을 실현하게 한 사람은?

① 켄트 ② 브릿지맨
③ 와이즈맨 ④ 챔버

> 하하(Ha-Ha) : 중세 프랑스의 군사용 호(濠)로서, 정원에 물리적 경계 없이 정원을 바라볼 수 있게 정원 부지의 경계선에 깊은 도랑을 팜으로써 일명 가축을 보호하고 목장이나 삼림, 경지 등을 정원 풍경 속에 끌어들이자는 의도에서 나온 것을 말한다.

06 영국 튜터왕조에서 유행했던 화단으로 낮게 깎은 회양목 등으로 화단을 여러 가지 기하학적 문양으로 구획 짓는 것은?

① 기식화단 ② 매듭화단
③ 카펫화단 ④ 경재화단

> 영국의 정형식 정원
> - 11세기~17세기 튜더왕조에서 이탈리아와 프랑스의 영향으로 발달
> - 축을 중심으로 한 기하학적인 구성과 매듭화단(knot garden), 미원 등이 유행

07 다음 국가 중 비스타(통경선) 수법을 즐겨 사용한 국가는?

① 프랑스   ② 영국
③ 네덜란드   ④ 미국

> 프랑스는 좌우로 시선을 총림으로 가리고 주축선을 두드러지게 하는 통경선 강조 수법을 즐겨 사용하였다.

08 정원 요소로 징검돌, 물통, 세수통, 석등 등의 배치를 중시하던 일본의 정원 양식은?

① 다정원   ② 침전조 정원
③ 축산고산수 정원   ④ 평정고산수 정원

> 도산시대(모모야마) 다정양식 : 15~16C
> • 수법이 화려해지기 시작
> • 석등과 수수분 등장
> • 호화롭지 않고 다도를 즐기는 다실과 주변 공간을 조화

09 생태 공원 설계 시 야생 동물이 생존 하는데 있어 덜 신경을 써도 되는 사항은?

① 천적의 규모   ② 먹이상태
③ 서식처   ④ 물

> 생태계의 균형을 이루기 위해서 서식처 분포에서 천적이 함께 공존해야 한다.

10 감산혼합 3원색에 해당하는 색이 아닌 것은?

① 시안   ② 마젠타
③ 옐로   ④ 블루

> 마젠타(Magenta), 노랑(Yellow), 시안(Cyan)이 감법혼색의 3원색이며 이 3원색을 모두 합하면 검정에 가까운 색이 된다. 참고로 가산혼합은 색을 혼합할 때 원래 색보다 명도가 맑아지는 것을 말하며 R,G,B 세 색상을 합치면 백색광이 된다.

감산혼합   가산혼합

11 칸나는 가을에 붉은 색으로 꽃이 피게 된다. 다음 중 칸나 꽃의 색에 대한 설명이 올바른 것은?

① 한색이면서 채도가 높은 색이다.
② 한색이면서 채도가 낮은 색이다.
③ 난색이면서 채도가 높은 색이다.
④ 난색이면서 채도가 낮은 색이다.

> 난색은 따뜻한 색상을 말하며 채도란 색상의 진하고 엷음을 나타내는 포화도(飽和度)라고도 한다. 아무 것도 섞지 않아 맑고 깨끗하며 원색에 가까운 것을 채도가 높다고 표현한다.

12 다음 중 색의 대비에 관한 설명이 틀린 것은?

① 보색인 색을 인접시키면 본래의 색보다 채도가 낮아져 탁해 보인다.
② 명도 단계를 연속시켜 나열하면 각각 인접한 색끼리 두드러져 보인다.
③ 명도가 다른 두 색을 인접시키면 명도가 낮은 색은 더욱 어두워 보인다.
④ 채도가 다른 두 색을 인접시키면 채도가 높은 색은 더욱 선명해 보인다.

> 보색대비 : 보색이 되는 색들끼리 서로 인접시키면 색상이 더욱 뚜렷해 지면서 선명하게 보이는 현상

13 다음 중 무리지어 나는 철새, 설경 또는 수면에 투영된 영상 등에서 느껴지는 경관은?

① 초점경관
② 관개경관
③ 일시경관
④ 세부경관

> 일시경관은 잠시 나타났다가 사라지는 경관으로 계절감과 자연의 다양성을 느낄 수 있다.

14 기본계획 수립 시 도면으로 표현되는 작업이 아닌 것은?

① 동선계획
② 집행계획
③ 시설물배치계획
④ 식재계획

> 집행계획은 집행에 관한 계획을 세우는 것으로 도면화 되는 것이 아니다.

15 퍼걸러(pergola) 설치 장소로 적합하지 않은 것은?

① 건물에 붙여 만들어진 테라스 위
② 주택 정원의 가운데
③ 통경선의 끝부분
④ 주택 정원의 구석진 곳

> 휴게 시설 및 운동 시설물은 가장자리에 배치한다.

16 근린생활권 근린공원의 유치거리는 얼마인가?

① 250m이내
② 500m 이내
③ 1,000m 이내
④ 5,000m 이내

> 근린공원의 설치 및 규모기준

공원구분	유치거리	면적	시설설치면적
근린생활권 근린공원	500m 이하	10,000m² 이상	40% 이하
도보권 근린공원	1km 이하	30,000m² 이상	
도시지역권 근린공원	제한 없음	100,000m² 이상	
광역권 근린공원	제한 없음	1,000,000m² 이상	

17 콘크리트가 굳은 후 거푸집 판을 콘크리트 면에서 잘 떨어지게 하기 위해 거푸집판에 칠하는 기름 성분을 무엇이라 하는가?

① 격리제
② 긴장재
③ 셀롤로오스
④ 박리제

> 박리제 : 콘크리트 형판에서 틀과 쉽게 분리하기 위하여 미리 안쪽에 바르는 것으로 경유, 등유제와 합성수지 등을 사용한다.

18 다음 중 배롱나무의 다른 이름을 무엇이라 하는가?

① 자미
② 산다
③ 옥란
④ 부거

> ② 산다 : 동백나무, ③ 옥란 : 백목련, ④ 부거 : 연

19 조경 수목의 근원 직경을 측정하는 기구를 무엇이라 하는가?

① 덴시오미터
② 플래니미터
③ 윤척
④ 순또측고기

> • 덴시오미터 : 토양 수분 측정
> • 플래니미터 : 제도 시 부정형 면적 측정
> • 순또측고기 : 수고 및 경사도 측정

20 다음 [보기]가 설명하는 수종은?

> • 자작나무과의 낙엽활엽 교목 이다.
> • 학명은 "Betula schmidtii Regel"이다.
> • Schmidt birch 또는 단목(檀木)이라 불리기도 한다.
> • 5월에 개화하고 암수 한그루이며, 수형은 원추형. 뿌리는 심근성, 잎의 질감이 섬세하여 녹음수로 사용 가능하다.

① 오리나무 ② 박달나무
③ 소사나무 ④ 녹나무

해설 단목의 단(檀)은 박달나무 "단"이며, 자작나무과에 속하는 낙엽활엽교목이다.

21 다음 중 열경화성 수지의 종류와 특징 설명이 옳지 않은 것은?

① 페놀수지 : 강도, 전기 절연성, 내산성, 내수성 모두 양호하나 내알칼리성이 약하다.
② 멜라민수지 : 요소 수지와 같으나 경도가 크고 내수성은 약하다.
③ 우레탄수지 : 투광성이 크고 내후성이 양호하며 착색이 자유롭다.
④ 실리콘수지 : 열절연성이 크고 내약품성, 내후성이 좋으며 전기적 성능이 우수하다.

해설 우레탄은 투광성이 크지 않으며, 투광성이 큰 수지는 아크릴이다.

22 다음 중 시멘트와 그 특성이 바르게 연결된 것은?

① 조강포틀랜드시멘트 : 조기강도를 요하는 긴급 공사에 적합하다.
② 백색포틀랜드시멘트 : 시멘트 생산량의 90% 이상을 점하고 있다.
③ 고로슬래그시멘트 : 건조수축이 크며, 보통시멘트보다 수밀성이 우수하다.
④ 실리카시멘트 : 화학적 저항성이 작고 발열량이 적다.

해설
• 백색포틀랜드시멘트 : 치장용이나 컬러시멘트용
• 고로슬래그시멘트 : 제철소 용광로의 광재(slag) 넣어 만든 것으로 수화열이 낮고 균열이 적어 폐수시설이나 하수도, 항만에 사용
• 실리카시멘트 : 포졸란을 넣어서 만들며 경화속도 느리고 장기강도 크고 화학적 저항성 크다.

23 데발 시험기(Deval abrasion tester)란 무엇인가?

① 석재의 휨강도 시험기
② 석재의 인장강도 시험기
③ 석재의 압축강도 시험기
④ 석재의 마모에 대한 저항성 측정시험기

해설 골재의 마모 시험을 하는 장치로써 대표적으로 로스엔젤레스 시험기와 데발 시험기가 있다.

24 다음 중 석재의 비중 산출 방법이 바르게 된 것은?

① $\dfrac{건조\ 무게}{표면건조포화상태\ 무게 - 수중\ 무게}$

② $\dfrac{건조\ 무게}{습윤상태\ 무게 - 수중\ 무게}$

③ $\frac{수중\ 무게}{표면건조포화상태\ 무게\ -\ 건조\ 무게}$

④ $\frac{수중\ 무게}{습윤상태\ 무게\ -\ 건조\ 무게}$

> • 표면건조내부포화상태 : 골재의 표면수는 없고 골재 내부에 빈틈이 없도록 물로 차 있는 상태
> • 습윤상태 : 골재의 내부가 완전히 수분으로 채워져 있고 표면에도 여분의 물을 포함하고 있는 상태

25 목재의 강도에 관한 설명 중 가장 거리가 먼 것은?

① 휨강도는 전단 강도보다 크다.
② 비중이 크면 목재의 강도는 증가하게 된다.
③ 목재는 외력이 섬유방향으로 작용할 때 가장 강하다.
④ 섬유포화점에서 전건상태에 가까워짐에 따라 강도는 작아진다.

> 섬유포화점이란 세포막 속에 포함되는 수분량 30%일 때의 점으로 유리수(자유수)가 증발하고, 세포가 최대한도로 수분을 흡착한 상태를 말하며, 전건 상태로 갈수록 강도는 커진다.

26 관상하기가 편리하도록 땅을 1~2m 깊이로 파 내려가 평평한 바닥을 조성하고, 그 바닥에 화단을 조성한 것은?

① 기식화단   ② 모듬화단
③ 양탄자화단   ④ 침상화단

> 특수 화단의 종류

구분	특징
침상화단	지면보다 1m 정도 낮게하여 기하학적인 땅가름으로 조성한 화단
수재화단	물에서 자라는 수생식물(수련, 꽃창포 등)을 연못에 가꾸어 관상

27 화단의 초화류를 식재하는 방법으로 옳지 않은 것은?

① 식재할 곳에 1m²당 퇴비 1~2kg, 복합비료 80~120g을 밑거름으로 뿌리고 20~30cm 깊이로 갈아 준다.
② 큰 면적의 화단은 바깥쪽부터 시작하여 중앙 부위로 심어 나가는 것이 좋다.
③ 식재하는 줄이 바뀔 때마다 서로 어긋나게 심는 것이 보기에 좋고 생장에 유리하다.
④ 심기 한나절 전에 관수해 주면 캐낼 때 뿌리에 흙이 많이 붙어 활착에 좋다.

> 중앙에서 바깥쪽으로 식재해 나간다.

28 다음 중 인공토양을 만들기 위한 경량재가 아닌 것은?

① 부엽토
② 화산재
③ 펄라이트(perlite)
④ 버미큘라이트(vermiculite)

> 인공토양에는 버미큘라이트, 펄라이트, 피트모스, 화산재 등이 대표적이다.

29 콘크리트의 연행공기량과 관련된 설명으로 틀린 것은?

① 사용 시멘트의 비표면적이 작으면 연행 공기량은 증가한다.
② 콘크리트의 온도가 높으면 공기량은 감소한다.
③ 단위 잔골재량이 많으면, 연행 공기량은 감소한다.

④ 플라이애시를 혼화재로 사용할 경우 미연소 탄소 함유량이 많으면 연행 공기량이 감소한다.

> 해설 연행 공기는 콘크리트 내부에 독립된 미세기포를 발생시켜 워커빌리티를 개선해 주며 동결 융해에 대한 저항성을 갖게 해준다. 연행공기는 골재 주위에서 작용하므로 골재량이 많아지면 연행 공기량은 증가한다.

30 흰말채나무의 특징 설명으로 틀린 것은?

① 노란색의 열매가 특징적이다.
② 층층나무과로 낙엽활엽관목이다.
③ 수피가 여름에는 녹색이나 가을, 겨울철의 붉은 줄기가 아름답다.
④ 잎은 대생하며 타원형 또는 난상 타원형이고, 표면에 작은 털이 있으며 뒷면은 흰색의 특징을 갖는다.

> 해설 흰말채나무 : 층층나무과의 낙엽활엽 관목으로서 홍서목(紅瑞木)이라고도 한다. 5월에 흰색 꽃과 9월에 흰(아이보리)색 열매가 겨울의 붉은 수피와 더불어서 관상 가치가 높다. 잎은 대생하며 표면에 작은 털이 있다.

31 깨지거나 파괴하려는 힘에 대한 저항도를 말하는 성질을 무엇이라 하는가?

① 강성(剛性)
② 인성(靭性)
③ 전성(展性)
④ 취성(脆性)

> 해설
> • 강성(剛性) : 물체가 외력을 받아도 모양이나 부피가 변하지 않는 단단한 성질
> • 전성(展性) : 얇게 펴지는 성질
> • 취성(脆性) : 외력에 의하여 영구 변형을 하지 않고 파괴되는 성질

32 조경 수목 중 복자기 나무와 고로쇠 나무의 공통점은 무엇인가?

① 단풍의 색이 붉은 색이다.
② 잎이 3개씩 나오는 3출엽(出葉)이다.
③ 단풍나무과 수종이다.
④ 내한성과 공해에 강하다.

> 해설 복자기는 단풍이 붉은색이며 3출엽이고, 고로쇠 나무는 단풍이 황색이면서 잎이 5개로 갈라진다.

33 다음 중 낙우송과 메타세콰이어의 차이점으로 잘못된 것은?

① 엽은 편평한 새의 깃 모양으로서 가을에 단풍이 든다.
② 종자는 삼각형의 각모에 광택이 있으며 날개가 있다
③ 열매는 둥근 달걀모양으로 길이 2~3cm, 지름 1.8~3cm의 암갈색이다.
④ 두 수종 모두 잎이 마주나는 대생이다.

> 해설 낙우송 잎은 호생이고, 메타세콰이어 잎은 대생이다.

34 암석의 냉각 장소에 따른 분류에서 암석은 심성암, 반심성암, 화산암으로 분류 된다. 다음 중 심성암에 해당하는 것이 아닌 것은?

① 화강암
② 반려암
③ 섬록암
④ 안산암

> 해설 화산암은 마그마가 지표로 분출되어 급속히 굳은 암석으로 현무암, 안산암, 유문암 등이 있다.

35 다음 중 자작나무과 (科)의 물오리나무 잎으로 가장 적합한 것은?

해설 잎은 넓은 달걀모양으로 잎 가장자리에 톱니가 있는 것이 특징이다.

36 조경 수목은 가을이 되면 다양한 색상의 단풍이 들게 된다. 다음 중 붉은 단풍이 드는 나무로 묶인 것은?

① 감나무, 화살나무
② 붉나무, 백합나무
③ 감나무, 붉은고로쇠나무
④ 칠엽수, 화살나무

해설 붉은색단풍 : 화살나무, 담쟁이덩굴, 감나무, 옻나무, 붉나무, 산딸나무, 왕벚나무, 마가목, 신나무, 복자기 등

37 강을 적당한 온도(800~1000℃)로 가열하여 소정의 시간까지 유지한 후에 로(爐) 내부에서 천천히 냉각시키는 열처리법은?

① 풀림(annealing)
② 불림(normalizing)
③ 뜨임질(tempering)
④ 담금질(quenching)

해설
- 풀림(annealing) : 로 내의 상온에서 서서히 냉각
- 불림(normalizing) : 공기 중 상온에서 서서히 냉각
- 뜨임질(tempering) : 담금질 후 취성 보완 위해 가열 후 공기중에서 서서히 냉각
- 담금질(quenching) : 금속 재료의 열을 식히기 위해 기름이나 물에 담그는 작업

38 다음 조경 시공에서 1일 평균 시공량 산정 방법은?

① $\dfrac{공사량}{작업가능일수}$ ② $\dfrac{공사량}{총공사일수}$

③ $\dfrac{공사량}{하루작업량}$ ④ $\dfrac{공사일수}{평균작업량}$

해설 총공사해야 하는 양을 작업가능일수로 나누면 하루 작업량이 나오게 된다.(예 : 총 공사량 100m³, 작업가능일수 10일이라면 $\dfrac{100}{10} = 10m^3$)

39 거푸집에 쉽게 다져 넣을 수 있고 거푸집을 제거하면 천천히 형상이 변화하지만 재료가 분리되거나 허물어지지 않는 굳지 않은 콘크리트의 성질은?

① workability ② plasticity
③ consistency ④ finishability

해설
- 반죽질기(consistency) : 물의 양이 많고 적음에 따른 반죽의 되고 진 정도
- 워커빌리티(workability) : 콘크리트 칠 때 적당한 유동성과 점성이 있어 시공 부분에 잘 채워지고 분리를 일으키지 않는 정도, 작업난이도라고도 함
- 성형성(plasticity) : 거푸집으로 쉽게 성형할 수 있으며, 풀기가 있어 거푸집 제거시 허물어지거나 재료의 분리가 없는 성질
- 피니셔빌리티(finishability) : 콘크리트 표면을 마무리 할 때의 난이도 정도를 나타내는 말
- 레이턴스(laitance) : 블리딩에 의해 콘크리트 표면에서 침전하고 말라붙어 표피를 형성한 것

40 30m² 면적에 자연석 쌓기를 하려 한다. 자연석의 평균 뒷길이 40cm, 자연석 단위 중량 2,600kg/m³, 공극률 30%, 공사비는 200,000원/ton 이라고 할때 총 공사비는 얼마인가?

① 436,800원 ② 4,368,000원
③ 187,200원 ④ 1,872,000원

> 30m² × 0.4m × 2,600kg ÷ 1,000 × 0.7 × 200,000원

41 암거 배수망 배치에서 전면 배수가 요구되지 않는 지역에 설치하며, 등고선을 따라 주관과 지관을 설치하는 방법은?

① 어골형 ② 절치형
③ 차단법 ④ 자유형

> 암거배치방법의 구분

구분	내용	형태
어골형	• 주관을 중앙에 비스듬히 지관을 설치하는 것 • 경기장 같은 평탄한 지역에 적합, 전 지역의 배수 균일	
절치형 (빗살형)	• 지역 경계 근처에 주관 설치, 한쪽 측면에 지관을 설치하여 연결하는 것 • 비교적 좁은 면적의 전지역 균일하게 배수할 때 이용	
선형 (부채살형)	• 주관, 지관의 구분이 없이 같은 표기의 관이 부채살 모양으로 1개 지점으로 집중되게 설치하여 집수 후 배수시킴	
차단법	• 경사면 위나 자체의 유수를 막기 위해 사용 • 경사면 바로 위쪽에 배수구를 설치하여 유수를 막는 방법	
자연형	• 전면 배수 요구되지 않는 지역에서 많이 사용 • 지형의 등고선을 따라 주관을 설치하고 지관을 설치하는 방법	

42 수준측량의 용어 설명 중 높이를 알고 있는 기지점에 세운 표척 눈금의 읽은 값을 무엇이라 하는가?

① 후시 ② 전시
③ 전환점 ④ 중간점

> • 후시 : 기지점에 세운 표척의 읽음값(Back Sight)
> • 전시 : 표고를 구하려는 점에 세운 표척의 읽음값(Fore Sight)
> • 전환점(이기점) : 전시와 후시를 연결하는 점 (Turning Point)
> • 중간점 : 전시만을 취하는 점(Intermediate Point)

43 평판 측량에서 제도용지의 도상점과 땅 위의 측점을 동일하게 맞추는 것을 무엇이라 하는가?

① 정준 ② 자침
③ 표정 ④ 구심

> 평판 측량의 3요소는 정준(평판을 평평하게 함), 구심(도상기계점과 지상 기계점을 일치 시킴), 표정(방향을 일치 시킴)이다.

44 어느 지역에 잔디를 이용하여 녹화 공사를 하기 위한 면적 산출을 하려 한다. 측량 결과 값이 다음과 같을 때 총 녹화 면적은 얼마인가?

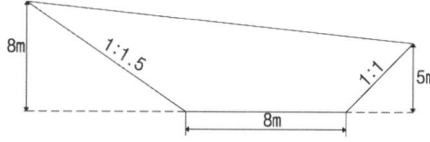

① 100m²
② 102m²
③ 104m²
④ 106m²

$\frac{8+5}{2} \times 25 - \{(\frac{1}{2} \times 12 \times 8) + (\frac{1}{2} \times 5 \times 5)\} = 162.5 - 48 - 12.5 = 102m^2$

45 다음 비탈면 보호를 위한 방법 중 식물 식재에 의한 보호 방법에 해당하지 않는 것은?

① 종자뿜어붙이기
② 격자틀 공법
③ 식생자루공법
④ 식생매트공법

식물식재에 의한 비탈면 보호공법 : 떼심기공법, 종자뿜어붙이기공법, 식생자루공법, 식생매트공법

46 다음 도시 공원의 녹지 계통 형식에서 도시 내부와 외부의 관련이 매우 좋으며, 재난 시 시민들의 빠른 대피에 효과를 발휘하는 녹지 형태는?

① 분산식
② 환상식
③ 방사식
④ 평행식

공원의 녹지 계통 형식

형식	특징
분산식	• 녹지대가 여기저기 분산 배치
환상식	• 도시를 중심으로 환상 상태로 5~10km 조성 • 도시 방지 효과 큼
방사식	• 도시를 중심으로 외부로 방사상 녹지 형성
방사 환상식	• 방사식 +환상식 • 가장 이상적인 녹지계통 형식
평행식	• 띠 모양으로 일정한 간격으로 평행하게 녹지대 조성

47 가로 50m × 높이 2m의 벽을 표준형 붉은 벽돌을 이용하여 1.5B 쌓기로 시공하려 한다. 소요되는 벽돌 수량은?(단, 할증율을 적용하여 수량을 산출한다.)

① 14,900장
② 15,347장
③ 22,400장
④ 23,072장

50m × 2m × 224장 × 1.03 = 23,072장

48 일반적인 성인의 보폭으로 디딤돌 놓기에서 좋은 보행감을 느낄 수 있는 디딤돌 중심과 중심까지의 거리는 얼마가 적당한가?

① 25cm 정도
② 35cm 정도
③ 45cm 정도
④ 55cm 정도

디딤돌 놓기
• 크고 작은 것을 섞어 직선보다는 어긋나게 배치한다.
• 돌 간의 간격은 보행 폭을 고려하여 돌과 돌 사이의 중심 거리로 잡는다.
• 돌의 좁은 방향이 걸어가는 방향으로 오게 방향성을 준다.(머리 방향이 경관 쪽을 향하도록 배치)
• 한발로 디디는 디딤돌의 크기는 지름 25 ~ 30cm가 적당하며 시작과 끝부분, 길이, 갈라지는 부분은 50cm 정도의 큰 것을 사용한다.
• 높이는 지표보다 3~5cm 정도 높게 해주고 디딤돌과 디딤돌 사이의 간격은 15cm로 한다.

49 축척이 1/5000인 지도상에서 구한 면적이 5cm²라면 지상에서의 실제 면적은 얼마인가?

① 1250m² ② 12500m²
③ 2500m² ④ 25000m²

해설 $(\frac{1}{축척})^2 = \frac{도상면적(m^2)}{실제면적(m^2)}$

▶ $\frac{1}{25,000,000} = \frac{0.0005m^2}{xm^2}$

▶ $x = 0.0005 \times 25,000,000 = 12,500m^2$

50 터파기량이 1,200m³, 되메우기량이 720m³일 때 잔토량은 얼마인가?(단, L : 1.2, C : 0.85)

① 480m³ ② 576m³
③ 408m³ ④ 489.6m³

해설 $(1,200m^3 - 720m^3) \times 1.2 = 576m^3$

51 추위에 의하여 나무의 줄기 또는 수피가 수선 방향으로 갈라지는 현상을 무엇이라 하는가?

① 고사 ② 피소
③ 상렬 ④ 괴사

해설 상렬은 지상 0.5m~1.0m의 수간에서 많이 발생하며, 피소는 여름철 볕에 줄기가 열을 받아 갈라지는 현상이다.

52 다음 중 과일나무가 늙어서 꽃맺음이 나빠지는 경우에 실시하는 전정은 어느 것인가?

① 생리를 조절하는 전정
② 생장을 돕기 위한 전정
③ 생장을 억제하는 전정
④ 세력을 갱신하는 전정

해설
• 생리를 조절하는 전정 : 이식 시 지하부가 잘린 만큼 지상부를 전정하여 균형을 유지하기 위한 전정
• 생장을 돕기 위한 전정 : 병충해 피해지, 고사지 등 제거
• 생장을 억제하는 전정 : 녹음수 등을 좁은 정원에서 필요 이상으로 자라지 않도록 줄기나 가지를 자름

53 수목의 흰가루병은 가을이 되면 병환부에 흰가루가 섞여서 미세한 흑색의 알맹이가 다수 형성 되는데 다음 중 이것을 무엇이라 하는가?

① 균사(菌絲)
② 자낭구(子囊球)
③ 분생자병(分生子柄)
④ 분생포자(分生胞子)

해설 자낭구는 13~20℃의 습하고 서늘한 지역에서 잘 발생되며 완전히 폐쇄된 구형이다.

54 잎응애(spider mite)에 관한 설명으로 옳지 않은 것은?

① 절지동물로서 거미강에 속한다.
② 무당벌레, 풀잠자리, 거미 등의 천적이 있다.
③ 5월부터 세심히 관찰하여 약충이 발견되면, 다이아지논입제 등 살충제를 살포한다.
④ 육안으로 보이지 않기 때문에 응애 피해를 다른 병으로 잘못 진단하는 경우가 자주 있다.

해설 절지동물이란 몸에 마디가 있는 무척추 동물을 말하며 응애는 살비제를 이용하여 구제한다.

55 정원수의 거름주기 설명으로 옳지 않은 것은?

① 속효성 거름은 7월 이후에 준다.
② 지효성 유기질 비료는 밑거름으로 준다.
③ 질소질 비료와 같은 속효성 비료는 덧거름으로 준다.
④ 지효성 비료는 늦가을에서 이른 봄 사이에 준다.

해설 정원수의 거름주기

구분	효과	시비시기	목적	종류
밑거름 (춘비, 기비)	지효성 거름	늦가을~ 이른 봄	지력 회복	두엄, 깻묵, 계분
덧거름 (추비)	속효성 거름	봄~가을 (낙화 후, 열매딴 후)	수세 회복	질소질 비료, 화학비료

56 대목을 대립 종자의 유경이나 유근을 사용하여 접목하는 방법으로 접목한 뒤에는 관계 습도를 높게 유지하며, 정식 후 근두암종병의 발병율이 높은 단점을 갖는 접목법은?

① 아접법 ② 유대접
③ 호접법 ④ 교접법

해설 • 아접법 : 모수(母樹)에서 눈을 따서 대목(臺木)에 붙여서 활착
• 호접법 : 맞접이라고도 하며 대목과 접수 모두 뿌리가 붙어 있는 상태에서 접합시키는 방법
• 교접법 : 상처가 생겨 수분과 양분 이동이 원활하지 않을 때 상처 너머 부분을 접목해 세력을 증진시키는 방법

57 20L 분무기 한통에 1000배 액의 농약 용액을 만들고자 할 때 필요한 농약의 약량은?

① 10mL   ② 20mL
③ 30mL   ④ 50mL

해설 20,000mL ÷ 1000(배) = 20mL

58 곤충이 빛에 반응하여 일정한 방향으로 이동하려는 행동습성은?

① 주광성(phototaxis)
② 주촉성(thigmotaxis)
③ 주화성(chemotaxis)
④ 주지성(geotaxis)

해설 • 주광성 : 빛에 유인되는 것으로 나비는 양성, 바퀴는 음성 주광성을 가지고 있다.
• 주촉성 : 다른 물건에 접촉하려는 것으로 나방이나 딱정벌레 중에는 나무의 가지 틈에 서식하는 종류가 있다.
• 주화성 : 화학물질에 유인되는 것으로 배추흰나비는 십자화과 채소에 알을 낳는다.
• 주지성 : 진딧물은 머리가 땅을 향하여 앉고(양성주지성), 모기는 머리쪽이 위를 향하여 앉는다.(음성주지성)

59 잔디깎기의 목적으로 옳지 않은 것은?

① 잡초방제   ② 이용 편리 도모
③ 병충해 방지   ④ 잔디의 분얼억제

해설 잔디깎기의 목적 : 잡초방제, 이용편리도모, 병충해 방지, 잔디 분얼촉진, 통풍양호 등

60 다음 중 루비깍지벌레의 구제에 가장 효과적인 농약은?

① 페니트로티온수화제
② 다이아지논분제
③ 포스파미돈액제
④ 옥시테트라사이클린수화제

포스파미돈은 포스팜이라고도 하며 솔잎혹파리(수간주사)나 깍지벌레 구제에 사용하는 고독성 농약이다.
- 페니트로티온수화제 : 살충제로써 스미치온, 매프치온이 대표적이다.
- 다이아지논분제 : 살충제
- 옥시테트라사이클린수화제 : 빗자루병 수간주사

ANSWER									CBT 복원문제 2019년 2회
01	02	03	04	05	06	07	08	09	10
③	①	②	③	②	②	①	①	①	④
11	12	13	14	15	16	17	18	19	20
③	①	③	②	②	②	④	①	③	②
21	22	23	24	25	26	27	28	29	30
③	①	④	①	④	④	②	①	③	①
31	32	33	34	35	36	37	38	39	40
②	③	④	④	①	①	①	①	②	②
41	42	43	44	45	46	47	48	49	50
④	①	④	②	②	③	④	③	②	②
51	52	53	54	55	56	57	58	59	60
③	④	②	③	①	②	②	①	④	③

CBT 복원문제 _ 2019년 3회

01 우리나라 고려 시대의 최초의 정원이라 할 수 있는 것은?

① 장원서 ② 내원서
③ 상림원 ④ 동지

해설 동지는 통일신라 시대 안압지와 유사한 기능을 가지는 고려시대 최초의 정원이다.

02 옛날 처사도(處士圖)를 근간으로 한 은일사상이 가장 성행하였던 시대는?

① 고구려시대
② 백제시대
③ 신라시대
④ 조선시대

해설 자연으로 귀속하려 하는 은일사상이 성행한 시기는 조선시대이다.

03 조선시대 교태전 후원인 아미산에는 6각형의 굴뚝4개가 세워져 있다. 다음 중 굴뚝에 새겨진 문양이 아닌 것은?

① 불가사리 ② 반송
③ 국화 ④ 박쥐

해설 사슴, 봉황, 학, 새, 박쥐, 불가사리, 매화, 소나무, 국화, 불로초, 바위 등 사군자와 십장생에 해당하는 문양이 새겨져 있다.

04 다음 중 ( ) 안에 해당하지 않는 것은?

> 우리나라 전통조경 공간인 연못에는 ( ), ( ), ( )의 삼신산을 상징하는 세 섬을 꾸며 신선사상을 표현했다.

① 영주
② 방지
③ 봉래
④ 방장

해설 중국 한시대의 태액지원에는 신선사상을 나타내기 위해 3개의 섬(봉래, 방장, 영주)을 축조 하였으며 못 가장자리에는 조수용어(鳥獸龍魚)상을 배치하였다.

05 다음 일본 모모야마 시대의 일본 정원과 거리가 먼 것은?

① 꽃을 장식하여 정원을 가꿨다.
② 수목을 심어서 조화를 이루었다.
③ 왕모래를 이용 하였다.
④ 정원을 돌 및 바위로 장식 하였다.

해설 왕모래를 이용한 정원은 실정시대 고산수식 정원이다.

06 다음 [보기]에서 ( )에 들어갈 적당한 공간 표현은?

> 서오능 시민 휴식공원 기본 계획에는 왕릉의 보존과 단체 이용객에 대한 개방이라는 상충되는 문제를 해결하기 위하여 ( )을(를) 설정함으로써 왕릉과 공간을 분리 시켰다.

① 진입광장　　② 동적공간
③ 완충녹지　　④ 휴게공간

해설 서오릉이란 조선시대의 다섯개의 능, 즉 경릉·창릉·익릉·명릉·홍릉이 이곳에 모여 있어서 일컫는 말로 경기도 고양시에 위치하고 있다.

07 다음 중 조선시대 읍성(邑城)에 대한 설명으로 틀린 것은?

① 시원적(始原的) 도시 특성을 보이고 있다.
② 대략 면적은 99,000 ~ 165,300m² 이다.
③ 배후지나 주변 지역에 대한 군사적 방어 기능만을 담당 한다.
④ 인구 규모는 300 ~ 500호에 인구 800 ~ 1,500명 정도 이다.

해설 읍성은 군현제도 말단 자치단위 중심 취락으로 성 내(城內)에 관아와 민가가 함께 수용 되었다. 읍성은 배후지나 주변 지역에 대한 행정적 통제와 군사적 방어 기능을 복합적으로 담당한 정주지였다.

08 서울 성북구에 위치한 성락원의 특징이 아닌 것은?

① 고종의 아들 의친왕이 살던 별궁의 정원이다.
② 공간구성은 전원(前苑), 내원(內苑), 후원(後苑) 등 3개의 공간으로 구성되어 있다.
③ 전원(前苑)에는 용두가산(龍頭假山)과 쌍류동천(雙流洞天), 내원(內苑)에는 영벽지(影碧池), 후원(後苑)에는 송석(松石)이 있다.
④ 후원 공간에는 300년 된 엄나무를 비롯하여 소나무, 느티나무 등이 숲을 이루고 있다.

해설 300년 된 엄나무를 비롯하여 소나무, 느티나무 등이 숲을 이루고 있는 곳은 전원(前苑)에 있는 용두가산(龍頭假山)과 쌍류동천(雙流洞天)주위이다.

09 조선시대 별서 정원 양식의 발생에 가장 큰 영향을 미친 것은?

① 풍수지리설
② 유교사상
③ 신선사상
④ 불교사상

해설 유교가 성행 하면서 유가사상과 은일사항이 농후해져 풍경이 뛰어난 산속 깊은 곳에 별서를 지어 생활을 즐기려는 경향에서 비롯되었다.

10 안동 하회마을의 형태를 산태극수태극(山太極水太極)의 형태라고 한다면 이와 같은 사상의 기본은 어디에서 연유한 것인가?

① 음양사상　　② 오행사상
③ 풍수사상　　④ 유교사상

해설 산태극수태극(山太極水太極)이란 풍수지리에서 산줄기와 물이 휘둥그스름하게 굽이져 태극 모양을 이루는 형세를 말한다.

11 일본 조경 양식의 시대적 순서가 바르게 연결된 것은?

① 임천식 → 고산수식 → 다정식
② 임천식 → 고산수식 → 회유임천식
③ 회유임천식 → 다정식 → 고산수식
④ 다정식 → 회유임천식 → 축경식

- 임천식 : 비조시대 (6C)
- 회유임천식 : 겸창시대 (12C ~ 13C)
- 다정식 : 도산시대 (16C)
- 축경식 : 명치시대 (18C)

12 원명원 이궁, 만수산 이궁이 조성된 시기로 바른 것은?

① 청시대
② 명시대
③ 송시대
④ 진시대

- 원명원 이궁 : 청나라 강희제가 넷째 아들 옹정제에게 하사한 별장
- 만수산 이궁 : 청나라 건륭제

13 중국 진나라 왕희지의 난정기 영향을 받은 것으로 신라시대 왕의 위락 공간으로 곡수연을 즐겼다. 현재 남아있지는 않으나 곡수거 옆에 있었던 정자는?

① 사륜정   ② 옥호정
③ 세연정   ④ 포석정

- 곡수거 : 돌로 구불구불한 도랑을 타원형으로 만들고 그 도랑을 따라 물이 흐르게 만든 것으로서, 신라 귀족들은 이 물줄기의 둘레에 둘러앉아 흐르는 물에 잔을 띄우고 시를 읊으며 화려한 연회를 벌였다.

14 16C 후반부터 17C 말까지 이탈리아 르네상스 정원에서 나타나는 특징이라 보기 어려운 것은?

① 정원과 주변 자연과의 조화
② 기능성 보다는 심미성 위주의 정원 구조물
③ 개성적인 형태의 추구
④ 정원 부지 선택의 자유

- 16C 이후 이탈리아 정원은 바로크 정원의 특징을 보이며 정원과 주변 자연의 조화보다는 불일치 부분에 더욱 관심을 가지고 조성되었다.

15 이탈리아의 노단건축식 정원, 프랑스의 평면기하학식 정원 등은 자연 환경 요인 중 어떤 요인의 영향을 가장 크게 받아 발생한 것인가?

① 기후   ② 지형
③ 식물   ④ 토지

- 이탈리아는 산악지형과 구릉지가 많아 노단식, 프랑스는 평지가 많아 평면 기하학식으로 발달되었다.

16 대형 건물의 외벽 도색을 위한 색채 계획을 할 때 사용하는 컬러샘플(color sample)은 실제의 색보다 명도나 채도를 낮추어서 사용하는 것이 좋다. 이는 색채의 어떤 현상 때문인가?

① 착시효과   ② 동화현상
③ 대비효과   ④ 면적효과

- 면적대비 : 작은 색견본을 보고 색을 선택한 다음 넓은 외벽에 칠했더니 명도와 채도가 높아져 보이는 현상으로 큰 면적의 색을 고를 때는 원하는 색보다 어둡고 탁한 색을 고른다.

17 한국 산업규격 KS 규격 표시에서 토목은 어느 부문으로 분류되는가?

① A ② D
③ R ④ F

> • KS A : 기본부문 (기본일반/방사선관리/가이드/인간공학/기타)
> • KS D : 금속부문 (금속일반/원재료/강재/주철/기타)
> • KS F : 건설부문 (건설일반/시험·검사·측량/재료·부재/시공/기타)
> • KS H : 식료품부문 (식품일반/농산물가공품/축산물가공품/수산물가공품/기타)

18 야외용 의자 제작 시 2인용을 기준으로 할 때 얼마 정도의 길이가 필요한가?(단, 여유 공간을 포함한다.)

① 60cm 정도 ② 120cm 정도
③ 180cm 정도 ④ 200cm 정도

> 1인용은 45~47cm, 2인용은 120cm, 3인용은 180cm 정도이다.

19 다음 중 오픈 스페이스에 해당되지 않는 것은?

① 건폐지 ② 공원묘지
③ 광장 ④ 학교운동장

> 건폐지 : 토지에서 건물이 차지하는 건축용지

20 다음 조경 계획의 과정에서 자연환경 분석 요인에 해당하는 것이 아닌 것은?

① 기후에 대한 조사 분석
② 지형에 대한 조사 분석
③ 식생에 대한 조사 분석
④ 토지 이용에 대한 조사 분석

> 토지 이용에 대한 조사 분석은 인문환경 분석에 해당한다.

21 도시공원 및 녹지 등에 관한 법률 시행규칙상 도시공원 중 설치 규모가 가장 큰 곳은?

① 광역권근린공원
② 체육공원
③ 묘지공원
④ 도시지역권근린공원

22 조경 미(美) 이론에서 유사한 것들이 반복되면서 자연적인 순서와 질서를 갖게 되는 것을 말하며, 예를 들어 특정한 형이 점차 커지거나 반대로 서서히 작아지는 형식이 되는 것을 무엇이라 하는가?

① 점층 ② 운율
③ 점이 ④ 추이

> • 점층 : 같은 모양의 조경 재료를 반복해서 배열할 때 나타나는 아름다움
> • 운율 : 질서를 통한 변화된 형태나 소리, 색채로 연속적인 변화를 주어 공간의 흥미를 줄 수 있는 경관 구성 방법
> • 추이 : 일이나 형편 등이 시간이 지남에 따라 변하여 나가는 경향

23 다음 중 휴먼 스케일로 보기에 어려운 경관은?

① 초점경관 ② 위요경관
③ 관개경관 ④ 지형경관

> 인간의 체격을 기준으로 한 척도, 인간 활동과 관련한 적절한 규모 및 크기

24 황금비는 단변이 1일때 장변은 얼마인가?

① 1.681
② 1.618
③ 1.186
④ 1.861

해설 그리스의 수학자 피타고라스에 의해 유래 되었으며 예로는 그리스의 파르테논신전, 밀로의 비너스상, 텔레비전화면, 휴대폰액정, 신용카드 등이다.

25 정원 설계에서 연못의 최소 면적은 얼마인가?

① $1m^2$ ② $1.5m^2$
③ $2m^2$ ④ $2.5m^2$

해설 최소 면적은 $1.5m^2$이며 정원 전체 면적의 1/9 이하가 적정한 규모이다.

26 다음은 사철나무와 회양목을 비교한 설명이다. 잘못된 것은?

① 사철나무와 회양목 모두 상록수이다.
② 사철나무는 노박덩굴과 회양목은 회양목과에 해당하는 수종이다.
③ 사철나무와 회양목 모두 흰색 꽃이 핀다.
④ 사철나무와 회양목은 전정과 공해에 강한 수종이다.

해설 사철나무는 6월에 흰색꽃, 회양목은 3월에 황색꽃이 핀다.

27 대나무의 특징을 설명한 것으로 잘못된 것은?

① 화본과에 속하는 여러해살이 식물이다.
② 전 세계적으로 1,000여종이 있으며 우리나라에는 약 14종이 자생한다.
③ 대나무 중에서 맹종죽은 직경 20cm까지 자라며, 하루 1m 생장도 가능하다.
④ 형성층이 있어 부피 생장을 한다.

해설 대나무는 여름에 성장이 끝나고 나면 몇 년이 지나도 부피 생장을 하지 않고 양분을 모두 땅속 줄기로 보낸 다음 세대 양성에 힘쓰는 것이 특징이다.

28 다음 [보기]가 설명하는 수종은 무엇인가?

- 소나무과 수종으로 원산지는 울릉도이다.
- 오엽송이라 불린다.
- 수형은 어릴 때는 원추형이나 시간이 지나면서 자연형으로 변해간다.
- 내염성이 있어 섬에서 생육은 가능하나 해풍에는 약한 것이 특징이다.

① 섬잣나무 ② 후박나무
③ 동백나무 ④ 스트로브잣나무

해설 잣나무보다 잎과 가지가 더 빽빽하고 절간이 좁아 건물 주변 및 기념수로 사용된다.

29 다음 수종 중 생장 속도가 가장 느린 수종은?

① 가중나무 ② 미류나무
③ 눈주목 ④ 플라타너스

해설 비자나무, 주목 등 주목과 수종은 생장 속도가 느린 것이 특징이다.

30 다음 노박덩굴과 수종 중에서 상록수에 해당하는 수종은?

① 화살나무 ② 노박덩굴
③ 회나무 ④ 사철나무

해설 ① 화살나무 : 낙엽관목
② 노박덩굴 : 낙엽덩굴
③ 회나무 : 낙엽관목

31 미선나무(Abeliophyllum distichum Nakai)의 설명으로 틀린 것은?

① 1속 1종
② 낙엽활엽관목
③ 잎은 어긋나기
④ 물푸레나무과(科)

해설 미선나무는 우리나라에서만 자라는 한국 특산 수종으로 잎은 마주나기를 한다.

32 다음 중 고광나무(Philadelphus schrenkii)의 꽃 색깔은?

① 적색   ② 황색
③ 백색   ④ 자주색

해설 고광나무는 4~5월 백색으로 꽃이 핀다.

33 다음 접목 중 안장접에 해당하는 그림은?

해설 ① : 쪼개접, ② : 깎기접, ③ : 박피접

34 조경 설계 과정에서 가장 먼저 이루어져야 할 것은?

① 구상 개념도 작성   ② 실시 설계도 작성
③ 평면도 작성   ④ 내역서 작성

해설 ① 목표설정 : 공간규모 계획
② 자료수집 : 자연환경분석, 인문환경분석
③ 분석 및 종합 : 수집된 자료를 분석 종합
④ 기본구상 : 기본 구상 및 공간 개념 도출
⑤ 기본계획
  - 대안작성 (반드시 2개 이상)
  - 최종안→기본계획도(Master Plan)
⑥ 기본설계 : 기본계획을 구체적으로 발전(각 공간의 정확한 규모, 마감방법 등)
⑦ 실시설계
  - 시공이 가능하도록 시공 도면을 작성
  - 상세도, 시방서, 내역서 작성
⑧ 시공 및 감리 : 식재시공, 시설물 시공
⑨ 유지관리 : 이용관리, 운영관리, 유지관리

35 다음 중 한지형 잔디에 해당하는 것이 아닌 것은?

① 캔터키블루그래스
② 벤트그래스
③ 톨훼스큐
④ 버뮤다그래스

해설 대부분 서양 잔디는 종자 번식을 하는 한지형 잔디이지만, 버뮤다 그래스는 예외로 난지형 잔디이다.

36 쇠망치 및 날메로 요철을 대강 따내고, 거친 면을 그대로 두어 부풀린 느낌으로 마무리하는 것으로 중량감, 자연미를 주는 석재가공법은?

① 혹두기   ② 정다듬
③ 도드락다듬   ④ 잔다듬

- 정다듬 : 혹두기한 면을 정으로 비교적 고르고 곱게 다듬는 것
- 도드락다듬 : 정다듬한 표면을 도드락 망치를 이용하여 1~3회 정도로 곱게 다듬는 작업
- 잔다듬 : 외날 망치나 양날 망치로 정다듬면 또는 도드락 다듬면을 일정 방향이나 평행선으로 다듬는 작업

37 다음 콘크리트 종류별 설명이 잘못 설명된 것은?

① 서중 콘크리트 : 평균 25℃, 최고 30℃ 넘을 때 타설하는 콘크리트, 콜드조인트 발생 우려
② 한중 콘크리트 : 평균 4℃ 이하일 때 타설하는 콘크리트
③ 프리팩트 콘크리트 : PS콘크리트라고 하며 강선 등을 이용하여 미리 부재 내에 응력을 준 콘크리트
④ 매스콘크리트 : 콘크리트 구조물의 크기가 커서 수화열을 검토해야 하는 콘크리트

- 프리팩트 콘크리트 : 미리 골재를 거푸집 안에 채우고 특수 탄화제를 섞은 모르타르를 주입하여 골재의 빈틈을 메워 콘크리트를 만드는 방식
- 프리스트레스트 콘크리트 : PS콘크리트라고 하며 강선 등을 이용하여 미리 부재 내에 응력을 준 콘크리트(예 : 철도침목)

38 다음 [보기]가 설명하는 합성수지의 종류는?

- 특히 내수성, 내열성이 우수하다.
- 내연성, 전기적 절연성이 있고 유리섬유판, 텍스, 피혁류 등의 접착이 가능하다.
- 용도는 방수제, 도료, 접착제 등이다.
- 500℃ 이상 견디는 수지다.

① 실리콘수지
② 멜라민수지
③ 푸란수지
④ 폴리에틸렌수지

실리콘은 접착, 방수제로 가장 많이 사용하며 500℃ 이상 견디는 수지이다.

39 다음 [보기]가 설명하는 합성수지의 종류는?

- 열 경화성 수지이다.
- 액체 상태나 용융 상태의 수지에 경화제를 넣어 사용한다.
- 내산성, 내알칼리성 등이 우수하여 항공기, 콘크리트 접착 등에 사용한다.
- 접착 효과가 매우 우수하여 방수와 포장재로도 이용한다.

① 폴리에틸렌수지
② 멜라민수지
③ 푸란수지
④ 에폭시 수지

에폭시는 접착력이 가장 우수하고, 방수 효과도 뛰어나 방수, 접착, 포장, 외과수술 시 충진재 등으로 사용한다.

40 일반적인 금속 재료의 장점이라고 볼 수 없는 것은?

① 여러 가지 하중에 대한 강도가 크다.
② 재질이 균일하고 불연재이다.
③ 각기 고유의 광택이 있다.
④ 가열에 강하고 질감이 따뜻하다.

금속 재료는 불연재이고 강도가 크지만, 가열하면 역학적 성질이 저하되고 내산성과 내알칼리성이 작으며 차가운 느낌을 주는 것이 단점이다.

41 다음 조명 시설 중 열 효율이 높아 터널, 안개지역에 설치하기 적합한 등은?

① 나트륨등   ② 수은등
③ 할로겐 등   ④ 백열등

> 나트륨등은 관리비가 저렴하고 투시성이 좋은 것이 장점인 반면 가격이 비싼 것이 단점이다.

42 일반적으로 목재의 비중과 가장 관련이 있으며, 목재성분 중 수분을 공기 중에서 제거한 상태의 비중을 말하는 것은?

① 생목비중   ② 기건비중
③ 함수비중   ④ 절대 건조비중

> 기건 비중은 함수율 15%일 때의 비중으로 이 때 함수율은 목재가 대기 중의 온도와 습도에 대해 평형상태를 이루고 있는 상태이기 때문에 기건 함수율이라고 한다.

43 다음 식은 길이 6m 이상 통나무 재적 계산식이다. (   )안에 들어갈 단위는?

$$V = D^2(\ \ ) \times L\,(m)$$

① 재(才)   ② m²
③ m³   ④ cm

> D : 말구지름 (cm), L : 길이 (m)

44 흙은 같은 양이라 하더라도 자연상태(N)와 흐트러진 상태(S), 인공적으로 다져진 상태(H)에 따라 각각 그 부피가 달라진다. 자연상태의 흙의 부피(N)를 1.0으로 할 경우 부피가 큰 순서로 적당한 것은?

① H > N > S
② N > H > S
③ S > N > H
④ S > H > N

> 흙이 흐트러지게 되면 공극이 커지기 때문에 부피가 늘어나게 되고 다지게 되면 공극이 작아지기 때문에 부피가 줄어든다.

45 자연석 100ton을 절개지에 쌓으려 한다. 다음 표를 참고할 때 노임은 얼마인가?

(ton당)

구분	조경공	보통인부
쌓기	2.5인	2.3인
놓기	2.0인	2.0인
1일노임	30,000원	10,000원

① 2,500,000원
② 5,600,000원
③ 8,260,000원
④ 9,800,000원

> {(2.5인 × 30,000원) + (2.3인 × 10,000원)} × 100ton

46 삼각형의 세변의 길이가 각각 5m, 4m, 5m라고 하면 면적은 약 얼마인가?

① 약 8.2m²
② 9.2m²
③ 10.2m²
④ 약 11.2m²

> 헤론공식
> $\triangle ABC = \sqrt{p(p-a)(p-b)(p-c)}$
> $p = \dfrac{a+b+c}{2}$

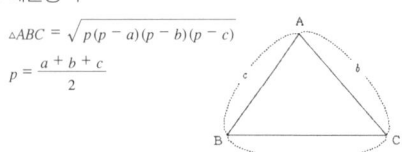

47 측량 결과 다음과 같을 때 양단면 평균법을 이용하여 체적 산출 시 얼마 인가?

① 95.5m³ ② 97.5m³
③ 100.5m³ ④ 120.5m³

해설 양단면 평균법 : $\frac{A_1 + A_2}{2} \times L$

$A_1 = \frac{1}{2} \times 6 \times 4$, $A_2 = \frac{1}{2} \times 5 \times 3$, $L = 10m$

$\therefore \frac{12 + 7.5}{2} \times 10$

48 다음 중 콘크리트의 공사에 있어서 거푸집에 작용하는 콘크리트 측압의 증가 요인이 아닌 것은?

① 타설 속도가 빠를수록
② 슬럼프가 클수록
③ 다짐이 많을수록
④ 빈배합일 경우

해설 거푸집에 미치는 콘크리트 측압
• 경화 속도가 빠를수록 측압이 작다
• 시공 연도가 좋을수록 측압은 크다.
• 붓기 속도가 빠를수록 측압이 크다.
• 수평 부재가 수직 부재보다 측압이 작다.

49 파낸 흙을 쌓아올렸을 때 중요한 "안식각"에 관한 설명으로 부적합한 것은?

① 흙을 높게 쌓아올렸을 때 잠시 동안은 모아 둔 그대로 형태가 유지되는 것은 흙의 점착력 때문이다.

② 높이 쌓아놓은 뒤 시간이 지나면서 허물어져 내리고 안정된 비탈면을 형성했을 때 수평면에 대하여 비탈면이 이루는 각을 안식각이라 한다.

③ 흙깎기 또는 흙쌓기의 안정된 비탈을 위해서는 그 토질의 안식각보다 작은 경사를 가지게 하는 것이 중요하다.

④ 토질이 건조 했을 때 안식각이 큰 것부터의 순서는 점토 〉 보통흙 〉 모래 〉 자갈의 순이다.

해설 토질이 건조했을 때 안식각이 큰 것부터의 순서는 점토 〈 보통흙 〈 모래 〈 자갈의 순이다.

50 다음 그림과 같이 등고선 간격이 10m인 지형도에서 플래니미터로 각 등고선에 둘러싸인 면적을 산출한 결과 다음과 같다. 이 지형의 총 토량을 등고선법을 이용하여 산출하면 토량은?(단 소수점 이하는 버린다.)

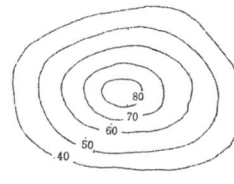

40m = 7,800m²
50m = 3,400m²
60m = 1,200m²
70m = 560m²
80m = 100m²

① 87,133m³
② 89,472m³
③ 93,152m³
④ 95,875m³

해설 등고선법(n = 단면갯수(홀수))

$\frac{h}{3}\{A_1 + 4(A_2 + A_4 + \cdots A_{n-1}) + 2(A_3 + A_5 + \cdots A_{n-2}) + A_n\}$

$\therefore \frac{10}{3}\{100 + 4(560 + 3,400) + 2(1,200) + 7,800\}$

51 대취(Thach)란 지표면과 잔디(녹색식물체) 사이에서 형성되는 것으로 이미 죽었거나 살아있는 뿌리, 줄기, 그리고 가지 등이 서로 섞여있는 유기층을 말한다. 다음 중 대취의 특징으로 옳지 않은 것은?

① 한여름에 스캘핑이 생기게 한다.
② 대취층에 병원균이나 해충이 기거하면서 피해를 준다.
③ 탄력성이 있어서 그 위에서 운동할 때 안전성을 제공한다.
④ 소수성(hydrophobic)인 대취의 성질로 인하여 토양으로 수분이 전달되지 않아 서 국부적으로 마른 지역을 형성하며 그 위에 잔디가 말라 죽게 한다.

> • 스캘핑이란 너무 낮게 깎아서 잔디의 줄기나 포복경이 노출되어 누렇게 보이는 현상으로 대취와는 연관성이 없다.
> • 소수성(hydrophobic)이란 물을 빨아 들이지 않고 밀어내는 성질을 말한다.

52 조경 수목의 저온의 해 중 동해(凍害)에 대한 설명으로 올바르지 못한 것은?

① 식물체가 추위에 의해 세포막벽 표면에 결빙 현상이 일어나 죽는 현상이다.
② 난지산(暖地産)수종, 생육지에서 멀리 떨어져 이식된 수종일수록 동해에 약하다.
③ 침엽수류와 낙엽활엽수류는 상록활엽수류보다 내동성이 크다.
④ 동해 방지를 위해서는 초겨울 증산제를 살포하여 잎의 변조를 조기에 실시한다.

> 초겨울 시들음 방지제를 살포하여 잎의 변조를 방지한다.

53 다음 설명과 관련이 있는 잔디의 병은?

- 17~22℃ 정도의 기온에서 습윤 시 잘 발생
- 질소질 비료 성분이 부족한 지역에서 발생하기 쉬움
- 담자균류에 속하는 곰팡이로서 년 2회 발생
- 디니코나졸수화제를 살포하여 방제

① 흰가루병   ② 그을음병
③ 잎마름병   ④ 녹병

> 녹병은 장마철 등 습할 때 자주 깎아주지 않아서 발생하는 병으로, 질소질 비료 성분이 과다할 때 발병율이 높다.

54 흰별 무늬병과 관계가 없는 것은?

① 장마 이후부터 가을에 걸쳐 발병한다.
② 주요 표징은 5~6월부터 잎에 작은 갈색 반점이 생기는 것이다.
③ 주로 지면에서 멀리 떨어진 잎에서 발병한다.
④ 방제 방법은 병든 잎을 소각 하거나 디페노코나졸 입상수화제 2,000배액을 3~4회 살포한다.

> 주로 지면에서 가까운 잎이나 맹아지의 잎에서 많이 발생한다.

55 파이토플라즈마에 의해 발생되는 수목의 병이 아닌 것은?

① 오동나무빗자루병

② 뽕나무오갈병
③ 대추나무빗자루병
④ 벚나무 빗자루병

> 해설 벚나무 빗자루병은 곰팡이(진균)에 의한 병이다.

56 Methidathion(메치온) 40% 유제를 1000배 액으로 희석해서 10a당 6말(20L/말)을 살포하여 해충을 방제하고자 할 때 유제의 소요량은 몇 mL인가?

① 100mL
② 120mL
③ 150mL
④ 240mL

> 해설 약량 = $\dfrac{\text{단위당(10a 당) 농약살포량}}{\text{희석배수}}$ = $\dfrac{120L}{1000}$
> = 0.12L = 120mL

57 소나무 재선충의 학명은 무엇인가?

① Bursaphelenchus xylophilus
② Monochamus alternatus
③ Thecodiplosis japonensis
④ Tomicus piniperda

> 해설
> • 소나무, 잣나무 등에 기생하며 나무를 갉아먹는 선충으로써, 소나무의 에이즈라 불리기도 한다.
> • 매개충은 북방수염하늘소와 솔수염 하늘소이며 여름에 최대 출현하는 전성기이다.

58 잡초와 작물에 함께 작용하는 비선택성 제초제는?

① 글리포세이트액제
② 반벨
③ 파란들
④ 2 · 4-D

> 해설 글리포세이트 액제는 대표적인 비 선택성 제초제로 근사미와 글라신 등이 있다.

59 다음 보기는 식물 생육에 필요한 비료 중 어느 비료에 대한 설명인가?

• 엽록소 생성 촉매 작용, 산소 운반 역할을 한다.
• 결핍 증상은 생육초기 발생하며 엽맥 사이 또는 잎 조직에 황화현상 및 비단무늬모양이 생긴다.
• 활엽수는 잎과 가지의 크기가 작아지고 조기 낙엽 현상이 발생한다.

① 질소(N)
② 칼슘(Ca)
③ 철(Fe)
④ 황(S)

> 해설 철(Fe) : 체내에 이동이 안되는 것이 특징이고 잎의 황화현상은 상엽에서 증상이 시작된다.

60 다음 해충 가운데 식엽성 해충이 아닌 것은?

① 미국흰불나방
② 오리나무잎벌레
③ 천막벌레나방
④ 밤나무 혹벌

> 해설 밤나무 혹벌은 충영성 해충에 해당된다.

ANSWER CBT 복원문제 2019년 3회

01	02	03	04	05	06	07	08	09	10
④	④	②	②	③	③	③	④	②	③
11	12	13	14	15	16	17	18	19	20
①	①	④	①	②	④	④	②	①	④
21	22	23	24	25	26	27	28	29	30
①	③	④	②	②	④	③	④	①	③
31	32	33	34	35	36	37	38	39	40
③	③	④	①	①	③	①	④	④	④
41	42	43	44	45	46	47	48	49	50
①	②	④	④	②	②	②	④	④	①
51	52	53	54	55	56	57	58	59	60
①	④	④	③	④	②	①	①	③	④

CBT 복원문제 _ 2020년 1회

01 다음 중 바르게 연결한 것은?

① 경복궁 - 부용정 ② 창덕궁 - 애련정
③ 경복궁 - 청의정 ④ 창경궁 - 경회루

해설 부용정과 청의정은 창덕궁, 경회루는 경복궁에 있다.

02 고구려는 여러번에 걸쳐 수도를 옮겼는데 주몽은 처음 졸본 지역에 정착하여 졸본성에 수도를 정하게 된다. 다음 중 졸본성에 있는 산성은?

① 대성산성   ② 남한산성
③ 장안성   ④ 오녀산성

해설 졸본성 환인분지의 약 800m의 산지에 축조된 오녀산성은 남북 약 1,000m, 동서 너비 약 300m의 비교적 규모가 큰 성인데, 동·서·남쪽은 모두 넓적한 돌로 성벽을 쌓았고, 북쪽은 수직에 가까운 벼랑에 의지하여 성벽을 이루었다.

03 조선시대 아미산에 대한 설명이다. 옳지 않은 것은?

① 계단식으로 다듬어 놓은 화계를 이용한 정원이다.
② 화목 사이로 괴석과 세심석이 놓여 있다.
③ 창덕궁의 후원으로 사적인 성격의 공간이다.
④ 온돌의 굴뚝을 화계 위로 뽑아 점경물로 삼았다.

해설 아미산은 경복궁 교태전의 후원에 있는 노단식 정원이다.

04 고대 이집트 조경 양식에 가장 큰 영향을 미친 사항은?

① 무더운 기온과 사막의 바람
② 태양신을 모시는 신전정원
③ 피라미드와 스핑크스
④ 나일강이 불규칙한 범람

해설 이집트 조경 양식에 가장 큰 영향을 미친 요소로는 사막기후(무더운 기온과 모래폭풍 등) 이다

05 일본의 정원 양식 중 정원수를 활용하지 않은 정원 양식은?

① 회유임천식   ② 평정고산수식
③ 지천임천식   ④ 다정식

해설 15세기 실정시대 평정고산수식 정원은 살아있는 식물재료(수목포함)를 일체 사용하지 않은 것이 특징이다.

06 인문환경 분석에 속하는 것은?

① 대기환경분석   ② 토양환경분석
③ 식생환경분석   ④ 이용자 분석

해설 인문환경 분석은 이용자(사람)에 대한 분석을 말하며 ①, ②, ③은 자연환경 분석에 해당 한다.

07 다음 중 조경 계획에 대한 설명으로 잘못된 것은?

① 조경 계획은 전 과정을 통하여 문제의 발견에 관련하고, 설계는 문제의 해결에 관련한다.
② 계획이란 어떤 목표를 설정해서 이에 도달할 수 있는 행동 과정을 마련하는 것이다.
③ 조경 계획에 있어서는 창조적 구상이, 조경 설계에 있어서는 합리적 사고가 더욱 요구 된다.
④ 계획은 계획가의 독자적인 사업이 아니라 사용자와 사용주의 대화를 통해 이룩되는 양방향 과정이다.

해설 계획은 합리적 사고를 통해 문제를 발견하고, 설계는 창조적 사고를 통해 문제를 해결해 가는 과정이다.

08 다음 중 파선의 사용 용도를 옳게 설명하고 있는 것은?

① 도형의 중심을 표시하는데 사용하는 선
② 대상물의 보이지 않는 부분의 모양을 표시하는데 사용하는 선
③ 중심이 이동한 중심 궤적을 표시하는데 사용하는 선
④ 단면의 무게 중심을 연결하는데 사용하는 선

해설 도형의 중심을 표시할 때와, 중심이 이동한 중심 궤적을 표시하는데 사용하는 선은 일점쇄선이고, 단면의 무게 중심을 연결하는데 사용하는 선은 2점쇄선(무게중심선)이다.

09 공간구성 다이어그램에서 이루어지는 내용으로 틀린 것은?

① 동선체계 표현
② 설계원칙 추출
③ 설계의도 정리
④ 공간별 배치 및 상호관계

해설 공간구성 다이어그램은 공간의 구성과 연계성, 공간별 설계의도, 동선 및 설계 방향을 개략적으로 나타낸 도면이다. 설계 원칙은 공간 구성 다이어그램 이전에 추출이 되어 있어야 한다.

10 도시 오픈 스페이스의 효용성에 해당하지 않는 것은?

① 도시 개발의 조절
② 도시 환경의 질
③ 시민 생활의 질
④ 개발 유보지의 조절

해설 오픈 스페이스는 도시민에 개방된 휴식, 위락 등을 위한 개방 공간으로, 개발조절 및 도시민 생활환경 질을 개선해 주는 효용성을 가진다. (오픈스페이스 예 : 도시공원, 각종 도시계획시설, 녹지 및 풍치지역)

11 물체의 절단면에서 가까운 곳은 크고 깊이가 있게, 먼 곳은 한곳에 모이게 그리는 도면은?

① 투시도
② 스케치
③ 입면도
④ 조감도

해설 투시도는 물체를 눈에 보이는 그대로 그림으로 투영하여 그리게 되며, 원근법을 이용하기 때문에 입체적인 느낌을 가지게 된다.

12 다음 중 정투상도에 나타나는 그림의 명칭이 아닌 것은?

① 단면도 ② 입면도
③ 평면도 ④ 정면도

> 해설 정투상법은 3차원 모양을 2차원 종이에 표현하기 위한 방법으로, 입화면, 평화면, 측화면이 그려진다. 즉 정투상도는 정면도, 평면도, 측면도가 그려진다.

13 주차장법 시행 규칙상 주차장의 주차단위구획 기준은? (단, 평행주차형식 외의 장애인 전용 방식이다.)

① 2.0m 이상 × 4.5m 이상
② 3.0m 이상 × 5.0m 이상
③ 2.3m 이상 × 4.5m 이상
④ 3.3m 이상 × 5.0m 이상

> 해설 장애인 의 경우는 3.3m 이상 × 5.0m 이상이다.

14 다음 중 색명에 대한 설명으로 잘못된 것은?

① 색에 이름을 붙여서 색을 표시하는 일종의 표색 방법을 말한다.
② 장미색, 귤색, 금색, 쥐색, 은색, 비둘기색 등이 예이다.
③ 동식물이나 광물, 장소, 지명과 관련 있는 고유명으로 된 것도 있다.
④ 색명은 예로부터 불려온 것이다

> 해설 색명은 우리들의 색감과 직결되어 있기 때문에 숫자나 기호보다 색감을 잘 표현할 수 있다. 또한 부르기 쉽고 기억하거나 상상하기 쉬워서 오래 전부터 가장 일반적인 전달 방법으로서 사용되어 왔으나 언제쯤부터 사용되었는지 분명하지 않다.

15 색을 표시하는 체계를 표색계라 한다. 이 중 색을 3속성 (색상, 명도, 채도)에 의해 질서 있게 표시하는 현색계에 해당하지 않는 것은?

① 먼셀 ② NCS
③ DIN ④ CIS

> 해설 현색계는 색편의 번호나 기호를 일정 기준에 따라 표시하여 다양한 색을 비교할 수 있도록 표준화한 로써, 대표적인 현색계로는 먼셀, KS(한국 산업 규격), NCS(natural color system, 스웨덴 국가 표준 색 체계), DIN(deutsches institute fur normung, 독일공업규격), OSA/UCS(the optical so ciety of america's uniform color scales)가 있다.

16 조건등색, 다른 두 색이 같은 조건 아래서 같은 색으로 보이는 현상은?

① 메타메리즘 ② 동화효과
③ 톤온톤 ④ 색의 잔상

> 해설 메타메리즘은 조건 등색이라고도 하며, 다른 두 가지 색이 같은 조건 아래에서는 같은 색으로 보이는 경우를 말한다.

17 다음 중 미기후에 대한 설명 중 틀린 것은?

① 미기후 요소는 대기 요소와 동일하며 서리, 안개, 자외선 등의 양은 제외한다.
② 건축물은 미기후에 영향을 미친다.
③ 지형, 식생의 유무와 종류는 미기후의 변화 요소이다.
④ 현지에서 장기간 거주한 주민과 대화를 통해서도 파악할 수 있다.

> 해설 미기후는 국부적 장소에 나타나는 부분적 장소의 기상 상태로서, 미미한 기후를 말한다.
> 서리, 안개, 태양복사열 등이 여기에 해당 한다.

18 거의 평탄지로 인식되며 활동하기 쉽고 배수 상태는 양호한 포장 구배는?

① 1% 이하
② 1~4% 이하
③ 5~10% 이하
④ 11~15% 이하

> 해설 평탄한 운동장의 경우 배수를 위한 구배가 2~3%인 것을 생각하며 암기

19 묘지공원의 설계 지침으로 가장 올바른 것은?

① 장제장 주변은 기능상 키가 작은 관목만을 식재한다.
② 산책로는 이용하기 좋게 주로 직선화한다.
③ 묘지 공원 내는 경건한 분위기를 위해 어린이 놀이터 등 휴게시설 설치를 일체 금지시킨다.
④ 전망대 주변에는 큰 나무를 피하고, 적당한 크기의 화목류를 배치한다.

> 해설 장제장 주변은 정숙함과 위요감을 느낄 수 있도록 하며, 산책로는 곡선화 하여 자연스러움을 연출한다. 또한 묘지공원은 정적인 놀이시설 및 휴게시설을 도입하여 가족이 함께 이용할 수 있도록 한다.

20 다음 중 유희 시설에 속하는 것은?

① 벤치
② 전망대
③ 정글짐
④ 야영장

> 해설 도시공원법에서 분류한 유희시설에는 시소, 정글짐, 모험놀이터, 낚시터 등이 있으며, 도시민의 여가 선용을 위한 유희시설을 말한다.

21 다음 중 이식이 잘 안되는 수종은?

① 버드나무
② 사철나무
③ 가시나무
④ 은행나무

> 해설 가시나무는 참나무과의 상록활엽교목으로 한국에서는 제주도 및 남해안 지역의 따뜻한 곳에서 자라는 남부수종이다.
> 심근성이며 직근이기 때문에 이식이 잘 되지 않으며 이러한 특징은 참나무과 수종의 공통점이다.

22 다음 [보기]와 같은 특성을 지닌 정원수는?

- 형상수로 많이 이용되고, 가을에 열매가 붉게 된다.
- 내음성이 강하며, 비옥지에서 잘 자란다.

① 주목
② 쥐똥나무
③ 화살나무
④ 산수유

> 해설 주목은 토피어리로 이용하는 대표적인 장수목으로 비옥지를 좋아하고 적갈색 수피가 특징이다.

23 다음 중 수피의 색이 흰색에 해당하는 수종이 아닌 것은?

① 서어나무
② 모과나무
③ 분비나무
④ 자작나무

> 해설 모과나무 수피는 군청색 계열로 얼룩이 있다.

24 다음 [보기]가 설명하는 수목은?

> - 감탕나무과 식물이다.
> - 상록활엽소교목으로 열매가 적색이다.
> - 잎은 호생으로 타원상의 6각형이며 가장자리에 바늘 같은 각점(角點)이 있다.
> - 자웅이주이다.
> - 열매는 구형으로서 지름 8~10mm이며, 적색으로 익는다.

① 감탕나무 ② 낙상홍
③ 먼나무   ④ 호랑가시나무

해설 ①, ②, ③, ④ 수종의 공통점은 모두 감탕나무과 수종이며, 열매가 적색이다. 또한 감탕나무와 먼나무는 잎이 호생이며 자웅이주 이지만 열매의 크기가 5~8mm로 호랑가시보다 작다.

25 능소화(Campsis grandifolia K.Schum.)의 설명으로 틀린 것은?

① 낙엽활엽덩굴성이다.
② 잎은 어긋나며 뒷면에 털이 있다.
③ 나팔모양의 꽃은 주홍색으로 화려하다.
④ 동양적인 정원이나 사찰 등의 관상용으로 좋다.

해설 능소화 잎은 마주보기를 하며 기수 1회 우상 복엽 이다.

26 다음 중 성상에 따른 분류 중 연결이 잘못된 것은?

① 관목: 조팝나무, 이팝나무, 쥐똥나무
② 교목 : 산사나무, 물푸레나무, 마가목
③ 상록활엽수 : 동백나무, 태산목, 녹나무
④ 낙엽활엽수 : 벚나무, 일본목련, 칠엽수

해설 조팝나무 : 관목, 이팝나무 : 교목, 쥐똥나무 : 관목

27 다음 중 열경화성 수지로서 합판 등 도색에 사용되는 수지는?

① 요소수지
② 폴리염화비닐수지
③ 멜라민수지
④ 폴리에틸렌수지

해설 멜라민은 흡지성이 좋고 경화되면 내수성, 표면강도, 투명성이 좋다

28 화성암의 설명으로 잘못된 것은?

① 자갈등과 함께 바닥 공사에 쓰인다.
② 내구성과 내화성이 크다.
③ 냉각 장소에 따라 심성암과 화산암으로 나뉘다.
④ 종류에는 화강암, 안산암, 응회암, 사암 등이 있다.

해설 화성암의 종류에는 화강암, 안산암, 현무암, 섬록암 등이 있고, 응회암과 사암은 퇴적암 이다.

29 자연형 연못을 만들 때 호안공에 사용되는 돌 중 가장 적합하지 않은 돌은?

① 견치석   ② 자연석
③ 호박돌   ④ 사괴석

해설 견치석은 가공석으로 옹벽쌓기 등에 사용 된다.

30 비철금속 재료의 설명이 잘못된 것은?

① 납 : 비중이 크고 연질이다.
② 아연 : 산 및 알카리에 약하고 수중에서 내식성이 작다
③ 동 : 습기가 많으면 광택이 줄고 녹청색이 된다.

④ 알루미늄 : 전성과 연성, 전기 전도성이 뛰어나다

해설 아연은 산 및 알칼리에 약하고, 수중에서 내식성이 크다.

31 유리의 주성분이 아닌 것은?

① 소다
② 수산화칼슘
③ 석회
④ 규산

해설 유리는 특정한 융점을 갖지 않는 열가소성 재료로서 규산(석영), 탄산소다, 석회암이 주성분이다.

32 주철강의 성질이 아닌 것은?

① 탄소 함유량이 1.3~6.6%이다.
② 단단하여 주조하기가 힘들다.
③ 주성분은 선철이다
④ 내식성이 강하다.

해설 주철은 강보다 낮은 온도에서 용융하며 유동성이 양호하여 복잡한 형상의 제작에 이용되며 탄소의 일반적인 함유량은 3~3.6%이다.

33 다음 중 변성암에 해당하는 것은?

① 사문암
② 섬록암
③ 안산암
④ 화강암

해설 섬록암, 안산암, 화강암은 화성암이며, 변성암에는 편마암, 대리석, 사문암 등이 있다.

34 다음 중 접착력이 우수하여 콘크리트 등의 접착에 사용되는 것은?

① 에폭시 수지
② 페놀 수지
③ 멜라민 수지
④ 염화비닐수지

해설 에폭시 수지 특징
• 액체 상태나 용융 상태의 수지에 경화제를 넣어 사용

• 내산성, 내알칼리성 등이 우수하여 콘크리트 접착 등에 사용
• 접착 효과가 매우 우수하여 방수와 포장재로도 이용

35 다음 중 방화제(防火劑)로 사용될 수 없는 것은?

① 염화암모늄
② 황산암모늄
③ 제2인산암모늄
④ 질산암모늄

해설 염화암모늄, 황산암모늄, 인산암모늄, 붕산암모늄 등은 무기방화제이다.

36 콘크리트 혼화제 중 콘크리트 타설 시 염화칼슘을 첨가하는 이유는?

① 콘크리트의 조기 강도 증대
② 콘크리트의 장기 강도 증대
③ 고온 증기 양생 목적
④ 황산염에 대한 저항성 증대

해설 염화칼슘, 염화마그네슘, 규산나트륨, 식염 등이 응결경화 촉진제이다.

37 콘크리트 강도의 고려 사항이 아닌 것은?

① 시멘트가 굳었을 때 강도보다 약한 석재를 선택한다.
② 콘크리트가 경화 되는 과정에서 수화열을 적당히 낮춰 주어야 균열을 방지할 수 있다.
③ 가늘고 세장한 골재는 사용하지 않는다.
④ 콘크리트의 인장 강도를 증진시키기 위해 철근을 배근하기도 한다.

해설 골재는 콘크리트의 강도에 큰 영향을 미치며 특히 경화된 콘크리트보다 강도가 높아야 한다.

38 다음 중 보도에 블록을 포장할 때 충격을 완화시켜 주는 것은?

① 잡석   ② 자갈
③ 모래   ④ 콘크리트

📖 보도블럭 아래 모래를 40mm정도 깔아서(기층모래라 함) 충격을 흡수할 수 있도록 한다.

39 진비중이 2.6이고 가비중이 1.2인 토양의 공극율은 약 얼마인가?

① 34.2%   ② 46.5%
③ 53.8
④ 66.4%

📖 공극율 = $(1 - \frac{가비중}{진비중}) \times 100$
= $(1 - \frac{1.2}{2.6}) \times 100 = 53.85\%$

40 다음 배수관 중 경사를 가장 급하게 설치해야 하는 것은?

① Ø100mm   ② Ø200mm
③ Ø300mm   ④ Ø400mm

📖 관경이 좁을수록 경사는 급하게 설치해야 한다.

41 하수 배수 방식 중 지역이 광대해서 하수를 한개소로 모으기가 곤란할 때 배수 지역을 수개 또는 그 이상으로 구분해서 배관하는 배수 방식은?

① 직각식   ② 차집식
③ 방사식   ④ 선형식

📖 배수방식별 특징
• 직각식 : 배수 관거를 하천에 직각으로 연결하여 배출, 비용 저렴하나 수질오염 우려 있다.
• 차집식 : 우천 시 하천으로 방류하고, 맑은 날은 차집거를 통해 하수 처리장으로 보내는 방식
• 선형식 : 지형이 한 방향으로 집중되어 경사를 이루거나 한정된 장소로 집중 시켜야 할 때
• 방사식 : 지역이 광대하여 한 곳으로 모으기 곤란할때 방사형으로 구획 구분하여 집수
• 평행식 : 지형의 고저차가 심한 경우 고지구와 저지구를 구분하여 배관하는 방식
• 집중식 : 사방에서 한 지점을 향해 집중적으로 흐르게 하여 처리하는 방식

42 시방서에 관한 설명 중 틀린 것은?

① 시방서는 건설 공사의 입찰, 견적, 공사 시공에 꼭 필요한 서류이다.
② 표준 시방서는 설계 의도를 명확하게 표현하기 위한 것으로 설계도에서 표시할 수 없는 재료와 공법을 기술한다.
③ 특기 시방서란 특정한 공사에서 유의해야 하는 시방서를 말한다.
④ 공사 시방서란 시설물별 표준 시방서를 기본으로 모든 공정을 대상으로 하여 특별한 시공 또는 전문 시방서의 작성을 활용하기 위한 종합적인 시공 기준이다.

📖 공사 시방서란 공사내용, 방법, 주의사항 등 공사에 필요한 사항이 제시된 서류를 말한다.

43 사질토와 점질토의 차이를 설명한 것 중 잘못된 것은?

① 투수 계수는 사질토가 점토보다 크다.
② 압밀 속도는 사질토가 점토보다 빠르다.
③ 동결 피해는 점토가 사질토보다 크다.
④ 내부 마찰각은 사질토가 점토보다 작다.

📖 내부 마찰각은 사질토가 점토 보다 크다.(내부마찰각: 흙의 전단응력과 수직 응력 사이의 발생 각)

44. 다음 중 하천 정화 방법으로 바람직하지 않는 것은?

① 자연 정화법
② 어로, 어수
③ 파라소
④ EM 흙공

▶ 파라소는 옥상정원 등에 사용하는 인공 토양을 말한다.

45. 다음 중 금속재료의 열처리 과정에 해당하는 용어가 아닌 것은?

① 불림   ② 풀림
③ 단조   ④ 담금질

▶ 단조 : 일정한 모양을 만들기 위해 금속 재료를 두들이거나 가압하는 방법

46. 다음 중 메쌓기에 대한 설명으로 가장 부적합한 것은?

① 모르타르를 사용하지 않고 쌓는다.
② 뒷채움에는 자갈을 사용한다.
③ 쌓는 높이의 제한을 받는다.
④ 2제곱미터마다 지름 9cm 정도의 배수공을 설치한다.

▶ 메쌓기의 경우 배수가 잘되기 때문에 따로 배수관 설치를 할 필요가 없으며,
찰쌓기의 경우 2~3㎡ 마다 3~6cm의 배수관을 설치한다

47. 공사의 실시 방식 중 공동 도급의 특징이 아닌 것은?

① 공사 이행의 확실성이 보장 된다.
② 여러 회사의 참여로 위험이 분산 된다.
③ 이해 충돌이 없고, 임기응변 처리가 가능하다.
④ 공사의 하자 책임이 불분명 하다.

▶ 공동 도급이란 2인 이상의 사업자가 공동으로 일을 도급받아 계약을 이행하는 도급 형태로 위험요소를 각 구성원에게 분산시킬 수 있고 각 구성원의 자격과 능력을 상호 보완할 수 있다는 장점이 있지만, 사업자가 이해 충돌이 생길 수 있는 단점이 있다.

48. 다음 [보기]가 설명하는 특징을 가진 건설장비는?

- 기동성이 뛰어나고, 대형목의 이식과 자연석의 운반, 놓기, 쌓기 등에 가장 많이 사용된다.
- 기계가 서 있는 지반보다 낮은 곳의 굴착에 좋다.
- 파는 힘이 강력하고 비교적 경질 지반에 적용한다.
- Drag Shovel 이라고도 한다.

① 로더(Loader)
② 백호우(Back Hoe)
③ 불도저(Bulldozer)
④ 덤프트럭(Dump Truck)

▶ • 로더 : 연약 지반의 흙을 깎아 싣거나 모아놓은 흙, 골재 등의 적재에 적합하다.
• 불도저 : 흙깎기, 고르기 등 배토작업에 사용되며 경제적인 작업능률 범위는 50m 정도이다.

49. 울타리는 설치 목적에 따라 높이 차이가 결정되는데 그 목적이 적극적 침입 방지의 기능일 경우 최소 얼마 이상으로 하여야 하는가?

① 2.5m   ② 1.5m
③ 1m   ④ 50cm

▶ 최소 1.5m, 적정 1.8m이다.

50 다음 중 옥상정원 계획 시 반드시 고려해야 할 사항이라고 볼 수 없는 것은?

① 지하수위
② 지반의 구조 및 강도
③ 구조체의 방수 및 배수계통
④ 미기후의 변화

> 인공지반에 인위적으로 토심을 형성하여 만든 정원이므로 지하수위는 고려 사항이 될 수 없다. 지하수위는 자연지반에 식재할 때 고려사항이다.

51 다음 중 설계도에 관한 설명 중 틀린 것은?

① 설계도는 설계의 과정에 따라 기본설계도와 실시설계도로 구분 된다.
② 기본 설계는 기본 계획이라 부르기도 하고, 실시 설계는 기본 설계라 부르기도 한다.
③ 설계도는 배치도, 평면도, 입면도, 단면도 등으로 구성 된다.
④ 설계도를 그려서 표현하는 작업을 제도라고 한다.

> 기본 설계 단계는 기본계획을 구역별로 상세하고 구체적으로 발전시키는 단계이다. 즉 기본 설계는 기본 계획에 포함 된다고 볼 수 있다.

52 연중 유지관리계획에서 다음 중 가정 먼저 시행 하여야 하는 유지관리 항목은?

① 기비(基肥)
② 추비(追肥)
③ 제초(除草)
④ 월동준비(越冬準備)

> 연중 유지관리 계획에서 가장 먼저 해야할 것은 시비 작업(그 중에서도 밑거름 기비작업)과 전정이고 그 다음으로 제초 작업이다.

53 조경관리에서 주민참가의 단계는 시민 권력의 단계, 형식참가의 단계, 비참가의 단계 등으로 구분되는데 그 중 시민 권력의 단계에 해당되지 않는 것은?

① 자치관리(citizen control)
② 유화(placation)
③ 권한위양(delegated power)
④ 파트너쉽(partnership

> • 시민권력의 단계 : 파트너쉽, 권한위양, 자치관리
> • 형식참가의 단계 : 정보제공, 상담, 유화
> • 비참가의 단계 : 조작, 치료

54 비 선택성 제초제에 관한 설명이다. 거리가 먼 것은?

① 구조물 주변 등 식생을 원하지 않는 곳에 적용하기 알맞다.
② 지나친 고온기와 저온기는 피하는 것이 좋다.
③ 여름철 잔디밭 제초용으로 주로 사용된다.
④ 묘포지 주변에서는 세심한 주의가 요구 된다.

> 비선택성 제초제는 전멸 제초제 이므로 여름철 잔디밭에 사용할 경우 잔디까지 피해를 입게 되므로 사용하면 안되고, 잔디밭은 선택성 제초제를 사용한다.

55 다음 해충 중 연결이 맞는 것은?

① 천공성 해충 – 하늘소
② 흡즙성 해충 – 미국흰불나방
③ 식엽성 해충 – 밤나무 혹벌
④ 충영성 해충 – 천막벌레나방

> 측백나무 하늘소 등 하늘소류와 소나무좀은 수목에 구멍을 뚫는 천공성 해충이다.

56 식물병의 발생 부위는 크게 잎, 줄기, 뿌리이다. 다음 중 잎에 발생하는 병이 아닌 것은?

① 탄저병
② 흰가루병
③ 근두암종병
④ 그을음병

> 근두암종병은 주로 식물의 뿌리에 혹이 발생하는 세균성 병이다.

57 정지, 전정의 방법 중 틀린 것은?

① 수목의 주지(主枝)는 하나로 자라게 한다.
② 같은 방향과 각도로 자라난 평행지는 남겨 둔다.
③ 역지(逆枝)는 제거 한다.
④ 무성하게 자란 가지는 제거 한다.

> 평행지는 단조로움을 주고 수목 성상의 균형을 깨지게 하기 때문에 둘 중에 생육이 불량한 가지는 제거 한다.

58 페니트로티온 45% 유제원액 100cc를 0.05% 희석해서 살포할 때 필요한 물의 양은?

① 69,900cc
② 79,900cc
③ 89,900cc
④ 99,900cc

> 물양 = ($\frac{원액농도(\%)}{희석농도(\%)}$ − 1) × 비중 × 유제양
> = ($\frac{45}{0.05}$ − 1) × 100 = 89,900cc

59 병원체의 전반 방법 중 곤충 및 소동물에 의한 것은?

① 대추나무 빗자루병
② 밤나무 흰가루병
③ 향나무 녹병
④ 교목의 입고병

> 빗자루병은 담배장님노린재, 마름무늬매미충에 의해 전반 된다.

60 다음 중 곰팡이에 의한 수목병이 아닌 것은?

① 소나무 시들음병
② 잣나무 잎떨림병
③ 낙엽송 가지끝마름병
④ 잣나무 털녹병

> 소나무 시들음병은 선충(재선충 등)에 의한 수목병이다.

ANSWER							CBT 복원문제 2020년 1회		
01	02	03	04	05	06	07	08	09	10
②	④	③	①	②	④	③	②	②	④
11	12	13	14	15	16	17	18	19	20
①	①	④	④	④	①	①	②	④	③
21	22	23	24	25	26	27	28	29	30
③	①	③	②	①	③	②	④	①	②
31	32	33	34	35	36	37	38	39	40
②	②	①	①	④	①	①	③	③	①
41	42	43	44	45	46	47	48	49	50
③	④	①	③	③	④	②	②	②	①
51	52	53	54	55	56	57	58	59	60
②	①	②	③	④	③	②	③	①	①

CBT 복원문제 _ 2020년 2회

01 무굴 인도 정원에서 가장 중요소한 정원 소재는 무엇인가?

① 녹음수 ② 색채타일
③ 화강암 ④ 물

해설 무굴 인도 정원에서는 '물'을 가장 중요한 정원 소재로 사용하였다.

02 르 노트르는 정원을 구성할 때 여러 가지 화단으로 화려하게 장식 하였다. 그 가운데 회양목으로만 대칭형 무늬를 만드는 화단의 명칭은?

① 대칭화단 ② 자수화단
③ 영국화단 ④ 구획화단

해설 구획화단은 회양목만을 이용하여 대칭형으로 무늬를 만들어 나가는 화단을 말한다.

03 중국 정원에 대한 설명 중 틀린 것은?

① 송시대에는 태호석에 의한 석가산을 축조하는 정원이 조성 되었다.
② 한시대의 포(圃)는 금수를 기르는 곳을 말한다.
③ 졸정원, 유원, 사자림 등은 중국 소주지방의 정원이다.
④ 피서산장은 청시대의 이궁에 속한다.

해설 포(圃)는 채소를 기르는 밭을 의미하며, 중국 고대 국가인 '주시대'에 해당한다.

04 물가에 세워진 임해전, 봉래산을 본따서 축조한 연못, 삼신산을 암시하는 3개의 섬과 관련이 있는 것은?

① 궁남지
② 안압지
③ 부용지
④ 부용동정원

해설
• 문무왕 14년 (674년)
• 면적이 5,100평, 대·중·소 3개의 섬
• 2월 궁중에 못을 파고 돌을 쌓아 무산십이봉을 본뜬 산을 만들고 진금기수를 기름
• 곳곳에 괴석 형태의 바닷돌을 자연스럽게 배치, 바닷가의 경관을 조성하고자 한 의도
• 임해전 : 건물명처럼 정원을 바다로 표현하고자 한 구상
• 물가는 다듬은 돌로 호안석축 – 바른층 쌓기
• 동서로 긴 형태이고 섬은 거북이 모양
• 못의 관·배수시설, 반석의 사용, 유속의 감소

05 옛날 처사도(處士圖)를 근간으로 한 은일사상이 가장 성행하였던 시대는?

① 고구려시대 ② 백제시대
③ 신라시대 ④ 조선시대

해설 이재관 : 1783(정조7년)~1837(헌종3년), 조선 말기의 화가이며, 처사란 벼슬을 하지 않고 초야에 묻혀 살았던 선비를 뜻한다. 또한 은일사상이란 속세를 떠나 자연에 은둔하며 살고자 하는 자연 동경사상을 말하며 조선 후기에 유행을 하였다.

06 조경 계획의 기본 과정 중 설계 발전 및 시행의 단계로서 기본계획에 해당하는 사항은?

① 시설물 설계도
② 공사계획 평면도
③ 토지이용 및 동선체계
④ 수량산출 및 일위대가

> 해설) 토지이용계획, 동선계획, 식재계획, 시설물배치계획, 하부구조계획 등이 있다.

07 건축법상 면적이 얼마 이상인 대지에 건축을 할 때 건축주는 지방자치단체의 조례가 정하는 기준에 따라 대지 안에 조경 및 기타 조치를 하여야 하는가?

① 120m²
② 165m²
③ 200m²
④ 255m²

> 해설) 건축법상 200m² 이상인 대지에 건축을 하는 경우 조경 및 기타 필요한 조치를 하여야 한다.

08 주거 단지 계획에서 쿨데삭(Cul-de-sac) 도로 이용의 장점을 가장 잘 설명하고 있는 것은?

① 단지 내 보행 동선을 가장 짧게 할 수 있다.
② 차량 동선을 가장 짧게 할 수 있다.
③ 차량의 접근성을 높일 수 있다.
④ 차량으로 인한 위험이 없는 녹지를 단지 내에 확보할 수 있다.

> 해설) 쿨데삭 도로 체계의 장점은 차량 동선을 주거지 내에 통과 시키지 않음으로서 차량으로 인한 위험이 없는, 연속된 녹지를 확보할 수 있다는 것이다.

09 실선의 굵기에 따른 종류(굵은선, 중간선, 가는선)와 용도가 바르게 연결되어 있는 것은?

① 굵은선 – 도면의 윤곽선
② 중간선 – 치수선
③ 가는선 – 단면선
④ 가는선 – 파선

> 해설) 실선의 굵기에 따른 종류

명칭		굵기(mm)	용도에 의한 명칭
실선		전선 0.3~0.8mm	외형선; 단면선, 윤곽선
		가는선 0.2mm 이하	치수선, 치수보조선 지시선, 해칭선
허선	파선	반선 전선의 약 1/2	숨은선
	일점 쇄선	가는선 0.2mm 이하	중심선
		반선 전선의 약 1/2	경계선 절단선
	이점 쇄선	반선 전선의 약 1/2	가상선(경계선)

10 고속도로의 시선유도 식재는 주로 어떤 목적을 갖고 있는가?

① 위치를 알려준다.
② 침식을 방지한다.
③ 속력을 줄이게 한다.
④ 전방의 도로 형태를 알려준다.

> 해설) 고속도로에서 터널 입출구의 명암순응식재와 시선유도식재는 사고를 방지하기 위한 식재이다.

11 동일한 녹색을 가지고 흰 종이 위에 가는 녹색선과 넓은 녹색면을 만들었다면, 녹색선이 녹색면보다 더 어둡게 느껴지는데 이러한 현상을 무엇이라고 하는가?

① 명도대비
② 면적대비
③ 색상대비
④ 연변대비

해설 면적 대비는 색면의 크기(넓이)에 따라 명도와 채도가 달리 보이는 대비 효과로 면적이 클수록 명도와 채도가 높아 보인다.

12 일위대가표의 계금이 1234.56원이 산출 되었다. 표준 품셈상 금액의 단위 표준을 따르면 얼마로 하여야 하는가?

① 1,234원
② 1,235원
③ 1234.5원
④ 1234.6원

해설 일위대가표의 계의 금액은 1원 미만의 금액은 버리므로 1,234원 이다.

13 S.Gold의 레크레이션 접근법에서 과거 레크레이션 활동의 참가 사례를 토대로 레크레이션 기회를 결정하는 방법은?

① 자원접근법   ② 활동접근법
③ 행태접근법   ④ 경제접근법

해설
• 자원접근법 : 물리적 자원 혹은 자연 자원이 레크레이션의 유형과 양을 결정
• 행태접근법 : 언제, 어디서, 누가 등 이용자의 구체적인 행동 패턴에 맞추어 계획
• 경제접근법 : 지역 사회의 경제적 기반이 예산 규모에 따라 결정되는 방법

14 다음 중 비오톱에 관한 설명 중 잘못된 것은?

① 도시(농촌) 비오톱 지도는 도시(농촌) 경관 생태 계획의 핵심적인 기초 자료이다.
② 도시 비오톱은 생물 서식 공간을 의미하기도 한다.
③ 도시 비오톱은 도시민에게 중요한 휴양 및 자연 체험 공간을 제공 한다.
④ 벽면녹화 옥상정원 등은 소규모 비오톱 공간으로 볼 수 없다.

해설 벽면녹화 및 옥상 정원등은 도시 지역의 소규모 비오톱이라 볼 수 있다.
※(비오톱 : Bios(생활, 생명, 생물종) + Topos(장소, 공간, 위치)

15 다음 중 2차 천이 지역이 아닌 것은?

① 버려진 농경지   ② 벌목한 삼림
③ 새로 생긴 연못   ④ 모래 언덕

해설 2차 천이는 파괴된 군락 지역에서 발생되는 천이를 말하며 버려진 농경지, 화재 및 벌목된 숲, 심하게 오염된 개천, 댐건설로 인한 수몰지역 등을 예로 들 수 있다.

16 조감도는 소점이 몇 개인가?

① 1개   ② 2개
③ 3개   ④ 4개

해설 소점이란 물체 기준면 즉, 기면과 평행으로 모이는 점으로 조감도는 기면이 3개이므로 3소점이다.

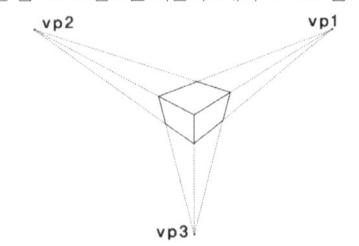

17 다음 [보기]가 갖는 색명을 무엇이라 하는가?

> 색을 물체의 이름에서 부분 또는 전체적으로 인용하거나 일반인이 공통적으로 가진 지식이나 경험에 근거한 어휘로 표현한다. 따라서 인종이나 생활지역, 문화 등과 밀접하게 관계된다.
> 이 색명의 대부분은 물체의 이름에서 유래되었기 때문에 '색'을 붙이는 것이 많다.

① 관용색명
② 기본색명
③ 일반색명
④ 계통색명

> [해설] 물체의 이름을 이용하거나 습관상 사용되는 색에 대한 색명을 '관용색명'이라 한다.(예:살구색, 이끼색 등)

18 한중 콘크리트의 양생에 관한 설명으로 옳지 않은 것은?

① 골재가 동결되어 있거나 골재에 빙설이 혼입되어 있는 정도의 골재는 그대로 사용할 수 있다.
② 하루의 평균 기온이 4℃ 이하가 예상되는 조건일 때는 콘크리트가 동결할 염려가 있으므로 한중 콘크리트 시공 하여야 한다.
③ 한중 콘크리트에는 공기연행 콘크리트를 사용하는 것을 원칙으로 한다.
④ 물-결합재비는 원칙적으로 60% 이하로 하여야 한다.

> [해설] 평균 4℃ 이하일 때 타설하는 콘크리트로, 불량 골재를 사용하게 되면 콘크리트 내구성에 큰 문제가 생긴다.

19 조경 재료 중 소석회에 모래, 해초풀(교착력 증진) 등을 물에 섞어 이긴 것을 무엇이라 하는가?

① 벽토
② 시멘트 풀
③ 회반죽
④ 시멘트페이스트

> [해설]
> • 벽토 : 진흙에 고운모래, 짚여물, 착색안료와 물을 혼합한 다음 반죽하여 만든 것이며, 자연스러운 분위기와 목조 주택의 외벽, 토담집 흙벽 등 전통성을 강조하는 구조물에 쓰인다.
> • 시멘트 풀 : 시멘트와 물의 혼합물
> • 시멘트페이스트 : 시멘트와 물의 혼합물로 시멘트 풀의 또 다른 명칭이다.

20 다음 중 순공사원가에 해당되지 않는 것은?

① 재료비
② 노무비
③ 이윤
④ 경비

> [해설] 총공사비 : 순공사비(재료비 + 노무비 + 경비) + 일반관리비 + 이윤 + 세금

21 조경공사 시행의 적정을 기하기 위한 표준 명시하며, 공사에 관한 사항을 보편적으로 기술한 시방서는?

① 특기시방서
② 표준시방서
③ 특별시방서
④ 특수시방서

> [해설] 국토교통부에서 발행하며, 조경 공사의 표준을 명기하기 위한 시방서를 말한다.

22 골프장 홀의 구성 중 벙커, 연못 등 장애지역은?

① 하자드 ② 러프
③ 에이프런 ④ 페어웨이

- 러프 : 페어웨이 주변의 깎지 않은 초지로 이루어진 지역
- 에이프런 : 그린 입구, 페어웨이와 칼라 사이에 있는 경사면으로 잔디가 짧게 깎여 있는 부분
- 페어웨이 : 티와 그린 사이에 짧게 깎은 잔디 지역

23 다음 중 경관 조절 식재의 항목으로 가장 거리가 먼 것은?

① 지표식재 ② 경관식재
③ 차폐식재 ④ 녹음식재

녹음식재는 환경조절 기능에 해당하는 기능 식재이다.

24 명암순응(明暗順應)에 대한 설명으로 틀린 것은?

① 눈이 빛의 밝기에 순응해서 물체를 본다는 것을 명암순응이라 한다.
② 맑은 날 색을 본것과 흐린 날 색을 본것이 같이 느껴지는 것이 명순응이다.
③ 터널에 들어갈 때와 나갈때의 밝기가 급격히 변하지 않도록 명암 순응 식재를 한다.
④ 명순응에 비해 암순응은 장시간을 필요로 한다.

명암순응은 밝은 것에 대한 순응과 어두운 것에 대한 순응을 말한다.(예 : 극장에 들어갈 때(암순응)와 나올 때(명순응)의 순응)

25 식재 성과의 효과적 구현을 위한 고려 사항으로 가장 거리가 먼 것은?

① 이용자의 요구 조건과 입지 조건이 합당한 우량 소재 선정
② 식재지 토성의 적절한 준비
③ 공기에 맞추어 신속한 식재 실시
④ 정기적인 사후관리 철저

식물의 이식시기, 기후 및 온도 여건 등 이식 적기의 식물 환경을 우선 고려하여야 한다

26 다음 주어진 수종 중에서 가로수로 사용하기 부적합한 수종은?

① 은행나무
② 무궁화
③ 느티나무
④ 벚나무

가로수 구비 조건
- 수형, 잎 모양, 색깔이 좋은 낙엽 교목일 것
- 전정과 병충해, 공해에 강할 것
- 불량 토양에서도 생육이 강하고 내답압성이 있을 것

27 도시 및 도로 주변 녹지에 수목을 식재하고자 할 때 적당하지 않은 수종은?

① 쥐똥나무
② 벽오동나무
③ 향나무
④ 전나무

도시 및 도로 주변에 식재되는 수목은 공해에 대한 저항성 및 내공해성을 가지고 있어야 한다. 전나무는 공해에 약한 수종이다.

28 다음 중 붉은색 단풍이 드는 수목들로 구성된 것은?

① 낙우송, 느티나무, 백합나무
② 칠엽수, 참느릅나무, 졸참나무
③ 감나무, 화살나무, 붉나무
④ 이깔나무, 메타세콰이아, 은행나무

해설
- 홍색계통 : 화살나무, 담쟁이덩굴, 단풍나무류, 감나무, 옻나무, 붉나무, 산딸나무, 왕벚나무, 마가목 등
- 황색계통 : (붉은)고로쇠나무, 은행나무, 느티나무, 백합나무, 갈참나무, 계수나무, 미루나무, 배롱나무, 층층나무, 자작나무, 칠엽수, 벽오동 등

29 정원수는 개화 생리에 따라 당년에 자란 가지에 꽃피는 수종, 2년생 가지에 꽃피는 수종, 3년생 가지에 꽃피는 수종으로 구분한다. 다음 중 2년생 가지에 꽃피는 수종은?

① 장미   ② 무궁화
③ 살구나무   ④ 명자나무

해설
- 당년생 가지 개화 : 배롱나무, 장미, 무궁화, 능소화, 나무수국, 대추나무, 포도, 감나무
- 2년생 가지 개화 : 벚나무, 목련, 생강나무, 산수유, 앵두나무, 살구나무, 자두나무, 복숭아나무, 개나리, 박태기나무, 진달래, 철쭉류

30 다음 중 노각나무에 대한 설명 중 잘못된 설명은?

① 상록활엽 관목 수종이다.
② 물푸레나무목 차나무과 수종이다.
③ 꽃은 7월에 백색으로 피며 관상 가치가 높다.
④ 얼룩무늬 수피가 관상 가치가 높다.

해설 노각나무는 물푸레나무목 차나무과의 낙엽활엽교목이다.

31 조경에 이용될 수 있는 상록활엽관목류의 수목으로만 짝지어진 것은?

① 아왜나무, 가시나무
② 광나무, 꽝꽝나무
③ 백당나무, 병꽃나무
④ 황매화, 후피향나무

해설
- 아왜나무, 가시나무 : 상록활엽교목
- 백당나무, 병꽃나무 : 낙엽활엽관목
- 황매화 : 낙엽활엽관목, 후피향나무 : 상록활엽교목

32 흰말채나무의 특징 설명으로 틀린 것은?

① 노란색의 열매가 특징적이다.
② 층층나무과로 낙엽활엽관목이다.
③ 수피가 여름에는 녹색이나 가을, 겨울철의 붉은 줄기가 아름답다.
④ 잎은 대생하며 타원형 또는 난상타원형이고, 표면에 작은 털이 있으며 뒷면은 흰색의 특징을 갖는다.

해설 흰말채나무 : 층층나무과의 낙엽활엽 관목으로서 홍서목(紅瑞木)이라고도 한다. 5월에 흰색 꽃과 9월에 흰(아이보리)색 열매가 겨울의 붉은 수피와 더불어서 관상 가치가 높다. 잎은 대생하며 표면에 작은 털이 있다.

33 다음 중 초여름에 연보라(자색) 꽃이 피며 가을에 검정 열매를 맺는 지피식물에 해당하는 것은?

① 비비추   ② 맥문동
③ 원추리   ④ 멀꿀

해설 맥문동은 음지식물로써 6월에 자색꽃이 피고 10월에 검정 열매를 맺는 내한성이 강한 지피식물이다.

34 다음 중 9월 중순~10월 중순에 성숙된 열매색이 흑색인 것은?

① 마가목 ② 살구나무
③ 생강나무 ④ 남천

　마가목 : 적색, 살구나무 : 황색, 남천 : 적색

35 다음 중 미선나무에 대한 설명으로 옳은 것은?

① 열매는 부채 모양이다.
② 꽃색은 노란색으로 향기가 있다.
③ 상록활엽교목으로 산야에서 흔히 볼 수 있다.
④ 원산지는 중국이며 세계적으로 여러 종이 존재 한다.

　미선나무는 우리나라 에서만 자라는 한국 특산 식물로 1속 1종만 존재한다. 물푸레나무과의 낙엽관목이며 3월에 흰색 꽃이 잎보다 먼저 핀다.

36 다음 중 난지형 잔디에 해당되는 것은?

① 레드톱
② 버뮤다그래스
③ 켄터키블루그라스
④ 톨 훼스큐

　버뮤다그래스를 제외한 대부분의 서양 잔디는 한지형 잔디이다.

37 화강암(granite)의 특징 설명으로 옳지 않은 것은?

① 조직이 균일하고 내구성 및 강도가 크다.
② 내화성이 우수하여 고열을 받는 곳에 적당하다.
③ 외관이 아름답기 때문에 장식재로 쓸 수 있다.
④ 자갈, 쇄석 등과 같은 콘크리트용 골재로 많이 사용된다.

　화강암은 내구성이 뛰어나 바닥 포장용으로 많이 사용하며, 내화성 및 내열성은 떨어진다.

38 시공관리의 3대 목적이 아닌 것은?

① 원가관리 ② 노무관리
③ 공정관리 ④ 품질관리

　시공의 관리의 4대 목표는 싸게, 질좋게, 빨리, 안전하게 4가지이다.

39 다음 중 보통 흙의 안식각은 얼마 정도인가?

① 20~25° ② 25~30°
③ 30~35° ④ 35~40°

　안식각 : 절・성토 후 일정기간이 지나 자연 경사를 유지하며 안정된 상태를 이루게 되는 각도로 30~35°정도이다.

40 다음 중 콘크리트 내구성에 영향을 주는 아래 화학 반응식의 현상은?

$$Ca(OH)_2 + CO_2 \rightarrow CaCO_3 + H_2O \uparrow$$

① 콘크리트염해
② 동결융해현상
③ 콘크리트 중성화
④ 알칼리 골재반응

　수산화 칼슘의 공기중의 이산화탄소와 만나 탄산칼슘과 물로 된다. 이러한 현상은 콘크리트가 알칼리성을 잃게 되는 작용으로 중성화 또는 탄산화라 한다.

41 재료의 굵기, 절단, 마모 등에 대한 저항성을 나타내는 용어는?

① 경도(硬度)
② 강도(强度)
③ 전성(展性)
④ 취성(脆性)

> • 강도(强度) : 재료에 하중이 걸린 경우, 재료가 파괴되기까지의 변형에 저항하는 성질
> • 전성(展性) : 압축력이 가해질 때 재료가 파괴되지 않고 펴지는 성질
> • 취성(脆性) : 외력에 의하여 영구 변형을 하지 않고 파괴되는 성질로 인성(靭性)과 반대

42 골재의 함수상태에 관한 설명 중 틀린 것은?

① 골재를 110℃ 정도의 온도에서 24시간 이상 건조시킨 상태를 절대건조상태 또는 노건조상태(oven dry condition)라 한다.
② 골재를 실내에 방치할 경우, 골재입자의 표면과 내부의 일부가 건조된 상태를 공기 중 건조상태라 한다.
③ 골재입자의 표면에 물은 없으나 내부의 공극에는 물이 꽉 차있는 상태를 표면건조포화상태라 한다.
④ 절대건조 상태에서 표면건조상태가 될 때까지 흡수되는 수량을 표면수량(surface moisture)이라 한다.

> • 흡수량 : 절대 건조 상태에서 표면건조 상태가 될 때까지 흡수되는 수량
> • 유효흡수량 : 공기 중 건조상태로부터 표면건조포화상태가 될 때까지의 흡수되는 수량
> • 표면수량 : 골재 표면에 부착해 있는 물의 양

43 다음 중 호박돌 쌓기에 이용되는 쌓기법으로 가장 적합한 것은?

① +자 줄눈쌓기
② 줄눈 어긋나게 쌓기
③ 이음매 경사지게 쌓기
④ 평석쌓기

> 호박돌은 통줄눈(+)이 나오면 안되고 막힌줄눈이 나오도록 쌓는다.

44 종자, 비료, 흙을 혼합하여 망에 넣고 비탈면의 수평으로 판 골 속에 넣어 붙이는 공법으로 유실이 적으며, 유연성이 있기 때문에 지반에 밀착하기 쉬운 것은?

① 식생띠 공
② 식생판 공
③ 식생자루 공
④ 식생구멍 공

> 비탈면 녹화 공법 중 식생 자루 공법은 자루망(net)에 종자, 비료, 흙을 혼합하여 넣고 비탈면에 수평으로 판 도랑 속에 넣어서 붙이는 공법을 말한다.

45 돌쌓기 시공에 관한 설명 중 틀린 것은?

① 찰쌓기의 경우 물구멍의 지름은 3~6cm의 파이프를 콘크리트 뒷면까지 설치 한다.
② 메쌓기의 높이는 5m 이하로 쌓는 것이 좋다.
③ 찰쌓기에서 배수공을 2~3m²마다 1개씩 설치 한다.
④ 돌쌓기에 사용되는 호박돌은 20cm 정도의 것을 사용 한다.

> 메쌓기는 2m 이하로 쌓는 것이 좋다.

46 조경 적산의 수량 계산 시 품에 포함된 것으로 규정된 소운반거리 (A)m 이내의 거리를 말하며, 별도 계상되는 경사면의 소운반 거리는 수직높이 1m를 수평거리(B)m의 비율로 본다. 여기에서 A와 B에 적합한 거리는?

① A = 20m, B = 6m
② A = 15m, B = 6m
③ A = 20m, B = 3m
④ A = 15m, B = 3m

해설 소운반 거리는 20m 이내의 거리를 말하며 수직고 1m는 수평거리 6m로 보고 계산한다.

47 토공과 관련된 설명으로 틀린 것은?

① 흙을 버리는 장소를 토취장이라고 한다.
② 수중의 밑바닥에 쌓인 모래나 암석의 굴착을 준설이라고 한다.
③ 제방을 쌓는 것을 축제라 한다.
④ 비탈끝이라고도 하며 비탈의 하단 끝부분을 '비탈기슭' 이라고 한다.

해설 흙을 버리는 장소를 사토장 또는 토사장이라고 한다.

48 용적이 1m³이고, 중량이 1,500kg되는 시멘트는 몇 포대의 시멘트를 지칭하는가?

① 약 35포대
② 약 37.5포대
③ 약 40포대
④ 약 42.5포대

해설 시멘트 1포의 중량은 40kg이며 전체 시멘트량(kg)을 1포의 중량으로 나누면 된다.
1,500kg÷40kg = 37.5포대 이다.

49 살수기(sprinkler) 설치 시 살수기의 열과 열 사이의 간격을 기준으로 최대 간격을 살수 직격의 어느 정도로 제한 하는가?

① 20~25%
② 40~45%
③ 60~65%
④ 80~85%

해설 살수 최대 간격을 살수 직경의 60~65%로 제한하고 있다.

50 평판 측량에서 도로나 시가지, 삼림지대와 같이 한 측점에서 많은 측점이 시준이 되지 않을때나, 장애물이 있어서 시준이 곤란할 때 좁은 지역의 측량에 주로 이용되는 방법은?

① 전진법
② 후방교회법
③ 전방교회법
④ 방사법

해설 전진법은 측량 구역이 좁고, 장애물이 있어서 교선법에 의해 측량이 불가능할 때 사용한다. 평판을 옮기는 횟수가 많으므로 시간이 많이 걸리는 단점이 있다.

51 운영관리 방식에 있어 직영 방식의 장점이 아닌 것은?

① 관리 책임이나 책임 소재가 명확하다.
② 인건비의 절약이 가능하다.
③ 관리 실태를 정확히 파악할 수 있다.
④ 이용자에게 양질의 서비스가 가능하다.

해설 직영방식의 단점으로는 인건비가 필요 이상으로 많이 들게 되는 것이 대표적이다.

52 경제적 가해 수준(economic injury level)이란?

① 해충에 의한 피해액이 방제비보다 큰 수준의 밀도
② 해충에 의한 피해액이 방제비보다 작은 밀도
③ 해충에 의한 피해액과 방제비가 같은 수준의 밀도
④ 해충에 의해 경제적으로 큰 가해를 주는 수준의 밀도

해설 경제적 가해 수준이란 해충이 발생하여 경제적 손실을 일으키기 시작하는 발생 수준을 말한다.

53 다음 중 수목 관리 시 토양내 시비법이 아닌 것은?

① 윤상시비법
② 전면시비법
③ 대상시비법
④ 엽면시비법

해설 엽면시비는 빠른 수세회복을 위해 수관부에 직접 시비하는 방법으로 기공을 통해 양분이 흡수되기 때문에 뿌리를 통해 흡수되는 시비법 보다 빠른 효과를 기대할 수 있다.

54 오동나무 빗자루병균 월동 방법으로 가장 적당한 것은?

① 낙엽 및 풀잎에 붙어서 월동
② 토양 중에서 월동
③ 기주에 체내에 잠재해서 월동
④ 중간기주 식물에 옮겨서 월동

해설 오동나무 빗자루병균은 기주(寄主)의 체내에서 월동하며, 그 외에 잣나무 털녹병이 있다.

55 수목 외과 수술의 시공 순서로 옳은 것은?

㉠ 동공 가장자리의 형성층 노출
㉡ 부패부 제거
㉢ 표면 경화처리
㉣ 동공 충진
㉤ 방수처리
㉥ 인공수피 처리
㉦ 소독 및 방부처리

① ㉠-㉥-㉡-㉢-㉣-㉤-㉦
② ㉡-㉦-㉠-㉥-㉤-㉢-㉣
③ ㉠-㉡-㉢-㉣-㉤-㉥-㉦
④ ㉡-㉠-㉦-㉣-㉤-㉢-㉥

해설 부패부제거 → 형성층노출 → 살균·살충처리 → 방부·방수처리 → 동공충진 → 매트처리 → 인공나무껍질처리 → 수지처리

56 다음 설명하는 해충으로 가장 적합한 것은?

- 유충은 적색, 분홍색, 검은색이다.
- 끈끈한 분비물을 분비한다.
- 식물의 어린 잎이나 새가지, 꽃봉우리에 붙어 수액을 빨아먹어 생육을 억제한다.
- 점착성 분비물을 배설하여 그을음병을 발생시킨다.

① 응애
② 송벌레
③ 진딧물
④ 깍지벌레

해설 1차 그을음병 : 진딧물, 2차 그을음병 : 깍지벌레

57 수목의 흰가루병은 가을이 되면 병환부에 흰가루가 섞여서 미세한 흑색의 알맹이가 다수 형성되는데 다음 중 이것을 무엇이라 하는가?

① 균사(菌絲)
② 자낭구(子囊球)
③ 분생자병(分生子柄)
④ 분생포자(分生胞子)

해설 자낭구는 13~20℃의 습하고 서늘한 지역에서 잘 발생되며 완전히 폐쇄된 구형이다.

58 다음 중 생리적 산성 비료는?

① 황산암모늄
② 용성인비
③ 석회질소
④ 과인산석회

해설 생리적 산성 비료에는 황산암모늄, 염화암모늄, 황산칼륨, 염화칼륨이 있다.

59 다음 중 주로 바람에 의한 전반되는 병균이 아닌 것은?

① 향나무 적성병균
② 잣나무 털녹병균
③ 밤나무 줄기마름병균
④ 밤나무 흰가루병균

해설 향나무 적성병균은 물에 의해 전반된다.

60 시설물 보수 사이클과 연수의 연결이 잘못된 것은?

시설물	내용연수	보수사이클
① 파고라 (목재)	10년	3~4년
② 벤치(목재)	7년	5~6년
③ 그네(철재)	15년	2~3년
④ 안내판(철재)	10년	3~4년

해설 벤치의 보수사이클은 2~3년이다.

ANSWER CBT 복원문제 2020년 2회

01	02	03	04	05	06	07	08	09	10
④	④	②	②	④	③	③	④	①	④
11	12	13	14	15	16	17	18	19	20
②	①	②	④	④	③	①	①	③	③
21	22	23	24	25	26	27	28	29	30
②	①	④	②	③	②	④	③	③	①
31	32	33	34	35	36	37	38	39	40
②	①	②	③	①	③	②	②	③	③
41	42	43	44	45	46	47	48	49	50
①	④	②	③	②	①	①	②	③	①
51	52	53	54	55	56	57	58	59	60
②	①	④	③	④	③	②	①	①	②

CBT 복원문제 _ 2021년 1회

01 다음 중 광장에 대한 설명 중 잘못된 것은?

① 사람들의 소통 장소이다.
② 그리스에는 포룸이라는 광장이 있고 로마에는 아고라가 있다.
③ 도로의 접합점 등에 조성된다.
④ 영역별로 구분할 때 광장은 기타시설로 분류된다.

해설 그리스에는 아고라, 로마에는 포룸이라는 광장이 있다.

02 고대 이집트 정원의 조경과 관련된 내용 중 옳지 않은 것은?

① 녹음수를 신성시 하였다.
② 수렵원이 발달한 것이 특징이다.
③ 원예가 발달 하였다.
④ 관개 기술이 발달하였다.

해설 수렵원이 발달한 나라는 서아시아(바빌론)이다.

03 고대 로마시대의 별장이 아닌 것은?

① 빌라 라우렌티아나
② 빌라 토스카나
③ 빌라 하드리아누스
④ 빌라 감베라이아

해설 빌라 감베라이아는 17세기 이탈리아의 대표적인 정원이다.

04 수도원 정원에서 2개의 직교하는 원로의 교차점을 가리키는 것은?

① 바그(Bagh)
② 페리스틸리움(Peristylium)
③ 트렐리스(Trellis)
④ 파라다이소(Paradiso)

해설 2개의 직교하는 원로의 교차점을 파라다이소라 하는데 이곳에는 분수나 조각상, 또는 대형 수목이 식재되었다.

05 조선시대 중엽 이후 풍수지리설에 의해 강조된 공간은?

① 안뜰
② 중정
③ 앞뜰
④ 후원

해설 조선시대 중엽이후 풍수지리설의 영향으로 후원이 강조 되었다.

06 조선시대 가장 흔히 조성된 연못의 형태는?

① 둥근형   ② 네모난형
③ 자연형   ④ 복합형

해설 조선시대 흔히 조성된 연못의 형태는 방지(方池, 네모난 연못)의 형태이다. 방지원도(方池圓島) 및 방지방도(方池方島)

07 다음 일본 정원 양식 중 고산수식에 대한 설명으로 잘못된 것은?

① 실정시대(무로마찌)시대 정원 양식이다.
② 모래, 바위 등을 이용한 추상적 정원이다.
③ 화려한 꽃으로 장식을 하였다.
④ 물을 전혀 사용하지 않은 정원이다.

- 물을 전혀 사용하지 않음
- 불교의 영향을 받은 극도의 추상적 구성
- 축산고산수식(14세기) : 나무(산봉우리), 바위(폭포), 왕모래(물) 연상시킴
- 평정고산수식(15세기) : 바위(섬), 왕모래(바다) 연상시킴, 수목 사용안함

08 다음 중 일본 정원서적인 작정기에 대한 설명이 잘못된 것은?

① 일본에서 정원 축조에 관한 가장 오래된 저서이다.
② 겸창시대 귤준망이 엮은 저서이다.
③ 회유식 정원 구성 기법에 대해 정교하게 저술 하였다.
④ 정원을 구성하는데 자연을 존중하고 자연에 순응하는 깊은 관찰을 강조하였다.

귤준망은 헤이안(평안)시대 인물이며 평안시대의 정원 양식은 침전식이다.

09 정원수의 아름다움의 3가지 요소(삼재미)에 해당되지 않는 것은?

① 색채미   ② 형자미(형태미)
③ 내용미   ④ 식재미

정원수의 삼재미는 색, 형태, 내용이다.

10 다음 중 근린공원의 설명 중 잘못된 것은?

① 페리(perry)가 근린주구 개념 설정에 따라 형성된 공원이다.
② 우리나라 도시공원법에 800m를 근린공원 이용권으로 삼고 있다.
③ 주민들이 일상 생활에서 행하는 여러 활동이 중첩되는 생활권에서 이용되는 공원으로 해석할 수 있다.
④ 도시 공원의 기능을 발휘할 수 있도록 적합한 수준의 지형에 입지하는 것이 좋다.

우리나라 도시공원법 에서는 근린생활권 500m, 도보권 근린공원 1,000m를 이용권으로 하고 있다.

11 골프장 설계와 관련된 설명 중 부적합한 것은?

① 남-북으로 긴 장방향의 부지가 적합하다.
② 평지 지형이 적합하다.
③ 산림, 연못, 하천 등의 자연 지형을 되도록 이용할 수 있는 곳이 적합하다.
④ 정방형 보다는 구형에 가까운 용지가 적합하다.

골프장은 평지 보다는 적당한 높이의 굴곡을 가지고 있으며 자연 지형을 이용할 수 있는 곳, 자연의 변화가 풍부한 곳이 적합하다.

12 1:1000의 축척인 지형도에서 5㎠의 실제 면적은 몇 m²인가?

① 5m²   ② 50m²
③ 500m²   ④ 5000m²

해설 도상면적 1㎠는 가로길이 1cm × 세로길이 5cm 이다. 각각의 도상거리를 실제 거리로 환산하면,
1cm × 1000 = 1,000cm
즉 10m / 5cm × 1000 = 5,000cm 즉 50m
10m × 50m = 500m²

13 비대칭의 효과를 설명한 것 중 틀린 것은?

① 좌우 대칭에 비해 복잡한 느낌을 준다.
② 물체의 색채, 무게, 질감 등으로 균형을 잡으므로 공간의 여백이 생길 경우가 있다.
③ 좌우 대칭에 비해 정돈성이 있으며, 동적인 느낌을 준다.
④ 주로 서양 정원에 비해 동양 정원에서 많이 사용한 대칭 수법이다.

해설 비대칭은 좌우 대칭에 비해 정돈성이 없다.

14 제도 용구 중 플래니미터의 사용 용도는?

① 자유 곡선을 그을 때 사용하는 기구이다.
② 부정형 지역의 면적 측정 시 주로 사용되는 기구 이다.
③ 각종 반지름의 원호를 그릴 때 사용하는 기구 이다.
④ 수목을 표현할 때 사용하는 기구이다.

해설 ① 자유 곡선을 그을 때 사용하는 기구는 자유 곡선자
③ 각종 반지름의 원호를 그릴 때 사용하는 기구는 원호자
④ 수목을 표현할 때 사용하는 기구는 원형 템플릿

15 다음 중 주택 정원에서 공공성을 띠는 공간은?

① 앞뜰   ② 안뜰
③ 작업뜰   ④ 뒷뜰

해설 앞뜰(전정)은 외부에서 내부로 들어오는 전이 공간으로 손님을 맞이하는 공적인 공간이다.

16 안개지역 및 터널등의 장소에 설치하기 적합한 등은?

① 나트륨등   ② 수은등
③ 백열등   ④ 형광등

해설 나트륨등은 설치 비용은 비싸지만 열효율이 높고 투시성이 좋으며 관리비도 저렴해서 터널등의 장소에 적합하다.

17 공원의 녹지계통 형식에서 가장 이상적인 녹지계통 형식은?

① 분산식   ② 환상식
③ 방사환상식   ④ 위성식

해설 공원의 녹지 계통 형식

형식	특징
분산식	• 녹지대가 여기저기 분산 배치
환상식	• 도시를 중심으로 환상 상태로 5~10km 조성 • 도시 방지 효과 큼
방사식	• 도시를 중심으로 외부로 방사상 녹지 형성
방사환상식	• 방사식 +환상식 • 가장 이상적인 녹지계통 형식
평행식	• 띠 모양으로 일정한 간격으로 평행하게 녹지대 조성

18 다음 시멘트의 종류 중 혼합 시멘트가 아닌 것은?

① 알루미나시멘트
② 플라이애시 시멘트
③ 고로슬래그시멘트
④ 포틀랜드 포졸란 시멘트

📖 알루미나시멘트 : 석회와 보크사이트를 섞은 시멘트로 수화열과 조기 강도가 매우 크며 해수에 강하다.

19 조경용으로 벽돌, 도관, 타일, 기와 등을 만드는 재료로 가장 적당한 것은?

① 금속
② 플라스틱
③ 점토
④ 시멘트

📖 대표적인 점토 제품으로 점토벽돌, 타일, 토관, 도관이 있다.

20 시멘트의 주재료에 속하지 않는 것은?

① 화강암
② 석회암
③ 질흙
④ 광석찌꺼기

📖 시멘트 주 성분 석회암 + 질흙 + 광석(광물)찌꺼리이다.

21 다음 중 굵은 가지 절단 시 제거하지 말아야 하는 부위는?

① 목질부
② 지피융기선
③ 지륭
④ 피목

📖 • 원줄기에서 가지가 뻗어 나갈 때 가지의 기부와 원줄기 사이에 부풀어 오른 부분을 지륭(枝隆)이라 하며 이 부분이 상처를 입으면 잘 아물지 않고 부패의 위험성이 크다.
• 지피융기선 : 원줄기와 가지가 갈라지는 안쪽에 가지의 수피가 바깥쪽으로 밀려나면서 볼록해지는 부분

22 통기성, 흡수성, 보온성, 부식성이 우수하여 줄기감기용, 수목 굴취 시 뿌리감기용, 겨울철 수목보호를 위해 사용되는 마(麻) 소재의 친환경적 조경자재는?

① 녹화마대
② 볏짚
③ 새끼줄
④ 우드칩

📖 녹화마대는 황마로 만든 천연식물 섬유재로써 통기성과 보온성이 뛰어난 환경 친화적인 재료이다

23 다음 중 고광나무(Philadelphus schrenkii)의 꽃 색깔은?

① 적색
② 황색
③ 백색
④ 자주색

📖 고광나무는 4~5월 백색으로 꽃이 핀다.

24 다음 중 맹아력이 가장 약한 수종은?

① 가시나무
② 쥐똥나무
③ 벚나무
④ 사철나무

📖 맹아력이란 싹이 나오는 힘을 말하며, 일반적으로 울타리로 쓰는 수종들은 맹아력이 강하다. 벚나무는 맹아력이 약한 대표적 수종이다.

25 화단에 심겨지는 초화류가 갖추어야 할 조건으로 가장 부적합한 것은?

① 가지수는 적고 큰 꽃이 피어야 한다.
② 바람, 건조 및 병·해충에 강해야 한다.
③ 꽃의 색채가 선명하고, 개화기간이 길어야 한다.
④ 성질이 강건하고 재배와 이식이 비교적 용이해야 한다.

> **[해설]** 화단용 초화류 구비 조건
> - 키가 되도록 작으며 개화기간이 길어야 할 것
> - 외모가 아름다우며 꽃이 많이 달릴 것
> - 건조와 병해충에 강하며 환경에 대한 적응성이 클 것

26 다음 중 장미과(科) 수목이 아닌 것은?

① 피라칸다
② 해당화
③ 아카시나무
④ 왕벚나무

> **[해설]** 아카시나무는 콩과에 해당한다.

27 다음 중 목련의 다른 이름은?

① 자미화
② 산다
③ 부거
④ 목필화

> **[해설]** 목련은 꽃이 필 때 북쪽을 바라보고 핀다하여 북향화(北向花), 꽃봉오리가 붓을 닮았다 하여 목필화(木筆花)라고도 불린다.

28 여름에 꽃을 피우는 수종이 아닌 것은?

① 배롱나무
② 석류나무
③ 조팝나무
④ 능소화

> **[해설]** 조팝나무는 4월에 흰색 꽃이 핀다.

29 다음 수종들 중 단풍이 붉은색이 아닌 것은?

① 신나무
② 복자기
③ 화살나무
④ 고로쇠나무

> **[해설]** 고로쇠, 붉은고로쇠, 네군도 단풍은 노란색이다.

30 다음 중 자동차의 배기 가스에 가장 강한 수목은?

① 녹나무
② 단풍나무
③ 삼나무
④ 목련

> **[해설]** 녹나무, 아왜나무 등은 상록활엽수로써 공해에 강하며 방음식재로 많이 이용된다.
> ※참고로 공해에 약한 수종 : 소나무, 전나무, 삼나무, 벚나무, 목련 등

31 다음 중 식물의 건축학적 이용은?

① 음향조절
② 공간의 분할
③ 온도조절
④ 반사조절

> **[해설]** 식물의 건축학적인 이용은 공간의 분할, 차단 및 은폐, 사생활의 보호, 건물의 직선 완화, 점진적 공간의 이해 등이다.

32 목재 접착에 이용되는 접착제로서 내수, 내구성 적인 측면에서 품질이 가장 우수한 것은?

① 아교
② 비닐계수지
③ 페놀계수지
④ 요소계수지

> **[해설]** 페놀계수지는 페놀과 포름알데히드를 주제로 한 합성 수지로서 내구성, 내수성이 매우 우수하다.

33 목재의 건조목적과 가장 관련이 없는 것은?

① 부패 방지
② 사용 후의 수축, 균열 방지
③ 강도 증진
④ 무늬 강조

> **[해설]** 건조의 궁극적인 목적은 기건상태로 만들어 강도를 증진시키고 부패를 방지하는 것이다.

34 목재의 방부제 처리 방법 중 약품을 활용한 방부 처리법이 아닌 것은?

① 표면 탄화법 ② 도포법
③ 침지법 ④ 상압주입법

> 표면 탄화법은 목재의 표면을 태원서 탄화 시키는 방부법을 말한다.

35 미리 골재를 거푸집 안에 채우고 특수 탄화제를 섞은 모르타르를 주입하여 골재의 빈틈을 메워 만드는 콘크리트는?

① 매스콘크리트
② 프리스트레스트 콘크리트
③ 서중콘크리트
④ 프리팩트 콘크리트

> • 매스콘크리트 : 콘크리트 구조물의 크기가 커서 수화열을 검토해야 하는 콘크리트
> • 프리스트레스트 콘크리트 : 강선 등을 이용하여 미리 부재 내에 응력을 준 콘크리트
> • 서중콘크리트 : 평균 25℃, 최고 30℃ 넘을 때 타설하는 콘크리트

36 아스팔트의 양부를 판정하는 기준이 되는 것을 무엇이라 하는가?

① 융기 ② 침입도
③ 균열 ④ 인장강도

> 아스팔트 양부란 시공 후 좋고 나쁨을 뜻하는 말로 침입도(=경도)로 판단한다. 100g추로 5초 동안 바늘로 누를 때 0.1mm는 침입도 1이다.

37 재료가 외력을 받았을 때 작은 변형만 나타내도 파괴되는 현상을 무엇이라 하는가?

① 강성(剛性) ② 인성(靭性)
③ 전성(展性) ④ 취성(脆性)

> • 강성(剛性) : 물체가 외력을 받아도 모양이나 부피가 변하지 않는 단단한 성질
> • 인성(靭性) : 잡아당기는 힘에 견디는 성질
> • 전성(展性) : 얇게 펴지는 성질

38 콘크리트 단위중량 계산, 배합설계 및 시멘트의 품질 판정에 주로 이용되는 시멘트의 성질은?

① 분말도 ② 응결시간
③ 비중 ④ 압축강도

> 시멘트 비중을 알기 위해 류샤델리병에 시멘트를 넣어서 부피를 측정하고 시험보통포틀랜드 시멘트의 경우 비중은 3.14이며 그 이하이면 풍화가 된 것이다.

39 표면건조 내부 포수상태의 골재에 포함하고 있는 흡수량의 절대 건조 상태의 골재 중량에 대한 백분율은 다음 중 무엇을 기초로 하는가?

① 골재의 함수율
② 골재의 흡수율
③ 골재의 표면수율
④ 골재의 조립율

> • 함수율
> $$\frac{습윤상태 - 절대건조상태}{절대건조상태} \times 100$$
> • 표면수율
> $$\frac{습윤상태 - 표면건조내부포화상태}{표면건조내부포화상태} \times 100$$
> • 흡수율
> $$\frac{표면건조내부포화상태 - 절대건조상태}{절대건조상태} \times 100$$
> • 유효흡수율
> $$\frac{표면건조내부포화상태 - 공기중건조상태}{공기중건조상태} \times 100$$

40 다음 관수 방법 중 잘못된 것은?

① 지표 관개법(surface irrigation) : 곳곳에 균일 관수가 가능한 것이 장점이다.
② 살수 관개법(sprinkler irrigation) : 자연 강우 효과를 내는 방법이다.
③ 팝업(pop-up)살수기 : 시각적으로 양호하다.
④ 점적식(낙수식) 관개법 : 각 수목에 뿌리 부분이나 지정된 지역의 지표에 관개하는 방법이다.

> 해설 수로나 웅덩이를 설치하여 지표면에 흘러 보내며 관수를 하며, 균일 관수가 어려워 물의 낭비가 심하고 물의 이용 효율 20~40% 정도이다.

41 시방서의 기재 사항이 아닌 것은?

① 재료의 종류 및 품질
② 건물의 인도 시기
③ 재료에 필요한 시험
④ 시공 방법의 정도 및 완성에 관한 사항

> 해설 시방서는 재료의 품질, 치수, 시공방법 및 공법 등을 기술한 것이다.

42 다음 중 여성토의 정의로 가장 알맞은 것은?

① 가라앉을 것을 예측하여 흙을 계획높이보다 더 쌓는 것
② 중앙분리대에서 흙을 볼록하게 쌓아 올리는 것
③ 옹벽앞에 계단처럼 콘크리트를 쳐서 옹벽을 보강하는 것
④ 잔디밭에서 잔디에 주기적으로 뿌려 뿌리가 노출되지 않도록 준비하는 토양

> 해설 여성고는 더돋기라고 하며 계획고보다 10% 이내로 더 쌓는 것을 말한다.

43 하수도시설 기준에 따라 오수관거의 최소 관경은 몇 mm를 표준으로 하는가?

① 100mm ② 150mm
③ 200mm ④ 250mm

> 해설 분류식 오수관은 200mm 이상, 우수관이나 합류식 오수관은 250mm 이상이다. 또한, 하류로 갈수록 관거내 유속은 크게 하고 하수관거 경사는 완만하게 한다. 매설 깊이는 1~2m이다.

44 곁눈 밑에 상처를 내어 놓으면 잎에서 만들어진 동화 물질이 축적되어 잎눈이 꽃눈으로 변하는 일이 많다. 어떤 이유 때문인가?

① C/N율이 낮아지므로
② C/N율이 높아지므로
③ T/R율이 낮아지므로
④ T/R율이 높아지므로

> 해설 화아 분화와 결실에 가장 큰 영향을 미치는 것은 탄질율이고 C/N율이라고도 한다.
> C 〉 N인 경우 화아분화가 잘 된다

45 다음 중 관리 하자에 의한 사고로 볼 수 없는 항목은?

① 시설의 구조 자체의 결함에 의한 것
② 시설의 노후 및 파손에 의한 것
③ 위험 장소의 안전 대책 미비에 의한 것
④ 위험물 방치에 의한 것

> 해설 ①번 항목은 설치 하자에 속한다.

46 공사 일정 관리를 위한 횡선식 공정표와 비교한 네트워크(NET WORK)공정표의 설명으로 옳지 않은 것은?

① 공사 통제 기능이 좋다.
② 문제점의 사전 예측이 용이하다.
③ 일정의 변화를 탄력적으로 대처할 수 있다.
④ 간단한 공사 및 시급한 공사, 개략적인 공정에 사용된다.

📖 막대 공정표와 네트워크 공정표의 비교

	막대 공정표	네트워크 공정표
장점	• 공정별 공사와 전체의 공정시기 등이 일목요연 • 착공일과 완료일이 명료함	• 상호간의 작업관계가 명확하다. • 작업의 문제점 예측 가능 • 신뢰도가 높고 편리하다.(계산기 사용가능)
단점	• 작업간의 관계가 명확하지 않다. • 작업상황이 변동되었을 때 탄력성이 없다.	• 공정표 작성에 숙련을 요한다. • 수정 및 변경에 많은 시간 요구된다.
용도	• 소규모공사, 시급을 요하는 공사에 사용	• 대형공사, 복잡하고 중요한 공사에 사용

47 일반적으로 연간 유지관리 계획에 포함시키는 것은?

① 공원 지역 내의 순찰계획
② 건물의 갱신 계획
③ 수목의 전정, 잔디관리 계획
④ 건물 도색 계획

📖 • 유지관리 : 수목 및 시설물 등의 점검 및 보수
• 운영관리 : 관리를 위한 예산, 조직, 재무제도 등의 업무
• 이용관리 : 안전관리, 이용지도, 홍보, 주민참여 유도 등

48 전년도의 가지에도 꽃이 피는 라일락의 아름다운 개화 상태를 감상하기 위한 가장 적절한 전정 시기는?

① 봄철 꽃이 진 바로 직후
② 지엽이 무성한 여름철
③ 낙엽이 진 직후의 가을철
④ 겨울철 휴면기

📖 다음 해에 개화하는 봄꽃나무는 개화 후 자라는 가지에서 6월에서 8월 사이에 화아분화가 이루어지므로 꽃이 진 직후에 전정한다.

49 활엽수의 경우 질소 부족현상과 유사한 현상이 나타나며 잎의 폭이 좁아지고, 꽃의 크기가 작고 적게 맺히는 경우 결핍된 미량 원소는?

① 붕소(B) ② 철(Fe)
③ 아연(Zn) ④ 몰리브덴(Mo)

📖 몰리브덴 결핍 증상은 잎과 꽃의 크기가 작고 적게 맺히는 등 질소 부족 현상과 유사하다.

50 다음 중 동해(凍害)에 대한 설명으로 잘못된 것은?

① 식물체가 추위에 의해 세포막벽 표면에 결빙 현상이 일어나 죽는 현상이다.
② 난지산(暖地産)수종, 생육지에서 멀리 떨어져 이식된 수종일수록 동해에 약하다.

③ 침엽수류와 낙엽활엽수류는 상록활엽수류보다 내동성이 작다.
④ 바람이 없고 맑게 갠 밤의 새벽에는 서리가 많이 내린다.

>해설 상록활엽수는 난지형 수목으로 추위 및 동해에 약하다.

51 시비에 대한 설명 중 적당하지 않은 것은?

① 추비는 일반적인 수종에서는 눈이 움직일 무렵, 화목의 경우에는 개화 직후에 준다.
② 비료는 수관선을 따라 20cm 내외의 홈을 파서 주는 것이 효과적인다.
③ 화목류는 7~8월경 인산질 비료를 많이 주어야 화아 형성을 촉진 한다.
④ 지효성의 유기질 비료는 덧거름으로, 황산암모늄과 같은 속효성 비료는 밑거름으로 준다.

>해설 유기질 비료는 지효성 거름으로 밑거름으로 주고, 황산암모늄 등 속효성 거름은 덧거름으로 준다.

52 다음 중 잔디밭의 잡초가 아닌 것은?

① 클로버   ② 바랭이
③ 부들   ④ 매듭풀

>해설 부들은 개울가나 연못가에 자생하는 물을 좋아하는 잡초이다.

53 초봄에 식물의 발육이 시작된 후 0℃ 이하로 갑작스럽게 기온이 내려감으로써 식물체에 해를 주는 것은?

① 조상   ② 만상
③ 피소   ④ 동상

>해설 만상은 초봄에 식물이 발육이 시작 된 후 갑자기 기온이 내려가서 식물체가 피해를 입는 현상으로 늦서리라고도 한다.

54 잣나무 털녹병의 중간기주에 해당하는 것은?

① 등골나무
② 향나무
③ 오리나무
④ 까치밥나무

>해설 털녹병 중간기주는 송이풀과 까치밥나무이며 붉은별무늬병(적성병)의 중간 기주는 향나무이다.

55 다음 중 자낭균에 의한 병이 아닌 것은?

① 벚나무의 빗자루병
② 밤나무의 흰가루병
③ 대추나무의 그을음병
④ 대추나무 빗자루병

>해설 자낭균에 의한 병은 빗자루병, 잎마름병, 가지마름병, 그을음병, 흰가루병, 탄저병 등이 있다. 대추나무 빗자루병은 마이코플라즈마에 의한 병이다.

56 다음 중 잎을 가해하는 대표적인 곤충과가 아닌 것은?

① 솔노랑잎벌과
② 하늘소과
③ 총채벌레과
④ 굴나방과

>해설 하늘소과 해충은 천공성 해충으로 암컷 성충은 유충이 먹는 식물에 상처를 내어 그 곳에 알을 낳는데, 알에서 부화한 유충이 껍질이나 나무 속을 갉아 먹는다.

57 향나무 녹병에 관한 설명 중 틀린 것은?

① 배나무, 모과나무, 꽃사과 등에는 발생하지 않는다.
② 4~5월경 비가 자주 오면 겨울 포자는 노란색의 모양으로 불어난다.
③ 향나무 잎이나 가지 사이의 분기점에 갈색의 균체가 형성된다.
④ 녹포자 비산 시기인 7월 초순경에 만코지수화제를 살포한다.

> 해설 배나무, 모과나무, 사과나무 등 유실수에 대표적으로 발생되는 것은 적성병과 녹병이다.

58 묘포지의 토양 소독을 실시하기에 가장 적합한 약품은 다음 중 어느 것인가?

① 클로로피크린
② PCP
③ 보르도액
④ 황산동

> 해설 토양을 소독하는 대표 훈증제로 클로로피크린과 메틸브로마이드 등이 있다.

59 다음 중 잔디에 뗏밥을 주는 작업을 무엇이라 하는가?

① 통기작업　　② 배토작업
③ 슬라이싱　　④ 버티컬 모잉

> 해설 배토란 잔디에 흙을 복돋아 주는 작업으로 잔디면을 균일하고 평평하기 하기 위한 작업을 말한다.

60 잔디밭에서 재배적 잡초 방제법에 대한 설명으로 부적당한 것은?

① 잔디를 자주 깎아 준다.
② 통기작업으로 토양 조건을 개선한다.
③ 토양에 수분이 과잉되지 않도록 한다.
④ 잡초의 생육이 왕성할 시기에는 비료를 주지 않는다.

> 해설 잡초의 재배적 방제 방법에는 잔디깎기, 윤작, 환경개선, 토양관리 등이 있다.

ANSWER							CBT 복원문제 2021년 1회		
01	02	03	04	05	06	07	08	09	10
②	②	④	④	④	②	③	②	④	②
11	12	13	14	15	16	17	18	19	20
②	③	③	②	①	①	①	①	③	①
21	22	23	24	25	26	27	28	29	30
③	②	③	④	①	③	④	②	④	①
31	32	33	34	35	36	37	38	39	40
②	③	④	①	④	②	④	②	②	①
41	42	43	44	45	46	47	48	49	50
②	①	③	②	①	④	③	①	④	③
51	52	53	54	55	56	57	58	59	60
④	③	②	④	④	④	①	①	②	④

CBT 복원문제 _ 2022년 1회

01 스페인 알함브라 궁원 4개의 파티오 중 '사자의 파티오'에 대한 설명으로 틀린 것은?

① 파티오의 중심에는 사이프러스 나무가 식재되어 있다.
② 왕의 사적인 정원이다.
③ 14세기에 마호메트 5세가 조성한 것으로 알려져 있다.
④ 가장 화려한 정원으로 주랑에 의해 둘러싸여 있다.

해설 사이프러스가 식재되어 있는 곳은 창격자 중정이다.

02 고대 여러 나라의 특징적인 정원을 적은 것으로 가장 거리가 먼 것은?

① 바빌로니아 – 공중정원
② 이집트 – 신원
③ 그리스 – 아카데모스
④ 로마 – 클라우스트룸

해설 클라우스트룸은 중세 수도원의 정원으로 열주나 공공건물에 의해 둘러 쌓인 네모난 공지를 말하며, 수도원을 가리키는 클로이스터(cloister)의 라틴어 원형이기도 하다.
참고로 아카데모스는 그리스 신화에 나오는 아테네의 영웅이다.

03 용의 분수와 100개의 분수가 있는 테라스로 유명한 별장은?

① 란테장
② 메디치장
③ 에스테장
④ 마다마장

해설 에스테장은 리고리오에 의해 설계된 전형적인 이탈리아 르네상스 정원이다.
100개의 분수, 4개의 단으로 이루어진 테라스 정원으로 물극장, 물풍금, 분수, 연못, 물계단, 경악분천 등 물을 가장 다양하고 기묘하게 이용한 작품으로 알려져 있다.

04 중국 한나라 태액지에 대한 설명으로 잘못된 것은?

① 태호석을 채취했었다.
② 연못 가장자리에는 대리석이나 청동으로 만든 조각물을 배치 하였다.
③ 신선사상을 반영한 정원 양식이다.
④ 신선사상의 삼심산이란 봉래산(蓬萊山), 방장산(方丈山), 영주산(瀛洲山)을 말한다.

해설 태호석을 채취한 시기는 송나라 휘종 때이다.

05 다음 중 왕과 왕비만이 즐길 수 있는 사적인 정원이 아닌 곳은?

① 경복궁의 아미산
② 창덕궁 낙선재의 후원
③ 덕수궁 석조전 전정
④ 덕수궁 준명당의 후원

> 해설 덕수궁 석조전 : 최초의 서양식 석조 건물로 1900년 영국인 하딩에 의해 기본 설계가 되었다. 준공 후 고종 황제가 궁궐로 잠시 사용 하다가, 6.25전쟁 이후 박물관, 유물관으로 사용되었으며 복원된 이후 2014년 대한제국역사관으로 개관해 현재에 이르고 있다.

06 우리나라 연못 중 직선과 곡선을 혼용한 원지(苑池)는 어느 곳인가?

① 창덕궁 애련지
② 경복궁 경회루지
③ 경주의 안압지
④ 창덕궁 부용지

> 해설 경주 안압지의 연못 호안은 직선과 곡선으로 조성되었다.
> 남쪽과 서쪽은 직선으로, 북쪽과 동쪽은 다양한 곡선으로 굴곡된 호안 석축이 가해져 있다.

07 조경 계획 및 설계에서 피드백(feed back) 과정을 가장 옳게 설명한 것은?

① 계획에서는 피드백 과정이 필요하나, 설계에서는 필요하지 않다.
② 피드백은 계획 수행 과정 상 전단계로 돌아가 작성된 안을 다시 한번 검토해 보는 것을 말한다.
③ 피드백 과정 시에는 조경가만이 참여하고, 의뢰인은 참여하지 않는다.
④ 피드백은 자료의 분석 후 이들을 종합하는 과정에서 주로 사용되는 개념이다.

> 해설 피드백(feed back)은 계획 과정에서 만족하지 못한 결과를 도출하였을 때 전단계로 돌아가 문제점을 검토, 수정하는 것을 말하며, 계획과 설계 과정에서 필요한 단계이다.

08 공공의 조경이 크게 부각되기 시작한 때는?

① 고대
② 중세
③ 근세
④ 군주시대

> 해설 1843년 영국의 조셉 팩스턴에 의한 버큰헤드 공원은 최초의 공공적 성격의 공원이다. 이는 후에 옴스테드에게 영향을 주어 최초의 도시공원인 센트럴파크를 탄생시킨다.

09 조경 기본 계획 작성 시 자료분석 종합 후 대안 설정 기준으로서 일반적으로 가장 먼저 고려해야 할 사항은 무엇인가?

① 식재 계획
② 토지이용 계획
③ 공급처리 시설 계획
④ 구조물 계획

> 해설 조경 기본 계획(마스터플랜) 작성 시 가장 먼저 고려하고 계획해야 할 것은 토지 이용에 대한 계획이다.

10 설계자의 의도를 개략적인 형태로 나타낸 일종의 시각언어로서 도면을 단순화시켜 상징적으로 표현한 그림을 의미하는 것은?

① 상세도
② 다이어그램
③ 조감도
④ 평면도

> 해설 다이어그램은 기본구상 개념도에서 설계자의 의도(동선, 공간 등)를 나타낼 때 사용하는 시각언어이다.

11 선의 종류 중 파선의 용도가 옳게 설명된 것은?

① 도형의 중심을 표시하는데 사용
② 대상물의 보이지 않는 부분의 모양을 표시하는데 사용
③ 중심이 이동한 중심 궤적을 표시하는데 사용
④ 단면의 무게 중심을 연결하는데 사용

- ①번 : 1점쇄선(중심선의 용도)
- ③번 : 1점쇄선(기준선의 용도)
- ④번 : 2점쇄선(무게중심선의 용도)

12 입면도에 대한 설명으로 잘못된 것은?

① 어느 한 방향으로부터 수평 투영한 도면이다.
② 어느 한 방향으로부터 수직 투영한 도면이다.
③ 지상부의 생김새나 고저 관계를 알아보는데 편리하다.
④ 측면도, 정면도, 배면도 등이 이에 해당한다.

입면도는 어느 한 방향에서 수직으로 투영한 도면으로 바라보는 위치에 따라 측면, 정면, 배면도로 구분 되며, 지상부의 생김새나 고저 관계를 알아보는데 편리하다.

13 경관에 있어 동적 감정을 줄 수 있는 요소는 다음 중 어느것인가?

① 고여 있는 연못의 설치
② 흐르는 듯한 율동감 있는 수로의 설치
③ 물의 낙차를 이용하여 소리의 효과를 겸한 물의 활용
④ 바람에 의하여 흔들리는 나무의 소리

동적인 감정을 불러 일으키는 경우는 경관의 움직임과 소리 등이 크거나 역동적인 형태일 때이다.

14 다음 중 주택 정원에 사용하는 정원수의 아름다움을 표현하는 미적 요소로 가장 거리가 먼 것은?

① 색채미
② 형태미
③ 내용미
④ 조형미

조경미(美)에는 색채미, 형태미, 내용미가 있으며 조경미의 원리는 통일성(조화, 균형, 대칭, 반복)과 다양성(비례, 율동, 대비) 등이 있다.

15 다음과 같은 특징을 갖는 색명을 무엇이라 하는가?

- 색을 물체의 이름에서 부분 또는 전체적으로 인용하거나 일반인이 공통적으로 가진 지식이나 경험에 근거한 어휘로 표현한다.
- 따라서 인종이나 생활지역 등 문화, 관습이나 지식과 밀접하게 관계된다.
- 이 색명의 대부분은 물체의 이름에서 유래되었기 때문에 '~색'을 붙이는 것이 많다.

① 관용색명
② 기본색명
③ 일반색명
④ 계통색명

물체의 이름이나 형태, 색깔 등을 본따거나, 관습상 사용되는 색명을 관용색명이라고 한다.
(예: 살구색, 이끼색 등)

16 가법혼색에 관한 설명으로 틀린 것은?

① 2차색은 1차색에 비하여 명도가 높아진다.
② 빨강 광원에 녹색 광원을 흰 스크린에 비추면 노란색이 된다.
③ 가법혼색의 삼원색을 동시에 비추면 검정이 된다.
④ 파랑에 녹색 광원을 비추면 시안(cyan)이 된다.

> 해설 가법혼색 : 색광(빛)을 혼합함으로써 새로운 색채를 만들어 내는 것으로 색광이 서로 더해 지면서 원래의 색보다 더 밝아지며(명도가 높아지며) 백색광이 되는 현상

17 노외 주차장의 주차 방식 중 출입구가 1개일 때 차로의 너비가 가장 큰 것은?

① 평행주차　　② 45° 대향주차
③ 60° 대향주차　④ 직각주차

> 해설 노외 주차장의 차로너비

주차형식	차로너비	
	출입구가 2개 이상인 경우	출입구가 1개인 경우
평행주차	3.3m	5m
직각주차	6m	6m
45° 대향주차	3.5m	5m
60° 대향주차	4.5m	5.5m

18 다음 수종 중 이용자의 시야를 방해하지 않으면서 공간을 분할하거나 한정 짓는데 이용할 수 있는 식물 재료는?

① 대교목류　　② 소교목류
③ 관목류　　　④ 지피류

> 해설 시야를 방해하지 않으려면 이용자의 눈높이보다 수고가 작아야 하므로 관목류가 적합하다.

19 체인블록(chain block)의 주 용도라 볼 수 없는 것은?

① 무거운 돌을 지면에 자리잡아 놓을 때
② 무거운 수목을 심거나 내릴 때
③ 무거운 물체를 가까운 거리에 운반할 때
④ 무거운 돌을 높이 쌓을 때

> 해설 체인블록(chain block)은 무거운 재료를 도르래 원리로 들어 올려서 쌓거나 얹기 위한 장비로써, 들어올려 인력으로 밀어서 내리면 가까운 거리는 운반할 수 있기는 하나, 주 용도라 볼 수는 없다.

20 다음 중 자동차 배기가스에 특히 약한 수종으로 짝지어진 것은?

① 소나무, 은행나무
② 히말라야시다, 은목서
③ 금송, 태산목
④ 녹나무, 피나무

> 해설 자주 출제되는 공해에 약한 수종 : 소나무, 전나무, 히말라야시다, 삼나무, 벚나무류, 목련, 목서류

21 성격이 다른 두 지역간의 충돌을 예방하기 위하여 수목을 식재하여 숲을 조성하게 되는데 이런 식재 또는 도로 외측에 수목을 심어서 운전자에게 안정감을 주게 하는 식재 수법을 무엇이라 하는가?

① 위요식재　　② 유도식재
③ 지표식재　　④ 완충식재

> 해설 성격이 다른공간 (예: 정적인공간 ↔ 동적인공간) 사이에 수목을 식재하여 상호 공간의 성격을 완화시키는 역할을 하는 식재를 완충식재라 한다.

22 자연공원에서 조류를 유치하기 위한 수목으로 적당하지 않은 것은?

① 팽나무
② 팥배나무
③ 오동나무
④ 감탕나무

해설 조류가 열매를 좋아하는 수종 : 팽나무, 팥배나무, 감탕나무, 낙상홍, 감나무 등

23 식생에 미치는 환경요인 중에서 식생 분포를 결정 하는데 가장 영향을 미치는 요인은?

① 기후요인
② 지형요인
③ 생물요인
④ 인위적요인

해설 식생 분포에 영향을 미치는 요인은 여러 가지가 있지만 그 중 가장 중요한 요인은 기후요인이다.

24 토양 유기물이 토양에 미치는 영향과 가장 거리가 먼 것은?

① 토양의 물리적 성질 개선
② 토양 양분의 공급원
③ 토양 수분 장력 증대
④ 토양 반응에 대한 완충작용

해설 유기물이 토양에 미치는 영향은 이 외에 토양온도 유지, 농작물에 질소공급, 양분의 보유력 유지 등이 있다.

25 이팝나무와 조팝나무에 대한 설명으로 옳지 않은 것은?

① 이팝나무의 열매는 타원형의 핵과이다.
② 환경이 같다면 이팝나무가 조팝나무 보다 꽃이 먼저 핀다.
③ 과명은 이팝나무는 물푸레나무과(科)이고, 조팝나무는 장미과(科)이다.
④ 성상은 이팝나무는 낙엽활엽교목이고, 조팝나무는 낙엽 활엽관목이다.

해설 이팝나무는 5월에, 조팝나무는 4월에 흰색으로 개화한다.

26 다음 중 일반적인 수목의 생육에 적합한 토양은?

① 사토나 사양토
② 사양토나 양토
③ 식토나 식양토
④ 식토나 사양토

해설 수목 식재지에 적합한 토성은 배수를 고려하여 모래와 점토가 적당히 섞여 있는 양토나 사양토가 적합하다.

27 흰말채나무의 특징 설명으로 틀린 것은?

① 노란색의 열매가 특징적이다.
② 층층나무과로 낙엽활엽관목이다.
③ 수피가 여름에는 녹색이나 가을, 겨울철의 붉은 줄기가 아름답다.
④ 잎은 대생하며 타원형 또는 난상타원형이고, 표면에 작은 털이 있으며 뒷면은 흰색의 특징을 갖는다.

해설 흰말채나무 : 층층나무과의 낙엽활엽 관목으로서 홍서목(紅瑞木)이라고도 한다. 5월의 흰색 꽃과 9월의 흰(아이보리)색 열매가 겨울의 붉은 수피와 더불어서 관상 가치가 높다. 잎은 대생하며 표면에 작은 털이 있다.

28 다음 중 단풍나무류(Acer)에 속하지 않는 것은?

① 붉나무
② 고로쇠나무
③ 복자기나무
④ 신나무

해설 붉나무는 옻나무과에 해당하는 수종이다.

29 층층나무과에 해당하는 산딸나무와 층층나무를 구별하는 근거가 될 수 있는 것으로 가장 적당한 것은?

① 측맥의 수
② 잎의 마주나기와 어긋나기
③ 나무의 높이
④ 잎의 색깔과 열매의 모양

해설 산딸나무는 잎이 마주나고(대생), 층층나무는 잎이 어긋난다(호생).

30 목련과(Magnolia) 수종 중에서 잎이 상록인 수종은?

① 함박꽃나무 ② 태산목
③ 일본목련   ④ 자목련

해설 태산목은 상록활엽수로써 남부 수종이다.

31 다음 중 고광나무(Philadelphus schrenkii)의 꽃 색깔은?

① 적색   ② 백색
③ 황색   ④ 자주색

해설 고광나무는 4~5월 백색으로 꽃이 핀다.

32 다음 수종 중 잎보다 꽃이 먼저 피는 수종이 아닌 것은?

① 미선나무, 산수유
② 일본목련, 함박꽃나무
③ 개나리, 진달래
④ 박태기나무, 생강나무

해설 일본목련, 함박꽃나무 : 5월 개화

33 다음 중 그해 자란 가지에서 꽃눈이 분화하여 그 해에 개화하는 수종들로 옳은 것은?

① 배롱나무, 무궁화
② 치자나무, 동백나무
③ 매화나무, 수국
④ 철쭉, 목련

해설 당년에 자란 가지에서 꽃이 피는 수종 : 배롱나무, 무궁화, 능소화, 등나무, 장미, 나무수국, 대추나무, 포도나무, 감나무

34 콘크리트 타설 작업 시 발생하는 블리딩 현상에 대해 가장 잘 설명한 것은?

① 시멘트 입자의 비율이 높아 점성이 증가하므로 타설 작업에 지장을 초래하는 현상
② 굳지 않은 상태에서 시멘트 입자의 점성에 의한 재료 분리에 저항하는 성질
③ 시멘트의 화학적 작용으로 인한 골재의 혼합 및 타설 작업에 지장을 초래하는 현상
④ 굳지 않은 상태에서 골재 및 시멘트 입자의 침강(沈降)으로 물과 입자가 분리하여 상승하는 현상

> 해설 블리딩 현상은 모르타르나 콘크리트에 함유된 내부의 물이 분리되면서 위로 올라오는 현상을 말한다.

35 재료가 외력을 받았을 때 작은 변형만 나타내도 파괴되는 현상을 무엇이라 하는가?

① 취성 ② 인성
③ 강성 ④ 전성

> 해설
> • 취성(脆性) : 외력에 의하여 영구 변형을 하지 않고 파괴되는 성질로 인성(靭性)과 반대이다.
> • 강성(剛性) : 재료가 하중을 받아 파괴될 때까지 높은 응력에 견디며 큰 변형을 나타내는 성질
> • 인성(靭性) : 외력에 의해 파괴되기 어려운 질기고 충격에 잘 견디는 성질로 취성(脆性)과 반대이다.
> • 전성(展性) : 압축력이 가해질 때 재료가 파괴되지 않고 펴지는 성질

36 다음 중 시멘트의 응결이 느린 경우는?

① W/C비가 많을수록
② 온도가 높고, 습도가 낮을수록
③ C_3A 성분이 많을수록
④ 시멘트의 분말도가 큰 경우

> 해설 W/C비가 많다는 것은 물의 양이 많다는 뜻이며 물의 양이 많으면 응결은 지연된다.

37 건조 전 중량이 200g인 목재를 건조하였더니 40g이 줄었다. 함수율은 얼마인가?

① 20% ② 25%
③ 40% ④ 60%

> 해설 $\dfrac{200-160}{160} \times 100 = 25\%$

38 건축 석재 중 석영, 장석 및 운모로 이루어져 있으며 통상적으로 강도가 크고, 내구성이 커서 벽체 기둥 등에 다양하게 사용되는 석재는?

① 화강암
② 응회암
③ 석회암
④ 점판암

> 해설 화강암은 화성암의 일종으로 압축강도 및 내구성이 커서 외장, 내장, 구조재, 도로포장재, 콘크리트 골재 등 다양하게 사용된다.

39 공원 조성 시 성토한 지역의 특징으로 부적합한 것은?

① 성토를 한 지역은 배수가 용이하고, 건조되기 쉬워 자주 관수를 해 줄 필요가 있다.
② 성토를 하는 곳은 점질토를 사용하는 것이 점성이 있어 무너지지 않고 습기가 많아 식물의 생육에 유리하다.
③ 지반이 수평인 경우에도 풍화된 표토를 제거 하거나 계단 모양으로 기초면을 만든다.
④ 성토를 하는 곳은 침하를 고려하여 성토높이의 약 10% 정도를 더 쌓아 주어야 한다.

> 해설 점질토로 성토를 하는 경우 강우에 의해 쉽게 무너질 수 있으며, 성토를 하는 곳은 배수가 잘 되어야 한다.

40 콘크리트의 연행공기량과 관련된 설명으로 틀린 것은?

① 사용 시멘트의 비표면적이 작으면 연행공기량은 증가한다.
② 콘크리트의 온도가 높으면 공기량은 감소한다.
③ 단위잔골재량이 많으면, 연행공기량은 감소한다.
④ 플라이애시를 혼화재로 사용할 경우 미연소 탄소 함유량이 많으면 연행공기량이 감소한다.

> 연행 공기는 콘크리트 내부에 독립된 미세기포를 발생시켜 워커빌리티를 개선해 주며 동결융해에 대한 저항성을 갖게 해준다. 연행공기는 골재 주위에서 작용하므로 골재량이 많아지면 연행공기량은 증가한다.

41 굵은 골재의 절대 건조 상태의 질량이 1000g, 표면건조포화 상태의 질량이 1100g, 수중질량이 650g 일 때 흡수율은 몇 %인가?

① 10.0%
② 28.6%
③ 31.4%
④ 35.0%

> • 함수율
> $\dfrac{습윤상태 - 절대건조상태}{절대건조상태} \times 100$
> • 표면수율
> $\dfrac{습윤상태 - 표면건조내부포화상태}{표면건조내부포화상태} \times 100$
> • 흡수율
> $\dfrac{표면건조내부포화상태 - 절대건조상태}{절대건조상태} \times 100$
> • 유효흡수율
> $\dfrac{표면건조내부포화상태 - 공기중건조상태}{공기중건조상태} \times 100$

42 토공사에서 토량산출 시 가장 정확하게 토양 체적을 산출할 수 있는 계산 공식은?

① 양단면평균법
② 중앙단면법
③ 각주공식
④ 삼각법

> 같은 토량이라 할지라도 양단면 평균법은 많게, 중앙 단면법은 적게 산출되며 각주 공식으로 산출한 토량이 가장 정확하다.

43 조경공사용 기계의 종류와 용도(굴삭, 배토정지, 상차, 운반, 다짐)의 연결이 옳지 않은 것은?

① 굴삭용 - 무한궤도식 로더
② 운반용 - 덤프트럭
③ 다짐용 - 탬퍼
④ 배토정지용 - 모터그레이더

> 로더는 상하차용 건설장비이다.

44 시멘트 쌓는 단수를 10으로 할 때, 200m²의 창고에 저장할 수 있는 시멘트는 몇 포인가?

① 2,000포
② 2,500포
③ 5,000포
④ 7,500포

> 시멘트저장면적(m²) = $0.4 \times \dfrac{저장포대수}{쌓는 단수}$
> $0.4 \times \dfrac{N}{10} = 200$
> $\dfrac{0.4N}{10} = 200$
> $0.4N = 2000$
> ∴ N = 5,000

45 다음 중 사고석 담장의 줄눈 중 가장 일반적이고 많이 사용하는 줄눈은?

① 내민줄눈
② 평줄눈
③ 오목줄눈
④ 민줄눈

> 일반적으로 오목 줄눈을 많이 사용하지만, 사고석을 이용한 전통담장 등은 내민 줄눈을 이용한다.

46 다음 중 할증에 대한 설명으로 옳은 것은?

① 표준 품셈에 수록된 조경용 수목의 할증율은 5%이다.
② 표준 품셈에 수록된 재료 할증율은 최소치이므로 그 이상 적용한다.
③ 시공품 적용은 재료 할증을 포함한 총 재료량에 표준품을 적용하여 계산한다.
④ 재료 할증은 재료의 운반 및 시공과정 등에 발생하는 손실량을 예측하여 부과하는 것이다.

> 조경수목 할증은 10%이며, 품셈에 수록된 재료 할증율은 최대치이며 그 이하를 적용한다.
> 또한, 시공품 적용은 재료 할증 전 물량에 표준품을 적용하여야 한다.

47 다음 중 호박돌 쌓기에 이용되는 쌓기법으로 가장 적합한 것은?

① +자 줄눈쌓기
② 줄눈 어긋나게 쌓기
③ 이음매 경사지게 쌓기
④ 평석쌓기

> 호박돌은 통줄눈(+)이 나오면 안되고 막힌 줄눈이 나오도록 쌓는다.

48 다음 수목 중 흉고직경 기준에 의한 품셈을 적용하여 굴취하는 수종은?

① 모과나무
② 은단풍나무
③ 단풍나무
④ 산수유

> 흉고직경에 의한 굴취 품을 적용하는 수종 : 은행나무, 플라타너스, 계수나무, 왕벚나무, 메타세쿼이어, 플라타너스, 백합나무 등

49 조경 관리 업무를 수행함에 있어 도급 방식의 단점은?

① 인사 정체가 발생되기 쉽다.
② 인건비가 필요 이상으로 소요된다.
③ 업무가 타성화 된다.
④ 업무의 책임 소재가 불명확하게 된다.

> ①, ②, ③은 직영 방식의 단점에 해당한다.

50 다음 화목류의 전정 방법 중 가장 거리가 먼 것은?

① 철쭉, 목련, 동백나무 등은 낙화 직후에 전정하는 것이 좋다.
② 벚나무, 해당화 등은 거의 전정을 하지 않아도 잘 개화한다.
③ 석류나무, 배롱나무, 능소화 등은 5~6월에 전정함이 좋다.
④ 5~9월에 화아 분화하는 화목류는 낙화 후에 곧 전정함이 좋다.

> 여름에 개화하는 수종은 당년에 자란 가지에서 5~7월에 꽃눈이 형성되므로 가을부터 다음해 봄까지 전정하는 것이 좋다.

51 시비 방법 적용에 대한 설명이 잘못된 것은?

① 전면시비 : 작은 나무들이 가깝게 식재된 경우
② 방사상시비 : 교목이 넓은 간격으로 식재된 경우
③ 윤상시비 : 경계선의 산울타리
④ 천공시비 : 뿌리가 많은 관목의 집단

해설 산울타리 등은 선상시비법으로 시비한다.

52 제초제 살포 시 제초제에 의한 제초 효과가 가장 높은 경우는?

① 우기 시　　② 건조한 토양
③ 사질토의 토양　④ 고온인 경우

해설 온도가 높을수록 제초 효과가 빠르게 나타난다.

53 다음 중 조경 수목에 관수할 때 적합한 방법은?

① 표토(表土)가 젖도록 준다.
② 매일 관수한다.
③ 토양에 물이 충분히 젖도록 한다.
④ 물이 충분히 고이도록 준다.

해설 조경 수목에 관수할 때 토양이 10cm 이상 충분히 젖도록 준다.

54 다음 중 병원체의 월동 방법 중 기주(寄主) 체내에 잠재하여 월동하는 병원균은?

① 잣나무털녹병균
② 오리나무갈색무늬병균
③ 묘목의모잘록병균
④ 밤나무뿌리혹병균

해설 잣나무털녹병 예방을 위하여 중간 기주인 송이풀과 까치밥나무를 제거해야 한다.

55 1차 전염원이 아닌 것은?

① 균핵
② 분생포자
③ 난포자
④ 균사속

해설
• 1차 전염원 : 균사, 균핵, 자낭포자 등
• 2차 전염원 : 유주자, 분생포자
• 분생포자 : 진균(眞菌)류가 만드는 무성포자(無性胞子)

56 진딧물 구제에 적당한 약제가 아닌 것은?

① 메타유제(메타시스톡스)
② 디디브이피제(DDVP)
③ 포스팜제(다이메크론)
④ 만코지제(다이센 M45)

해설 만코지제(다이센 M45)는 살균제이다.

57 회양목명나방의 생태에 관한 설명으로 틀린 것은?

① 경제적 피해 수종은 회양목에 국한된다.
② 유충이 실을 토하여 잎을 묶고, 그 속에서 가해한다.
③ 엽육을 갉아먹어 엽맥만 남으므로 앙상한 모습을 보인다.
④ 한해에 2번 발생한다.

해설 4월 하순경에 유충이 나타나 6월 상순경부터 가는 가지에 거미줄을 치고 그 속에서 잎의 표피를 가해하여 반투명하게 된다.

58 농약의 물리적 성질 중 살포하여 부착한 약제가 이슬이나 빗물에 씻겨 내리지 않고 식물체 표면에 묻어있는 성질을 무엇이라 하는가?

① 고착성(tenacity)
② 부착성(adhesiveness)
③ 침투성(penetrating)
④ 현수성(suspensibility)

해설
• 부착성(adhesiveness) : 표면에 달라붙는 성질
• 현수성(suspensibility) : 약제의 작은 알맹이가 약액 중에 골고루 퍼져있게 하는 성질

59 다음 중 경사면 붕괴에 가장 크게 영향을 미치는 수분은?

① 자유수   ② 흡습수
③ 결합수   ④ 모세관수

해설 자유수는 토양수분 장력(PF)이 거의 없어 토양에 흡착되지 않으며 자유롭게 이동할 수 있는 수분을 말한다.

60 공원에 의자를 설치하고 준공 하였을 때 시공상의 하자가 아닌 것은?

① 의자가 흔들린다.
② 목재 부위가 불에타서 훼손 되었다.
③ 의자가 기울어져 있다.
④ 옹이가 있어 목재가 부러졌다.

해설 ②번은 관리상의 하자에 속한다.

ANSWER CBT 복원문제 2022년 1회

01	02	03	04	05	06	07	08	09	10
①	④	③	①	③	③	②	③	②	②
11	12	13	14	15	16	17	18	19	20
②	①	③	④	①	③	④	②	③	②
21	22	23	24	25	26	27	28	29	30
④	③	①	③	②	②	①	①	②	②
31	32	33	34	35	36	37	38	39	40
②	②	①	④	①	①	②	②	②	③
41	42	43	44	45	46	47	48	49	50
①	③	①	③	①	④	②	②	④	③
51	52	53	54	55	56	57	58	59	60
③	④	③	①	②	④	③	①	①	②

CBT 복원문제 _ 2023년 1회

01 이집트 사람들이 신성시한 나무로서, 죽은 자들이 나무 그늘 아래서 쉬게 하는 풍습이 있었다. 이 나무의 이름은?

① 아카시아 ② 파피루스
③ 시커모어 ④ 대추야자

> 시커모어는 이집트 사람들이 신성시한 녹음수로 죽은 자를 이 나무 그늘 아래서 쉬게 하는 풍습이 있었다.

02 낭만주의 시대 자연 풍경식 정원이 제일 먼저 발달한 국가는 어디인가?

① 프랑스
② 독일
③ 영국
④ 이탈리아

> 18세기 영국에서는 낭만주의적 자연 풍경식 정원 양식이 발달되었으며, 후에 유럽 대륙으로 넓게 전파 되었다.

03 중국에서 신선사상이 담겨진 정원이 최초로 꾸며진 시대는 어느 시대인가?

① 주나라 ② 한나라
③ 당나라 ④ 송나라

> 한나라 태액지원은 궁궐에 가까운 금원이다. 신선사상의 영향을 받아 연못 속에는 봉래, 방장, 영주 3개의 섬과 조수용어상이 설치 되었다.

04 모모야마시대 석등, 수수분 등 점경물을 설치하고 소공간을 자연 그대로의 규모로 꾸민 정원 양식은?

① 정토정원
② 고산수정원
③ 침전식정원
④ 다정

> 도산(모모야마) 시대는 다실을 중심으로 정원이 조성되며, 석등과 수수분이 등장하기 시작하였다.

05 우리나라 정원 중 직선과 곡선을 혼용한 형태의 원지(苑池)는?

① 경주 안압지
② 경복궁 경회루지
③ 창덕궁 부용지
④ 창덕궁 애련지

> 경주 안압지의 연못 호안은 남서쪽은 직선, 북동쪽은 굴곡이 진 곡선으로 조성이 되었다.

06 창덕궁 후원의 정자 중 지붕의 형태가 부채꼴 모양의 평면으로 이루어진 정자는?

① 관람정 ② 부용정
③ 애련정 ④ 청의정

> 관람정은 창덕궁 후원 정자 중 지붕 형태가 유일하게 부채꼴 형태를 하고 있다.

07 조경가를 세분화된 분야로 구분할 때 주로 대규모 프로젝트에 관여하며 합리적 측면을 강조하는 분야는?

① 조경원예가
② 조경계획가
③ 조경설계가
④ 조경기술자

📖 조경계획가는 창의성 보다는 합리적인 측면을 강조하며, 적지분석과 환경영향예측 등 제너럴리스트의 입장을 취한다.

08 생태학적 계획에서 추이대(ecotone)를 설명한 것으로 옳은 것은?

① 생태계의 수용 능력을 측정하는 지역
② 일시적 생태 경관지역
③ 특정의 조류 서식지역
④ 지피와 숲 등 이질적 환경 요소가 서로 만나는 지역

📖 추이대란 둘 이상의 식생성이 만나는 지역으로 갯벌, 습지 등을 예로 들 수 있으며, 다양한 생명종이 서식하는 곳이다.

09 시골 마을의 정자목은 케빈 린치(K.Lynch)의 이미지 분석으로 보았을 때 다음 중 어느 것에 가까운가?

① 결절점 (node)
② 단 (edge)
③ 표지물 (landmark)
④ 구역 (distric)

📖 랜드마크의 종류에는 점적인 요소의 정자목과 교량, 건물 등 공간 내에서 식별성이 높은 지형지물이 해당 된다.

10 기본 계획 과정의 하나인 기본 구상에 대한 설명 중 틀린 것은?

① 토지 이용 및 동선을 중심으로 하여 계획 및 설계의 기본 골격을 짜는 단계이다.
② 제반 자료의 분석과 종합을 기초로 한다.
③ 프로그램에서 제시된 문제들의 해결을 위한 구체적인 개념적 접근이다.
④ 기본계획안(마스터플랜)이 만들어진 후에 실시 한다.

📖 기본구상 개념도는 기본계획안(마스터플랜) 작성 전 각 공간의 개념을 도출하는 단계이다.

11 국토의 계획 및 이용에 관한 법률에서 용도지역 중 도시지역의 분류에 속하지 않는 것은?

① 주거지역 ② 생산관리지역
③ 상업지역 ④ 녹지지역

📖 국토의 계획 및 이용에 관한 법류에서 도시지역의 분류는 주거지역, 상업지역, 공업지역, 녹지지역으로 분류 된다.

12 도면에 레터링을 할 때 주의할 사항 중 틀린 것은?

① 원칙적으로 레터링은 왼쪽에서 오른쪽으로 가로쓰기를 한다.
② 글자선의 굵기와 기울기는 다양해도 괜찮다.
③ 숫자는 가능한 아라비아 숫자를 사용한다.
④ 도면에 과다하게 많은 글씨를 쓰지 않는다.

📖 선의 굵기와 기울기는 통일성을 가지며 일정하게 하여야 한다.

13 조경 설계에서 곡선을 알맞게 활용하였을 때 나타나는 심리적인 효과는?

① 예민하고 정확한 느낌을 준다.
② 강직하고 명확한 느낌을 준다.
③ 부드럽고 혼돈된 느낌을 준다.
④ 우아하고 유연한 느낌을 준다.

　곡선은 여자의 선으로 우아하고 매력적이며, 유연하고 자유로운 느낌을 주는 선이다.

14 다음 중 디자인의 일반적 조건에 해당하지 않는 것은?

① 실용성　　② 장식성
③ 독창성　　④ 경제성

　디자인의 일반적 조건은 실용성 또는 합목적성, 심미성, 경제성, 독창성 이다.

15 빨강색과 파랑색을 섞으면 어떤 색으로 보이는가?

① 마젠타　　② 노랑색
③ 시안　　　④ 청록색

　가법혼색
　• 파랑(Blue) + 초록(Green) = 시안(Cyan)
　• 초록(Green) + 빨강(Red) = 노랑(Yellow)
　• 파랑(Blue) + 빨강(Red) = 마젠타(Magenta)
　• 파랑(Blue) + 초록(Green) + 빨강(Red) = 화이트(White)

16 조경설계 기준에서 높이가 2m를 넘는 계단에는 몇 m 이내마다 당해 계단의 유효폭 이상의 폭으로 계단참을 두는가?

① 1m　　② 2m
③ 3m　　④ 4m

　높이 2m 넘는 계단에는 2m 이내마다 당해 계단의 유효폭 이상의 폭으로 너비 1.2m 이상의 참을 두어야 한다.

17 어린이 공원의 설명으로 가장 부적합한 것은?

① 아이들의 감성적인 부분을 고려해 정적인 공간을 많이 두어야 한다.
② 기능은 운동, 놀이, 휴식 등이다.
③ 공원 내 놀이시설의 안정성이 고려 되어야 한다.
④ 접근성을 고려해야 한다.

　아이들의 활동성을 고려하여 동적인 공간을 많이 두어야 한다.

18 다음 벤치의 설계 기준에 대한 설명이다 가장 알맞은 것은?

① 좌고 : 34~46cm / 좌폭 : 38~45cm
② 좌고 : 25~35cm / 좌폭 : 40~50cm
③ 좌고 : 40~50cm / 좌폭 : 25~35cm
④ 좌고 : 25~30cm / 좌폭 : 35~40cm

　벤치의 앉음판의 높이는 34~46cm를 기준으로 하되 어린이를 위한 의자는 낮게 할 수 있다.

19 식재 계획 순서가 올바른 것은?

① 적지분석 → 수목기준설정 → 수목선정 → 식재설계
② 수목기준설정 → 수목선정 → 적지분석 → 식재설계
③ 적지분석 → 수목선정 → 수목기준설정 → 식재설계
④ 식재설계 → 적지분석 → 수목기준설정 → 수목선정

[해설] 식재 수목의 생육 특성을 파악하여 식재지 분석을 하고 수목기준 설정후 식재 설계를 한다.

20 오픈스페이스의 환경조절기능과 가장 관계가 먼 것은?

① 재해의 방지 또는 완화
② 공해의 방지 또는 완화
③ 도시 개발의 조절
④ 미기후 조절

[해설] 도시개발의 조절도 오픈 스페이스의 효용성에 속하긴 하지만, 환경조절기능에 대한 초점을 두어야 하며, 환경조절기능은 화재 및 공배 방지 완화, 미기후 조절이다.

21 자동차의 배기가스나 공해에 극히 약한 수종은?

① 삼나무　　② 무궁화
③ 비자나무　④ 식나무

[해설] 배기가스에 특히 약한 수종 : 삼나무, 소나무, 전나무, 벚나무, 목련 등

22 천이란 나지 상태에서 숲이 되어가는 과정을 말한다. 다음 중 2차 천이 지역이 아닌 것은?

① 버려진 농경지　② 벌목한 삼림
③ 모래언덕　　　④ 새로생긴연못

[해설] 2차 천이는 인위적으로 훼손된 지역으로, 대표적인 2차 천이 지역으로는 버려진 농지, 화재가 발생하여 벌목된 숲, 홍수로 잠긴 곳 등이다.

23 다음 중 일반적인 수목의 생육에 적합한 토양은?

① 사토나 사양토　② 사양토나 양토
③ 식토나 식양토　④ 식토나 사양토

[해설] 수목의 식재지에 적합한 토성은 혼합된 양토와 사양토이다.

24 다음 중 내염성과 내조성이 가장 강한 수종은?

① 전나무
② 목련
③ 비자나무
④ 왕벚나무

[해설] 비자나무는 내염성이 강해 바닷가에 방풍림으로 많이 조성한다.

25 가로막기 식재의 기능으로 가장 거리가 먼 것은?

① 경계의 표시　② 눈가림
③ 진입방지　　④ 침식방지

[해설] 가로막기 식재란 부지 주위에 가로막기를 위해 조성되는 식재로 적합한 수종으로는 호랑가시나무, 탱자나무, 피라칸사 등 가시가 있는 수종이 일반적이다.

26 다음 중 녹음수로서 적합한 수목만을 예시한 것은?

① 동백나무, 미루나무, 노간주나무, 전나무
② 측백나무, 편백, 화백, 주목
③ 느티나무, 다릅나무, 가중나무, 은행나무
④ 향나무, 쥐똥나무, 백목련, 조팝나무

[해설] 녹음용 수종 : 수관이 커서 그늘을 많이 만들 수 있으며 지하고가 높은 낙엽활엽교목

27 조경 식물의 일반적인 선정 기준에 속하지 않는 것은?

① 미적, 실용적 가치가 있는 식물
② 식재 지역 환경에 적응력이 큰 식물
③ 재질이 좋고 경제성이 높은 식물
④ 이식과 관리가 용이한 식물

🔍 일반적인 선정기준에서 경제성은 후순위에 해당한다.

28 목련류 수종 중에서 상록성인 수종은?

① 함박꽃나무(산목련)
② 태산목
③ 일본목련
④ 자목련

🔍 태산목은 남부수종으로 상록교목이다.

29 조경공사 표준 시방서에 의하면 수간이 흉고직경 아래에서 쌍간 이상일 경우 각 부의 흉고직경 합의 몇 %를 해당 수목의 흉고 직경으로 보는가?

① 80%   ② 70%
③ 60%   ④ 50%

🔍 흉고직경 아래 부분이 쌍간 이상일 경우에는 각 흉고직경 합의 70% 또는 당해 수목의 최대 흉고직경 중 큰 것을 택한다.

30 수목 식재 시 물조임 작업을 하는 이유로 가장 적합한 것은?

① 공기를 배출하는 효과
② 공기를 넣는 효과
③ 물의 공급량을 적게 하는 효과
④ 양분을 공급하는 효과

🔍 공기를 배출하여 토양과 뿌리 사이의 공극을 없애기 위한 목적이다.

31 건설 공사의 시행에 필요한 재료, 공법, 기술적 세부 사항 등 공종에 대한 시공 기준을 정부에서 제시한 시방서는?

① 일반시방서   ② 특기시방서
③ 정부시방서   ④ 표준시방서

🔍 정부에서 표준을 제시한 시방서는 표준시방서이다.

32 다음 중 시공계획 작성의 내용에 포함되지 않는 것은?

① 안전계획   ② 조경계획
③ 노무계획   ④ 공정계획

🔍 4대 시공계획 : 노무, 공정, 안전, 품질

33 다음 중 콘크리트 시공연도에 가장 적게 영향을 미치는 요인은?

① 시멘트 양   ② 시멘트 종류
③ 단위수량   ④ 물 – 시멘트 비

🔍 • 시공연도란 워커빌리트를 말하며, 워커빌리티는 반죽질기에 따른 작업 난이도이다.
• 반죽질기에 영향을 미치는 것은 시멘트양, 물양, 물–시멘트 비 등이다.

34 단위 시멘트량이 300kg, 단위수량이 180kg일 때, 물 – 시멘트비 (W/C)는 몇 %인가?

① 40%   ② 50%
③ 60%   ④ 70%

🔍 $\dfrac{물무게}{시멘트\ 무게} \times 100 = \dfrac{180}{300} \times 100 = 60\%$

35 목재의 일반적인 특성으로 부적합한 것은?

① 열전도율이 높아 보온, 방한성이 낮으며 차음성, 흡음성이 낮다.
② 비중에 비하여 강도와 탄성이 크므로 구조용 재료로 이용된다.
③ 절단, 마감질 등이 용이하며 다양한 형상으로 제작할 수 있다.
④ 고층 건축물에는 사용하기 어렵다.

> 해설 열전도율이 낮아 보온, 방한성이 높으며, 차음성, 흡음성이 높다.

36 진비중이 1.5, 전건비중이 0.54인 목재의 공극율은?

① 66%   ② 64%
③ 62%   ④ 60%

> 해설 공극율 = $(1 - \dfrac{전건비중}{진비중}) \times 100$
> $= (1 - \dfrac{0.54}{1.5}) \times 100 = 64\%$

37 장대석의 용도로 부적합한 것은?

① 계단
② 담장의 기단석
③ 건물의 기단석
④ 경사진 곳의 무너짐 쌓기

> 해설 장대석은 네모지고 긴 석재로서 계단석, 또는 건물 및 담장의 기단석으로 사용 된다.

38 금속을 활용한 제품으로서 철 금속 제품에 해당하지 않는 것은?

① 철근, 강판   ② 형강, 강관
③ 볼트, 너트   ④ 도관, 가도관

> 해설 도관은 점토 제품이다.

39 다음 중 열가소성 수지에 해당되는 것은?

① 페놀수지
② 멜라민수지
③ 폴리에틸렌수지
④ 요소수지

> 해설
> • 열가소성수지 : 폴리에틸렌(PE), 폴리염화비닐(PVC), 폴리카보네이트(PC), 아크릴
> • 열경화성수지 : 페놀, 멜라민, 요소

40 도로의 길어깨의 설치 목적으로 잘못된 것은?

① 긴급 구난시 비상 도로로 활용
② 고장차의 대피
③ 도로의 주요 구조부의 보호
④ 고속도로 앞지르기시 통행에 이용

> 해설 길어깨는 차도 우측에 설치되는 공간으로 고장차 및 사람의 대피, 교통 안전 등 비상시 활용할 수 있도록 설계된 곳이다.

41 표준품셈에서 수목을 인력시공 식재 후 지주목을 세우지 않을 경우 인력품의 몇%를 감하는가?

① 5%   ② 10%
③ 15%   ④ 20%

> 해설 식재공사에서 지주목을 세우지 않을 때에는 인력시공 시에는 식재품의 10%, 기계시공 시에는 인력품의 20%를 감한다.

42 건설공사의 감리 구분에 해당하지 않는 것은?

① 설계감리   ② 시공감리
③ 입찰감리   ④ 책임감리

> 해설 책임감리란 시공감리(시공관리,품질관리,안전관리 등)를 하면서 발주자와의 의탁에 의해 법령에 따라 감독 권한을 대행하는 것이다.

43 조경공사용 기계의 종류와 용도(굴삭, 배토정지, 상차, 운반, 다짐)의 연결이 옳지 않은 것은?

① 굴삭용 – 무한궤도식 로더
② 운반용 – 덤프트럭
③ 다짐용 – 탬퍼
④ 배토정지용 – 모터그레이더

해설 로더는 상하차용 건설장비이다.

44 일반적인 오수관거의 최소 관경은 얼마 이상이어야 하는가?

① 300mm   ② 250mm
③ 150mm   ④ 50mm

해설 일반적인 오수관거의 최소 관경은 250mm 이상이어야 한다.

45 일위대가표를 작성할 때 일위대가표의 계 금액의 단위 표준은 어떻게 적용시키는가?

① 0.1원까지 쓰고 그 이하는 버린다.
② 1원까지 쓰고 그 미만은 버린다.
③ 0.1원까지 쓰고 소수위 2위에서 4사 5입한다.
④ 1원까지 쓰고 소수위 1위에서 4사 5입한다.

해설 일위대가표의 계 금액은 1원 미만은 버리며, 일위대가표 작성에서 금액은 0.1 미만은 버린다.

46 시설물 이용 조사의 항목과 거리가 먼 것은?

① 시간적 이용자 계측조사
② 이용형태별 조사
③ 시설현황 조사
④ 의식조사

해설 시설물 이용조사 항목은 이용자의 외형적인 것에서부터 내면적인 속성에 이르기까지 종합적으로 계측하고 분석한다.

47 줄기와 같은 높이에서 서로 반대되는 방향으로 마주자란 가지를 무엇이라 하는가?

① 도장지
② 윤생지
③ 평행지
④ 대생지

해설 줄기의 같은 높이에서 서로 반대 방향으로 마주자란 가지를 대생지라 한다.

48 꽃이 진 후 바로 전정을 하면 다음해에 많은 꽃을 볼 수 있는 수종으로 짝지은 것은?

① 아까시나무, 동백나무
② 태산목, 팽나무
③ 진달래, 철쭉
④ 감나무, 명자나무

해설 봄에 꽃이 피는 화관목류(진달래, 철쭉 등)는 꽃이 진 직후에 전정을 한다.

49 정원수에 거적이나 짚을 감아주는 주된 목적은?

① 피소나 동해를 방지하기 위해서
② 장식을 목적으로
③ 수관의 발달을 촉진하기 위해서
④ 뿌리를 보호하기 위해서

해설 정원수에 거적이나 짚을 감아주는 주된 목적은 여름에 강한 볕에 수피가 타거나 겨울에 동해의 피해를 방지하기 위해서이다.

50 곰팡이에 의한 수목병이 아닌 것은?

① 소나무 시들음병
② 잣나무 잎떨림병
③ 낙엽송 가지끝마름병
④ 잣나무 털녹병

해설 소나무 시들음병은 선충(재선충 등)에 의한 수목병이다.

51 천공성 해충이 아닌 것은?

① 소나무좀　　② 박쥐나방
③ 노랑쐐기나방　④ 미끈이하늘소

해설 천공성해충 : 소나무좀, 박쥐나방, 하늘소, 복숭아유리나방, 노랑점바구미 등

52 흰불나방은 겨울철 어떤 상태로 월동하는가?

① 번데기　　② 유충
③ 알　　　　④ 성충

해설 흰불나방은 연 2회 발생하며, 번데기 상태로 월동한다.

53 잔디의 갱신을 위하여 뗏밥을 주는 목적을 기술한 것 중 적합한 것은?

① 땅속 줄기가 노출되게 하여 잔디밭 표면을 보기 좋게 한다.
② 뗏밥은 한번에 많이 주어야 병해 발생이 적다.
③ 뗏밥은 잔디 생육을 돕고 잔디밭의 표면을 고르게 한다.
④ 잔디밭의 뗏밥은 가을철 생육이 계속되는 동안 준다.

해설 뗏밥은 잔디의 지하경과 토양의 분리 현상을 막아주면서 표면을 고르게 한다.

54 다음 복합비료 중 주성분 함량이 가장 많은 비료는?

① 21-21-17
② 11-21-11
③ 18-18-18
④ 0-40-10

해설 복합비료는 질소-인산-칼륨의 순으로 함량을 나타낸다.

55 물 200L를 가지고 제초제 1,000배액을 만들 경우 필요한 약량은 몇 mL인가?

① 10　　　　② 100
③ 200　　　④ 500

해설 1000배액이란 물 1L에 유제 1mL를 희석하는 배수를 말한다.
즉, 유제양 × 희석배수 = 물양이며
유제양은 = $\dfrac{물양}{희석배수} = \dfrac{200L}{1,000} = 0.2L = 200mL$

56 제초제에 관한 설명 중 틀린 것은?

① 제초제는 처리 방법에 따라 토양처리형 제초제, 잡초처리형 제초제로 구분할 수 있다.
② 제초제 살포는 인력 제초보다 저렴하므로 자주 실시하는 것이 좋다.
③ 제초를 하는 것은 식물의 보호상, 미관상, 위생상 효과를 얻는다.
④ 초지로서 이용하는 공간에는 제초보다는 일정한 초장을 유지시키는 관리방법도 바람직하다.

해설 제초제 살포는 가능하면 자주 실시하지 않는 것이 좋다.

57 토양 소독을 실시하기에 가장 적합한 약품은 다음 중 어느 것인가?

① 클로로피크린 ② PCP
③ 보르도액 ④ 황산동

해설 토양소독제 : 클로로피크린, 메틸브로마이드

58 흰불나방 구제를 위하여 살충제 50% 유제를 0.05%(1,000배액)농도로 ha당 1,000L를 살포하면 ha당 소요되는 원액량은 얼마인가?

① 1,000cc ② 1,500cc
③ 2,000cc ④ 2,500cc

해설 소요약량 = $\dfrac{\text{총소요량}}{\text{희석배수}}$ = $\dfrac{1,000L}{1,000}$
= 1L × 1,000 = 1,000cc

59 공원의 주민참가 3단계 발전과정이 옳은 것은?

① 비참가 → 시민권력의 단계 → 형식적 참가
② 형식적 참가 → 비참가 → 시민권력의 단계
③ 비참가 → 형식적 참가 → 시민권력의 단계
④ 시민권력의 단계 → 비참가 → 형식적 참가

해설 주민 참가의 궁극적 목적은 주민 정책에의 참가이며, 자주 관리라 할 수 있다.
- 비참가단계(조작, 치료)
- 형식참가단계(정보제공, 상담, 유화)
- 시민권력의단계(파트너쉽, 권한위양, 자치관리)

60 다음 중 시설물의 사용연수로 가장 부적합한 것은?

① 철재 시소 : 10년
② 목재 벤치 : 7년
③ 철재 파고라 : 40년
④ 원로의 모래자갈 포장 : 10년

해설 철재 파고라는 부식으로 인한 안전상의 문제 때문에 10년 이내가 적당하다.

ANSWER CBT 복원문제 2023년 1회

01	02	03	04	05	06	07	08	09	10
③	③	②	④	①	①	②	④	③	④
11	12	13	14	15	16	17	18	19	20
②	②	④	②	①	②	①	①	①	③
21	22	23	24	25	26	27	28	29	30
①	③	②	②	④	③	②	②	②	①
31	32	33	34	35	36	37	38	39	40
④	②	②	③	①	②	④	④	③	④
41	42	43	44	45	46	47	48	49	50
②	③	①	②	③	④	③	①	①	①
51	52	53	54	55	56	57	58	59	60
③	①	③	④	③	②	①	①	③	③

CBT 복원문제 _ 2023년 2회

01 넓은 의미로의 조경을 가장 잘 설명한 것은?

① 기술자를 정원사라 부른다.
② 궁전 또는 대규모 저택을 중심으로 한다.
③ 식재를 중심으로 한 정원을 만드는 일에 중점을 둔다.
④ 정원을 포함한 광범위한 옥외공간 건설에 적극 참여한다.

해설 정원사, 조원(造園)은 좁은 의미의 조경이다.

02 다음 중 조선시대 중엽 이후에 정원 양식에 가장 큰 영향을 미친 사상은?

① 음양오행설
② 신선설
③ 자연복귀설
④ 임천회유설

해설 조선시대 정원은 신선사상을 바탕으로 중엽 이후에 풍수지리설과 음양오행설이 가미되었다.

03 다음 중 본격적인 프랑스식 정원으로서 루이 14세 당시의 니콜라스 푸케와 관련 있는 정원은?

① 보르뷔콩트(Vaux-le-Vicomte)
② 베르사유(Versailles)궁원
③ 퐁텐블로(Fontainnebleau)
④ 생-클루(Saint-Cloud)

해설 보르 뷔 콩트(Vaux-le-Vicomte)는 루이 14세 당시 재무장관이었던 니콜라스 푸케가 소유한 프랑스 최초의 평면 기하학식 정원이다.
• 퐁텐블로(fontainnebleau) : 사냥터로 이용되었던 숲
• 생-클루(saint-cloud) : 17C 프랑스 주택 지구

04 휴게공간의 입지 조건으로 적합하지 않은 것은?

① 경관이 양호한 곳
② 시야에 잘 띄지 않는 곳
③ 보행 동선이 합쳐지는 곳
④ 기존 녹음수가 조성된 곳

해설 휴게공간은 이용자들에게 많이 노출되어 이용도를 높여야 한다.

05 19세기 미국에서 식민지 시대의 사유지 중심이었던 정원이 공공적인 성격을 지닌 조경으로 전환되는 전기를 마련한 것은?

① 센트럴파크
② 프랭클린파크
③ 버큰히드파크
④ 프로스펙트파크

해설 센트럴파크는 면적이 3.41km²되는 세계 최초의 도시공원으로서 옴스테드와 캘버트보가 공동으로 제안한 그린스워드안을 채택하였다.

06 다음 정원의 개념을 잘 나타내고 있는 중정은?

- 무어 양식의 극치라고 일컬어지는 알함브라(Alhambra)궁의 여러 개 정(Patio) 중 하나임
- 4개의 수로에 의해 4분되는 파라다이스 정원
- 가장 화려한 정원으로 물의 존귀성이 드러남

① Lions Patio(사자의 중정)
② Reja Patio(창격자 중정)
③ Alberca Patio(연못의 중정)
④ Daraxa Patio(Lindaraja Patio)

해설 사자의 정원은 12마리 사자 조각상이 분수를 떠받들며, 물의 존귀성을 나타내고자 하였다.

07 다음 도시공원 및 녹지 등에 관한 법률 시행규칙에서 공원 규모가 가장 작은 것은?

① 묘지공원　　② 체육공원
③ 광역권근린공원　④ 어린이공원

해설 공원 규모
- 묘지공원 : 100,000m² 이상
- 체육공원 : 10,000m² 이상
- 광역권근린공원 : 1,000,000m² 이상
- 어린이공원 : 1,500m² 이상

08 영국인 Brown의 지도 하에 덕수궁 석조전 앞뜰에 조성된 정원 양식과 관계가 있는 것은?

① 빌라 메디치　② 보르비콩트 정원
③ 분구원　　　④ 센트럴파크

해설 석조전 앞 침상원은 우리나라 최초의 정형식 정원으로 분수와 연못을 중심으로 한 프랑스식 정원이다.

09 화단의 초화류를 엷은 색에서 점점 짙은 색으로 배열할 때 가장 강하게 느껴지는 조화미는?

① 통일미　　② 균형미
③ 점층미　　④ 대비미

해설 점층미 : 형태나 선, 색깔, 음향 등이 점차적으로 증가 또는 감소하는 것으로 예를 들면, 계절의 색채 변화 과정을 담아. 낮은 곳에서 높은 곳으로, 높은 곳에서 낮은 곳으로, 강에서 약으로, 직선에서 곡선으로, 대에서 소로, 소에서 대로 점차 변화하는 모습이다.

10 조선시대 경승지에 세운 누각들 중 경기도 수원에 위치한 것은?

① 연광정　　② 사허정
③ 방화수류정　④ 영호정

해설 연광정과 사허정은 평양에, 영호정은 나주에 있다. 방화수류정은 수원 화성의 네 개의 각루 중 동북각루의 이름이다. 각루란 성곽 가운데서 바깥을 조망하기 좋은 곳에 위치한 일종의 초소이다.

11 조경 계획을 위한 경사 분석을 하려 한다. 다음과 같은 조사 항목이 주어질 때 해당 지역의 경사도는 몇 %인가?

- 등고선 간격 : 5m
- 등고선에 직각인 두 등고선의 평면 거리 : 20m

① 40%　　② 10%
③ 4%　　　④ 25%

해설 경사(%) = $\dfrac{높이}{거리} \times 100$

∴ $\dfrac{5}{20} \times 100 = 25\%$

12 "물체의 실제 치수"에 대한 "도면에 표시한 대상물"의 비를 의하는 용어는?

① 척도
② 도면
③ 표제란
④ 연각선

실물에 대한 도면에서의 비율을 축척이라고 한다.

13 다음의 입체도에서 화살표 방향을 정면으로 할 때 평면도를 바르게 표현한 것은?

정면도는 물체를 앞에서 바라본 모양, 평면도는 물체를 위에서 바라본 모양이다. 따라서, 보기 ②항은 평면도, ③항은 정면도에 해당한다.

14 안정감과 포근함 등과 같은 정적인 느낌을 받을 수 있는 경관은?

① 파노라마 경관
② 위요경관
③ 초점경관
④ 지형경관

• 파노라마 경관 : 시야의 제한을 받지 않고 멀리까지 트인 경관
• 위요경관 : 수목 등으로 울타리처럼 자연스럽게 둘러싸여 있는 경관
• 초점경관 : 좌우로 시선이 제한되고, 중앙의 한 점으로 시선이 모이도록 구성된 경관
• 지형경관 : 지형지물이 경관에서 지배적인 위치를 지니는 경관

15 다음의 설명이 의미하는 그림은?

• 눈높이나 눈보다 조금 높은 위치에서 보여지는 공간을 실제 보이는 대로 자연스럽게 표현한 그림
• 나타내고자 하는 의도의 윤곽을 잡아 개략적으로 표현하고자 할 때, 즉 아이디어를 수집, 기록, 정착화하는 과정에 필요
• 디자이너에게 순간적으로 떠오르는 불확실한 아이디어의 이미지를 고정, 정착화시켜 나가는 초기단계

① 투시도   ② 스케치
③ 입면도   ④ 조감도

머릿속 아이디어를 그림으로 나타내거나 실제 사물을 눈에 보이는 대로 개략적으로 그려 나가는 작업이다.

16 다음 중 물체가 있는 것으로 가상되는 부분을 표시하는 선의 종류는?

① 실선   ② 파선
③ 1점쇄선   ④ 2점쇄선

명칭	용도에 의한 명칭	용도
실선	외형선 단면선	• 물체에 보이는 부분을 나타내는 선 • 절단면의 윤곽선
	치수선, 치수보조선 지지선, 해칭선	• 설명, 보조, 지시 및 단면의 표시

명칭		용도에 의한 명칭	용도
파선		숨은선	• 물체의 보이지 않는 모양 표시
허선	일점 쇄선	중심선	• 물체의 중심축 • 대칭축 표시
		경계선 절단선	• 물체의 절단한 위치를 표시 • 경계선으로 이용
	이점 쇄선	가상선 (경계선)	• 물체가 있을 것으로 가상되는 부분 표시

17 석재를 형상에 따라 구분할 때 견치돌에 대한 설명으로 옳은 것은?

① 폭이 두께의 3배 미만으로 육면체 모양을 가진 돌
② 치수가 불규칙하고 일반적으로 뒷면이 없는 돌
③ 두께가 15cm 미만이고, 폭이 두께의 3배 이상인 육면체 모양의 돌
④ 전면은 정사각형에 가깝고, 뒷길이, 접촉면, 뒷면 등의 규격화된 돌

해설 ① 각석, ② 깬돌, ③ 판석
견치돌은 앞면이 정사각형 또는 직사각형, 뒷길이는 앞면 길이의 1.5배 이상인 무게 70~100kg의 가공석으로 옹벽 쌓기에 많이 쓰인다. 개의 이빨(犬齒)처럼 생겨서 견치돌이라고도 한다.

18 건설 재료용으로 사용되는 목재를 건조시키는 목적 및 건조 방법에 관한 설명 중 틀린 것은?

① 중량경감 및 강도, 내구성을 증진시킨다.
② 균류에 의한 부식 및 벌레의 피해를 예방한다.
③ 자연건조법에 해당하는 공기건조법은 실외에 목재를 쌓아두고 기건상태가 될 때까지 건조시키는 방법이다.
④ 밀폐된 실내에 가열한 공기를 보내서 건조를 촉진시키는 방법은 인공건조법 중에서 증기건조법이다.

해설 밀폐된 공간에서 가열한 공기로 건조시키는 방법은 진공건조법이다.

19 다음 중 조경수목의 계절적 현상 설명으로 옳지 않은 것은?

① 싹틈 : 눈은 일반적으로 지난해 여름에 형성되어 겨울을 나고 봄에 기온이 올라감에 따라 싹이 튼다.
② 개화 : 능소화, 무궁화, 배롱나무 등의 개화는 그 전년에 자란 가지에서 꽃눈이 분화하여 그해에 개화한다.
③ 결실 : 결실량이 지나치게 많을 때는 다음 해의 개화 결실이 부실해지므로 꽃이 진 후 열매를 적당히 솎아준다.
④ 단풍 : 기온이 낮아짐에 따라 잎 속에서 생리적인 현상이 일어나 푸른 잎이 다홍색, 황색 또는 갈색으로 변하는 현상이다.

해설 봄에 꽃이 피는 수종은 개화 전년도 6월~8월 사이에 화아분화가 일어나며 능소화, 배롱나무 등 여름에 개화하는 수종은 그해에 자란 가지에서 꽃이 핀다.

20 다음 도료 중 건조가 가장 빠른 것은?

① 오일페인트   ② 바니쉬
③ 래커   ④ 레이크

해설 분체도장은 건조 시간이 빠르며 래커(흔히 락카라 함)는 분체도장이다.

21 수목의 여러 가지 이용 중 단풍의 아름다움을 관상하려 할 때 적합하지 않은 수종은?

① 신나무
② 칠엽수
③ 화살나무
④ 팥배나무

해설 신나무와 화살나무는 빨간 단풍, 칠엽수는 노란 단풍을 관상할 수 있지만, 팥배나무는 빨간 열매를 관상하는 수종이다.

22 단위 용적 중량이 1.65t/m³이고 굵은 골재 비중이 2.65일 때 이 골재의 실적률(A)과 공극률(B)은 각각 얼마인가?

① A : 62.3%, B : 37.7%
② A : 69.7%, B : 30.3%
③ A : 66.7%, B : 33.3%
④ A : 71.4%, B : 28.6%

해설 실적률 = $\dfrac{중량}{비중} \times 100$

$= \dfrac{1.65}{2.65} \times 100 = 62.26\%$

공극률 = 100 − 실적률
$= (1 - \dfrac{가비중}{진비중}) \times 100$
$= 100 - 62.26 = 37.74\%$

23 다음 중 인공지반을 만들려고 할 때 사용되는 경량토로 부적합한 것은?

① 버미큘라이트
② 모래
③ 펄라이트
④ 부엽토

해설 경량토 : 버미큘라이트, 펄라이트, 피트모스, 화산재, 부엽토 등

24 정적인 상태의 수경 경관을 도입하고자 할 때 바른 것은?

① 하천
② 계단폭포
③ 호수
④ 분수

해설 호수와 연못 등은 물을 정적으로 이용하는 것이며, 분수나 폭포, 벽천, 캐스케이드 등은 동적인 이용이다.

25 담금질을 한 강에 인성을 주기 위하여 변태점 이하의 적당한 온도에서 가열한 다음 냉각시키는 조작을 의미하는 것은?

① 풀림
② 사출
③ 불림
④ 뜨임질

해설 금속재료의 열처리
- 풀림 : 적당한 온도(800~1000℃)로 가열하여 소정의 시간까지 유지한 후에 로(爐) 내부에서 천천히 냉각
- 불림 : 공기 중 상온에서 서서히 냉각
- 뜨임질 : 담금질 후 취성을 보완하기 위해 가열 후 공기 중에서 서서히 냉각
- 담금질 : 금속 재료의 열을 식히기 위해 기름이나 물에 담그는 작업

26 수확한 목재를 주로 가해하는 대표적 해충은?

① 흰개미
② 매미
③ 풍뎅이
④ 흰불나방

해설 흰개미는 목재를 먹이로 하는 곤충으로 목조 건물에 피해를 유발하는 대표적인 해충이다.

27 콘크리트 공사 중 거푸집 상호간의 간격을 일정하게 유지 시키기 위한 것은?

① 캠버(camber)
② 긴장기(form tie)
③ 스페이서(spacer)
④ 세퍼레이터(seperator)

해설
- 캠버(camber) : 쐐기모양의 나뭇조각
- 긴장기(form tie) : 거푸집 간격을 유지하며 벌어지는 것을 방지하기 위한 것
- 스페이서(spacer) : 철근 콘크리트의 기둥 등의 철근에 대한 콘크리트의 피복 두께를 정확하게 유지하기 위해 사용
- 세퍼레이터(separator) : 철근과 거푸집 간격을 유지하기 위한 받침

28 다음 중 옥상 정원을 만들 때 배합하는 경량재로 사용하기 가장 어려운 것은?

① 사질양토
② 버미큘라이트
③ 펄라이트
④ 피트

해설 옥상정원은 토양 하중을 가장 우선 고려해야 하므로 경량토를 비중있게 섞어서 사용하여야 한다. 대표적인 경량토로는 버미큘라이트, 펄라이트, 피트모스, 화산재 등이 있다.

29 다음 중 백목련에 대한 설명으로 옳지 않은 것은?

① 낙엽활엽교목으로 수형은 평정형이다.
② 열매는 황색으로 여름에 익는다.
③ 향기가 있고 꽃은 백색이다.
④ 잎이 나기 전에 꽃이 핀다.

해설 백목련 열매는 자색으로 익는다.

30 생태 복원을 목적으로 사용하는 재료로서 가장 거리가 먼 것은?

① 식생매트
② 잔디블록
③ 녹화마대
④ 식생자루

해설 녹화마대는 통기성, 흡수성, 보온성, 부식성이 우수하여 줄기감기용, 수목 굴취 시 뿌리감기용, 겨울철 수목 보호를 위해 사용되는 마(麻) 소재의 친환경적 자재로 생태 복원과는 거리가 멀다.

31 두 종류 이상의 제초제를 혼합하여 얻은 효과가 단독으로 처리한 반응을 각각 합한 것보다 높을 때의 효과는?

① 부가효과(Additive effect)
② 상승효과(Synergistic effect)
③ 길항효과(Antagonistic effect)
④ 독립효과(Independent effect)

해설 서로의 작용을 높여주는 효과를 상승효과 또는 시너지 효과라고 하며, 길항효과는 상대방의 효과를 상쇄(소멸)시키는 효과이다.

32 겨울철 화단용으로 가장 알맞은 식물은?

① 팬지
② 피튜니아
③ 샐비어
④ 꽃양배추

해설 팬지는 봄에 꽃이 피고 피튜니아, 샐비어는 가을에 꽃이 핀다.

33 나무줄기의 색채가 흰색 계열이 아닌 수종은?

① 분비나무
② 서어나무
③ 자작나무
④ 모과나무

해설 줄기 색채가 흰색인 수종 : 자작나무, 백송, 분비나무, 플라타너스, 서어나무, 등나무, 동백나무 등

34 수목은 생육 조건에 따라 양수와 음수로 구분하는데, 다음 중 성격이 다른 하나는?

① 무궁화
② 박태기나무
③ 독일가문비나무
④ 산수유

> 대부분의 침엽수(소나무, 향나무, 낙엽송 등 제외)와 상록 활엽수는 음수이다.

35 다음 설명에 해당되는 잔디는?

- 한지형 잔디이다.
- 불완전 포복형이지만, 포복력이 강한 포복경을 지표면으로 강하게 뻗는다.
- 잎의 폭이 2~3mm로 질감이 매우 곱고 품질이 좋아서 골프장 그린에 많이 이용한다.
- 짧은 예취에 견디는 힘이 가장 강하나, 병충해에 가장 약하여 방제에 힘써야 한다.

① 버뮤다그래스
② 켄터키블루그래스
③ 벤트그래스
④ 라이그래스

> 서양 잔디 중에서 가장 양질의 잔디는 벤트그래스이며 골프장 그린에 사용한다.

36 다음 설명의 ( ) 안에 적합한 값은?

표준적인 뿌리분의 크기는 근원직경의 ( )를 기준으로 하되 수목의 이식력과 발근력을 적절히 고려하도록 하며, 분의 깊이는 세근의 밀도가 현저히 감소된 부위로 한다.

① 1배
② 2배
③ 4배
④ 8배

> 표준적인 뿌리분의 크기는 근원직경의 4배를 기준으로 하되 수목의 이식력과 발근력을 적절히 고려하도록 하며, 분의 깊이는 세근의 밀도가 현저히 감소된 부위로 한다.

37 비탈면의 기울기는 관목 식재 시 어느 정도 경사보다 완만하게 식재하여야 하는가?

① 1:0.3보다 완만하게
② 1:1보다 완만하게
③ 1:2보다 완만하게
④ 1:3보다 완만하게

> - 교목 : 1:3보다 완만하게
> - 관목 : 1:2보다 완만하게

38 다음 중 세균에 의한 수목병은?

① 밤나무 뿌리혹병
② 뽕나무 오갈병
③ 소나무 잎녹병
④ 포플러 모자이크병

> - 뽕나무 오갈병 : 마이코플라즈마
> - 소나무 잎녹병 : 진균
> - 포플러 모자이크병 : 바이러스

39 공원 내에 설치된 목재벤치 좌판(坐板)의 도장 보수는 보통 얼마 주기로 실시하는 것이 좋은가?

① 계절이 바뀔 때
② 6개월
③ 매년
④ 2~3년

> 공원에 설치된 표지판 및 벤치 등은 2~3년에 한 번씩 도장 작업을 실시한다.

40 농약을 유효 주성분의 조성에 따라 분류한 것은?

① 입제 ② 훈증제
③ 유기인계 ④ 식물생장조정제

해설 유기인계 농약은 이네진이라고 불리며 수은계 농약 대신 개발된 에스테르계 살충제이다. 현재 가장 널리 사용하고 있으며, 유기염소계보다는 휘발성이 강하므로 환경오염 문제도 상대적으로 적다.

41 조경수목의 단근작업에 대한 설명으로 틀린 것은?

① 뿌리 기능이 쇠약해진 나무의 세력을 회복하기 위한 작업이다.
② 잔뿌리의 발달을 촉진시키고, 뿌리의 노화를 방지한다.
③ 굵은 뿌리는 모두 잘라야 아랫 가지의 발육이 좋아진다.
④ 땅이 풀린 직후부터 4월 상순까지가 가장 좋은 작업시기이다.

해설 굵은 뿌리는 수목의 지지를 위해 몇 개씩 남겨 두어야 한다.

42 더운 여름 오후에 햇빛이 강하면 수간의 남서쪽 수피가 열에 의해서 피해(터지거나 갈라짐)를 받을 수 있는 현상을 무엇이라 하는가?

① 피소 ② 상렬
③ 조상 ④ 한상

해설 껍질데기(피소)는 껍질이 얇은 수종. 큰 나무의(흉고 직경 15~20cm) 서쪽 수간에서 잘 발생한다. 피소를 방지하기 위해서는 줄기싸기 작업을 해준다.

43 디딤돌 놓기 공사에 대한 설명으로 틀린 것은?

① 정원의 잔디, 나지 위에 놓아 보행자의 편의를 돕는다.
② 넓적하고 평평한 자연석, 판석, 통나무 등이 활용된다.
③ 시작과 끝부분, 갈라지는 부분은 50cm 정도의 돌을 사용한다.
④ 같은 크기의 돌을 직선으로 배치하여 기능성을 강조한다.

해설 디딤돌 놓기
- 크고 작은 것을 섞어 직선보다는 어긋나게 배치한다.
- 돌 간의 간격은 보행 폭을 고려하여 돌과 돌 사이의 중심 거리로 잡는다.
- 돌의 좁은 방향이 걸어가는 방향으로 오게 방향성을 준다.(머리 방향이 경관 쪽을 향하도록 배치)
- 한 발로 디디는 디딤돌의 크기는 지름 25~30cm가 적당하며 시작과 끝부분, 길이, 갈라지는 부분은 50cm 정도의 큰 것을 사용한다.
- 높이는 지표보다 3~5cm 정도 높게 해주고 디딤돌과 디딤돌 사이의 간격은 15cm로 한다.

44 실내조경 식물의 선정 기준이 아닌 것은?

① 낮은 광도에 견디는 식물
② 온도 변화에 예민한 식물
③ 가스에 잘 견디는 식물
④ 내건성과 내습성이 강한 식물

해설 실내조경 식물은 실내에서 자라는 만큼 온도 등 환경 조건에 잘 적응할 수 있어야 한다.

45 다음 중 농약의 보조제가 아닌 것은?

① 증량제
② 협력제
③ 유인제
④ 유화제

농약 보조제
- 전착제 : 농약의 주성분을 식물체에 잘 전착시키기 위한 약제
- 증량제 : 분제 주성분의 농도를 낮추어 일정한 농도를 유지하기 위한 약제
- 용제 : 약제의 유효 성분을 용해시키는 약제
- 유화제 : 유제를 균일하게 분산시키는 약제, 계면활성제
- 협력제 : 유효성분의 효력을 증진시키는 약제

46 수간에 약액 주입 시 구멍 뚫는 각도로 가장 적절한 것은?

① 수평
② 0~10°
③ 20~30°
④ 50~60°

수간주사 방법
- 수간 밑에서 5~10cm에 구멍을 뚫은 다음 반대편에 지상에서 10~15cm 높이에 구멍을 뚫는다.
- 구멍의 각도는 20~30° 유지되도록 하고 깊이는 3~4cm로 한다.
- 수간 주입기를 180cm 정도 높이에 고정 시킨다.
- 구멍 속에 약제를 채워 공기를 뺀 다음 마개로 닫는다.

47 수목의 가슴 높이 지름을 나타내는 기호는?

① F
② S.D
③ B
④ W

조경 수목의 규격 표시

구분	약칭	단위	정의
수고	H	m	지표면에서 수관의 정상 까지의 수직 길이
수관폭	W	m	수관의 직경 폭
흉고직경	B	cm	지표면에서 1.2m 부위의 수간 직경
근원직경	R	cm	표면 부위의 수간 직경
수관길이	L	m	수관이 수평으로 생장하는 특성을 가진 조형된 수관의 최대 길이
교목성			수고(m) × 흉고직경(cm) / 수고(m) × 근원직경(cm)
관목성			수고(m) × 수관폭(m)
묘목			줄기 길이(cm) × 근원직경(cm)

48 다음 중 큰 나무의 뿌리돌림에 대한 설명으로 가장 거리가 먼 것은?

① 굵은 뿌리를 3~4개 정도 남겨둔다.
② 굵은 뿌리 절단 시는 톱으로 깨끗이 절단한다.
③ 뿌리돌림을 한 후에 새끼로 뿌리분을 감아두면 뿌리의 부패를 촉진하여 좋지 않다.
④ 뿌리돌림을 하기 전 수목이 흔들리지 않도록 지주목을 설치하여 작업하는 방법도 좋다.

뿌리돌림을 한 후 새끼로 허리감기를 한 후 지주목을 설치한다.

49 다음 설계도면의 종류에 대한 설명으로 옳지 않은 것은?

① 입면도는 구조물의 외형을 보여주는 것이다.
② 평면도는 물체를 위에서 수직 방향으로 내려다본 것을 그린 것이다.
③ 단면도는 구조물의 내부나 내부 공간의 구성을 보여주기 위한 것이다.
④ 조감도는 관찰자의 눈높이에서 본 것을 가정하여 그린 것이다.

> 해설 조감도는 관찰자의 눈높이가 아니라 새가 하늘에서 내려다보듯 그린 도면이다.

50 과다 사용 시 병에 대한 저항력을 감소시키므로 특히 토양의 비배관리에 주의해야 하는 무기 성분은?

① 질소   ② 규산
③ 칼륨   ④ 인산

> 해설 질소질 비료가 과다하면 병에 대한 저항성이 약해진다.

51 기초 토공사비 산출을 위한 공정이 아닌 것은?

① 터파기   ② 되메우기
③ 정원석 놓기   ④ 잔토처리

> 해설
> • 터파기 : 기초를 위해 지면을 파내는 작업
> • 되메우기 : 터파기 공간에 구조물 설치 후 남은 공간에 토사를 메우는 작업
> • 잔토처리 : 되메우기 하고 남은 흙을 버리는 작업(즉, 터파기-되메우기 양을 말한다.)

52 다음 중 차폐식재에 적용 가능한 수종의 특징으로 옳지 않은 것은?

① 지하고가 낮고 지엽이 치밀한 수종
② 전정에 강하고 유지 관리가 용이한 수종
③ 아랫 가지가 말라 죽지 않는 상록수
④ 높은 식별성 및 상징적 의미가 있는 수종

> 해설 높은 식별성과 상징적 의미가 있는 수종은 지표식재에 적합하다.

53 단풍나무를 식재 적기가 아닌 여름에 옮겨 심을 때 실시해야 하는 작업은?

① 뿌리분을 크게 하고, 잎을 모조리 따내고 식재
② 뿌리분을 적게 하고, 가지를 잘라낸 후 식재
③ 굵은 뿌리는 자르고, 가지를 솎아내고 식재
④ 잔뿌리 및 굵은 뿌리를 적당히 자르고 식재

> 해설 단풍나무는 여름에 이식 시 잎을 모조리 따서 광합성 및 증산작용을 억제하여 수분의 손실을 막는다.

54 관수의 효과가 아닌 것은?

① 토양 중의 양분을 용해하고 흡수하여 신진대사를 원활하게 한다.
② 증산작용으로 인한 잎의 온도 상승을 막고 식물체 온도를 유지한다.
③ 지표와 공중의 습도가 높아져 증산량이 증대된다.
④ 토양의 건조를 막고 생육 환경을 형성하여 나무의 생장을 촉진시킨다.

해설 수분의 역할
- 식물체 내의 물질 이동
- 물질의 생화학 반응 및 토양의 유효물질 용해
- 세포액의 팽압에 의한 체형 유지
- 수분 증산에 의한 수목의 체온 유지

55 난지형 잔디에 뗏밥을 주는 가장 적합한 시기는?

① 3~4월
② 5~7월
③ 9~10월
④ 11~1월

해설
- 난지형 잔디 : 6~8월에 각 1회씩 총 3회 또는 6~7월에 각 1회(휴면기엔 실시하지 않음)
- 한지형 잔디 : 생육이 왕성한 9월에 실시

56 다음 중 계곡선에 대한 설명 중 맞는 것은?

① 주곡선 간격의 1/2 거리의 가는 파선으로 그어진 것이다.
② 주곡선의 다섯 줄마다 굵은선으로 그어진 것이다.
③ 간곡선 간격의 1/2 거리의 가는 점선으로 그어진 것이다.
④ 1/5000의 지형도 축척에서 등고선은 10m 간격으로 나타난다.

해설
- 주곡선 : 지형도 전체에 일정 높이의 간격으로 그려진 곡선
- 계곡선 : 주곡선의 다섯 줄마다 굵은 선으로 그어진 것
- 간곡선 : 주곡선 간격의 1/2 거리의 가는 파선으로 표시
- 보조곡선 : 간곡선 간격의 1/2 거리의 가는 점선으로 표시

57 토양의 입경 조성에 의한 토양의 분류를 무엇이라고 하는가?

① 토성
② 토양통
③ 토양반응
④ 토양분류

해설 모래의 함유량에 따라 사토 – 양토 – 식토로 구분된다.

58 토공 작업 시 지반면보다 낮은 면의 굴착에 사용하는 기계로 깊이 6m 정도의 굴착에 적당하며, 백호우라고도 불리는 기계는?

① 클램쉘(Clam Shell)
② 드래그라인(Drag line)
③ 파워셔블(Power Shovel)
④ 드래그셔블(Drag Shovel)

해설 셔블계 굴착기계의 종류
- 파워셔블 : 지반면보다 높은 곳의 굴착, 쇄석 옮겨쌓기, 토사의 처리 등에 널리 쓰인다.
- 백호우(드래그셔블) : 지반면보다 낮은 곳의 굴착, 지하층 및 기초 굴삭, 토목공사나 수중굴착 등에 쓰인다.(지하 6m 정도의 깊이)
- 드래그라인 : 지반면보다 낮은 곳의 굴착, 토사를 긁어모음, 연약한 지반의 깊은 곳 굴착 등에 쓰인다.(지하 8m 정도의 깊이)
- 클램쉘 : 좁은 곳의 수직굴착, 자갈 등의 적재, 연약한 지반이나 수중굴착 등에 쓰인다.

59 돌쌓기 시공상 유의해야 할 사항으로 옳지 않은 것은?

① 서로 이웃하는 상하층의 세로 줄눈을 연속되게 한다.
② 돌쌓기 시 뒤채움을 잘하여야 한다.
③ 석재는 충분하게 수분을 흡수시켜서 사용해야 한다.

④ 하루에 1~1.2m 이하로 찰쌓기를 하는 것이 좋다.

> 해설 돌쌓기를 할 때는 세로 줄눈이 연속되는 통줄눈을 피하고 막힌 줄눈으로 쌓는다.

60 다음 중 교목류의 높은 가지를 전정하거나 열매를 채취할 때 주로 사용할 수 있는 가위는?

① 대형전정가위
② 조형전정가위
③ 순치기가위
④ 갈쿠리전정가위

> 해설 갈쿠리전정가위는 고지가위라고도 하며, 높은 부분 가지를 자르거나 열매 채취 시 사용한다.

ANSWER CBT 복원문제 2023년 2회

01	02	03	04	05	06	07	08	09	10
④	①	①	②	①	①	④	②	③	③
11	12	13	14	15	16	17	18	19	20
④	①	②	②	②	④	④	④	②	③
21	22	23	24	25	26	27	28	29	30
④	①	②	③	④	①	②	①	②	③
31	32	33	34	35	36	37	38	39	40
②	④	④	③	③	③	③	①	④	③
41	42	43	44	45	46	47	48	49	50
③	①	④	②	③	③	③	③	④	①
51	52	53	54	55	56	57	58	59	60
③	④	①	③	②	②	①	④	①	④

CBT 복원문제 _ 2024년 1회

01 조경 직무는 조경설계 기술자, 조경시공 기술자, 조경관리 기술자로 크게 구분할 수 있다. 그 중 조경설계 기술자의 직무 내용에 해당하는 것은?

① 식재공사
② 시공감리
③ 병해충방제
④ 조경묘목생산

해설
- 조경설계 기술자 : 도면제도, 기본계획 수립, 디자인 및 스케치, 물량산출 및 시방서 작성, 시공감리
- 조경시공 기술자 : 시설물과 식재시공 업무, 설계변경, 적산 및 견적
- 조경관리 기술자 : 조경수목 생산관리, 병충해방제, 피해 수목 보호처리, 전정 및 시비

02 계획구역 내에 거주하고 있는 사람과 이용자를 이해하는데 목적이 있는 분석 방법은?

① 자연환경분석
② 인문환경분석
③ 시각환경분석
④ 청각환경분석

해설 인문환경분석은 민족성, 종교, 역사성, 정치 등 인간의 모든 활동과 관련된 사항을 분석하는 것이다.

03 다음 중 별서의 개념과 가장 거리가 먼 것은?

① 은둔 생활을 하기 위한 것
② 효도를 하기 위한 것
③ 별장의 성격을 갖기 위한 것
④ 수목을 가꾸기 위한 것

해설 별서란 본가에서 떨어져 초야에 지은 별장의 성격을 가진 집이다. 이곳에서 부모를 모시고 농사를 지으면서 은둔 생활을 하였으며 대표적인 것이 담양의 소쇄원이다.

04 영국 정형식 정원의 특징 중 매듭화단이란 무엇인가?

① 낮게 깎은 회양목 등으로 화단을 기하학적 문양으로 구획한다.
② 수목을 전정하여 정형식 모양으로 만든 미로이다.
③ 가늘고 긴 형태로 한쪽 방향에서만 관상할 수 있는 화단이다.
④ 카펫을 깔아놓은 듯 화려하고 복잡한 문양이 펼쳐진 화단이다.

해설
- 영국의 경우 17C 튜더왕조시대는 정형식, 18C 이후에는 낭만주의 운동으로 자연 풍경식 정원이 발달한다.
- 매듭화단(Knot garden)은 17C 튜더 왕조의 정원이다.

05 조선시대 정자의 평면 유형은 유실형(중심형, 편심형, 분리형, 배면형)과 무실형으로 구분할 수 있는데 다음 중 유형이 다른 하나는?

① 광풍각
② 임대정
③ 거연정
④ 세연정

해설
- 광풍각 : 담양 소쇄원 – 무실형
- 임대정 : 전남 화순 – 무실형
- 거연정 : 전남 광양 – 유실형
- 세연정 : 전남 완도 보길도 – 무실형

06 다음 중 위요경관에 속하는 것은?

① 넓은 초원
② 노출된 바위
③ 숲속의 호수
④ 계곡 끝의 폭포

해설
- 파노라마경관 : 시야를 제한받지 않고 멀리까지 트인 경관으로 웅장함과 아름다움을 느낄 수 있으며, 자연에 대한 존경심을 유발
- 지형경관 : 지형지물이 경관에서 지배적인 위치를 지니는 경우
- 위요경관 : 수목, 경사면 등의 주위 경관 요소들에 의하여 울타리처럼 자연스럽게 둘러싸여 있는 경관
- 관개경관 : 교목의 수관 아래에 형성되는 경관

07 다음 중 조경에 관한 설명으로 옳지 않은 것은?

① 주택의 정원만 꾸미는 것을 말한다.
② 경관을 보존 정비하는 종합과학이다.
③ 우리의 생활 환경을 정비하고 미화하는 일이다.
④ 국토 전체 경관의 보존, 정비를 과학적이고 조형적으로 다루는 기술이다.

해설 조경은 주택 정원을 포함한 광범위한 옥외공간을 아름답게 창출하는데 목적이 있다.

08 도시공원 및 녹지 등에 관한 법규상 공원구분 중 생활권 공원에 속하지 않는 것은?

① 소공원
② 어린이공원
③ 문화공원
④ 근린공원

해설
- 생활권 공원 : 소공원, 어린이공원, 근린공원(근린생활권, 도보권, 도시지역권, 광역권)
- 주제공원 : 역사공원, 문화공원, 수변공원, 묘지공원, 체육공원, 도시농업공원

09 도시공원 및 녹지 등에 관한 법규상 도시공원 설치 및 규모의 기준에서 근린생활권근린공원의 최소규모는 얼마인가?

① 1,500m²
② 10,000m²
③ 30,000m²
④ 100,000m²

해설 생활권 공원의 유치거리 및 규모

구분	유치거리	규모
소공원	제한 없음	제한 없음
어린이공원	250m 이하	1,500m² 이상
근린생활권 근린공원	500m 이하	10,000m² 이상
도보권 근린공원	1,000m 이하	30,000m² 이상
도시지역권 근린공원	제한 없음	100,000m² 이상
광역권 근린공원	제한 없음	1,000,000m² 이상

10 다음 중 온도감이 따뜻하게 느껴지는 색은?

① 보라색 ② 초록색
③ 주황색 ④ 남색

📖 • 따뜻한 색(진출색, 팽창색) : 정열적, 온화, 친근한 느낌(예 : 봄철의 노란 개나리꽃, 가을의 붉은 단풍)
• 차가운 색(후퇴색, 수축색) : 지적, 냉정함, 쾌한 느낌(예 : 침엽수림이나 깊은 연못의 검푸른 수면)

11 도시공원 및 녹지 등에 관한 법률에서 정하고 있는 녹지가 아닌 것은?

① 완충녹지 ② 경관녹지
③ 연결녹지 ④ 시설녹지

📖 녹지의 세분(도시공원 및 녹지 등에 관한 법률 35조)
• 완충녹지 : 대기오염, 소음, 진동, 악취, 그 밖에 이에 준하는 공해와 각종 사고나 자연재해, 그 밖에 이에 준하는 재해 등의 방지를 위하여 설치하는 녹지
• 경관녹지 : 도시의 자연적 환경을 보전하거나 이를 개선하고 이미 자연이 훼손된 지역을 복원·개선함으로써 도시경관을 향상시키기 위하여 설치하는 녹지
• 연결녹지 : 도시 안의 공원, 하천, 산지 등을 유기적으로 연결하고 도시민에게 산책공간의 역할을 하는 등 여가·휴식을 제공하는 선형(線型)의 녹지

12 다음 중 넓은 잔디밭을 이용한 전원적이며 목가적인 정원 양식은 무엇인가?

① 전원풍경식 ② 회유임천식
③ 고산수식 ④ 다정식

📖 18C 이후 영국은 정형식을 탈피하고 목가적인 자연 풍경을 정원 양식으로 삼은 전원풍경식이 발달하게 된다.

13 고려시대 궁궐의 정원을 맡아 관리하던 해당 부서는?

① 내원서
② 장원서
③ 상림원
④ 동산바치

📖 고려시대 내원서, 조선시대 장원서이다. 동산바치는 정원사를 말한다.

14 식재 설계에서의 인출선과 선의 종류가 동일한 것은?

① 단면선
② 숨은선
③ 경계선
④ 치수선

📖 인출선, 치수선, 치수보조선, 지시선, 해칭선 등은 0.2mm 이하의 가는 실선을 사용한다.

15 어떤 두 색이 맞붙어 있을 때 그 경계 언저리에 대비가 더 강하게 일어나는 현상은?

① 연변대비 ② 면적대비
③ 보색대비 ④ 한난대비

📖 인접한 경계면이 다른 부분보다 더 강한 색상, 명도, 채도 대비를 나타내는 것을 연변대비라 한다.

16 스프레이건(spray gun)을 쓰는 것이 가장 적합한 도료는?

① 수성페인트 ② 유성페인트
③ 래커 ④ 에나멜

📖 스프레이건(spray gun)은 분체도장 시 사용한다.

17 다음 중 화성암 계통의 석재인 것은?

① 화강암　　② 점판암
③ 대리석　　④ 사문암

해설 석재의 성인(成因)에 따른 분류(가장 보편적으로 사용됨)

구분	종류	
화성암	심성암	화강암, 섬록암
	화산암	안산암, 현무암
퇴적암	역암, 사암, 세일, 이암	
변성암	편마암(세일), 점판암(세일), 사문암(감람암), 대리석(석회암)	

18 골재의 표면수는 없고, 골재 내부에 빈틈이 없도록 물로 차 있는 상태는?

① 절대건조상태
② 기건상태
③ 습윤상태
④ 표면건조 포화상태

해설
- 절대건조상태 : 골재 외부와 내부 공극에 포함되어 있는 물이 전부 제거된 상태
- 기건상태 : 골재의 수분 함유량이 대기 중 습도와 평행을 이룬 상태
- 습윤상태 : 골재의 내부가 완전히 수분으로 채워져 있고 표면에도 여분의 물을 포함하고 있는 상태

19 콘크리트용 혼화재료로 사용되는 플라이애시에 대한 설명 중 틀린 것은?

① 포졸란 반응에 의해서 중성화 속도가 저감된다.
② 플라이애시의 비중은 보통포틀랜드 시멘트보다 작다.
③ 입자가 구형이고 표면조직이 매끄러워 단위 수량을 감소시킨다.
④ 플라이애시는 이산화규소(SiO_2)의 함유율이 가장 많은 비결정질 재료이다.

해설 포졸란 반응이란 포졸란이 수산화칼슘과 상온에서 반응하는 것으로 중성화 속도가 증가한다.

20 크기가 지름 20~30cm 정도의 것이 크고 작은 알로 골고루 섞여 있으며 형상이 고르지 못한 깬돌이라 설명하기도 하며, 큰 돌을 깨서 만드는 경우도 있어 주로 기초용으로 사용하는 석재의 분류명은?

① 산석　　② 이면석
③ 잡석　　④ 판석

해설 잡석은 막깬돌을 이야기하며 자갈과는 개념이 다르다.

21 다음 중 음수대에 관한 설명으로 옳지 않은 것은?

① 표면재료는 청결성, 내구성, 보수성을 고려한다.
② 양지바른 곳에 설치하고, 가급적 습한 곳을 피한다.
③ 유지 관리상 배수는 수직 배수관을 많이 사용하는 것이 좋다.
④ 음수전의 높이는 성인, 어린이, 장애인 등 이용자의 신체 특성을 고려하여 적정 높이로 한다.

해설 음수대의 배수는 수직 배수관과 수평 배수관을 적절히 사용하여야 한다. 수직 배수관만을 사용할 경우 겨울에 동파의 위험이 있다.

22 다음 중 녹나무과(科)로 봄에 가장 먼저 개화하는 수종은?

① 치자나무
② 호랑가시나무
③ 생강나무
④ 무궁화

🔍 치자나무는 6월에 흰색, 호랑가시나무는 4월에 흰색으로 개화하며 무궁화는 여름에서 가을에 걸쳐 개화한다.

23 여름철에 강한 햇빛을 차단하기 위해 식재되는 수목을 가리키는 것은?

① 녹음수   ② 방풍수
③ 차폐수   ④ 방음수

🔍 녹음식재
• 햇빛을 차단하기 위한 식재
• 녹음식재의 수종 요구 특성
 – 지하고가 높은 낙엽 활엽수
 – 병충해, 기타 유해 요소가 없는 수종

24 여름부터 가을까지 꽃을 감상할 수 있는 알뿌리 화초는?

① 금잔화   ② 수선화
③ 색비름   ④ 칸나

🔍 사

구분		주요 식물
1년생	봄뿌림 (가을화단용)	코스모스, 채송화, 봉숭아, 과꽃, 메리골드, 피튜니아, 샐비어, 맨드라미, 아게라톰, 색비름, 분꽃, 백일홍 등
	가을뿌림 (봄화단용)	팬지, 금어초, 금잔화, 데이지, 패랭이꽃, 안개초 등
	다년생초화	국화, 베고니아, 부용, 꽃창포, 옥잠화, 작약 등

구분		주요 식물
알뿌리	봄심기 (가을화단용)	칸나, 달리아, 아마릴리스, 글라디올러스 등
	가을심기 (봄화단용)	튤립, 수선화, 백합, 히아신스, 크로커스 등
	겨울화단용	꽃양배추

25 인조목의 특징이 아닌 것은?

① 마모가 심하여 파손되는 경우가 많다.
② 제작시 숙련공이 다루지 않으면 조잡한 제품을 생산하게 된다.
③ 안료를 잘못 배합하면 표면에서 분말이 나오게 되어 시각적으로 좋지 않고 이용에도 문제가 생긴다.
④ 목재의 질감은 표출되지만 목재에서 느끼는 촉감을 맛볼 수 없다.

🔍 인조목은 폴리에스테르 수지에 안료 등을 섞어서 만들며 목재에 비해서 마모나 파손의 위험이 적다.

26 조경 수목의 규격에 관한 설명으로 옳은 것은?(단, 괄호안의 영문은 기호를 의미한다.)

① 흉고직경(R) : 지표면 줄기의 굵기
② 근원직경(B) : 가슴 높이 정도의 줄기의 지름
③ 수고(W) : 지표면으로부터 수관의 하단부까지의 수직 높이
④ 지하고(BH) : 지표면에서 수관의 맨 아랫가지까지의 수직 높이

🔍 • 흉고직경(R) : 지표면에서 가슴 높이인 1.2m 부위의 줄기의 지름
• 근원직경(B) : 지표면 줄기의 굵기로 가슴 높이 지름을 측정할 수 없는 관목이나 가슴 높이 이

하에서 줄기가 여러 갈래로 갈라지는 교목, 덩굴성 수목, 묘목 등에 적용
• 수고(W) : 지표면으로부터 수관의 정상부까지의 수직 높이

27 다음 중 정원 수목으로 적합하지 않은 것은?

① 잎이 아름다운 것
② 값이 비싸고 희귀한 것
③ 이식과 재배가 쉬운 것
④ 꽃과 열매가 아름다운 것

📖 조경수목의 구비조건
• 관상가치와 실용적 가치가 높아야 한다.
• 이식이 용이하며 이식 후에도 잘 자라야 한다.
• 불리한 환경에서도 적응성이 높아야 한다.
• 번식이 잘되고, 손쉽게 다량으로 구입할 수 있어야 한다.
• 병해충에 대한 저항성이 강해야 한다.
• 다듬기 작업 등 관리가 용이해야 한다.
• 주변 경관과 조화를 잘 이루며, 사용 목적에 적합해야 한다.

28 건물이나 담장 또는 원로에 따라 길게 만들어지는 화단은?

① 모듬화단
② 경재화단
③ 카펫화단
④ 침상화단

📖 평면화단에는 리본화단, 입체화단에는 경재화단이 있다.

29 조경용 포장재료는 보행자가 안전하고, 쾌적하게 보행할 수 있는 재료가 선정되어야 한다. 다음 선정 기준 중 옳지 않은 것은?

① 내구성이 있고, 시공. 관리비가 저렴한 재료
② 재료의 질감, 색채가 아름다운 것
③ 재료의 표면 청소가 간단하고, 건조가 빠른 재료
④ 재료의 표면이 태양 광선의 반사가 많고, 보행 시 자연스럽게 매끄러운 소재

📖 태양 광선의 반사가 심하지 않고 보행 시 매끄럽지 않아야 한다.

30 목재의 열기 건조에 대한 설명으로 틀린 것은?

① 낮은 함수율까지 건조할 수 있다.
② 자본의 회전기간을 단축시킬 수 있다.
③ 기후와 장소 등의 제약없이 건조할 수 있다.
④ 작업이 비교적 간단하며, 특수한 기술을 요구하지 않는다.

📖 목재의 건조는 자연건조와 인공건조로 나뉘며, 열기법, 증기법, 훈연법, 진공법, 고주파법 등은 인공건조법이다. 이러한 인공건조법은 자연건조법에 의해 복잡하고 전문성이 요구된다.

31 수목 뿌리의 역할이 아닌 것은?

① 저장근 : 양분을 저장하여 비대해진 뿌리
② 부착근 : 줄기에서 새근이 나와 다른 물체에 부착하는 뿌리
③ 기생근 : 다른 물체에 기생하기 위한 뿌리
④ 호흡근 : 식물체를 지지하는 기근

📖 식물체를 지지하는 뿌리를 주근(主根)이라고 하며, 호흡근은 기근(氣根)이라 한다.

32 다음 조경 식물 중 생장 속도가 가장 느린 것은?

① 배롱나무 ② 쉬나무
③ 눈주목   ④ 층층나무

> • 장수목의 종류 : 느티나무, 은행나무, 팽나무, 주목 등
> • 주목은 대표적인 장수목으로 '살아서 천년 죽어서 천년이 간다.'

33 다음 [보기]가 설명하는 식물명은?

> • 홍초과에 해당한다.
> • 잎은 넓은 타원형이며 길이 30~40cm 로서 양끝이 좁고 밑부분이 엽초로 되어 원줄기를 감싸며 측맥이 평행하다.
> • 식과는 둥글고 잔돌기가 있다.
> • 뿌리는 고구마 같은 굵은 근경이 있다.

① 히아신스   ② 튤립
③ 수선화   ④ 칸나

> 달리아, 글라디올러스와 함께 가을에 피는 알뿌리 초화이다.

34 식물의 분류와 해당 식물들의 연결이 옳지 않은 것은?

① 한국잔디류 : 들잔디, 금잔디, 빌로드잔디
② 소관목류 : 회양목, 이팝나무, 원추리
③ 초본류 : 맥문동, 비비추, 원추리
④ 덩굴성식물류 : 송악, 칡, 등나무

> 이팝나무는 낙엽활엽교목, 원추리는 백합과의 여러해살이 풀이다.

35 다음 중 줄기의 색채가 백색 계열에 속하는 수종은?

① 모과나무   ② 자작나무
③ 노각나무   ④ 해송

구분	주요 수종
백색계통	자작나무, 백송, 분비나무, 플라타너스, 서어나무, 등나무, 동백나무 등
청록색계통	식나무, 벽오동, 황매화 등
갈색계통	편백, 배롱나무, 철쭉 등
적갈색계통	소나무, 주목, 삼나무, 섬잣나무, 잣나무, 모과나무 등

36 다음 중 차폐식재로 사용하기 가장 부적합한 수종은?

① 계수나무   ② 서양측백
③ 호랑가시   ④ 쥐똥나무

> 차폐식재의 수종 요구 특성
> • 지하고가 낮고 지엽이 치밀한 수종
> • 전정에 강하고 유지 관리가 용이한 수종
> • 아랫 가지가 말라 죽지 않는 상록수

37 자동차 배기가스에 강한 수목으로만 짝지어진 것은?

① 화백, 향나무
② 삼나무, 금목서
③ 자귀나무, 수수꽃다리
④ 산수국, 자목련

> • 공해에 강한 수종 : 편백, 측백, 화백, 향나무, 플라타너스, 은행나무, 가중나무, 벽오동, 사철나무, 가시나무, 쥐똥나무 등
> • 공해에 약한 수종 : 소나무, 전나무, 히말라야시다, 삼나무, 벚나무류, 목련, 목서류 등

38 다음 제초제 중 잡초와 작물 모두를 살멸시키는 비선택성 제초제는?

① 디캄바액제
② 글리포세이트액제
③ 펜티온유제
④ 에테폰액제

- 디캄바액제 : 선택성 제초제(크로바 살멸)
- 펜티온유제 : 종자에 전염되는 병을 구제하는 살균제
- 에테폰액제 : 에스렐(Ethrel)이란 이름의 생장조절제
- 글리포세이트액제 : 잡초와 작물에 함께 작용하는 비선택성 제초제로 대표적 농약은 근사미, 글라신, 라운드업 등

39 잔디밭을 조성하려 할 때 뗏장 붙이는 방법으로 틀린 것은?

① 뗏장 붙이기 전에 미리 땅을 갈고 정지하여 밑거름을 넣는 것이 좋다.
② 뗏장 붙이는 방법에는 전면 붙이기, 어긋나게 붙이기, 줄 붙이기 등이 있다.
③ 줄 붙이기나 어긋나게 붙이기는 뗏장을 절약하는 방법이지만, 아름다운 잔디밭이 완성되기까지에는 긴 시간이 소요된다.
④ 경사면에는 평떼 전면 붙이기를 시행한다.

- 경사면은 줄떼 붙이기로 시공한다.

40 표준 품셈에서 포함된 것으로 규정된 소운반 거리는 몇 미터(m) 이내를 말하는가?

① 10m
② 20m
③ 30m
④ 50m

- 소운반 거리는 20m 이내의 수평거리를 말하며, 20m를 초과할 경우에는 초과분에 대하여 이를 별도로 계산한다. 또한 경사면의 소운반 거리는 수직고 1m를 수평거리 6m의 비율로 본다.

41 암거는 지하수위가 높은 곳, 배수불량 지반에 설치한다. 암거의 종류 중 중앙에 큰 암거를 설치하고, 좌우에 작은 암거를 연결시키는 형태로 넓이에 관계없이 경기장이나 어린이 놀이터와 같은 소규모의 평탄한 지역에 설치할 수 있는 것은?

① 어골형
② 빗살형
③ 부채살형
④ 자연형

- 어골형 : 주관을 중앙에 하고 비스듬히 지관을 설치하는 것으로 경기장 같은 평탄한 지역에 적합하며 전 지역의 배수가 균일하다.
- 빗살형(절치형) : 지역 경계 근처에 주관을 설치하고 한쪽 측면에 지관을 설치하여 연결하는 것으로 비교적 좁은 면적의 전 지역 균일하게 배수할 때 이용한다.
- 부채살형(선형) : 주관, 지관의 구분이 없이 같은 표기의 관이 부채살 모양으로 1개 지점으로 집중되게 설치하여 집수 후 배수시킨다.
- 자연형 : 전면 배수가 요구되지 않는 지역에서 많이 사용되며, 지형의 등고선을 따라 주관을 설치하고 지관을 설치하는 방법이다.

42 줄기나 가지가 꺾이거나 다치면 그 부근에 있던 숨은 눈이 자라 싹이 나오는 것을 무엇이라 하는가?

① 휴면성
② 생장성
③ 성장력
④ 맹아력

- 맹아력 : 가지나 줄기가 상해를 입으면, 그 부근에서 숨은 눈이 커져 싹이 나옴. 맹아력이란 싹트는 힘을 말한다.

43 다음 중 어린이공원의 설계 시 공간구성 설명으로 옳은 것은?

① 동적인 놀이공간에는 아늑하고 햇빛이 잘 드는 곳에 잔디밭, 모래밭을 배치하여 준다.
② 정적인 놀이공간에는 각종 놀이시설과 운동시설을 배치하여 준다.
③ 감독 및 휴게를 위한 공간은 놀이공간이 잘 보이는 곳으로 아늑한 곳으로 배치한다.
④ 공원 외곽은 보행자나 근처 주민이 들여다볼 수 없도록 밀식한다.

> 해설 ①은 정적인 놀이공간, ②는 동적인 놀이공간을 말하며, 보호자의 휴게공간은 어린이들을 감독할 수 있는 기능을 겸해야 한다.

44 조경시설물의 관리 원칙으로 옳지 않은 것은?

① 여름철 그늘이 필요한 곳에 차광 시설이나 녹음수를 식재한다.
② 노인, 주부 등이 오랜 시간 머무는 곳은 가급적 석재를 사용한다.
③ 바닥에 물이 고이는 곳은 배수 시설을 하고 다시 포장한다.
④ 이용자의 사용 빈도가 높은 것은 충분히 조이거나 용접한다.

> 해설 노약자를 위한 시설물들은 석재보다는 완충 작용을 할 수 있는 재료가 적당하다.

45 소나무류는 생장조절 및 수형을 바로잡기 위하여 순따기를 실시하는데 대략 어느 시기에 실시하는가?

① 3~4월 ② 5~6월
③ 9~10월 ④ 11~12월

> 해설 소나무 순지르기 방법은 5~6월에 중심 순을 손으로 꺾어 버리고 나머지 2~3개의 순을 남기면서 남기는 순도 1/2 정도 꺾어 버린다.

46 임목(林木) 생장에 가장 좋은 토양 구조는?

① 판상구조(platy)
② 괴상구조(blocky)
③ 입상구조(granular)
④ 견파상구조(nutty)

> 해설
> • 판상구조(platy) : 층층이 쌓인 퇴적물이 판을 이루며 수평방향 크기가 수직방향 크기보다 큰 입단구조를 가진다.
> • 괴상구조(blocky) : 크게 응집한 토괴로서 광석에서 볼 수 있는 구조이다.
> • 입상구조(granular) : 입자가 아주 작은 크기로 동글동글한 다면체를 보이는 공극이 적은 구조로 식물 생육에 가장 적당하다.

47 벽면에 벽돌 길이만 나타나게 쌓는 방법은?

① 길이쌓기 ② 마구리쌓기
③ 옆세워쌓기 ④ 네덜란드식쌓기

> 해설
> • 길이쌓기 : 벽돌의 길이 부분이 바깥쪽으로 보이게 쌓는 방법으로, 길이로 놓으면 두께가 반 장 쌓기(0.5B)가 되므로 치장쌓기 등에 많이 쓰인다.
> • 마구리쌓기 : 벽돌의 마구리가 바깥쪽으로 보이게 쌓는 방법으로, 끝부분에 반절짜리 벽돌이 들어가며 두께가 한 장 쌓기(1.0B) 두께가 된다.
> • 길이세워쌓기와 옆세워쌓기 : 길이를 세워쌓는 것을 길이세워쌓기, 마구리를 세워쌓는 것을 마구리 세워쌓기라고 한다.

48 합성수지 놀이시설물의 관리 요령으로 가장 적합한 것은?

① 자체가 무거워 균열 발생 전에 보수한다.
② 정기적인 보수와 도료 등을 칠해 주어야 한다.
③ 회전하는 축에는 정기적으로 그리스를 주입한다.
④ 겨울철 저온기 때 충격에 의한 파손을 주의한다.

> 해설 플라스틱 제품의 가장 큰 단점은 불과 열에 약하다는 것과 저온에 깨지기 쉽다는 것이다.

49 시설물 관리를 위한 페인트 칠하기의 방법으로 가장 거리가 먼 것은?

① 목재의 바탕칠을 할 때는 별도의 작업 없이 불순물을 제거한 후 바로 수성페인트를 칠한다.
② 철재의 바탕칠을 할 때는 별도의 작업 없이 불순물을 제거한 후 바로 수성페인트를 칠한다.
③ 목재의 갈라진 구멍, 홈, 틈은 퍼티로 땜질하여 24시간 후 초벌칠을 한다.
④ 콘크리트, 모르타르면의 틈은 석고로 땜질하고 유성 또는 수성페인트를 칠한다.

> 해설 철재는 불순물을 제거한 후 방청도료(광명단)를 처리하여 녹을 방지해야 한다.

50 조경공사의 시공자 선정 방법 중 일반 공개 경쟁 입찰방식에 관한 설명으로 옳은 것은?

① 예정가격을 비공개로 하고 견적서를 제출하여 경쟁입찰에 단독으로 참가하는 방식
② 계약의 목적, 성질 등에 따라 참가자의 자격을 제한하는 방식
③ 신문, 게시 등의 방법을 통하여 다수의 희망자가 경쟁에 참가하여 가장 유리한 조건을 제시한 자를 선정하는 방식
④ 공사 설계서와 시공도서를 작성하여 입찰서와 함께 제출하여 입찰하는 방식

> 해설 ① : 수의계약, ② : 제한경쟁입찰, ④ : 일괄입찰(Turnkey base)

51 자연석(조경석) 쌓기의 설명으로 옳지 않은 것은?

① 크고 작은 자연석을 이용하여 잘 배치하고, 견고하게 쌓는다.
② 사용되는 돌의 선택은 인공적으로 다듬은 것으로 가급적 벌어짐이 없이 연결될 수 있도록 배치한다.
③ 자연석으로 서로 어울리게 배치하고 자연석 틈 사이에 관목류를 이용하여 채운다.
④ 맨 밑에는 큰 돌을 기초석을 배치하고, 보기 좋은 면이 앞면으로 오게 한다.

> 해설 자연석 쌓기는 자연석의 자연스러운 모습을 살리는 것이 중요하므로 인공적으로 다듬은 돌을 사용하면 그 특징을 살리기 어렵다.

52 배수공사 중 지하층 배수와 관련된 설명으로 옳지 않은 것은?

① 지하층 배수는 속도랑을 설치해 줌으로써 가능하다.
② 암거배수의 배치 형태는 어골형, 평행형, 빗살형, 부채형, 자유형 등이 있다.
③ 속도랑의 깊이는 심근성보다 천근성 수종을 식재할 때 더 깊게 한다.
④ 큰 공원에서는 자연 지형에 따라 배치하는 자연형 배수 방법이 많이 이용된다.

해설 심근성 수종은 천근성에 비해 뿌리가 깊게 내려가므로 속도랑의 깊이를 더 깊게 해주어야 한다.

53 잔디밭의 관수 시간으로 가장 적당한 것은?

① 오후 2시경에 실시하는 것이 좋다.
② 정오경에 실시하는 것이 좋다.
③ 오후 6시 이후 저녁이나 일출 전에 한다.
④ 아무 때나 잔디가 타면 관수한다.

해설 관수는 한낮을 피하고 아침, 저녁으로 하는 것이 좋다.

54 다음 중 무거운 돌을 놓거나, 큰 나무를 옮길 때 신속하게 운반과 적재를 동시에 할 수 있어 편리한 장비는?

① 체인블록   ② 모터그레이더
③ 트럭크레인   ④ 콤바인

해설 체인블록(chain block) : 도르래, 톱니바퀴, 쇠사슬 등을 조합시켜 무거운 물건을 달아 올리는 기계로 무거운 돌을 높이 쌓을 때나 지면에 자리 잡아 놓을 때, 무거운 수목을 싣거나 내릴 때 주로 사용된다.

55 다음 중 정원수의 덧거름으로 가장 적합한 것은?

① 요소   ② 생석회
③ 두엄   ④ 쌀겨

해설 ㉰

구분	밑거름 (춘비, 기비)	덧거름(추비)
효과	지효성 거름	속효성 거름
시비시기	늦가을~이른 봄	봄~가을(낙화 후, 열매 딴 후)
목적	지력 회복	수세 회복
종류	두엄, 깻묵, 계분	질소질비료, 화학비료

56 다음 중 전정의 목적 설명으로 옳지 않은 것은?

① 희귀한 수종의 번식에 중점을 두고 한다.
② 미관에 중점을 두고 한다.
③ 실용적인 면에 중점을 두고 한다.
④ 생리적인 면에 중점을 두고 한다.

해설
• 미관에 중점을 두는 경우 : 토피어리 등
• 실용적인 면에 중점을 두는 경우 : 전선과 교차하는 수목의 전정
• 생리적인 면에 중점을 두는 경우 : 이식할 때 하는 전정

57 생울타리처럼 수목이 대상으로 군식되었을 때 거름주는 방법으로 가장 적당한 것은?

① 전면 거름주기
② 천공 거름주기
③ 선상 거름주기
④ 방사상 거름주기

해설
- 전면 거름주기 : 수목 식재 전 밑거름으로 비료를 살포하여 경운하는 경우
- 윤상 거름주기 : 수관폭을 형성하는 가지 끝 아래에 수목 밑동을 중심으로 바퀴 모양으로 구덩이를 파서 거름을 주는 방법
- 격윤상 거름주기 : 윤상의 방법이나 일정한 간격으로 띄어 거름을 주는 방법
- 방사상 거름주기 : 수목 밑동으로부터 밖으로 방사상 모양으로 땅을 파고 거름을 주는 방법
- 선상 거름주기 : 생울타리처럼 군식된 수목을 따라 도랑처럼 길게 거름 구덩이를 파서 거름을 주는 방법
- 천공 거름주기 : 몇 군데에 구멍을 뚫고 거름을 주는 방법

58 다음 선의 종류와 선 긋기의 내용이 잘못 짝지어진 것은?

① 가는실선 : 수목인출선
② 파선 : 단면선
③ 1점쇄선 : 경계선
④ 2점쇄선 : 가상선

해설 파선은 실제로 존재하지만 보이지 않는 부분을 나타낼 때 사용하며 단면선은 굵은 실선으로 그리게 된다. 또한 2점쇄선은 가상선이고 중심선은 1점 쇄선으로 나타낸다.

59 다음 중 건설장비 분류상 "배토정지용 기계"에 해당되는 것은?

① 램머   ② 모터그레이더
③ 드래그라인   ④ 파워쇼벨

해설
- 램머(Rammer) : 다짐기계
- 드래그라인(Drag line) : 기계가 서 있는 곳보다 낮은 연약지반 굴착
- 파워쇼벨(Power Shovel) : 기계가 서 있는 곳보다 높은 곳 굴착

60 콘크리트의 크리프(creep) 현상에 관한 설명으로 옳지 않은 것은?

① 부재의 건조 정도가 높을수록 크리프는 증가된다.
② 양생, 보양이 나쁠수록 크리프는 증가한다.
③ 온도가 높을수록 크리프는 증가한다.
④ 단위 수량이 적을수록 크리프는 증가한다.

해설 크리프 : 하중이 가해진 후, 하중의 증가가 없는 데도 시간이 지나면서 콘크리트의 변형이 증가하는 현상으로, 물-시멘트비(W/C)가 크고 양생이 나쁠수록, 대기 습도가 적고 강도가 낮을수록 증가한다.

ANSWER CBT 복원문제 2024년 1회

01	02	03	04	05	06	07	08	09	10
②	②	④	①	③	③	①	③	②	③
11	12	13	14	15	16	17	18	19	20
④	①	①	④	①	③	①	④	①	③
21	22	23	24	25	26	27	28	29	30
③	③	①	③	①	②	②	②	④	④
31	32	33	34	35	36	37	38	39	40
④	③	④	②	②	①	②	②	④	②
41	42	43	44	45	46	47	48	49	50
①	④	③	②	②	④	③	②	②	③
51	52	53	54	55	56	57	58	59	60
②	③	④	①	①	①	③	②	②	④

CBT 복원문제 _ 2024년 2회

01 고대 그리스 건축 양식 중 중심 건물이 되는 파르테논 신전의 기둥은 어떤 기둥 양식인가?

① 도리아식 ② 이오니아식
③ 코린트식 ④ 파르테논식

> 그리스 기둥 양식은 도리아식 → 이오니아식 → 코린트식 순서로 발달하였으며 도리아식 기둥은 파르테논 신전의 기둥처럼 기초석이 없이 조망되는 수직성을 강조하는 양식이다.
> 도리아식 → 이오니아식 → 코린트식

02 연꽃의 분천으로 유명한 파티오식 정원은?

① 알함브라 궁원
② 제네랄레페 궁원
③ 알카자르 궁원
④ 나샤트바 궁원

> 제네랄레페 궁원은 유명한 파티오식 정원으로 '수로의 중정', '연꽃의 분천' 등이 꾸며져 있다.

03 프랑스의 조경가 앙드레 르노트르가 축조하지 않은 것은?

① 베르사유 궁원 ② 퐁텐블로
③ 프랭클린 파크 ④ 생클루

> 프랭클린 파크는 미국 보스턴에 있는 공원으로 옴스테드가 설계하였으며 르노트르가 설계한 정원은 이 외에 보르비콩트, 샹티이 정원 등이 있다.

04 중국정원에서 신선사상을 위한 자리로 쓰였던 양식은?

① 축경식 ② 고산수식
③ 중정식 ④ 중도식

> 중도식은 연못에 섬을 두는 방식으로 상상의 섬인 봉래, 영주, 방장의 3개의 섬을 축조하여 신선사상을 표현하였다.

05 일본의 침전식 정원 기법에서 주요 구성요소는?

① 수목과 정원석
② 화단과 잔디
③ 연못과 섬
④ 돌과 모래

> 침전식 정원은 침전 앞에 연못과 섬을 두고 다리를 연결하는 형태의 정원이다.

06 조선시대 정원 중 자연식 정원이 아닌 것은?

① 덕수궁 석조전 ② 창덕궁 후원
③ 소쇄원 ④ 부용동 정원

> 덕수궁 석조전은 우리나라 최초의 서양식 건물로 영국인 하딩이 설계하였다.

07 조경의 역할이라 볼 수 없는 것은?

① 경관의 유기적 구성
② 부지의 선정
③ 생태계 단순화의 촉진
④ 환경의 보존과 개발

해설 조경의 역할은 자연에 대한 이해를 통해 생태계의 흐름을 파악해야 한다.

08 조경계획의 접근방법 중 물리적 자원 또는 자연 자원이 레크레이션의 유형과 양을 결정하는 접근방법은?

① 활동접근법
② 자원접근법
③ 경제접근법
④ 행태접근법

해설 물리적 자원과 자연 자원이 레크레이션의 유형과 양을 결정하는 방법이다.

09 대상 지역의 기후에 관한 조사는 계획구역이 속한 지역의 전반적인 기후에 관한 조사와 계획구역 내에 국한된 미기후에 관한 조사로 나누어진다. 다음 중 미기후에 관한 조사 사항이 아닌 것은?

① 강우량
② 태양열
③ 공기유통
④ 안개·서리 피해지역

해설 국부적인 장소에 나타나는 기후가 주변 기후와 현저히 달리 나타날 때를 말하며, 태양열이나 공기유통, 안개, 서리피해 지역, 대기오염 자료 등이 미기후에 관한 조사 사항에 해당한다.

10 다음 중 옥상정원 계획 시 반드시 고려해야 할 사항이라고 볼 수 없는 것은?

① 지반의 구조 및 강도
② 지하수위
③ 구조체의 방수 및 배수계통
④ 미기후의 변화

해설 옥상정원 계획 시 고려사항
- 하중, 지반의 구조 및 강도
- 구조체의 방수 및 배수
- 미기후의 변화(주야간의 온도차를 고려한 식재 요구)

11 대기오염, 소음, 진동, 악취 그 밖에 이에 준하는 공해와 각종 사고나 자연재해 그 밖에 이에 준하는 재해 등의 방지를 위하여 설치하는 녹지를 무엇이라 하는가?

① 근린공원
② 완충녹지
③ 연결녹지
④ 경관녹지

해설 녹지의 세분(도시공원 및 녹지 등에 관한 법률 제35조)
- 완충녹지 : 대기오염, 소음, 진동, 악취, 그 밖에 이에 준하는 공해와 각종 사고나 자연재해, 그 밖에 이에 준하는 재해 등의 방지를 위하여 설치하는 녹지
- 경관녹지 : 도시의 자연적 환경을 보전하거나 이를 개선하고 이미 자연이 훼손된 지역을 복원·개선함으로써 도시경관을 향상시키기 위하여 설치하는 녹지
- 연결녹지 : 도시 안의 공원, 하천, 산지 등을 유기적으로 연결하고 도시민에게 산책공간의 역할을 하는 등 여가·휴식을 제공하는 선형(線型)의 녹지

12 어린이 놀이터 계획 방법에 적합하지 않은 것은?

① 창조적인 활동을 부여할 수 있는 기복이 있는 지형이 적합하다.
② 보호자와 함께 휴식을 취할 수 있는 정적 공간을 확보한다.
③ 시설물의 배치는 집단화 밀집시키기보다 소규모 공간에 분산 배치한다.
④ 집단 활동이 가능한 운동장과 다용도 포장공간을 배치한다.

해설 평탄하거나 완만한 구릉지를 적지로 하되 위험한 급경사지는 정지하여 조성한다.

13 도시지역 안에서 자연경관의 보호와 시민의 건강, 휴양 및 정서 생활의 향상에 기여하기 위하여 도시관리계획수립 절차에 의해 조성되는 공원의 유형이 아닌 것은?

① 어린이공원
② 근린공원
③ 묘지공원
④ 자연공원

해설 자연공원은 국립공원, 도립공원, 군립공원, 지질공원 등으로 도시 외 지역에 조성된다.

14 매슬로우(Maslow)의 욕구 위계 중 일부를 열거한 것이다. 열거된 것 중에서 가장 성숙한 단계는?

① 안전
② 기초
③ 소속
④ 자아실현

해설 매슬로우의 욕구 5단계
• 1단계 : 생리적 욕구(기아, 갈증, 호흡, 배설, 성욕 등)
• 2단계 : 안전의 욕구(안전을 구하고자 하는 욕구)
• 3단계 : 사회적 욕구(애정, 소속에 대한 욕구)
• 4단계 : 인정받으려는 욕구(자존심, 명예, 성취, 지위에 대한 욕구)
• 5단계 : 자아실현의 욕구(잠재적인 능력을 실현하고자 하는 욕구)

15 골프장 용지 선정 기준에 맞지 않는 것은?

① 교통이 편리하고 소요시간은 2시간 정도가 바람직
② 경치가 양호하고 주변에 관광 위락시설이 있는 곳
③ 동남향 경사로서 남북으로 길게 나타나는 지형
④ 수원지가 될 수 있는 개울과 연못, 수림이 있는 곳

해설 교통이 편리하고 소요시간은 1~1.5 시간이 바람직하다.

16 운전은 용이하나 토지 이용 측면에서는 가장 비효율적인 주차방식은?

① 45° 주차
② 평행 주차
③ 60° 주차
④ 90° 주차

해설 45° 주차는 토지 이용 측면에서 가장 비효율적인 주차방식이다.

17 현행 법제상의 오픈스페이스(open space) 분류체계 중 도시공원에 해당하는 것은?

① 유원지
② 묘지공원
③ 공공공지
④ 운동장

> 도시공원 종류 : 소공원, 어린이공원, 근린공원, 역사공원, 수변공원, 문화 공원, 묘지공원, 체육공원 등

18 선의 용도가 잘못된 것은?

① 실선 : 물체의 보이는 부분을 나타내는 선
② 파선 : 물체의 보이지 않는 부분을 나타내는 선
③ 파단선 : 물체 및 도형의 중심을 나타내는 선
④ 2점 쇄선 : 이동하는 부분의 이동 후의 위치를 가상하여 나타내는 선

> • 파단선 : 대상물의 일부를 파단하는 경계 또는 일부를 떼어낸 경계를 표시
> • 1점 쇄선 : 물체나 도형의 중심선

19 다음 중 삼각 스케일로써 활용하기 어려운 축척은?

① 1/30
② 1/200
③ 1/7
④ 1/50,000

> ① 1/30 → 1/300 축척을 활용, ④ 1/50,000 →1/500 축척을 활용

20 경관의 기본 구성요소가 아닌 것은?

① 건물, 인간, 환경
② 선, 형태, 색채, 질감
③ 선, 색채, 농담
④ 크기, 위치, 척도

> 경관의 기본 구성요소 : 점, 선, 형태, 질감, 색채, 크기와 위치(크기가 커질수록 높이가 높아질수록 지각 강도는 높아짐), 농담 (투명한 정도)

21 다음 연결이 잘못된 것은?

① 초점적 경관(focal landscape) - 계곡으로 떨어지는 폭포수
② 순간적 경관(ephemeral landscape) - 호수 위로 피어오르는 물안개
③ 천연미적 경관(natural landscape) - 산속의 큰 암벽
④ 파노라믹한 경관(panoramic landscape) - 나뭇가지 사이로 보이는 광활한 들

> 나뭇가지 사이로 보이는 경관 : 일시경관

22 Kevin Lynch의 5가지 도시이미지와 관련이 없는 것은?

① District
② Structure
③ Edge
④ Path

> 린치의 5가지 도시이미지
> • Path(통로, 길)
> • District(용도에 따른 지역)
> • Edge(단, 모퉁이)
> • Node(결절점)
> • Landmark(랜드마크)

23 초저녁에 청록색 계통은 보이나 황색이나 적색은 거의 보이지 않는 현상은?

① 푸르키니에 현상
② 리브만 효과
③ 명암 순응
④ 착시 현상

> 해설 푸르키니에 현상 : 동틀 무렵이나 저녁 무렵에 단파장의 녹색이나 청색이 잘 보이는 현상

24 음양 오행사상에 따른 다섯 가지 색채(오방색)에 가장 적합하지 않은 것은?

① 청색   ② 적색
③ 녹색   ④ 황색

> 해설 오방색에는 청색, 적색, 황색, 백색, 흑색이 있다.

25 다음의 식재기능에 관한 설명 중 옳지 않은 것은?

① 미기후를 개선한다.
② 건물의 직선을 완화시킨다.
③ 소음을 감소시켜 준다.
④ 공간을 시각적으로 개방시킨다.

> 해설
> • 미기후 개선, 소음감소 - 공학적 이용
> • 건물 직선의 완화 - 미적 이용

26 수관의 질감(texture)이 거친 느낌을 주고 서양식 건물에 어울리는 나무는?

① 철쭉   ② 팔손이나무
③ 회양목   ④ 꽝꽝나무

> 해설 팔손이나무 : 상록활엽관목으로 잎이 손바닥 모양으로 큰 수종이며 거친 질감의 수목에 해당한다.

27 식재 설계에 있어서 중요한 것은 토양조건이다. 다음 중 좋은 토양조건이 아닌 것은?

① 좋은 토양구조와 토성을 지닌 혼합물
② 느슨하지 않고 쉽게 부스러지지 않는 토양
③ 유기질과 양분함량이 높고, 물을 저류하거나 배수가 용이한 토양
④ 산소함량이 지속적으로 높음과 동시에 식물생육에 적합한 pH를 지닌 토양

> 해설 쉽게 부스러지지 않는 토양, 경도가 높은 토양은 양분과 수분의 흡수가 어려워 식물 생육이 불량하다.

28 토양 수분이 많은 것을 요구하는 나무는?

① 은행나무   ② 단풍나무
③ 낙우송   ④ 피나무

> 해설 토양 수분 요구가 높은 수종 : 낙우송, 메타세콰이어, 버드나무, 물푸레나무 등

29 산성 토양에서 고정되므로 가장 부족하기 쉬운 성분은?

① Fe   ② N
③ P   ④ K

> 해설 산성 토양에서는 질소고정균, 근류균 등 유용 미생물의 활동이 약화되어 질소 부족 현상이 일어난다.

30 식토에 대해서 틀린 설명은?

① 통기성이 좋다.
② 점토분이 많고 점성이 크다.

③ 건조하면 결고 된다.
④ 보수력은 크고 배수성 불량하다.

> 해설 식토는 점토의 함량이 많아 배수가 불량하고 통기성이 좋지 않다.

31 척박지 토양에 잘 자라는 수종은?

① 소나무, 곰솔
② 삼나무, 주목
③ 느티나무, 떡갈나무
④ 오동나무, 낙우송

> 해설 척박지 토양에서 잘 자라는 수종 : 소나무, 곰솔, 전나무, 가문비나무, 콩과 식물류 등

32 뿌리혹박테리아의 도움을 얻어 공중질소(空中窒素)를 이용하면서 살아가는 수종은?

① 팔손이나무
② 해송
③ 보리수나무
④ 미선나무

> 해설 콩과 식물과 보리수나무과 식물의 보리수나무는 뿌리혹박테리아가 질소고정 작용을 한다.

33 식물이 생육하는 토양에서 답압에 의한 영향으로 옳은 것은?

① 토양이 입단(粒團)구조가 된다.
② 용적 비중이 낮아진다.
③ 통수성이 낮아진다.
④ 토양 통수가 빠르다

> 해설 답압은 밟아서 생기는 압력으로 식물이 생육하는 토양에서는 답압으로 인해 토양의 통기성과 통수성 등이 낮아진다.

34 정형식 배식에 어울리는 수목의 조건을 설명한 것으로 옳지 않은 것은?

① 균형이 잡히고 개성이 강한 수목
② 가급적 생장 속도가 빠른 수목
③ 사철 푸른 잎을 가진 수목
④ 다듬기 작업에 잘 견디는 수목

> 해설 정형식 배식의 수목 조건
> • 균형이 잡히고 개성이 강한 수목
> • 상록수
> • 전정(다듬기)에 잘 견디는 수목

35 독립수나 조각물 뒤에 배경식재로 가장 알맞은 것은?

① 잎이 넓고 치밀한 수종
② 잎이 넓고 간격이 엉성한 수종
③ 잎이 촘촘하고 치밀한 수종
④ 잎이 넓고 간격이 엉성한 수종

> 해설 조각물을 강조하기 위해 조각물 뒤에 심는 수목은 부드러운 질감(잎이 작고 조밀하게 밀생)을 식재하는 것이 바람직하다.

36 천이(succession)의 순서가 맞는 것은?

① 나지 – 다년생초본 – 1년생초본 – 음수교목 – 양수관목 – 양수교목
② 나지 – 다년생초본 – 1년생초본 – 양수관목 – 음수교목 – 양수교목
③ 나지 – 1년생초본 – 다년생초본 – 음수교목 – 양수관목 – 양수교목
④ 나지 – 1년생초본 – 다년생초본 – 음수관목 – 양수교목 – 음수교목

> 해설 식생 천이의 마지막 단계는 음수교목이며 이 상태를 극성상(안정된 상태)이라 한다.

37 생울타리용 수목의 조건에 맞지 않는 것은?

① 생김새가 아름답고 지엽이 밀생한 것
② 번식이 용이하고 열매가 특이한 것
③ 맹아력이 강하여 전정에 잘 견디는 것
④ 생육이 왕성하고 병충해의 피해가 적은 것

해설 생울타리용 수목은 지엽이 치밀하고 전정에 강해야 한다.

38 그늘을 이용하려는 정자목(亭子木)으로 가장 적당한 나무는?

① 목련
② 붉나무
③ 단풍나무
④ 회화나무

해설 정자목(녹음수) 구비조건
- 수관이 크고 머리가 닿지 않을 정도의 지하고를 지닐 것
- 잎이 크고 밀생하며 낙엽교목일 것
- 병충해와 답압의 피해가 적을 것, 악취 및 가시가 없는 수종
- 적합수종 : 느티나무, 플라타너스, 가중나무, 은행나무, 칠엽수, 오동나무, 회화나무, 팽나무 등

39 방음식재에 대한 기술 중 가장 거리가 먼 것은?

① 보호대상물 쪽으로 접근해서 식재한다.
② 지엽(枝葉)이 치밀한 수목이 좋다.
③ 상록수의 밀식이 좋다.
④ 소음원(騷音沅) 쪽으로 접근해서 식재한다.

해설 방음식재의 차음효과는 소음원에 접근해서 식재하는 것이 효과가 좋다.

40 지피식물의 이용 목적과 거리가 가장 먼 것은?

① 토양의 침식방지
② 공간의 장식적 역할
③ 미기후의 완화, 조절
④ 정원수 생육 촉진

해설 지피식물 이용 목적 : 흙먼지의 양을 감소, 토양 침식방지, 강우로 인한 진땅 방지, 미기후의 완화, 동상방지, 미적효과

41 가로수 선정 조건으로 적당하지 않은 것은?

① 정형적인 수종
② 이식과 전정에 강한 것
③ 생장이 빠른 수종
④ 향기가 있는 수종

해설 가로수 선정 조건 : 정형수, 이식과 전정에 강한 수목, 생장속도가 빠른 수목, 병충해에 강한 수목

42 장대석 용도로 부적당한 것은?

① 경사진 곳 무너짐 쌓기
② 담장 기단석
③ 건물의 기단석
④ 계단

해설 장대석 용도 : 계단, 담장·건물의 기단석에 활용

43 목재의 탄성계수에 관한 설명으로 옳은 것은?

① 강도에 반비례한다.
② 함수율에 비례한다.
③ 모든 목재가 동일하다.
④ 비중이 증가할수록 탄성계수도 증가한다.

> 해설 일반적으로 목재 비중이 클수록 강도, 탄성계수와 수축률이 증가한다.

44 레미콘 25-210-12에서 25는 무엇을 의미하는가?

① 압축강도(MPa)
② 굵은골재 크기(mm)
③ 슬럼프(cm)
④ 인장강도(MPa)

> 해설 레미콘표시법 : 굵은골재 최대치수 – 강도 – 슬럼프값

45 다음 중 시멘트의 응결이 느린 경우는?

① 시멘트의 분말도가 큰 경우
② 온도가 높고, 습도가 낮을수록
③ W/C 비가 많을수록
④ C3A 성분이 많을수록

> 해설 시멘트의 응결은 첨가된 석고량이 많거나 W/C (물·시멘트) 비가 높을수록 지연된다. 참고로 C3A은 알루민산 3칼슘으로 수화반응 속도가 빨라 응결이 빠르다.

46 플라스틱 재료의 일반적인 특징으로 옳지 않은 것은?

① 내수성(耐水性)과 내약품성이다.
② 내마모성이 크며, 접착성도 우수하다.
③ 착색이 용이하고, 투명성도 있다.
④ 내후성(耐候性)이 크며, 전기절연성이 양호하다.

> 해설 플라스틱 재료는 내후성(기후에 대한 내구성)이 불량하다.

47 조경 시공관리에 관한 설명으로 옳은 것은?

① 식재공사는 다른 공사와 분리하여 공정계획을 세우는 것이 효율적이다.
② 시공관리의 목표는 품질 좋은 공사 목적물을 값싸고, 안전하게 시공하는 방법을 찾는 것이다.
③ 조경공사의 공정관리는 횡선식공정표가 네트워크공정표보다 공종 상호간의 연관을 파악하기 쉽다.
④ 조경공사에서 시공계획의 수립은 도급업자에게 위임되어 있어서 발주자와의 협의가 필요 없다.

> 해설 시공관리
> • 시공에 관한 계획 및 관리의 모든 것
> • 양질의 품질, 적절한 공사기간, 적절한 비용에 안전하게 시공하는 것

48 다음 계약체결 절차의 흐름으로 옳은 것은?

① 공고 → 입찰 → 낙찰 → 계약
② 입찰 → 공고 → 낙찰 → 계약
③ 공고 → 낙찰 → 입찰 → 계약
④ 낙찰 → 공고 → 입찰 → 계약

> 해설 입찰공고 → 입찰참가신청 및 입찰 보증금 접수 → 입찰서 제출 → 낙찰 → 계약체결

49 다음 중 측량의 3대 요소가 아닌 것은?

① 각측량   ② 면적측량
③ 고저측량   ④ 거리측량

> 해설 측량의 3대 요소 : 거리(거리측량), 각(각측량), 표고(고저측량)

50 다음의 터파기량은?(단, $V = \frac{h}{6}\{(2a + a') \times b + (2a' + a) \times b'\}$①

① 1.58m³ ② 15.8m³
③ 1.56m³ ④ 15.6m³

해설 $V = \frac{1.2}{6}\{(2 \times 2.0 + 0.8) \times 1.2 + (2 \times 0.8 + 2.0) \times 0.6\} = 1.584m^3$

51 굴착, 적재, 운반, 사토작업 등을 할 수 있는 장비는?

① 불도저 ② 그레이더
③ 타이어롤러 ④ 스크레이퍼

해설 스크레이퍼 : 굴착, 적재, 운반, 사토작업 장비

52 지형도의 등고선에서 높은 곳의 간격이 좁고, 낮은 곳에서 넓은 간격은 무엇을 나타내는가?

① 凹 경사지
② 凸 경사지
③ 평지
④ 평사면

해설
• 요사면 : 등고선이 고위부에 밀집해 있으며, 저위부에서 간격이 멀어진다.
• 철사면 : 등고선이 저위부에 밀집해 있으며, 고위부에서 간격이 멀어진다.
• 평사면 : 전체적으로 등간격을 이루는 등고선의 상태

53 다음 중 뿌리분과 구덩이의 크기를 알맞게 설명한 것은?

① 근원직경 4배, 구덩이는 분의 1.5배
② 근원직경 4배, 구덩이는 분의 2.5배
③ 근원직경 6배, 구덩이는 분의 2.5배
④ 근원직경 6배, 구덩이는 분의 1.5배

해설 뿌리분은 근원직경의 4배, 구덩이 파기는 뿌리분의 1.5배 이상

54 외형상의 구비 조건이 동일한 경우 조경식재 공사용으로 사용할 수목으로 적합한 수목은?

① 척박한 진흙질의 땅에서 자라고 있는 수목
② 모래질 땅에서 충분한 수분의 공급을 받으며 자라고 있는 수목
③ 부식질이 풍부한 비옥한 토양에서 자라고 있는 수목
④ 지하수위가 낮은 미사질 토양에서 자라고 있는 수목

해설 조경 식재용 공사 수목은 부식질이 풍부한 비옥한 토양에서 자라는 수목이 적합하다.

55 관목을 식재할 경우 공사 요령 중 틀린 것은?

① 이식 후 흙을 반쯤 채우고 새끼줄을 느슨하게 풀어주며 물을 준다.
② 최소 토심이 15cm 이상이어야 한다.
③ 필요시 지주목을 설치하여 활착을 돕는다.
④ 객토용 토양은 사질양토가 좋다.

해설 소관목은 30~45cm, 대관목은 45~60cm의 토심을 가져야 한다.

56 다음 살수기의 종류 중 가장 높은 압력에서 작동되며 살수 범위가 가장 넓은 것은 어느 것인가?

① 분무살수기 ② 분무입상살수기
③ 회전살수기 ④ 회전입상살수기

📖 회전입상살수기
- 관개 지역에 살수하도록 회전하며, 1개 또는 여러 개의 분무공을 가지고 있음
- 가장 높은 압력에서 작동되어 살수 범위가 가장 넓음

57 수목을 식재할 때 3m×4m에 한 본을 심을 때 1ha에 수목 몇 본의 식재가 가능한가?

① 450본 ② 835본
③ 622본 ④ 855본

📖 1ha=10,000m²
∴ 10,000÷12=833.33본

58 수목은 경관적 생태적 이유로 전정하게 되는데 서로 상반되게 뻗어 있는 가지를 무엇이라 하는가?

① 도장지 ② 윤생지
③ 교차지 ④ 대생지

📖
- 도장지 : 웃자란 가지
- 윤생지 : 돌려나는 가지, 한군데서 사방으로 자란 가지
- 교차지 : 서로 상반되게 뻗어 난 가지
- 대생지 : 줄기의 같은 높이에서 서로 반대 방향으로 마주 자란 가지

59 우리나라 참나무류에 피해를 주고 있는 참나무시들음병에 대한 설명으로 잘못된 것은?

① 참나무류 중에서 신갈나무에 가장 피해가 심하다.
② 피해를 입은 나무는 7월 말경부터 빠르게 시들면서 빨갛게 말라 죽는다.
③ 매개충의 암컷 등에는 포자를 저장할 수 있는 균낭(mycangia)이 존재한다.
④ 매개하는 매개충은 북방수염 하늘소이다.

📖 참나무시들음병은 광릉긴나무좀이 참나무류에 들어가 병원균을 퍼트리면서 수분과 양분의 이동 통로를 막아 말라 죽게 하는 병이다.

60 수목의 측아(側芽) 발달을 억제하여 정아우세를 유지시켜주는 호르몬은?

① 옥신(auxin)
② 지베렐린(gibberellin)
③ 사이토키닌(cytokinin)
④ 아브시스산(absciscic acid)

📖 식물 줄기 생장점의 정아에서 생성된 옥신이 정아의 생장은 촉진하나 아래로 확산하여 측아의 발달은 억제하여 정단 우세 현상이 일어나게 한다.

ANSWER CBT 복원문제 2024년 2회

01	02	03	04	05	06	07	08	09	10
①	②	③	④	③	①	③	②	①	②
11	12	13	14	15	16	17	18	19	20
②	①	④	④	①	②	②	③	③	①
21	22	23	24	25	26	27	28	29	30
④	②	①	③	②	④	②	③	②	①
31	32	33	34	35	36	37	38	39	40
①	③	③	②	③	①	②	④	①	④
41	42	43	44	45	46	47	48	49	50
④	①	④	②	③	④	②	①	②	①
51	52	53	54	55	56	57	58	59	60
④	①	①	③	④	④	②	③	④	①

CBT 복원문제 _ 2025년 1회

01 메소포타미아의 대표적인 정원은?

① 마야사원
② 베르사이유 궁전
③ 바빌론의 공중정원
④ 타지마할 사원

> 해설 메소포타미아지역은 서아시아 즉, 바빌로니아 왕국이며, 공중정원과 수렵원이 대표적이다.

02 다음 정원시설 중 우리나라 전통 조경 시설이 아닌 것은?

① 취병(생울타리)
② 화계
③ 벽천
④ 석지

> 해설 벽천은 독일의 구성주의적 양식에서 발달한 것으로, 물을 동적으로 이용한 수경시설이다.

03 다음 중 경복궁 교태전 후원과 관계없는 것은?

① 화계가 있다.
② 상량전이 있다.
③ 아미산이라 칭한다.
④ 굴뚝은 육각형 4개가 있다.

> 해설 상량전은 창덕궁 낙선재의 후원이다.

04 다음 중 정원에서의 눈가림 수법에 대한 설명으로 틀린 것은?

① 좁은 정원에서는 눈가림 수법을 쓰지 않는 것이 정원을 더 넓어 보이게 한다.
② 눈가림은 변화와 거리감을 강조하는 수법이다.
③ 이 수법은 원래 동양적인 것이다.
④ 정원이 한층 더 깊이가 있어 보이게 하는 수법이다.

> 해설 눈가림 수법은 정원을 한층 더 넓고 깊이 있게 보이도록 좁은 정원에서 사용하는 수법이다.

05 다음 중 색의 잔상(殘像)과 관련된 설명으로 틀린 것은?

① 잔상은 원래 자극의 세기, 관찰 시간과 크기에 비례한다.
② 주어진 자극이 제거된 후에도 원래의 자극과 색, 밝기가 같은 상이 보인다.
③ 주어진 자극이 제거된 후에도 원래의 자극과 색, 밝기가 반대인 상이 보인다.
④ 주위색의 영향을 받아 주위색에 근접하게 변화하는 것이다.

> 해설 잔상이란 빛의 자극이 사라진 뒤에도 시각작용이 잠시 남는 현상을 말한다(예 : 촛불을 바라본 뒤 눈을 감아도 촛불의 상이 나타나는 현상). 보기 중 ④항은 동화효과에 관한 설명이다.

06 주택 정원의 세부 공간 중 가장 공공성이 강한 성격을 갖는 공간은?

① 안뜰   ② 앞뜰
③ 뒤뜰   ④ 작업뜰

📖 주택 정원 공간

공간구분	내용
앞뜰(전정)	• 외부에서 내부로 진입하는 전이 공간(공공적 성격) • 4계절의 변화를 느끼도록 보여주는 정원
안뜰(주정)	• 가족 구성원의 사적인 공간 • 응접실이나 거실 쪽에 면한 뜰
작업뜰(작업정)	• 창고, 장독대, 빨래 건조대 등 • 배수, 벽돌이나 타일로 포장, 차폐식재
뒤뜰(후정)	• 조용하고 정숙한 분위기 • 사생활이 보장되도록 구성

07 조경 양식을 형태적으로 분류했을 때 성격이 다른 것은?

① 평면기하학식   ② 중정식
③ 회유임천식   ④ 노단식

📖 • 정형식 정원 : 평면기하학식, 노단식(노단건축식), 중정식
   • 자연식 정원 : 전원풍경식, 회유임천식, 고산수식

08 조선시대 선비들이 즐겨 심고 가꾸었던 사절우(四節友)에 해당하는 것이 아닌 것은?

① 난초   ② 대나무
③ 국   ④ 매화나무

📖 4개의 절개가 곧은 친구라는 뜻으로 매화, 소나무, 국화, 대나무이다.

09 다음 조경의 효과로 가장 부적합한 것은?

① 공기의 정화
② 대기오염의 감소
③ 소음 차단
④ 수질오염의 증가

📖 공기정화를 포함한 환경이 개선되면서 수질오염이 줄어들게 된다.

10 도시공원 및 녹지 등에 관한 법률에 의한 어린이공원의 기준에 관한 설명으로 옳은 것은?

① 유치거리는 500m 이하로 제한한다.
② 1개소 면적은 1,200m² 이상으로 한다.
③ 공원시설 부지면적은 전체 면적의 60% 이하로 한다.
④ 공원구역 경계로부터 500m 이내에 거주하는 주민 250명 이상의 요청 시 어린이공원 조성계획의 정비를 요청할 수 있다.

📖 어린이공원의 기준
• 설치기준은 제한이 없으며, 유치거리는 250m 이하로 한다.
• 1개소 면적은 1,500m² 이상으로 한다.
• 공원시설 부지면적은 전체 면적의 60% 이하로 한다.
• 소공원 및 어린이공원의 경우 공원구역 경계로부터 250m 이내에 거주하는 주민 500명 이상의 요청 시 공원조성계획의 정비를 요청할 수 있다.

11 조경식재 설계도를 작성할 때 수목명, 규격, 본수 등을 기입하기 위한 인출선 사용의 유의 사항으로 올바르지 않은 것은?

① 가는 선으로 명료하게 긋는다.
② 인출선의 수평 부분은 기입 사항의 길이와 맞춘다.
③ 인출선의 방향과 기울기는 자유롭게 표기하는 것이 좋다.
④ 인출선의 교차나 치수선의 교차를 피한다.

> 인출선 사용상의 유의 사항
> • 가는 선으로 명료하게 긋는다.
> • 인출선의 수평 부분은 기입 사항의 길이와 맞춘다.
> • 인출선의 방향과 기울기는 통일하는 것이 좋다.
> • 인출선 간의 교차나 치수선의 교차를 피한다.
> • 한 도면에서는 인출선의 굵기를 동일하게 유지한다.(가는실선)

12 정형식 배식 방법에 대한 설명이 옳지 않은 것은?

① 단식 – 생김새가 우수하고, 중량감을 갖춘 정형수를 단독으로 식재
② 대식 – 시선 축의 좌우에 같은 형태, 같은 종류의 나무를 대칭 식재
③ 열식 – 같은 형태와 종류의 나무를 일정한 간격으로 직선상에 식재
④ 교호식재 – 서로 마주 보게 배치하는 식재

> 서로 마주 보게 배치하는 식재를 대식이라 하며, 교호식재는 일정 간격을 유지하며 지그재그로 식재하는 방법이다.

13 미기후에 관련된 조사 항목으로 적당하지 않은 것은?

① 대기오염의 정도
② 태양복사열
③ 안개 및 서리
④ 지역온도 및 전국온도

> 지형이나 풍향 등에 따른 국부적인 장소에 나타나는 부분적 장소의 독특한 기상 상태를 미기후라 한다.

14 다음 중 조화(Harmony)의 설명으로 가장 적합한 것은?

① 각 요소들의 강약, 장단의 주기성이나 규칙성을 가지면서 전체적으로 연속적인 운동감을 가지는 것
② 모양이나 색깔 등이 비슷비슷하면서도 실은 똑같지 않은 것끼리 모여 균형을 유지하는 것
③ 서로 다른 것끼리 모여 서로를 강조시켜 주는 것
④ 축선을 중심으로 하여 양쪽의 비중을 똑같이 만드는 것

> ① : 율동, ③ : 강조, ④ : 균형

15 다음 중 색의 3속성에 관한 설명으로 옳은 것은?

① 감각에 따라 식별되는 색의 종명을 채도라고 한다.
② 색의 포화상태 즉, 강약을 말하는 것은 명도이다.

③ 두 색상 중에서 빛의 반사율이 높은 쪽이 밝은색이다.
④ 그레이스케일(gray scale)은 채도의 기준척도로 사용된다.

> 해설
> - 감각에 따라 식별되는 색의 종명을 색상이라고 한다.
> - 색의 포화상태 즉, 강약을 말하는 것은 채도이다.
> - 그레이스케일(gray scale)은 명도의 기준척도로 사용된다.

16 다음 중 상록용으로 사용할 수 없는 식물은?

① 마삭줄　　　　② 불로화
③ 골고사리　　　④ 남천

> 해설
> - 마삭줄 : 덩굴성 상록 만경목
> - 불로화 : 국화과 1년생 식물
> - 골고사리 : 상록 다년생 양치식물
> - 남천 : 매자나무과 상록 관목

17 다음 [보기]에서 설명하는 수종은?

```
• 낙엽활엽교목으로 부채꼴형 수형이다.
• 야합수(夜合樹)라 불리기도 한다.
• 여름에 피는 꽃은 분홍색으로 화려하다.
• 천근성 수종으로 이식에 어려움이 있다.
```

① 자귀나무
② 치자나무
③ 은목서
④ 서향

> 해설 자귀나무는 콩과 수종으로 6월에 피는 꽃은 향기가 없는 것이 특징이며 합환수라고도 한다. 또한, 자귀나무의 잎을 소가 매우 좋아한다고 하여 소쌀나무로도 불린다.

18 산울타리에 적합하지 않은 식물 재료는?

① 무궁화
② 측백나무
③ 느릅나무
④ 꽝꽝나무

> 해설 느릅나무는 녹음수로 적합하다.

19 플라스틱의 장점에 해당하지 않는 것은?

① 가공이 우수하다.
② 경량 및 착색이 용이하다.
③ 내수 및 내식성이 강하다.
④ 전기 절연성이 없다.

> 해설 플라스틱은 전기가 통하지 않으므로 절연성(絕緣性)이 뛰어나다고 할 수 있다.

20 콘크리트의 응결, 경화 조절의 목적으로 사용되는 혼화제에 대한 설명 중 틀린 것은?

① 콘크리트용 응결, 경화 조정제는 시멘트의 응결, 경화 속도를 촉진시키거나 지연시킬 목적으로 사용되는 혼화제이다.
② 촉진제는 그라우트에 의한 지수공법 및 뿜어붙이기 콘크리트에 사용된다.
③ 지연제는 조기 경화현상을 보이는 서중 콘크리트나 수송거리가 먼 레디믹스트 콘크리트에 사용된다.
④ 급결제를 사용한 콘크리트의 조기강도 증진은 매우 크나 장기강도는 일반적으로 떨어진다.

> 해설 그라우트란 시멘트+물+혼화재 등을 섞은 일종의 시멘트풀이며, 지수공법이란 지반굴착 시 물이 들어오지 않도록 물을 차단하는 공법을 말한다.

21 시멘트 액체 방수제의 종류가 아닌 것은?

① 염화칼슘계　　② 지방산계
③ 비소계　　　　④ 규산소다계

> 시멘트 액체 방수제의 종류
> • 무기질계 : 염화칼슘계, 규산소다계, 규산질분말계
> • 유기질계 : 파라핀계, 지방산계, 고분자에멀션계

22 다음 중 콘크리트 타설 시 염화칼슘의 사용 목적은?

① 콘크리트의 조기강도
② 콘크리트의 장기강도
③ 고온증기 양생
④ 황산염에 대한 저항성 증대

> 염화칼슘, 염화마그네슘, 규산나트륨, 식염 등은 응결 경화 촉진제이다.

23 재료가 탄성한계 이상의 힘을 받아도 파괴되지 않고 가늘고 길게 늘어나는 성질은?

① 취성
② 인성
③ 연성
④ 전성

> • 취성(脆性) : 외력에 의하여 영구 변형을 하지 않고 파괴되는 성질
> • 인성(靭性) : 잡아당기는 힘에 견디는 성질
> • 전성(展性) : 얇게 펴지는 성질

24 다음 수목 중 봄철에 꽃을 가장 빨리 보려면 어떤 수종을 식재해야 하는가?

① 말발도리　　② 자귀나무
③ 매실나무　　④ 금목서

> • 말발도리 : 5월 흰색
> • 자귀나무 : 6월 연분홍색
> • 매실나무 : 4월 흰색
> • 금목서 : 9월 황색

25 형상수(Topiary)를 만들기에 알맞은 수종은?

① 느티나무　　② 주목
③ 단풍나무　　④ 송악

> 형상수(Topiary) : 맹아력이 강한 나무를 동물의 모양을 본따서 인위적인 모양으로 만드는 것으로 주로 향나무, 주목, 회양목 등을 이용한다.

26 조경에 이용될 수 있는 상록활엽관목류의 수목으로만 짝지어진 것은?

① 아왜나무, 가시나무
② 광나무, 꽝꽝나무
③ 백당나무, 병꽃나무
④ 황매화, 후피향나무

> • 아왜나무, 가시나무 : 상록활엽교목
> • 백당나무, 병꽃나무 : 낙엽활엽관목
> • 황매화 : 낙엽활엽관목
> • 후피향나무 : 상록활엽교목

27 잔디밭을 조성함으로써 얻을 수 있는 기능과 효과가 아닌 것은?

① 아름다운 지표면 구성
② 쾌적한 휴식 공간 제공
③ 흙이 바람에 날리는 것 방지
④ 빗방울에 의한 토양 유실 촉진

> 지피식물은 잡초의 발생을 억제하고 빗물에 의한 토양의 유실을 방지한다.

28 다음 중 인공토양을 만들기 위한 경량재가 아닌 것은?

① 부엽토
② 화산재
③ 펄라이트(perlite)
④ 버미큘라이트(vermiculite)

> 인공토양에는 버미큘라이트, 펄라이트, 피트모스, 화산재 등이 대표적이다.

29 목재의 방부법 중 그 방법이 나머지 셋과 다른 하나는?

① 도포법
② 침지법
③ 분무법
④ 방청법

> 금속 소재에 발생하는 녹을 방지하기 위한 도료를 방청도료(防錆塗料)라 한다.

30 목재가 통상 대기의 온도, 습도와 평형된 수분을 함유한 상태의 함수율은?

① 약 7%
② 약 15%
③ 약 20%
④ 약 30%

> 목재의 함수율
> • 전건재 : 목재의 함수율이 0%로 완전건조한 상태
> • 기건재 : 공기 중의 습도와 목재의 습도가 평행 상태로 함수율 15% 정도
> • 섬유포화점 : 목재의 유리수가 모두 증발하고 결합수만 있을 때를 말하며 함수율은 30% 정도

31 물의 이용 방법 중 동적인 것은?

① 연못
② 캐스케이드
③ 호수
④ 풀

> • 정적인 이용 : 연못, 호수, 풀
> • 동적인 이용 : 벽천, 분수, 캐스케이드

32 벽돌쌓기 방법 중 가장 견고하고 튼튼한 것은?

① 영국식쌓기
② 미국식쌓기
③ 네덜란드식쌓기
④ 프랑스식쌓기

> • 영국식쌓기 : 길이쌓기 켜와 마구리쌓기 켜를 반복하여 쌓는 방법으로 가장 견고하다. 모서리 벽 끝에는 2.5토막을 쓴다.
> • 미국식쌓기 : 표면의 5켜까지는 길이쌓기를 하고, 그다음 켜는 마구리쌓기로 하는 방법으로 쌓는 속도는 빠르나 강도가 약하다.
> • 네덜란드식쌓기 : 영국식 쌓기와 쌓는 방법은 같으나 모서리 끝에 7.5토막을 쓴다.
> • 프랑스식쌓기 : 각 켜마다 길이쌓기와 마구리쌓기가 번갈아 나오는 방법으로 외관이 아름다워 치장벽으로 많이 쓰나 견고성이 떨어지는 단점이 있다.

33 혼화재의 설명 중 옳은 것은?

① 혼화재는 혼화제와 같은 것이다.
② 종류로는 포졸란, AE제 등이 있다.
③ 종류로는 슬래그, 감수제 등이 있다.
④ 혼화재료는 그 사용량이 비교적 많아서 그 자체의 부피가 콘크리트의 배합 계산에 관계된다.

> • 혼화재(混和材) : 혼화재료 중 사용량이 비교적 많아 부피가 콘크리트 배합 계산에 관계되며 콘크리트 성질을 개량하기 위해서 사용된다.
> • 혼화제(混和劑) : 혼화제는 사용량이 적고 배합 계산에서 용적을 무시하는 소량의 재료로 AE제, 급결제, 지연제, 방수제 등이 있다.

34 다음 중 농약의 혼용사용 시 장점이 아닌 것은?

① 약해 증가
② 독성 경감
③ 약효 상승
④ 약효 지속기간 연장

> 해설 농약의 가장 큰 장점은 혼용해서 사용할 수 있으며 이때 상승효과(synergy effect)를 기대할 수 있다.

35 다음 중 점토에 대한 설명으로 옳지 않은 것은?

① 암석이 오랜 기간에 걸쳐 풍화 또는 분해되어 생긴 세립자 물질이다.
② 가소성은 점토 입자가 미세할수록 좋고 또한 미세부분은 콜로이드로서의 특성을 가지고 있다.
③ 화학 성분에 따라 내화성, 소성 시 비틀림 정도, 색채의 변화 등의 차이로 인해 용도에 맞게 선택된다.
④ 습윤 상태에서 가소성을 가지고 고온으로 구우면 경화되지만 다시 습윤 상태로 만들면 가소성을 갖는다.

> 해설 점토는 구운 다음에 다시 습윤 상태를 만든다고 해서 소성을 갖지는 않는다.

36 골재알의 모양을 판정하는 척도인 실적률 (%)을 구하는 식으로 옳은 것은?

① 공극률(%) − 100
② 100 − 공극률(%)
③ 100 − 조립률(%)
④ 조립률(%) − 100

> 해설
> • 실적률 = $\frac{중량}{비중} \times 100$ 또는 100 − 공극률(%)
> • 공극률 = $(1 - \frac{가비중}{진비중}) \times 100$

37 중앙에 큰 암거를 설치하고 좌우에 작은 암거를 연결시키는 형태로, 경기장과 같이 전 지역의 배수가 균일하게 요구되는 곳에 주로 이용되는 형태는?

① 어골형
② 절치형
③ 자연형
④ 차단법

> 해설 암거 배치 방법
> • 어골형 : 주관을 중앙에 비스듬히 지관을 설치하는 것으로 경기장 같은 평탄한 지역에 적합, 전 지역의 배수 균일
> • 절치형(빗살형) : 지역 경계 근처에 주관 설치하고 한쪽 측면에 지관을 설치하여 연결하는 것, 비교적 좁은 면적의 전 지역 균일하게 배수할 때 이용
> • 선형(부채살형) : 주관과 지관의 구분이 없이 같은 표기의 관이 부채살 모양으로 1개 지점으로 집중되게 설치하여 집수 후 배수시킴
> • 자연형 : 전면 배수가 요구되지 않는 지역에서 많이 사용으로 지형의 등고선을 따라 주관을 설치하고 지관을 설치하는 방법

38 설계 도면에서 선을 용도에 의해 구분할 때 "실선"의 용도에 해당하지 않는 것은?

① 대상물의 보이는 부분을 표시한다.
② 치수를 기입하기 위해 사용한다.
③ 지시 또는 기호 등을 나타내기 위해 사용한다.
④ 물체가 있을 것으로 가상되는 부분을 표시한다.

해설 선의 용도에 따른 명칭

명칭		용도에 의한 명칭	용도
실선		외형선 단면선	• 물체에 보이는 부분을 나타내는 선 • 절단면의 윤곽선
		치수선, 치수보조선 지시선, 해칭선	• 설명, 보조, 지시 및 단면의 표시
허선	파선	숨은선	• 물체의 보이지 않는 모양 표시
	일점 쇄선	중심선	• 물체의 중심축 • 대칭축 표시
		경계선 절단선	• 물체의 절단한 위치를 표시 • 경계선으로 이용
	이점 쇄선	가상선 (경계선)	• 물체가 있을 것으로 가상되는 부분 표시

39 개화를 촉진하는 정원수 관리에 관한 설명으로 옳지 않은 것은?

① 햇빛을 충분히 받도록 해준다.
② 물을 되도록 적게 주어 꽃눈이 많이 생기도록 한다.
③ 깻묵, 닭똥, 요소, 두엄 등을 15일 간격으로 시비한다.
④ 너무 많은 봉우리는 솎아낸다.

해설 깻묵 등 유기질 거름을 많이 주게 되면 영양 생장을 계속하고 생식·생장 시기가 늦어진다. 개화는 생식·생장을 위한 첫 단계이다.

40 일반적으로 근원직경이 10cm인 수목의 뿌리분을 뜨고자 할 때 뿌리분의 직경으로 적당한 크기는?

① 20cm
② 40cm
③ 80cm
④ 120cm

해설 뿌리분의 직경은 근원직경의 4~6배 크기로 한다.

41 다음 중 한 가지에 많은 봉우리가 생긴 경우 솎아낸다든지, 열매를 따버리는 등의 작업을 하는 목적으로 가장 적당한 것은?

① 생장 조장을 돕는 가지 다듬기
② 세력을 갱신하는 가지 다듬기
③ 착화 및 착과 촉진을 위한 가지 다듬기
④ 생장을 억제하는 가지 다듬기

해설 적뢰(摘蕾)와 적과(摘果)는 봉우리와 열매가 너무 많이 달려서 이를 솎아내는 작업을 말한다.

42 저온의 해를 받은 수목의 관리방법으로 적당하지 않은 것은?

① 멀칭
② 바람막이 설치
③ 강전정과 과다한 시비
④ wilt-pruf(시들음방지제) 살포

해설 해를 입은 수목에 강전정과 과다한 시비를 하면 오히려 생육이 불량해진다.

43 다음 중 지피식물의 선택 조건으로 부적합한 것은?

① 치밀하게 피복되는 것이 좋다.
② 키가 낮고 다년생이며 부드러워야 한다.
③ 병충해에 강하며 관리가 용이하여야 한다.
④ 특수환경에 잘 적응하며 희소성이 있어야 한다.

🔑 지피식물의 조건
- 답압에 대한 저항성이 크며 키가 작고 다년생일 것
- 번식과 생장이 빠르며 치밀한 지표 피복이 가능할 것
- 환경에 대한 적응성과 병충해에 대한 저항성이 강할 것
- 쉽게 다량으로 구매할 수 있을 것

44 다음 중 수간주입 방법으로 옳지 않은 것은?

① 구멍 속의 이물질과 공기를 뺀 후 주입관을 넣는다.
② 중력식 수간주사는 가능한 한 지제부 가까이에 구멍을 뚫는다.
③ 구멍의 각도는 50~60° 가량 경사지게 세워서, 구멍 지름 20mm 정도로 한다.
④ 뿌리가 제구실을 못하고 다른 시비 방법이 없을 때, 빠른 수세 회복을 원할 때 사용한다.

🔑
- 수간 밑에서 5~10cm에 구멍을 뚫은 다음 반대편에 지상에서 10~15cm 높이에 구멍을 뚫는다.
- 구멍의 각도는 20~30°, 깊이는 3~4cm로 한다.
- 수간 주입기를 180cm 정도 높이에 고정시킨다.

45 화단의 초화류를 식재하는 방법으로 옳지 않은 것은?

① 식재할 곳에 $1m^2$당 퇴비 1~2kg, 복합비료 80~120g을 밑거름으로 뿌리고 20~30cm 깊이로 갈아 준다.
② 큰 면적의 화단은 바깥쪽부터 시작하여 중앙 부위로 심어 나가는 것이 좋다.
③ 식재하는 줄이 바뀔 때마다 서로 어긋나게 심는 것이 보기에 좋고 생장에 유리하다.
④ 심기 한나절 전에 관수해 주면 캐낼 때 뿌리에 흙이 많이 붙어 활착에 좋다.

🔑 큰 면적의 화단은 중앙에서 바깥쪽으로 심어 나가는 것이 좋다.

46 수목에 영양 공급 시 그 효과가 가장 빨리 나타나는 것은?

① 토양천공시비
② 수간주사
③ 엽면시비
④ 유기물시비

🔑 작물은 뿌리에서뿐만 아니라 엽면에서도 비료 성분을 흡수할 수 있다. 이를 이용하여 필요한 경우 비료를 용액(溶液)의 상태로 잎에 뿌려주는 것을 엽면시비라고 한다. 엽면시비는 토양시비보다 비료 성분의 흡수가 빠르고, 토양시비가 곤란한 때에도 시비할 수 있지만, 일시에 다량으로 줄 수는 없다.

47 다음 중 미국흰불나방 구제에 가장 효과가 좋은 것은?

① 디캄바액제(반벨)
② 디니코나졸수화제(빈나리)
③ 시마진수화제(씨마진)
④ 카바릴수화제(세빈)

🔑
- 디캄바액제(반벨) : 크로바를 제거하는 선택성 제초제
- 디니코나졸수화제(빈나리) : 생장억제제
- 시마진수화제(씨마진) : 비선택성 제초제

48 다음 중 토양 수분의 형태적 분류와 설명이 옳지 않은 것은?

① 결합수(結合水) - 토양중의 화합물의 한 성분
② 흡습수(吸濕水) - 흡착되어 있어서 식물이 이용하지 못하는 수분
③ 모관수(毛管水) - 식물이 이용할 수 있는 수분의 대부분
④ 중력수(重力水) - 중력에 내려가지 않고 표면 장력에 의하여 토양 입자에 붙어 있는 수분

해설
- 결합수(PF7.0) : 토양의 고체 분자를 구성하는 수분으로 100℃ 이상 가열해도 분리할 수 없어 식물이 이용할 수 없다.
- 흡습수(PF4.5~7) : 100℃로 가열하면 분리할 수 있으나 작물이 거의 이용하지 못한다.
- 모세관수(PF2.52~4.5) : 모관수라고도 부르며 작물이 주로 이용하는 유효 수분을 말한다.
- 중력수(PF0~2.52) : 자유수라고도 부르며 중력에 의하여 토양층 아래로 내려가는 수분을 말한다.

49 난지형 잔디의 발아 적온으로 맞는 것은?

① 15~20℃   ② 20~23℃
③ 25~30℃   ④ 30~33℃

해설 한지형 잔디의 발아 적온은 20~25℃이다. 또한, 생육온도는 난지형 잔디의 경우 25~35℃, 한지형 잔디는 15~25℃이다.

50 평판을 정치(세우기)하는데 오차에 가장 큰 영향을 주는 항목은?

① 수평맞추기(정준)
② 중심맞추기(구심)
③ 방향맞추기(표정)
④ 모두 같다.

해설 평판 측량의 3요소는 정준, 구심, 표정이며 이중 방향 오차는 수평거리상 오차로 정치를 잘못하면 오차가 많이 발생한다.

51 해충의 방제방법 중 기계적 방제에 해당하지 않는 것은?

① 포살법   ② 진동법
③ 경운법   ④ 온도처리법

해설 온도처리법에는 종자의 휴면을 타파하기 위해서 사용하는 저온처리법 등이 있으며, 이는 물리적 방제방법에 속한다.

52 개화, 결실을 목적으로 실시하는 정지, 전정의 방법으로 틀린 것은?

① 약지는 짧게, 강지는 길게 전정하여야 한다.
② 묵은 가지나 병충해 가지는 수액 유동 후에 전정한다.
③ 작은 가지나 내측으로 뻗은 가지는 제거한다.
④ 개화 결실을 촉진하기 위하여 가지를 유인하거나 단근 작업을 실시한다.

해설 약지는 짧게(조금), 강지는 길게(많이) 전정하여야 하며, 묵은 가지나 병충해 가지는 수액 유동 전에 전정한다.

53 지역이 광대해서 하수를 한 개소로 모으는 것이 곤란할 때 배수 지역을 수 개 또는 그 이상으로 구분해서 배관하는 배수 방식은?

① 직각식   ② 차집식
③ 방사식   ④ 선형식

해설
- 직각식 : 배수 관거를 하천에 직각으로 연결하여 배출하는 방식으로 비용은 저렴하나 수질오염의 우려가 있다.
- 차집식 : 우천 시 하천으로 방류하고, 맑은 날은 차집거를 통해 하수 처리장으로 보내는 방식이다.
- 선형식 : 지형이 한 방향으로 집중되어 경사를 이루거나 하수처리 관계상 한정된 장소로 집중시켜야 할 때 사용되는 방식이다.
- 방사식 : 지역이 광대하여 한 곳으로 모으기 곤란할 때 방사형으로 구획 구분하여 집수하여 배수하는 방식이다.
- 평행식 : 지형의 고저차가 심한 경우 고지구와 저지구를 구분하여 배관하는 방식이다.
- 집중식 : 사방에서 한 지점을 향해 집중적으로 흐르게 해 처리하는 방식으로 저지대의 배수를 위해 사용된다.

54 다음 중 줄기의 수피가 얇아 옮겨 심은 직후 줄기 감기를 반드시 해야 하는 수종은?

① 배롱나무 ② 소나무
③ 향나무   ④ 은행나무

해설 배롱나무처럼 수피가 얇고 내한성이 약한 수종은 반드시 수피감기를 하여 동해를 예방하여야 한다.

55 조경 현장에서 사고가 발생하였다고 할 때 응급조치를 잘못 취한 것은?

① 기계의 작동이나 전원을 단절시켜 사고의 진행을 막는다.
② 현장에 관중이 모이거나 흥분이 고조되지 않도록 하여야 한다.
③ 사고 현장은 사고 조사가 끝날 때까지 그대로 보존하여 두어야 한다.
④ 상해자 발생 시는 관계 조사관이 현장을 확인 보존 후 이후 전문의의 치료를 받게 한다.

해설 상해자가 발생했을 때는 상해자를 먼저 병원으로 이송조치하여 전문의의 치료를 받게 해야 한다.

56 각 재료의 할증률로 맞는 것은?

① 이형철근 : 5%
② 강판 : 12%
③ 경계블록(벽돌) : 5%
④ 조경용수목 : 10%

해설
- 이형철근 : 3%
- 강판 : 10%
- 경계블록(벽돌) : 3%

57 수간과 줄기 표면의 상처에 침투성 약액을 발라 조직 내로 약효 성분이 흡수되게 하는 농약 사용법은?

① 도포법
② 관주법
③ 도말법
④ 분무법

해설
- 관주법 : 약액을 흙속에 주입하거나, 줄기에 주입하는 방법
- 도말법 : 종자에 분말로 된 약제를 골고루 묻혀 처리하는 일
- 분무법 : 분사 노즐을 이용하여 뿌려주는 방법

58 다음 중 시방서에 포함되어야 할 내용으로 가장 부적합한 것은?

① 재료의 종류 및 품질
② 시공방법의 정도
③ 재료 및 시공에 대한 검사
④ 계약서를 포함한 계약 내역서

해설 시방서는 재료의 품질, 치수, 시공방법 및 공법 등을 기술한 것으로 계약서와는 무관하다.

59 퍼걸러(pergola) 설치 장소로 적합하지 않은 것은?

① 건물에 붙여 만들어진 테라스 위
② 주택 정원의 가운데
③ 통경선의 끝부분
④ 주택 정원의 구석진 곳

> 시설물은 가장자리에 배치한다.

60 다음 중 정원수의 덧거름으로 가장 적합한 것은?

① 요소
② 생석회
③ 두엄
④ 쌀겨

> 정원수의 거름주기

구분	효과	시비시기	목적	종류
밑거름 (춘비, 기비)	지효성 거름	늦가을~이른 봄	지력 회복	두엄, 깻묵, 계분
덧거름 (추비)	속효성 거름	봄~가을 (낙화 후, 열매딴 후)	수세 회복	질소질 비료, 화학비료

ANSWER CBT 복원문제 2025년 1회

01	02	03	04	05	06	07	08	09	10
③	③	②	①	④	②	③	①	④	③
11	12	13	14	15	16	17	18	19	20
③	④	④	②	③	②	①	③	④	②
21	22	23	24	25	26	27	28	29	30
③	①	③	③	②	③	④	①	④	②
31	32	33	34	35	36	37	38	39	40
②	①	④	①	④	②	①	③	③	②
41	42	43	44	45	46	47	48	49	50
③	③	④	③	②	④	④	④	④	③
51	52	53	54	55	56	57	58	59	60
④	②	③	①	④	⑤	①	④	②	①

CBT 복원문제 _ 2025년 2회

01 창경궁에 있는 통명전 지당의 설명으로 틀린 것은?

① 장방형으로 장대석으로 쌓은 석지이다.
② 무지개형 곡선 형태의 석교가 있다.
③ 괴석 2개와 앙련(仰蓮) 받침대석이 있다.
④ 물은 직선의 석구를 통해 지당에 유입된다.

> 해설 통명전 지당 속에는 석분 위에 괴석 3개와 앙련(仰蓮) 받침대석 1개가 있다. 괴석 3개로 삼신산(봉래, 방장, 영주)을 나타내고 이는 신선사상을 근간으로 한다는 것을 알 수 있다.

02 사대부나 양반 계급에 속했던 사람이 자연 속에 묻혀 야인으로서의 생활을 즐기던 별서 정원이 아닌 것은?

① 소쇄원 ② 방화수류정
③ 다산초당 ④ 부용동 정원

> 해설 방화수류정은 수원 화성의 네 개의 각루 중 동북 각루의 이름이다. 각루란 성곽 가운데서 바깥을 조망하기 위해 성벽 위 모서리에 지은 일종의 초소이다.

03 다음 중 중국 4대 명원(四大名園)에 포함되지 않는 것은?

① 작원 ② 사자림
③ 졸정원 ④ 창랑정

> 해설 중국 소주 지방의 4대 명원은 사자림, 졸정원, 창랑정, 유원이다.

04 조경 양식 중 노단식 정원 양식을 발전시키게 한 자연적인 요인은?

① 기후
② 지형
③ 식물
④ 토질

> 해설 이탈리아는 산악 지형, 프랑스는 평지 지형이 많았기 때문에 지형을 고려한 정원 양식이 발달하였다.

05 다음 보기의 ( ) 안에 들어갈 디자인 요소는?

> 형태, 색채와 더불어 ( )은(는) 디자인의 필수 요소로서 물체의 조성 성질을 말하며, 이는 우리의 감각을 통해 형태에 대한 지식을 제공한다.

① 질감
② 광선
③ 공간
④ 입체

> 해설 • 기본요소 : 선, 형태, 색채, 질감, 크기와 위치, 농담
> • 가변요소 : 광선, 기상 조건, 계절, 시간 등

06 건물로 둘러싸여 상업 및 집회에 이용되는 옥외공간을 말하는 것은?

① 아고라 ② 테라스
③ 아카데미 ④ 페리스틸리움

> 아고라(agora) : 건물로 둘러싸여 상업 및 집회에 이용되는 옥외공간을 말한다. 광장을 말하며 로마 시대의 광장에는 포룸(forum)이 있다.

07 다음 중 몰(mall)에 대한 설명으로 옳지 않은 것은?

① 도시 환경을 개선하는 한 방법이다.
② 차량은 전혀 들어갈 수 없게 만들어진다.
③ 보행자 위주의 도로이다.
④ 원래의 뜻은 나무 그늘이 있는 산책길이란 뜻이다.

> 몰(mall)이란 상업지구 내 쇼핑 거리를 중심으로 전개되는 공중보도(公衆步道) 및 산책로를 말하는데 조명, 휴지통, 벤치 등을 갖춘 휴식 공간이 있고 보행자를 보호할 수 있는 범위에서 차량의 출입을 허용하는 보행자 위주의 도로이다.

08 조경 프로젝트의 수행 단계 중 주로 공학적 지식을 바탕으로 다른 분야와는 달리 생물을 다룬다는 특수한 기술이 필요한 단계로 가장 적합한 것은?

① 조경계획 ② 조경설계
③ 조경관리 ④ 조경시공

> • 조경계획 : 자료수집 및 분석단계에서 합리적인 측면 요구
> • 조경설계 : 시공을 목표로 도면을 작성하며 표현에 대한 창의성 요구
> • 조경관리 : 조경수목 생산관리, 병충해방제, 전정 및 시비 등

09 다음 중 가장 가볍게 느껴지는 색은?

① 파랑 ② 연두
③ 노랑 ④ 초록

> • 따뜻한 색(진출색, 팽창색) : 정열적, 온화, 친근한 느낌(ex : 봄철의 노란 개나리꽃, 가을의 붉은 단풍)
> • 차가운 색(후퇴색, 수축색) : 지적, 냉정함, 상쾌한 느낌(ex : 침엽수림이나 깊은 연못의 검푸른 수면)

10 경관 구성의 미적 원리를 통일성과 다양성으로 구분할 때, 다음 중 다양성에 해당하는 것은?

① 조화 ② 균형
③ 강조 ④ 대비

> • 통일성 : 조화, 균형, 대칭, 강조
> • 다양성 : 비례, 율동, 대비

11 노외주차장의 구조, 설비 기준으로 틀린 것은?(단, 주차장법 시행 규칙을 적용한다.)

① 노외주차장의 출구와 입구에서 자동차의 회전을 쉽게 하기 위하여 필요한 경우에는 차로와 도로가 접하는 부분을 곡선형으로 하여야 한다.
② 노외주차장의 출구 부근의 구조는 해당 출구로부터 2m를 후퇴한 노외주차장의 차로의 중심선상 1.0m의 높이에서 도로의 중심선에 직각으로 향한 왼쪽 · 오른쪽 각각 45°의 범위에서 해당 도로를 통행하는 자를 확인할 수 있도록 하여야 한다.

③ 노외주차장의 출입구 너비는 3.5m 이상으로 하여야 하며, 주차대수 규모가 50대 이상인 경우에는 출구와 입구를 분리하거나 너비 5.5m 이상의 출입구를 설치하여 소통이 원활하도록 하여야 한다.

④ 노외주차장에서 주차에 사용되는 부분의 높이는 주차 바닥면으로부터 2.1m 이상으로 하여야 한다.

> 노외주차장의 출구 부근의 구조는 해당 출구로부터 2m(이륜자동차전용 출구의 경우에는 1.3m)를 후퇴한 노외주차장의 차로의 중심선상 1.4m의 높이에서 도로의 중심선에 직각으로 향한 왼쪽·오른쪽 각각 60°의 범위에서 해당 도로를 통행하는 자를 확인할 수 있도록 하여야 한다.

12 다음 설명에 해당하는 도시공원의 종류는?

- 설치 기준의 제한은 없으며, 유치거리 500m 이하, 공원면적 10,000m² 이상으로 할 수 있다.
- 주로 인근에 거주하는 자의 이용에 제공할 목적으로 설치한다.

① 어린이공원
② 근린생활권근린공원
③ 도보권근린공원
④ 도시지역권근린공원

> 생활권 공원의 유치거리 및 규모

공원구분	유치거리	규모
소공원	제한 없음	제한 없음
어린이공원	250m 이하	1,500m² 이상
근린생활권 근린공원	500m 이하	10,000m² 이상
도보권근린공원	1,000m 이하	30,000m² 이상
도시지역권 근린공원	제한 없음	100,000m² 이상
광역권근린공원	제한 없음	1,000,000m² 이상

13 물체의 앞이나 뒤에 화면을 놓은 것으로 생각하고, 시점에서 물체를 본 시선과 그 화면이 만나는 각 점을 연결하여 물체를 그리는 투상법은?

① 사투상법
② 정투상법
③ 투시도법
④ 표고투상법

> 투시도(1소점법) : 사투상도(경사투상도)는 기준선을 긋고 각 꼭지점에서 기준선과 45°를 이루는 사선을 나란히 그은 다음에 물체의 치수대로 그리는 방법이며, 정투상도는 직각을 이루고 있는 평면상에 물체로부터 수직선을 내려서 얻은 2개의 또는 그 이상의 방향도로 물체의 모양과 크기를 정확히 나타낼 수 있는 도면이다.

14 실제 길이 3m는 축척 1/30도면에서 얼마로 나타나는가?

① 1cm
② 10cm
③ 3cm
④ 30cm

> 1/30도면에서 1cm를 실제 거리로 바꾸면 1cm×30=30cm이고 3m(300cm)를 도상 거리로 바꾸면 300cm÷30=10cm이다.

15 감탕나무과(Aquifoliaceae)에 해당하지 않는 것은?

① 호랑가시나무
② 먼나무
③ 꽝꽝나무
④ 소태나무

> 소태나무는 소태나무과의 낙엽활엽교목으로 해독, 습진, 인후염 등의 약재로 많이 쓰인다.

16 다음 조경용 소재 및 시설물 중에서 평면적 재료에 가장 적합한 것은?

① 잔디　　② 조경수목
③ 퍼걸러　　④ 분수

📖 잔디광장, 호수, 운동장 등은 평면적 재료이며 수목, 퍼걸러 등은 입체적 재료이다.

17 가로수가 갖추어야 할 조건이 아닌 것은?

① 공해에 강한 수목
② 답압에 강한 수목
③ 지하고가 낮은 수목
④ 이식에 잘 적응하는 수목

📖 가로수 보행자의 이동에 지장을 주면 안 되기 때문에 지하고가 높아야 한다.

18 수목의 규격을 H × W로 표시하는 수종으로만 짝지어진 것은?

① 소나무, 느티나무
② 회양목, 장미
③ 주목, 철쭉
④ 백합나무, 향나무

📖 상록침엽수와 관목류는 규격을 H × W로 표시한다.

19 화성암의 심성암에 속하며 흰색 또는 담회색인 석재는?

① 화강암　　② 안산암
③ 점판암　　④ 대리석

📖 화성암은 지하 깊은 곳에서 굳어진 심성암과 반심성암, 지표에서 굳어진 화산암으로 구분된다. 화강암은 심성암이며, 안산암과 현무암 등은 화산암이다. 또한 점판암은 퇴적암이고 대리석은 석회암이 변성된 변성암이다.

20 92~96%의 철을 함유하고 나머지는 크롬·규소·망간·유황·인 등으로 구성되어 있으며 창호철물, 자물쇠, 맨홀 뚜껑 등의 재료로 사용되는 것은?

① 선철　　② 강철
③ 주철　　④ 순철

📖 선철은 용광로에서 철광석을 녹여 나온 재료이고, 순철은 불순물이 없는 순도 100% 철을 말한다. 강철은 주철보다 탄소 함유량이 적다.

21 다음 중 보도 포장 재료로서 부적당한 것은?

① 내구성이 있을 것
② 자연 배수가 용이할 것
③ 보행시 마찰력이 전혀 없을 것
④ 외관 및 질감이 좋을 것

📖 포장 재료의 선정
• 도로의 안전, 기능, 미관 등 공간의 용도를 고려할 것
• 시공비가 저렴하고 내구성이 있을 것
• 배수가 잘되고 미끄러짐이 적은 재료를 선택할 것
• 재료의 질감과 외관이 좋고 변화가 적으며 표면에서 태양 광선의 반사가 적을 것

22 일반적인 목재의 특성 중 장점에 해당하는 것은?

① 충격, 진동에 대한 저항성이 작다.
② 열전도율이 낮다.
③ 충격의 흡수성이 크고, 건조에 의한 변형이 크다.
④ 가연성이며 인화점이 낮다.

- 목재의 장점
  - 색깔, 무늬 등 외관의 아름답다.
  - 재질이 부드럽고 촉감이 좋다.
  - 무게가 가벼워서 다루기가 좋다.
  - 무게에 비해 강도가 크다.
  - 가공이 쉽고 열전도율이 낮다.
- 목재의 단점
  - 부패성이 크다.
  - 함수율에 따라 변형이 일어날 수 있다.
  - 부위에 따라 재질이 불균질하다.
  - 불에 타기 쉽다.
  - 구부러지고 옹이가 있다.

23 목재의 방부처리 방법 중 일반적으로 가장 효과가 우수한 것은?

① 침지법 ② 도포법
③ 생리적 주입법 ④ 가압주입법

   가장 효과가 우수한 것은 가압주입법이고, 일반적이고 쉬운 방법은 도포법이다.

24 블리딩 현상에 따라 콘크리트 표면에 떠올라 표면의 물이 증발함에 따라 콘크리트 표면에 남은 가볍고 미세한 물질로서 시공 시 작업이음을 형성하는 것에 대한 용어로서 맞는 것은?

① Workability ② Consistency
③ Laitance ④ Plasticity

- Workability(작업 난이도) : 콘크리트 칠 때 적당한 유동성과 점성이 있어 시공 부분에 잘 채워지고 분리를 일으키지 않는 정도
- Consistency(반죽질기) : 물의 양에 따른 반죽의 되고 진 정도를 나타내는 것, 굳지 않은 콘크리트의 유동성
- Plasticity(성형성) : 거푸집으로 쉽게 성형할 수 있으며, 풀기가 있어 거푸집 제거 시 허물어지거나 재료의 분리가 없는 성질

25 심근성 수종에 해당하지 않는 것은?

① 섬잣나무
② 태산목
③ 은행나무
④ 현사시나무

토심에 따른 주요 수종

구분	주요 수종
심근성	소나무, 전나무, 벽오동, 은행나무, 느티나무, 백합나무, 모과나무, 상수리나무, 후박나무, 동백나무 등
천근성	독일가문비, 편백, 자작나무, 미루나무, 버드나무, 현사시나무, 매화나무 등

26 구상나무(Abies koreana Wilson)와 관련된 설명으로 틀린 것은?

① 한국이 원산지이다.
② 측백나무과(科)에 해당한다.
③ 원추형의 상록침엽교목이다.
④ 열매는 구과로 원통형이며 길이 4~7cm, 지름 2~3cm의 자갈색이다.

   Abies는 침엽수란 뜻이고, 구상나무는 우리나라 특산종으로 소나무과 수종이다.

27 다음 중 조경 수목의 생장 속도가 빠른 수종은?

① 둥근향나무 ② 감나무
③ 모과나무 ④ 삼나무

- 생장이 빠른 수종 : 가중나무, 낙우송, 삼나무, 오동나무, 자귀나무, 배롱나무 등
- 생장이 느린 수종 : 주목, 비자나무 등

28 단위용적중량이 1700kgf/m³, 비중이 2.6인 골재의 공극률은 약 얼마인가?

① 34.6%   ② 52.94%
③ 3.42%   ④ 5.53%

> 해설
> • 실적율 = $\dfrac{중량}{비중} \times 100$
> = $\dfrac{1.7}{2.6} \times 100 = 65.38\%$
> • 공극률 = 100 − 65.38 = 34.62%

29 골재의 함수 상태에 대한 설명 중 옳지 않은 것은?

① 절대 건조 상태는 105±5℃ 정도의 온도에서 24시간 이상 골재를 건조시켜 표면 및 골재 알 내부의 빈틈에 포함되어 있는 물이 제거된 상태이다.
② 공기 중 건조 상태는 실내에 방치한 경우 골재 입자의 표면과 내부의 일부가 건조된 상태이다.
③ 표면 건조 포화 상태는 골재 입자의 표면에 물은 없으나 내부의 빈틈에 물이 꽉 차 있는 상태이다.
④ 습윤 상태는 골재 입자의 표면에 물이 부착되어 있으나 골재 입자 내부에는 물이 없는 상태이다.

> 해설 습윤 상태란 골재 내부가 완전히 수분으로 채워져 있고, 표면에도 여분의 물을 포함하고 있는 상태를 말한다.

30 학교 조경에 도입되는 수목을 선정할 때 조경 수목의 생태적 특성 설명으로 옳은 것은?

① 학교 이미지 개선에 도움이 되며, 계절의 변화를 느낄 수 있도록 수목을 선정
② 학교가 위치한 지역의 기후, 토양 등의 환경에 조건이 맞도록 수목을 선정
③ 교과서에서 나오는 수목이 선정되도록 하며 학생들과 교직원들이 선호하는 수목을 선정
④ 구입하기 쉽고 병충해가 적고 관리하기가 쉬운 수목을 선정

> 해설 수목의 생태적 특성을 고려해서 선정해야 한다는 것이 문제의 핵심이다.

31 다음 [보기]의 목재 방부법에 사용되는 방부제는?

> • 방부력이 우수하고 내습성도 있으며 값이 저렴하다.
> • 냄새가 좋지 않아서 실내에 사용할 수 없다.
> • 미관을 고려하지 않은 외부에 사용된다.

① 광명단   ② 물유리
③ 크레오스트   ④ 황암모니아

> 해설 크레오스트는 석탄을 235~315℃에서 고온 건조하여 얻은 타르 제품으로서 독성이 적고 자극적인 냄새가 있는 유성 목재 방부제이다.

32 구조 재료의 용도상 필요한 물리·화학적 성질을 강화시키고 미관을 증진시킬 목적으로 재료의 표면에 피막을 형성시키는 액체 재료를 무엇이라 하는가?

① 도료   ② 착색
③ 강도   ④ 방수

> 해설 도료란 페인트처럼 표면에 칠하여 고체막을 만들어 물체의 표면을 보호하고 아름답게 하는 유동성 물질을 말한다.

33 다음 중 수목을 기하학적인 모양으로 수관을 다듬어 만든 수형을 가리키는 용어는?

① 정형수　　② 형상수
③ 경관수　　④ 녹음수

해설 수목을 동물 모양 등 일정한 형태를 갖도록 인위적으로 전정한 것을 형상수 또는 Topiary라고 한다.

34 다음 중 비옥지를 가장 좋아하는 수종은?

① 소나무　　② 아까시나무
③ 사방오리나무　　④ 주목

해설
- 비옥지를 좋아하는 수종 : 주목, 측백나무, 벽오동, 벚나무, 철쭉, 불두화 등
- 척박지에 견디는 수종 : 소나무, 오리나무, 버드나무, 자작나무, 등나무, 아까시나무, 보리 수나무, 자귀나무 등(콩과식물)

35 쾌적한 가로 환경과 환경보전, 교통제어, 녹음과 계절성, 시선유도 등으로 활용하고 있는 가로수로 적합하지 않은 수종은?

① 이팝나무　　② 은행나무
③ 메타세콰이어　　④ 능소화

해설 녹음수는 수관이 커서 여름에 짙은 녹음, 겨울에 잎이 지는 낙엽 활엽수가 적당하며 능소화는 덩굴식물이다.

36 줄기의 색이 아름다워 관상 가치를 가진 대표적인 수종의 연결로 옳지 않은 것은?

① 백색계의 수목 : 자작나무
② 갈색계의 수목 : 편백
③ 적갈색계의 수목 : 소나무
④ 흑갈색계의 수목 : 벽오동

37 산울타리용 수종으로 부적합한 것은?

① 개나리
② 칠엽수
③ 꽝꽝나무
④ 명자나무

해설 산울타리는 지엽이 치밀하고 전정에 강하며 지하고가 낮은 관목류가 적당하다.

38 다음 중 조경수의 이식에 대한 적응이 가장 쉬운 수종은?

① 벽오동　　② 전나무
③ 섬잣나무　　④ 가시나무

해설 침엽수류와 상록활엽수류의 수종은 심근성 수종이 많으며, 이러한 심근성 수종들은 이식에 대한 적응성이 약하다.

39 생물분류학적으로 거미강에 속하며 덥고, 건조한 환경을 좋아하고 뾰족한 입으로 즙을 빨아먹는 해충은?

① 진딧물　　② 나무좀
③ 응애　　④ 가루이

해설
- 진딧물 : 곤충강 매미목
- 나무좀 : 곤충강 딱정벌레목
- 가루이 : 곤충강 매미목

40 암석 재료의 가공 방법 중 쇠망치로 석재 표면의 큰 돌출 부분만 대강 떼어내는 정도의 거친 면을 마무리하는 작업을 무엇이라 하는가?

① 잔다듬　　② 물갈기
③ 혹두기　　④ 도드락다듬

해설 석재의 가공 방법

공정	작업 내용
혹두기	쇠망치(쇠메)로 석재 표면의 큰 돌출 부분만 대강 떼어내는 정도의 거친 면을 마무리하는 작업
정다듬	혹두기한 면을 정으로 비교적 고르고 곱게 다듬는 것으로 거친 정도에 따라 거친다듬, 중다듬, 고운다듬으로 구분
도두락 다듬	정다듬 한 표면을 도드락 망치를 이용하여 1~3회 정도로 곱게 다듬는 작업
잔다듬	외날망치나 양날망치로, 정다듬면 또는 도드락 다듬면을 일정 방향이나 평행선으로 다듬어 평탄하게 마무리하는 작업
물갈기	연마기나 숫돌로 매끈하게 갈아내는 방법으로 화강암, 대리석 등을 최종적으로 마무리할 때 이용

41 수목의 전정 작업 요령에 관한 설명으로 옳지 않은 것은?

① 상부는 가볍게, 하부는 강하게 한다.
② 우선 나무의 정상부로부터 주지의 전정을 실시한다.
③ 전정 작업을 하기 전 나무의 수형을 살펴 이루어질 가지의 배치를 염두에 둔다.
④ 주지의 전정은 주간에 대해서 사방으로 고르게 굵은 가지를 배치하는 동시에 상하(上下)로도 적당한 간격으로 자리잡도록 한다.

해설 생울타리의 경우 상부는 강하게(많이 자름), 하부는 약하게(적게 자름) 전정한다.

42 이식한 수목의 줄기와 가지에 새끼로 수피감기를 하는 이유로 가장 거리가 먼 것은?

① 병·해충의 침입을 막아준다.
② 수피로부터 수분 증산을 억제한다.
③ 경관을 향상시킨다.
④ 강한 태양광선으로부터 피해를 막아준다.

해설 수피감기는 경관의 향상과는 무관하다.

43 수목의 키를 낮추려면 다음 중 어떠한 방법으로 전정하는 것이 가장 좋은가?

① 수액이 유동하기 전에 약전정을 한다.
② 수액이 유동한 후에 약전정을 한다.
③ 수액이 유동하기 전에 강전정을 한다.
④ 수액이 유동한 후에 강전정을 한다.

해설 수목의 생장을 억제하기 위해서는 휴면기에 강전정을 해야 한다.

44 표준품셈에서 조경용 초화류 및 잔디의 할증률은 몇 %인가?

① 1% ② 3%
③ 5% ④ 10%

해설 조경수목, 잔디, 초화류 등 식물재료의 할증률은 10%이다.

45 다음 배수관 중 가장 경사를 급하게 설치해야 하는 것은?

① ∅100mm ② ∅200mm
③ ∅300mm ④ ∅400mm

해설 관의 지름이 좁을수록 경사는 급하게 설치해야 한다.

46 농약살포가 어려운 지역과 솔잎혹파리 방제에 사용되는 농약 사용법은?

① 도포법 ② 수간주사법
③ 입제살포법 ④ 관주법

> 수간주사법이 가장 효과가 좋으며, 관주법은 토양 내에 약액을 주입하는 방법을 말한다.

47 한국 잔디의 해충으로 가장 큰 피해를 주는 것은?

① 풍뎅이 유충 ② 거세미나방
③ 땅강아지 ④ 선충

> - 풍뎅이 유충 : 뿌리를 가해하고 성충은 잎을 갉아 먹는다.
> - 거세미나방 : 토양 내에서 뿌리를 가해하고 밤에만 주로 활동하여 야도충이라 한다.
> - 땅강아지 : 토양 내에서 뿌리를 가해한다.
> - 선충 : 토양 내에서 뿌리를 가해한다.

48 농약의 사용 목적에 따른 분류 중 응애류에만 효과가 있는 것은?

① 살충제 ② 살균제
③ 살비제 ④ 살초제

> 응애를 박멸하기 위해 사용하는 농약을 살비제라 한다.

49 다음 중 조경수목의 꽃눈분화, 결실 등과 가장 관련이 깊은 것은?

① 질소와 탄소 비율
② 탄소와 칼륨 비율
③ 질소와 인산 비율
④ 인산과 칼륨 비율

> - 탄질률은 화아분화와 관련이 깊으며 "C/N율"이라고도 한다.
> - 탄소(C) > 질소(N)인 경우 화아분화가 잘 된다.

50 다음 중 2개 이상의 기둥을 합쳐서 1개의 기초로 받치는 것은?

① 줄기초 ② 독립기초
③ 복합기초 ④ 연속기초

> - 독립기초 : 각 기둥을 1개씩 받치는 기초로 지반의 지지력이 비교적 강한 경우에 가능
> - 복합기초 : 2개 이상의 기둥을 합쳐서 1개의 기초로 받치는 것을 말하며, 기둥 간격이 좁은 경우에 적합
> - 연속기초 : 줄기초라고도 하며, 담장의 기초와 같이 길게 띠 모양으로 받치는 기초
> - 온통기초(전면기초) : 구조물의 바닥을 전면적으로 1개의 기초로 받치는 것으로 지반의 지지력이 비교적 약할 때 쓰임

51 지형을 표시하는데 가장 기본이 되는 등고선의 종류는?

① 조곡선 ② 주곡선
③ 간곡선 ④ 계곡선

> - 주곡선 : 지형도 전체에 일정 높이의 간격으로 그려진 곡선
> - 계곡선 : 주곡선의 다섯 줄마다 굵은 선으로 그어진 것
> - 간곡선 : 주곡선 간격의 1/2 거리의 가는 파선으로 표시
> - 보조곡선 : 간곡선 간격의 1/2 거리의 가는 점선으로 표시

52 경석(景石)의 배석(配石)에 대한 설명으로 옳은 것은?

① 원칙적으로 정원 내에 눈이 뜨이지 않는 곳에 두는 것이 좋다.

② 차경(借景)의 정원에 쓰면 유효하다.
③ 자연석보다 다소 가공하여 형태를 만들어 쓰도록 한다.
④ 입석(立石)인 때에는 역삼각형으로 놓는 것이 좋다.

> 해설 경석(景石)은 자연석으로 경관을 아름답고 깊이 있게 보이게 한다. 때문에 자연식 정원에 어울리며 자연식 정원은 차경(借景) 수법을 이용한 정원이다.

53 토양의 물리성과 화학성을 개선하기 위한 유기질 토양 개량재는 어떤 것인가?

① 펄라이트
② 버미큘라이트
③ 피트모스
④ 제올라이트

> 해설 피트모스는 습지나 늪 등의 수생 식물류 및 그 밖의 것이 부식이 되어 쌓인 흙으로 이탄토라고도 하며, 토양 산도는 강산성을 띤다.

54 다음 [보기]와 같은 특징을 갖는 암거 배치 방법은?

- 중앙에 큰 맹암거를 중심으로 하여 작은 맹암거를 좌우에 어긋나게 설치하는 방법
- 경기장 같은 평탄한 지형에 적합하며, 전 지역의 배수가 균일하게 요구되는 지역에 설치
- 주관을 경사지에 배치하고 양측에 설치

① 빗살형
② 부채살형
③ 어골형
④ 자연형

> 해설 암거 배치 방법
> • 어골형 : 주관을 중앙에 비스듬히 지관을 설치하는 것으로 경기장 같은 평탄한 지역에 적합. 전 지역의 배수 균일

- 절치형(빗살형) : 지역 경계 근처에 주관 설치하고 한쪽 측면에 지관을 설치하여 연결하는 것. 비교적좁은 면적의 전 지역 균일하게 배수할 때 이용
- 선형(부채살형) : 주관과 지관의 구분이 없이 같은 표기의 관이 부채살 모양으로 1개 지점으로 집중되게 설치하여 집수 후 배수시킴
- 자연형 : 전면 배수가 요구되지 않는 지역에서 많이 사용으로 지형의 등고선을 따라 주관을 설치하고 지관을 설치하는 방법

55 원로의 시공 계획 시 일반적인 사항을 설명한 것 중 틀린 것은?

① 원로는 단순 명쾌하게 설계, 시공되어야 한다.
② 보행자 한 사람 통행가능한 원로 폭은 0.8~1.0m이다.
③ 원칙적으로 보도와 차도를 겸할 수 없도록 하고, 최소한 분리시키도록 한다.
④ 보행자 2인이 나란히 통행 가능한 원로 폭은 1.5~2.0m이다.

> 해설 3m 이하의 도로에서는 보도와 차도를 겸할 수 있다.

56 다음 중 호박돌 쌓기에 이용되는 쌓기법으로 가장 적합한 것은?

① +자 줄눈쌓기
② 줄눈 어긋나게 쌓기
③ 이음매 경사지게 쌓기
④ 평석쌓기

> 해설 호박돌은 통줄눈(+)이 나오면 안 되고 막힌줄눈이 나오도록 쌓는다.

57 조경식재 공사에서 뿌리돌림의 목적으로 가장 부적합한 것은?

① 뿌리분을 크게 만들려고
② 이식 후 활착을 돕기 위해
③ 잔뿌리의 신생과 신장 도모
④ 뿌리 일부를 절단 또는 각피하여 잔뿌리 발생 촉진

> 뿌리돌림은 잔뿌리 발생을 촉진시켜 이식 후 활착을 돕기 위해 이른 봄에 실시하는 단근 박피 작업이다.

58 흙을 이용하여 2m 높이로 마운딩하려 할 때, 더돋기를 고려해 실제 쌓아야 하는 높이로 가장 적합한 것은?

① 2m
② 2m 20cm
③ 3m
④ 3m 30cm

> 압축 및 침하에 의한 줄어듦을 방지하고 계획 높이를 유지하고자 흙을 더돋기하며 이를 고려하여 실제 쌓아야 하는 높이는 계획고의 10% 이내가 적당하다.

59 적심(摘心 : candle pinching)에 대한 설명으로 틀린 것은?

① 고정 생장하는 수목에 실시한다.
② 참나무과(科) 수종에서 주로 실시한다.
③ 수관이 치밀하게 되도록 교정하는 작업이다.
④ 촛대처럼 자란 새순을 가위로 잘라 주거나 손끝으로 끊어준다.

> 적심은 생장을 억제하는 전정으로 참나무과 수종은 뿌리가 심근성이고 녹음수로 사용하기 때문에 적심 작업이 필요하지 않다.

60 "느티나무 10주에 600,000원, 조경공 1인과 보통공 2인이 하루에 식재한다."라고 가정할 때 느티나무 1주를 식재할 때 소요되는 비용은?(단, 조경공 노임은 60,000원/일, 보통공 40,000원/일이다)

① 68,000원
② 70,000원
③ 72,000원
④ 74,000원

> • 노무비 = 60,000원 + (2인 × 40,000원)
>   = 140,000원
> • 재료비 = 600,000원
> • 총공사비 = 740,000원
> • 느티나무 1주 식재비 = 740,000원 ÷ 10주
>   = 74,000원

ANSWER CBT 복원문제 2025년 2회

01	02	03	04	05	06	07	08	09	10
③	①	①	②	①	①	②	④	③	④
11	12	13	14	15	16	17	18	19	20
②	②	③	②	④	②	③	③	③	②
21	22	23	24	25	26	27	28	29	30
③	②	④	③	②	④	①	④	②	②
31	32	33	34	35	36	37	38	39	40
③	①	②	④	④	②	②	①	③	③
41	42	43	44	45	46	47	48	49	50
①	③	③	④	②	②	①	③	③	①
51	52	53	54	55	56	57	58	59	60
②	②	③	③	④	①	②	②	②	④

조경기능사 필기
최근 기출문제

2026년 01월 05일 인쇄
2026년 01월 20일 발행

저자	김규만 저
발행처	(주)도서출판 책과상상
등록번호	제2020-000205호
발행인	이강복
주소	경기도 고양시 일산동구 장항로 203-191
대표전화	(02)3272-1703~4
팩스	(02)3272-1705
홈페이지	www.sangsangbooks.co.kr
ISBN	979-11-6967-345-7

저자협의
인지생략

값 18,000원
Copyright© 2026
Book & SangSang Publishing Co.

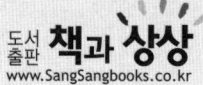